JN023832

日本統計学会公式認定
統計検定 準1級 対応

統計学実践ワークブック

日本統計学会 編

学術図書出版社

まえがき

　ビッグデータ時代の到来とともに，統計的な考え方を身につけ統計学のさまざまな手法を正しく理解して，現実の諸問題の解決に役立てる力がますます求められる時代となりました．計算機の発達とともに統計学の諸手法を容易に使えるツールが整ってきましたが，問題に応じて適切な手法を用い，結果を正しく解釈する能力をつけることによって，初めてそれらのツールを強力な武器とすることができます．日本統計学会が実施する統計検定準1級は，実社会のさまざまな問題に応じて適切な統計学の諸手法を応用できる能力を問う試験です．本書は統計検定準1級の内容に合わせて執筆したものです．

統計的思考の重要性　現代は，客観的な事実に基づいて決定し，行動する姿勢が求められる時代です．自然科学や人文社会科学の学問分野にとどまらず，ビジネスでの日々の意思決定や政府の政策立案・評価においても，データに基づく客観的な判断が必要です．情報機器の発達に伴い，データの規模や種類が飛躍的に増加しており，データに埋もれている情報を効率的に発見することが重要となっています．データの性質や分析目的に応じた，正確で偏りのない結論を導くために，正しくかつ新しい統計学をもとにした統計的思考力が求められています．社会のあらゆる分野において，データを活用した合理的な意思決定を行うことができるよう，多くの人々が統計的思考力を修得し，その知識をさらに深めていくことが必要です．

統計検定の趣旨　日本統計学会が2011年に開始した「統計検定」の一つの目的は，統計の専門的知識を評価し認定することを通じて，統計的な思考方法を学ぶ機会を提供することにあります．

　統計学の教育では，与えられたデータを適切に分析し，その結果を人々に提示するという訓練が必要であり，統計検定は大学教育を補完する意味をもちます．また海外，特にアメリカでは統計家 (statistician) は社会的に高い評価を受け，所得も高い

ことが指摘されてきましたが，統計検定で認定される資格を通して，この面でも国際的な標準に近づくことが期待されます．

統計検定の概要　統計検定は以下の種別で構成されています．詳細は日本統計学会および統計検定センターのウェブサイトで確認できます．統計検定では，多くの種別で従来の紙媒体による試験の他に，CBT (Computer Based Testing) 方式の試験も行っています．CBT 方式の試験では全国約 230 カ所 (2020 年 4 月時点) の会場で，コンピュータを使って，都合のよい試験日時に受験することができます．

1 級	実社会の様々な分野でのデータ解析を遂行する統計専門力
準 1 級	統計学の活用力 — 実社会の課題に対する適切な手法の活用力
2 級	大学基礎統計学の知識と問題解決力
3 級	データの分析において重要な概念を身に付け，身近な問題に活かす力
4 級	データや表・グラフ，確率に関する基本的な知識と具体的な文脈の中での活用力
統計調査士	統計に関する基本的知識と利活用
専門統計調査士	調査全般に関わる高度な専門的知識と利活用手法

執筆者について　本書は，統計検定準 1 級の出題範囲にそって日本統計学会が編集したものです．6 名の委員からなる編集委員会において企画および調整を行い，奥付にある 20 名が各章を執筆し，最終的に学会の責任で編集しました．本書は統計検定 2 級までの基礎知識をもとに，実社会におけるさまざまな課題に対して，最近の機械学習手法を含めた統計学の諸手法を正しく応用できる実践的な能力を習得できることを目的に執筆しました．大学教育の場に限らず，統計的な分析手法を実際の仕事に活かしている皆様のお役に立てれば幸いです．

2020 年 4 月

一般社団法人　日本統計学会

会　長　川崎　茂

理事長　山下智志

本書のねらい

　本書は，統計検定準 1 級の試験の出題範囲となっているさまざまな統計学および機械学習のトピックについて，多数の実践的な例題を解きながら学ぶことのできるワークブックです．統計検定準 1 級で出題されるトピックは非常に広範にわたるため，本書はさまざまな統計的手法の辞典としても役に立つものです．著者のリストを見ていただくとわかるように，それぞれのトピックについてその分野の専門家の方々が執筆しています．

　統計検定準 1 級は 2015 年 6 月に開始し 2019 年 6 月まで 5 回実施してきました．年々受験者が増えるなかで，日本統計学会として準 1 級の参考書を提供することができておらず，受験者の方々からも参考書の要望が多く寄せられていました．5 年間の試験実施の実績から頻出分野の傾向もはっきりしてきましたので，頻出項目に重点をおき，項目ごとに解説と例題を示す形で本書を企画しました．

　編集作業は，統計検定問題策定委員長および歴代の準 1 級委員長をメンバーとする以下の 6 名の委員からなる編集委員会を作り，全体の企画および各章の内容の調整を行いました．

委員長　竹村彰通

青木　敏

岩崎　学

小林　景

中西寛子

原　尚幸

記号表

記号	意味
$\approx$	近似的に等しい
$\propto$	比例する
A^c	事象 A の余事象
$A \cup B$	事象 A と B の和事象
$A \cap B$	事象 A と B の積事象
$B(x, y)$	ベータ関数
$Be(a, b)$	パラメータ (a, b) のベータ分布
$Bin(1, p)$	成功確率 p のベルヌーイ分布
$Bin(n, p)$	試行回数 n, 成功確率 p の二項分布
$\mathrm{Cov}[X, Y]$, σ_{xy}	確率変数 X と Y の共分散
${}_nC_r$, $\binom{n}{r}$	二項係数, 一般化された二項係数
e	自然対数の底 (ネイピア数)
$E[X]$, μ, μ_X	確率変数 X の期待値
$Exp(\lambda)$	パラメータ λ の指数分布
$F(\nu_1, \nu_2)$	自由度 (ν_1, ν_2) の F 分布
$Ga(a, b)$	形状母数 a, 尺度母数 b のガンマ分布
$Geo(p)$	パラメータ p の幾何分布
H_0	帰無仮説
H_1	対立仮説
$HG(N, M, n)$	パラメータ (N, M, n) の超幾何分布
I_n, I	n 次の単位行列
$i.i.d.$	独立同一分布. 確率変数 $X_1, \ldots, X_n$ が互いに独立に同一の分布 F に従うことを $X_1, \ldots, X_n \sim F$, $i.i.d.$ と表す
$J_n(\theta)$	フィッシャー情報量
$L(\theta)$, $L_n(\theta)$	尤度関数
$\ell(\theta)$, $\ell_n(\theta)$	対数尤度関数
$\log$	自然対数
$M(n; p_1, \ldots, p_k)$	多項分布
$N(\mu, \sigma^2)$	平均 μ, 分散 σ^2 の正規分布
$N_n(\boldsymbol{\mu}, \Sigma)$	n 変量の平均ベクトル $\boldsymbol{\mu}$, 分散共分散行列 Σ の多変量正規分布
$NB(r, p)$	パラメータ (r, p) の負の二項分布
$P(A)$	事象 A の確率
$P(A \mid B)$	事象 B を与えたもとでの事象 A の条件付き確率

$Po(\lambda)$	期待値パラメータ λ のポアソン分布
$\mathbb{R}$, $\mathbb{R}^d$	実数全体の集合，d 次元実数ベクトル全体の集合
R^2	決定係数
R^{*2}	自由度調整済み決定係数
r_{xy}	x と y の相関係数
s^2	不偏分散 $\sum(X_i - \overline{X})^2/(n-1)$ (章によっては n で割ったものを表す)
s_{xy}	不偏共分散 $\sum(X_i - \overline{X})(Y_i - \overline{Y})/(n-1)$ (章によっては n で割ったものを表す)
$\mathrm{se}(\hat{\theta})$	推定量 $\hat{\theta}$ の標準誤差
$t(\nu)$	自由度 ν の t 分布
$t_\alpha(\nu)$	t 分布の上側 100α % 点
$U(a,b)$	区間 $[a,b]$ 上の一様分布
$V[X]$, σ^2	確率変数 X の分散
$\boldsymbol{x}^\top$, $M^\top$	ベクトル $\boldsymbol{x}$ の転置，行列 M の転置
$\boldsymbol{x}^\top\boldsymbol{y}$, $\langle \boldsymbol{x}, \boldsymbol{y}\rangle$	ベクトル $\boldsymbol{x}$ と $\boldsymbol{y}$ の内積
$X \sim F$	確率変数 X が分布 F に従う
$\overline{x}$	観測値 $x_1, \ldots, x_n$ の (算術) 平均
Z	標準正規分布 $N(0,1)$ に従う確率変数
z_α	標準正規分布の上側 100α % 点
α	第一種過誤の確率
β	第二種過誤の確率
$\Gamma(x)$	ガンマ関数
$\hat{\theta}$	統計モデルのパラメータ θ の推定量
μ, $\hat{\mu}$	母平均とその推定量
$\rho[X,Y]$, ρ_{xy}	確率変数 X と Y の母相関係数
φ, Φ	標準正規分布 $N(0,1)$ の確率密度関数と累積分布関数
$\chi^2(\nu)$	自由度 ν のカイ二乗分布
$\chi^2_\alpha(\nu)$	カイ二乗分布の上側 100α % 点
Ω	全事象，標本空間

目　　次

事象と確率

//キーワード// 確率の計算, 統計的独立, 条件付き確率, ベイズの定理, 包除原理, 確率関数, 確率密度関数, 期待値, 分散

■**事象と確率**■ 事象 (event) A の確率 (probability) を $P(A)$ あるいは $\Pr(A)$ と表す. A の余事象 (complementary event) A^c は「A が起きないこと」を表す. 2つの事象 A, B に対して積事象 (intersection of events) $A \cap B$ は「A, B の両方ともが起きること」, 和事象 (union of events) $A \cup B$ は「A, B の少なくとも一方が起きること」を表す. $\cap$ や $\cup$ は集合論の記法であり, 確率を考察するときもベン図 (Venn diagram) とよばれる次のような図を書いて, 事象を集合のように考えるとよい.

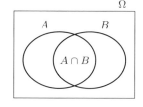

図 1.1

このように事象と集合を対応させると, 空集合 $\emptyset$ は起きえない事象を表し, 全集合 Ω は必ず起きる事象を表す. これらの確率は $P(\emptyset) = 0$, $P(\Omega) = 1$ である. A と B が排反 (すなわち $A \cap B = \emptyset$) ならば $P(A \cup B) = P(A) + P(B)$ が成り立つ. 特に A とその余事象は排反で $A \cup A^c = \Omega$ であることから, $P(A^c) = 1 - P(A)$ である. A と B が排反でない一般の場合には

$$P(A \cup B) = P(A) + P(B) - P(A \cap B)$$

が成り立つ. これを**包除原理** (inclusion-exclusion principle) とよぶ. ここでは包除原理を確率について説明したが, 度数や相対度数についても用いることができる.

> **例 1** ある 50 名のクラスで, 前日にテレビ番組 A をみた生徒は 20 名, 番組 B をみた生徒は 15 名であった. また両方をみた生徒は 5 名であった. どちらの番組もみなかった生徒は何名か.
>
> **答** 包除原理より, A または B の少なくとも 1 つをみた生徒の数は $20 + 15 - 5 = 30$ (名). 補集合をとれば, いずれもみなかった生徒の数は $50 - 30 = 20$ (名).

■**条件付き確率とベイズの定理**■　2つの事象の間の関係を考える際に重要な操作が，**条件付き確率** (conditional probability) の計算である．A が起きたという条件のもとで B が起きる条件付き確率 $P(B\,|\,A)$ を

$$P(B\,|\,A) = \frac{P(A \cap B)}{P(A)}$$

と定義する．ただし $P(A) > 0$ とする．ベン図で考えると，事象 A の確率のうち積事象 $A \cap B$ の確率の割合とみればよい．分母を払うと

$$P(A \cap B) = P(A) \times P(B\,|\,A)$$

と書けるが，これは $P(A \cap B)$ を，まず A が起きる確率を考え，次に A が起きたもとで B がさらに起きる確率を掛ける，というように順番に考えることにあたる．事象 A と B が**独立** (independent) であることを $P(A \cap B) = P(A) \times P(B)$ が成り立つことで定義する．上の条件付き確率の記法を用いると $P(B) = P(B\,|\,A)$ と書くこともできるので，独立性は「条件付き確率 $P(B\,|\,A)$ が無条件の確率 $P(B)$ に等しい」と表すこともできる．

　条件付き確率において A と B の順序を変えると $P(A \cap B) = P(B) \times P(A\,|\,B)$ とも書けるが，このような順序の変更は以下の**ベイズの定理** (Bayes' theorem) に対応している．$P(A) \times P(B\,|\,A) = P(B) \times P(A\,|\,B)$ より

$$P(A\,|\,B) = \frac{P(B\,|\,A)P(A)}{P(B)} = \frac{P(B\,|\,A)P(A)}{P(B\,|\,A)P(A) + P(B\,|\,A^c)P(A^c)} \tag{1.1}$$

と書くことができる．これをベイズの定理とよぶ．ベイズの定理は，A が原因 (たとえば特定の病気) で B がその結果 (たとえばその病気の症状) である場合のように，A から B への因果的な順序がある場合用いることが多い．この場合 $P(B\,|\,A)$ は A が原因となり B が起きる条件付き確率を表す．また $P(A)$ を A の**事前確率** (prior probability) といい，式 (1.1) の左辺を**事後確率** (posterior probability) という．ベイズの定理は，結果が与えられたときに原因の確率を求めるような文脈で用いられる．ベイズの定理は，図 1.2 のように全事象 Ω が排反 (disjoint) な事象 $A_1, \ldots, A_k$ の和である場合

$$\Omega = A_1 \cup \cdots \cup A_k, \quad A_i \cap A_j = \emptyset \quad (i \neq j)$$

に次の形で拡張される．

$$P(A_i\,|\,B) = \frac{P(B\,|\,A_i)P(A_i)}{\sum_{j=1}^{k} P(B\,|\,A_j)P(A_j)}$$

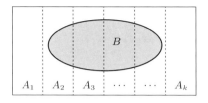

図 1.2

3 つの事象 A, B, C について $P(A \cap B \mid C) = P(A \mid C) P(B \mid C)$ が成り立つとき, C を与えたもとで A と B は**条件付き独立** (conditionally independent) であるという.

▌期待値と分散▌　ここまでは事象について考えてきたが, 以下は確率変数について考える. サイコロの目や明日の気温などランダムに変動する変数を**確率変数** (random variable) とよぶ. まずはサイコロの目のように離散的な値をとる確率変数を考える. 確率変数を X と大文字で表し, X のとりうる値を x と小文字で表す. サイコロの場合には $x = 1, 2, 3, 4, 5, 6$ となる. X が値 x をとる確率 $P(X = x)$ を

$$p(x) = P(X = x)$$

と表し**確率関数** (probability function) とよぶ. X の**期待値** (あるいは平均値, expectation, mean) $E[X]$ は

$$\mu = E[X] = \sum_x x p(x)$$

で定義される. ただし右辺の和はとりうるすべての値 x に関する和である. X の関数 $g(X)$ の期待値は

$$E[g(X)] = \sum_x g(x) p(x)$$

で定義される. 特に $g(x) = (x - \mu)^2$ を偏差の 2 乗として, X の**分散** (variance) は

$$\sigma^2 = V[X] = E[(X - \mu)^2] = \sum_x (x - \mu)^2 p(x)$$

である. $(X - \mu)^2 = X^2 - 2X\mu + \mu^2$ と展開してから $p(x)$ を掛けて和をとれば

$$V[X] = E[X^2] - \mu^2$$

が成り立つことがわかる.

以上は離散的な確率変数についての説明であったが，気温のように連続な確率変数のときは**確率密度関数** (probability density function) $f(x)$ を

$$f(x) = \lim_{\varepsilon \to 0} \frac{P(x < X \le x + \varepsilon)}{\varepsilon}$$

と定義して

$$E[X] = \int_{-\infty}^{\infty} x f(x)\, dx, \quad V[X] = \int_{-\infty}^{\infty} (x - \mu)^2 f(x)\, dx$$

のように，和を積分に置き換えて定義すればよい．またベイズの定理を確率変数について考えるには，ベイズの定理の分母分子に確率関数や確率密度関数を用いればよい．

例 題

問 1.1 男女共学の A 大学の入学試験では，ある年，受験生に占める女子の比率は 0.4 で，合格率は，女子が 0.5 で男子が 0.4 であった．

〔1〕 この大学全体の合格率を求めよ．

〔2〕 この大学の合格者名簿のなかからランダムに選んだ 1 人が女子である確率を求めよ．

問 1.2 1, 2, 3 のいずれかの数字が各面に 1 つずつ書かれた正六面体のサイコロがある．また，1, 2, 3 のそれぞれの数字は少なくとも 1 つの面に書かれている．サイコロを投げたときに出る目を確率変数 X とすると，確率 $P(X = 1) = P(X = 2)$ であり，X の期待値は 2 より大であった．ただし，サイコロを投げたときに各面が出る確率は 1/6 とする．

〔1〕 確率変数 X の期待値と分散を求めよ．

〔2〕 このサイコロを 2 度投げ，異なる目が出た場合は大きいほうの数字，同じ目が出た場合はその数字を確率変数 Y とする．確率 $P(Y = 3)$ を求めよ．

問 1.3 高齢者 (65 歳以上) のうち 100 人に 1 人がある病気にかかっているとする．この病気には検査 1，検査 2 の 2 種類の検査がある．検査 1 は，本当にその病気にかかっている場合に 99.0 ％の確率で陽性反応を示すが，病気でない場合でも 2 ％の確率で陽性反応を示す．検査 2 は，検査 1 で陽性と診断された者に対して行う．検査 1 で陽性と診断された者が本当にその病気にかかっている場合，検査 2 は 90 ％の確率で陽性反応を示す．検査 1 で陽性と診断された者が実際は病気でない場合でも，検査 2 は 10 ％の確率で陽性反応を示す．

〔1〕 高齢者の A さんが検査 1 を受診したところ，結果は「陽性」であった．A さんが本当にその病気にかかっている確率を求めよ．

〔2〕 検査 1 で「陽性」と判定された A さんは，次に検査 2 を受診し，再び「陽性」と判定された．A さんが本当にその病気にかかっている確率を求めよ．

答および解説

問 1.1

〔1〕0.44.

大学全体の合格率は

$$\text{(女子の合格率)} \times \text{(女子の比率)} + \text{(男子の合格率)} \times \text{(男子の比率)}$$
$$= 0.5 \times 0.4 + 0.4 \times 0.6 = 0.44$$

と求められる.

〔2〕5/11.

ランダムに選んだ受験生が, 女子である事象を W とし, 入試に合格する事象を S とすると, 入試に合格した受験生が女子である条件付き確率は, 上問〔1〕より $P(S) = 0.44$ であるので, ベイズの定理により

$$P(W\,|\,S) = \frac{P(S\,|\,W)P(W)}{P(S)} = \frac{0.5 \times 0.4}{0.44} = \frac{5}{11}$$

となる.

問 1.2

〔1〕5/2 および 7/12.

$P(X = 3) \geq 1/6$ の条件より $P(X = 1) = P(X = 2)$ の値の可能性は 1/6 か 1/3 のみとなるが, 1/3 の場合は期待値が 2 となるので題意に反する. したがって $P(X = 1) = P(X = 2) = 1/6$ であり X の確率関数は以下の表のようになる.

x	1	2	3	合計
$p(x)$	1/6	1/6	4/6	1

これより期待値は

$$\mu = E[X] = \frac{1}{6} + \frac{2}{6} + \frac{12}{6} = \frac{15}{6} = \frac{5}{2}$$

となる. また分散は $V[X] = E[X^2] - \mu^2$ を用いて

$$V[X] = \frac{1}{6} + \frac{4}{6} + \frac{36}{6} - \frac{25}{4} = \frac{41}{6} - \frac{25}{4} = \frac{82 - 75}{12} = \frac{7}{12}$$

と求められる.

〔2〕8/9.

2 回投げたときに出る目を (X_1, X_2) と表すことにする. 余事象を考えると, X_1, X_2 とも 2 以下となる確率を求めればよいが, 独立性より

$$P(X_1 \leq 2, X_2 \leq 2) = P(X_1 \leq 2) \times P(X_2 \leq 2) = \left(\frac{1}{3}\right)^2 = \frac{1}{9}$$

となる. したがって求める確率は $1 - 1/9 = 8/9$ である.

問 1.3

〔1〕 1/3.

X, Y_1 をそれぞれ

- X : その病気にかかっている
- Y_1 : 検査 1 の結果が陽性

という事象としたとき，ここで求める確率は $P(X \mid Y_1)$ である．問題文の仮定より

$$P(Y_1 \mid X) = 0.99, \ P(Y_1 \mid X^c) = 0.02, \ P(X) = 0.01, \ P(X^c) = 0.99$$

であることから，ベイズの定理より

$$P(X \mid Y_1) = \frac{P(Y_1 \mid X)P(X)}{P(Y_1)} = \frac{0.99 \times 0.01}{0.99 \times 0.01 + 0.02 \times 0.99} = \frac{1}{3}$$

となる．

〔2〕 9/11.

Y_2 を検査 2 の結果が陽性であったという事象とすると，ここで求める確率は $P(X \mid Y_1, Y_2)$ である．問題文の仮定と〔1〕の結果より

$$P(Y_2 \mid Y_1, X) = 0.9, \ P(Y_2 \mid Y_1, X^c) = 0.1, \ P(X \mid Y_1) = 1/3, \ P(X^c \mid Y_1) = 2/3$$

であることから，ベイズの定理より

$$P(X \mid Y_1, Y_2) = \frac{P(Y_2 \mid X, Y_1)P(X \mid Y_1)}{P(Y_2 \mid Y_1)} = \frac{\frac{9}{10} \times \frac{1}{3}}{\frac{9}{10} \times \frac{1}{3} + \frac{1}{10} \times \frac{2}{3}} = \frac{9}{11}$$

となる．

2 確率分布と母関数

／キーワード／ 累積分布関数, 生存関数, 同時確率関数, 同時確率密度関数, 周辺確率関数, 周辺確率密度関数, 条件付き確率関数, 条件付き確率密度関数, モーメント母関数 (積率母関数), 確率母関数

█累積分布関数と生存関数█ 確率変数 X の**累積分布関数** (cumulative distribution function) $F(x)$ は $F(x) = P(X \leq x)$ と表される. 累積分布関数は離散確率変数でも連続確率変数でも同じ形で定義されるが, X が離散確率変数であれば $F(x)$ は確率関数の和 $F(x) = \sum_{x' \leq x} p(x')$ となり, 連続確率変数であれば確率密度関数の積分 $F(x) = \int_{-\infty}^{x} f(x') \, dx'$ となる. 連続な場合は, 微分と積分の関係により, 確率密度関数は累積分布関数の微分であり $f(x) = F'(x)$ と表される. 離散的な場合は確率関数は累積分布関数の不連続点での「とび」の大きさとして得られ, $p(x) = F(x) - F(x-)$ と表される. ここで $F(x-) = \lim_{x' \uparrow x} F(x')$ は x' が x に下から収束するときの極限を表す.

確率変数 X が寿命を表す場合には $S(x) = 1 - F(x)$ は時刻 x にまだ生きている確率を表す. この意味で $S(x)$ を**生存関数** (survival function) とよぶ. また寿命 X が連続確率変数として

$$h(x) = \frac{f(x)}{1 - F(x)} = (-\log S(x))'$$

を**ハザード関数** (hazard function) とよぶ. ハザード関数は時刻 x において生存している者のうち, その後短時間に死亡する者の率に対応する.

█同時確率密度関数█ X, Y を 2 つの離散確率変数とするとき「X が値 x をとり, Y が値 y をとる確率」を $p(x, y) = P(X = x, Y = y)$ と表し**同時確率関数** (joint probability function) とよぶ. また $X \leq x$ かつ $Y \leq y$ となる確率

$$F(x, y) = P(X \leq x, Y \leq y) = \sum_{x' \leq x, y' \leq y} p(x', y')$$

を累積分布関数という. 同時確率関数から X のみの確率関数 $p_X(x)$ を得るには

$P(X = x) = \sum_y P(X = x, Y = y)$ であるから

$$p_X(x) = \sum_y p(x, y)$$

のように y について和をとればよい. X の分布を**周辺分布** (marginal distribution) とよび, $p_X(x)$ を**周辺確率関数** (marginal probability function) とよぶ. また $X = x$ が与えられたときに $Y = y$ となる条件付き確率は

$$p_{Y|X}(y|x) = \frac{p(x, y)}{p_X(x)}$$

であり $p_{Y|X}(y|x)$ を**条件付き確率関数** (conditional probability function) とよぶ. ここまでは 2 変数の場合の記法を与えたが, n 個の離散確率変数 $X_1, \ldots, X_n$ について も確率関数 $p(x_1, \ldots, x_n)$ などは 2 変数の場合と同様に定義される.

次に連続確率変数の場合を説明する. X, Y を連続確率変数とし $F(x, y) = P(X \leq x, Y \leq y)$ を累積分布関数とする. X, Y の**同時確率密度関数** (joint probability density function) $f(x, y)$ は $F(x, y)$ を x と y でそれぞれ偏微分して

$$f(x, y) = \frac{\partial^2}{\partial x \partial y} F(x, y)$$

と定義される. 偏微分と重積分の関係により, 長方形の領域の確率が

$$P(x_1 < X \leq x_2, y_1 < Y \leq y_2) = \int_{x_1}^{x_2} \int_{y_1}^{y_2} f(x, y) \, dx dy$$

で与えられる. X の**周辺確率密度関数** (marginal probability density function) $f_X(x)$ は $f_X(x) = \int_{-\infty}^{\infty} f(x, y) \, dy$ で与えられ, $X = x$ を所与としたときの y の**条件 付き確率密度関数** (conditional probability density function) は

$$f_{Y|X}(y|x) = \frac{f(x, y)}{f_X(x)}$$

で与えられる. n 個の連続確率変数についても, 累積分布関数や同時確率密度関数は 2 変数と同様に

$$F(x_1, \ldots, x_n) = P(X_1 \leq x_1, \ldots, X_n \leq x_n),$$

$$f(x_1, \ldots, x_n) = \frac{\partial^n}{\partial x_1 \cdots \partial x_n} F(x_1, \ldots, x_n)$$

で与えられる. 周辺確率密度関数や条件付き確率密度関数も同様に定義される.

3 つの変数 (あるいは変数群) X, Y, Z について

$$f_{X,Y|Z}(x,y\,|\,z) = f_{X|Z}(x\,|\,z)f_{Y|Z}(y\,|\,z)$$

が成り立つとき，$Z = z$ を与えたもとで X と Y は条件付き独立である.

> **例 1**　xy-平面の単位円の内部 $\{(x,y) \mid x^2 + y^2 \leq 1\}$ から無作為に 1 点を抽出することに対応して，単位円内の一様分布の同時確率密度関数 $f(x,y)$ を
>
> $$f(x,y) = \begin{cases} \dfrac{1}{\pi} & (x^2 + y^2 \leq 1) \\ 0 & (その他) \end{cases}$$
>
> とおく．x の周辺確率密度関数および x を与えたときの y の条件付き確率密度関数を求めよ.

> **答**　$-1 \leq x \leq 1$ となる x について同時確率密度関数が正となる y の範囲は $-\sqrt{1-x^2} \leq y \leq \sqrt{1-x^2}$ だから，x の周辺確率密度関数 $f_X(x)$ は
>
> $$f_X(x) = \frac{1}{\pi} \int_{-\sqrt{1-x^2}}^{\sqrt{1-x^2}} dy = \frac{2\sqrt{1-x^2}}{\pi}, \qquad -1 \leq x \leq 1$$
>
> となる．条件付き確率密度関数 $f_{Y|X}(y\,|\,x)$ は区間 $[-\sqrt{1-x^2}, \sqrt{1-x^2}]$ 上の一様分布となり
>
> $$f_{Y|X}(y\,|\,x) = \frac{1}{2\sqrt{1-x^2}}, \qquad -\sqrt{1-x^2} \leq y \leq \sqrt{1-x^2}$$
>
> となる.

■母関数■　確率関数や確率密度関数の性質を調べるために有用な道具が**モーメント母関数** (**積率母関数**，moment generating function) や**確率母関数** (probability generating function) である．まず整数値をとる確率変数に主に用いられる確率母関数を説明する．整数値をとる確率変数 X の確率関数を $p(x)$ とし，s を任意の実数とするとき，X の確率母関数を

$$G(s) = E\left[s^X\right] = \sum_x s^x p(x) \tag{2.1}$$

と定義する．X のとりうる値が無限個であれば $G(s)$ は無限和となり級数の収束の問題があるが，1 を含むある開区間のすべての s に対して式 (2.1) の右辺の和が収束すると仮定する．G を微分すると $G'(s) = E\left[Xs^{X-1}\right], G''(s) = E\left[X(X-1)s^{X-2}\right]$ であるが，ここで $s = 1$ とおくと

$$G'(1) = E[X], \quad G''(1) = E[X(X-1)]$$

を得る．これより X の期待値と分散が

$$E[X] = G'(1), \quad V[X] = E[X^2] - (E[X])^2 = G''(1) + G'(1) - (G'(1))^2$$

のように表されることがわかる．

モーメント母関数 $m(\theta)$ は確率母関数において $s = e^{\theta}$ とおいたものであり

$$m(\theta) = E\left[e^{\theta X}\right] = G(e^{\theta})$$

で与えられる．したがって両者は基本的に同じ母関数である．ただしモーメント母関数は連続確率変数の場合に用いられることが多い．モーメント母関数を微分すると $m'(\theta) = E\left[Xe^{\theta X}\right], m''(\theta) = E\left[X^2 e^{\theta X}\right]$ などとなり $\theta = 0$ を代入すると

$$m'(0) = E[X], \ m''(0) = E[X^2], \ldots, \ m^{(k)}(0) = E[X^k]$$

のように原点まわりのモーメント (積率) $E[X^k], k = 1, 2, \ldots$ が得られる．

モーメント母関数を用いるときは 0 を含むある開区間のすべての θ について $m(\theta)$ を定める広義積分あるいは無限和が収束すると仮定する．なお，広義積分の収束の問題を回避するために θ に純虚数 it ($i = \sqrt{-1}$ は虚数単位で t は実数) を代入した $\phi(t) = m(it)$ を**特性関数** (characteristic function) とよぶ．以上の母関数の性質として

(1) 確率分布との 1 対 1 対応，

(2) 独立な変数の和が母関数の積に対応，

という 2 つの性質が重要である．確率母関数，モーメント母関数，特性関数のいずれについても同様であるので，以下ではモーメント母関数について説明する．確率分布との 1 対 1 対応とは，確率分布が異なればモーメント母関数も異なるということを表す．この性質により，たとえばある確率変数 X のモーメント母関数が正規分布のモーメント母関数と一致することを示すことができれば，X の分布が正規分布であることがわかる．次に X_1 と X_2 を独立な確率変数として，それらのモーメント母関数をそれぞれ $m_1(\theta), m_2(\theta)$ とすれば，$X_1 + X_2$ のモーメント母関数 $m(\theta)$ は

$$m(\theta) = E\left[e^{\theta(X_1+X_2)}\right] = E\left[e^{\theta X_1} e^{\theta X_2}\right] = E\left[e^{\theta X_1}\right] E\left[e^{\theta X_2}\right] = m_1(\theta)m_2(\theta)$$

である．このように独立な確率変数の和のモーメント母関数はそれぞれのモーメント母関数の積となる．特に $X_1, \ldots, X_n$ を独立で同一な分布に従う (***i.i.d.***, independently and identically distributed) 確率変数とし，$m(\theta)$ を共通のモーメント母関数とすれ

ば $X_1 + \cdots + X_n$ のモーメント母関数 $m_n(\theta)$ は $m_n(\theta) = m(\theta)^n$ とべき乗の形で得られる.

> **例 2**　0 と 1 の値をとるベルヌーイ確率変数 X, $P(X = 1) = p = 1 - P(X = 0)$ の確率母関数を求め, それにより二項分布の確率母関数を求めよ.
>
> **答**　ベルヌーイ確率変数の確率母関数は $(1 - p) + ps = 1 + p(s - 1)$. 二項分布は独立な n 個のベルヌーイ確率変数の和の分布だから, 二項分布の確率母関数は $(1 + p(s - 1))^n$.

─ 例 題

> **問 2.1**　xy-平面の単位正方形 $\{(x, y) \mid 0 \le x \le 1,\ 0 \le y \le 1\}$ 上の確率密度関数 $f(x, y)$ を
>
> $$f(x, y) = c(x + y)$$
>
> とおく.
>
> 〔1〕基準化定数 c を求めよ.
>
> 〔2〕X の周辺確率密度関数を求めよ.
>
> 〔3〕X を与えたときの Y の条件付き確率密度関数を求めよ.
>
> **問 2.2**　X を幾何分布に従う離散確率変数とする. すなわち X は非負整数値をとりその確率関数を $p(x) = p(1 - p)^x$, $x = 0, 1, 2, \ldots$ とする. ただし $0 < p < 1$ は幾何分布のパラメータである. X の確率母関数 $G(s)$ を求めよ. また確率母関数を微分することにより X の期待値と分散を求めよ.
>
> **問 2.3**　X を指数分布に従う連続確率変数とする. すなわち $X \ge 0$ の確率密度関数を $f(x) = \lambda e^{-\lambda x}$ とする. ただし $\lambda > 0$ はパラメータである. X のモーメント母関数を求めよ. またモーメント母関数を微分することにより X の期待値と分散を求めよ.

答および解説

問 2.1

〔1〕$\displaystyle \int_0^1 \int_0^1 f(x, y)\, dxdy = 1$ となるように c を定めればよい. x と y の対称性より

$$\int_0^1 \int_0^1 (x + y)\, dxdy = 2 \int_0^1 \int_0^1 x\, dxdy = 2 \int_0^1 x\, dx = \left[x^2 \right]_0^1 = 1$$

より $c = 1$.

〔2〕周辺確率密度関数は

$$f_X(x) = \int_0^1 (x + y)\, dy = x + \frac{1}{2}$$

である.

〔3〕条件付き確率密度関数は

$$f_{Y|X}(y|x) = \frac{x+y}{x+1/2}$$

である.

問 2.2 確率母関数は

$$G(s) = p \sum_{x=0}^{\infty} ((1-p)s)^x = \frac{p}{1-(1-p)s}, \quad |s| < \frac{1}{1-p}$$

である. これを微分して $s = 1$ とおくと $G'(1) = (1-p)/p$, $G''(1) = 2(1-p)^2/p^2$ を得る. これより期待値は $E[X] = (1-p)/p$, 分散 $V[X]$ は

$$G''(1) + G'(1) - (G'(1))^2 = \frac{2(1-p)^2}{p^2} + \frac{1-p}{p} - \left(\frac{1-p}{p}\right)^2 = \frac{1-p}{p^2}$$

である.

問 2.3 モーメント母関数は $\theta < \lambda$ に対して

$$m(\theta) = \lambda \int_0^{\infty} e^{-(\lambda-\theta)x}\, dx = \frac{\lambda}{\lambda-\theta}$$

である. これを微分して $m'(0) = 1/\lambda$, $m''(0) = 2/\lambda^2$ を得る. これより期待値は $E[X] = 1/\lambda$, 分散は $V[X] = 2/\lambda^2 - 1/\lambda^2 = 1/\lambda^2$ である.

3　分布の特性値

//キーワード// 歪度，尖度，変動係数，相関係数，偏相関係数，分位点関数，条件付き期待値，条件付き分散

■確率変数の分布の特性値■　主な分布の特性値としては，期待値，**中央値** (median)，**最頻値** (モード (mode) ともいう) などの位置の指標と，分散 (または標準偏差)，**四分位範囲** (interquartile range) などの散らばりの指標がある．

確率変数 X の確率密度関数 (または確率関数) を $f(x)$ とする．このとき，中央値と最頻値は

中央値：$P(x \leq a) = 0.5$ となる a

　　　　（X が離散型の場合，$P(x \leq a) \geq 0.5$ かつ $P(x \geq a) \geq 0.5$ となる a）

最頻値：$f(x)$ が最大となる x

として定義される．

左右対称かつ単峰な分布である場合 (図 3.1 左) は，期待値，中央値，最頻値はすべて一致するので，これらを使い分ける必要はない．一方，左右対称でない分布では，右に裾が長い場合 (図 3.1 右) は最頻値 < 中央値 < 期待値，左に裾が長い場合は期待値 < 中央値 < 最頻値となる傾向がある．

また，標準偏差と四分位範囲は

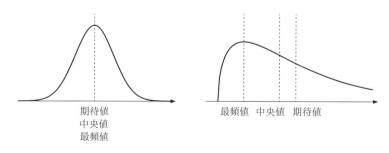

図 3.1　期待値，中央値，最頻値の関係

標準偏差 : $\sqrt{V[X]}$

四分位範囲 : $(P(X \leq b) = 0.75 \text{ となる } b) - (P(X \leq c) = 0.25 \text{ となる } c)$

$$(= \text{第 3 四分位数} - \text{第 1 四分位数})$$

として定義される. 裾が長い分布では標準偏差が大きくなりやすい傾向がある. そのため, 左右対称でない, 裾の長い分布では散らばりの指標として四分位範囲が使われることもある. 第 1 四分位数や第 3 四分位数だけでなく, さらに細かい分位点を考えることもある. 確率変数 X の分布関数を $F_X(x)$ とするとき, $F^{-1}(\alpha) = \inf\{x \,|\, F_X(x) \geq \alpha\}$ を X の**分位点関数** (quantile function) という. $F_X(x)$ が連続かつ狭義単調増加であるときは, 分位点関数は分布関数の逆関数となる. また, $F^{-1}(\alpha)$ は $100\alpha\,\%$ 点という ($F^{-1}(0.25)$ は第 1 四分位数, $F^{-1}(0.75)$ は第 3 四分位数である).

非負値の確率変数に対する散らばりの指標としては**変動係数** (coefficient of variation) がある. 一般に, 大きな値をとりやすい確率変数の標準偏差は大きくなりやすく, 小さな値しかとらない確率変数の標準偏差は小さくなりやすい. そこで, 変動係数は期待値に対する期待値からの散らばりの程度を表す指標として, $\sqrt{V[X]}/E[X]$ と定義される. 変動係数は単位をもたない指標なので, 異なる単位のデータの散らばりを比較する際にも適している.

> **例 1** 18 歳男性における身長の期待値と標準偏差はそれぞれ 168.9 cm, 5.7 cm であり, 体重の期待値と標準偏差はそれぞれ 63.6 kg, 15.9 kg である (厚生労働省「平成 29 年国民健康・栄養調査」). 身長と体重について, 期待値に対する期待値からの散らばりが大きいのはどちらか. 変動係数を比較せよ.
>
> **答** 身長の変動係数は $5.7/168.9 = 0.034$, 体重の変動係数は $15.9/63.6 = 0.25$ であるので, 体重のほうが期待値に対する期待値からの散らばりが大きい.

位置の指標や散らばりの指標以外の分布の特性値として, 分布の歪みの指標である**歪度** (skewness) や, 標準化した分布の裾の重さの指標である**尖度** (kurtosis) がある. 歪度と尖度はそれぞれ

$$\text{歪度}: \frac{E[(X - E[X])^3]}{(V[X])^{3/2}} \qquad \text{尖度}: \frac{E[(X - E[X])^4]}{(V[X])^2}$$

と定義される. 分布が左右対称であれば歪度は 0 となる. また, 分布の裾が右に長ければ歪度は正となり, 左に長ければ負となる傾向がある. 尖度は必ず 0 以上であり, 正規分布の場合は 3 となる. 尖度は正規分布を基準とし, 3 より大きいかどうかを検

討することが多い．そのため，上記の定義ではなく，$E[(X - E[X])^4]/(V[X])^2 - 3$ が尖度の定義とされることもある．図 3.2 にいくつかの分布に対する尖度と歪度を示す．左図は右に裾の長い分布なので，歪度が正となっている．右図は点線で正規分布を表している (つまり，点線の分布の歪度は 0，尖度は 3 である)．実線は正規分布よりも裾がやや長く尖度が 6 となっている．

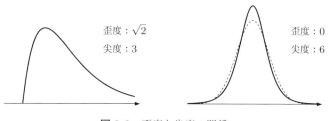

図 3.2　歪度と尖度の関係

■**同時分布の特性値**■　2 つの確率変数 X と Y の関係を表す概念として**相関** (correlation) がある．2 つの確率変数 X と Y について，X と Y ともに平均よりも大きい値をとりやすい，またはともに平均よりも小さい値をとりやすいとき，X と Y は正の相関があるという．逆に，X と Y の片方が平均より大きく，もう一方が平均よりも小さい値をとりやすいとき，X と Y は負の相関があるという．確率変数 X と Y の相関を表す指標として，**共分散** (covariance) や**相関係数** (correlation coefficient) がある．共分散 $\mathrm{Cov}[X, Y]$ は

$$\mathrm{Cov}[X, Y] = E[(X - E[X])(Y - E[Y])] = E[XY] - E[X]\,E[Y]$$

として定義される．正の相関があるときは共分散は正となり，負の相関があるときは共分散は負となる．しかし，共分散の大きさは確率変数の散らばりの大きさに依存する．そこで，各確率変数を基準化して共分散を計算したもの

$$\rho[X, Y] = E\left[\left(\frac{X - E[X]}{\sqrt{V[X]}}\right)\left(\frac{Y - E[Y]}{\sqrt{V[Y]}}\right)\right] = \frac{\mathrm{Cov}[X, Y]}{\sqrt{V[X]\,V[Y]}}$$

を相関係数という．相関係数は -1 以上 1 以下の値をとり，この大きさにより相関の強さを判断する．

相関係数の絶対値が 1 であれば，X と Y の間に 1 次式の関係がある．つまり，$Y = aX + b\ (a \neq 0)$ という関係が成り立つ．一方で，X と Y が独立であれば，共分散も相関係数も 0 となる．相関係数の絶対値が 1 に近ければ相関が強く，0 に近け

れば相関が弱い (または相関がない) という.

2 つの確率変数 X, Y それぞれに別の確率変数 Z が影響を与えている場合 (X と Z の相関が強く，Y と Z の相関も強い場合)，X と Y の相関は強くなりやすい．このような相関のことを**擬似相関** (または偽相関，spurious correlation) という．このような場合は Z の影響を除いた相関を考えたい．ある変数の影響を除いた相関係数のことを**偏相関係数** (partial correlation coefficient) という．Z の影響を除いた X と Y の偏相関係数は

$$\rho[X, Y \,|\, Z] = \frac{\rho[X, Y] - \rho[X, Z]\,\rho[Y, Z]}{\sqrt{(1 - \rho[X, Z]^2)(1 - \rho[Y, Z]^2)}}$$

として計算される.

また，2 つの確率変数 X, Y について，一方の変数が与えられたもとでの期待値や分散をそれぞれ**条件付き期待値** (conditional expectation)，**条件付き分散** (conditional variance) という．X が与えられたもとでの Y の条件付き期待値は

$$E[Y \,|\, X] = \int_{-\infty}^{\infty} y f_{Y|X}(y) \, dy$$

であり，X が与えられたもとでの Y の条件付き分散は

$$V[Y \,|\, X] = E[Y^2 \,|\, X] - (E[Y \,|\, X])^2$$

である．条件付き期待値や条件付き分散は条件となる確率変数の値に依存するので，これらもまた確率変数であることに注意する.

■**特性値の性質**■　ここまでにさまざまな特性値を紹介してきたが，ここではそれら特性値の性質について紹介する (証明については省略する)．まず，期待値に関し，確率変数 X, Y と定数 a, b, c について

$$E[aX + bY + c] = aE[X] + bE[Y] + c$$

が成り立つ．また，X と Y が独立であれば

$$E[XY] = E[X]\,E[Y]$$

が成り立つ．分散に関しては，

$$V[aX + b] = a^2 V[X], \quad V[X \pm Y] = V[X] + V[Y] \pm 2\mathrm{Cov}[X, Y]$$

が成り立つ (X と Y が独立であれば, $V[X \pm Y] = V[X] + V[Y]$ である). 条件付き期待値については,

$$E[E[X\,|\,Y]] = E[X]$$

が成り立つ (この式は繰り返し期待値の法則ともよばれる). また, 分散について

$$V[X] = E[V[X\,|\,Y]] + V[E[X\,|\,Y]]$$

が成り立つ.

■**データの特性値**■   これまで紹介してきた特性値は分布 (母集団) に関する特性値である. 実際に観測されたデータに対する特性値もほぼ同様に計算される. データ $x_1, \ldots, x_n$ に対し, 平均は $\overline{x} = \dfrac{1}{n} \sum_{i=1}^{n} x_i$, (不偏) 分散は $s_x^{\,2} = \dfrac{1}{n-1} \sum_{i=1}^{n} (x_i - \overline{x})^2$ として計算される. この平均は算術平均とよばれるものであるが, 平均には算術平均以外に, **加重平均** (weighted average, 加重算術平均), **幾何平均** (geometric average), **調和平均** (harmonic average) がある.

重み $w_1, \ldots, w_n$ ($w_i > 0, w_1 + \cdots + w_n = 1$) に対する $x_1, \ldots, x_n$ の加重平均は $\sum_{i=1}^{n} w_i x_i$ として定義される. これは観測値 x_i が割合 w_i で得られる場合の全平均を計算したものである.

$x_1, \ldots, x_n$ ($x_i > 0$) の幾何平均は $(x_1 \times \cdots \times x_n)^{1/n}$ として定義される. 幾何平均は積に関する平均を意味しており, $x_1 \times \cdots \times x_n$ とこの幾何平均の n 乗が一致する.

$x_1, \ldots, x_n$ ($x_i > 0$) の調和平均は $1/x_1, \ldots, 1/x_n$ の平均 $\dfrac{1}{n} \sum_{i=1}^{n} (1/x_i)$ の逆数として定義される. 調和平均は割合の平均を意味している.

> **例2** ある一定の分量 (1 人分) の仕事を A さん, B さん, C さんが 1 人で行うとそれぞれ 5 時間, 3 時間, 4 時間で完了する. 3 人分の仕事を 3 人で分担して行った場合, 何時間で完了するかを計算せよ.
>
> **答** A さん, B さん, C さんそれぞれが 1 時間あたりで終える仕事量は 1/5, 1/3, 1/4 (人分) である. よって, 3 人全員でこの仕事を行ったときに 1 時間あたりで終える仕事量は 1/5 + 1/3 + 1/4 (人分) である. よって, 全員で 3 人分の仕事を終えるのにかかる時間は $3/(1/5 + 1/3 + 1/4) = 3.8$ 時間である.

■**平均ベクトルと分散共分散行列**■　多次元の確率ベクトルの場合には，期待値は
ベクトルとなり，分散および共分散をまとめて表したものは非負定値対称行列とな
る．$\boldsymbol{X} = (X_1, \ldots, X_k)^\top$ を k 次元確率ベクトルとする．$\mu_i = E[X_i]$ を要素とする
k 次元ベクトル $\boldsymbol{\mu} = (\mu_1, \ldots, \mu_k)^\top$ を**期待値ベクトル**あるいは**平均ベクトル** (mean
vector) とよぶ．また X_i と X_j の共分散 $\sigma_{ij} = E[(X_i - \mu_i)(X_j - \mu_j)]$ を (i, j) 要素
とする行列

$$\Sigma = \begin{pmatrix} \sigma_{11} & \sigma_{12} & \cdots & \sigma_{1k} \\ \sigma_{21} & \sigma_{22} & \cdots & \sigma_{2k} \\ \vdots & \vdots & \ddots & \vdots \\ \sigma_{k1} & \sigma_{k2} & \cdots & \sigma_{kk} \end{pmatrix}$$

を**分散共分散行列** (variance-covariance matrix) とよぶ．分散共分散行列の対角要素
$\sigma_{ii} = E[(X_i - \mu_i)^2]$ は X_i の分散である．Σ は非負定値対称行列である．同様に対
角要素を 1 とし，X_i と X_j $(i \neq j)$ の相関係数 ρ_{ij} を (i, j) 要素とする行列を**相関係
数行列**あるいは**相関行列** (correlation matrix) とよぶ．

　平均ベクトル，分散共分散行列，相関係数行列は標本 $\{\boldsymbol{x}_1, \ldots, \boldsymbol{x}_n\}$ についても同
様に定義される．平均ベクトル $\overline{\boldsymbol{x}}$ および (不偏) 分散共分散行列 S は

$$\overline{\boldsymbol{x}} = \frac{1}{n} \sum_{i=1}^n \boldsymbol{x}_i, \quad S = \frac{1}{n-1} \sum_{i=1}^n (\boldsymbol{x}_i - \overline{\boldsymbol{x}})(\boldsymbol{x}_i - \overline{\boldsymbol{x}})^\top$$

と表される (22 章を参照のこと)．なお，標本分散共分散行列は章によって n で割っ
たものを用いる．

━━ **例 題** ━━

問 3.1　ある種の動物 50 匹の体重を調べたところ，平均は 60 kg，標準偏差は 12 kg で
あった．この 50 匹を 1 カ月間，餌を替えて飼育したところ，体重の平均は 65 kg に増え
たが，変動係数に変化はなかった．

〔1〕この 50 匹の餌を替える前の体重の変動係数を求めよ．

〔2〕この 50 匹を 1 カ月間，餌を替えて飼育した後の体重の標準偏差を求めよ．

問 3.2　次の各問いにおける平均について，加重平均 (加重算術平均)，幾何平均，調和平
均のなかから最も適切な平均を選び，その値を求めよ．

〔1〕片道 48 km の道のりを，行きは時速 8 km で，帰りは時速 12 km で往復した．この
とき，往復の平均時速を求めよ．

〔2〕 ある大学の食堂には定食が 3 種類あり，A 定食は 600 円，B 定食は 700 円，C 定食は 500 円である．1 週間の売上げ数を調べたところ，A 定食は 500 食，B 定食は 700 食，C 定食は 800 食の売上げがあった．定食 1 食に使われた平均金額を求めよ．

〔3〕 消費者物価指数の 4 年間の伸び率が，1.15, 0.98, 1.03, 0.99 であった．この 4 年間の 1 年あたりの平均伸び率を小数点以下第 2 位まで求めよ．

問 3.3 あるサンドイッチ工場の生産工程では，2 枚のパンと 1 枚のハムからなるサンドイッチを生産している．サンドイッチの大きさは 100 (mm)×50 (mm) である．原料となるパンとハムは，前工程から次のサイズで送られてくる．

	大きさ (mm×mm)	厚さ (mm)
パン	100×100	X
ハム	100×50	Y

ただし，X, Y はそれぞれ期待値と分散が

$$E[X] = 10, \qquad V[X] = 0.5^2$$
$$E[Y] = 3, \qquad V[Y] = 0.4^2$$

の確率変数である．同一のパン内，ハム内での厚さのばらつきは無視してよい．

このサンドイッチの生産工程について，次の 2 つの方法を考える．

方法 1 前工程から送られてくるパンを半分に切断して 100×50 の大きさで溜めておく．次に，大量に溜めてあるパンのなかから 2 枚をランダムに抜き出し，ランダムに選んだハムを 1 枚はさんでサンドイッチを作成する．

方法 2 前工程から送られてくるパンからランダムに 1 枚を選び，それを 100×50 の大きさに切断し，その間にランダムに選んだハムを 1 枚はさんでサンドイッチを作成する．

方法 1 で生産するサンドイッチの厚さを Z_1，**方法 2** で生産するサンドイッチの厚さを Z_2 とする．Z_1 と Z_2 の分散 $V[Z_1], V[Z_2]$ をそれぞれ求めよ．

答および解説

問 3.1

〔1〕 0.2 (20 %).

平均が 60 kg，標準偏差が 12 kg であることより，変動係数 (= 標準偏差/平均) は 12/60 = 0.2 となる．20 % と表記してもよい．

〔2〕 13 (kg).

平均が 65 kg に増えたことから，$x/65 = 0.2$ を解けばよい．標準偏差は 13 kg となる．

問 3.2

〔1〕 (調和平均) 9.6 km/ 時間．

調和平均を使う．時速 $8\,\mathrm{km}$, $12\,\mathrm{km}$ で $48\,\mathrm{km}$ の道のりを行く場合，かかる時間はそれぞれ $48/8$ 時間，$48/12$ 時間である．したがって，往復では，$96\,\mathrm{km}$ の道のりに $(48/8 + 48/12)$ 時間かかったことになるので，往復の平均時速は $96/(48/8 + 48/12) = 9.6\,(\mathrm{km}/\text{時間})$ となる．この式をまとめると，$2/(1/8 + 1/12) = 9.6$ と書け，調和平均の式になる．

〔2〕(加重平均) 595 円.

加重平均を使う．3 種類の定食の平均金額は $(600 + 700 + 500)/3 = 600\,(\text{円})$ であるが，定食 1 食に使われた平均金額を求める場合は，各定食の売上げ食数を考慮する必要があり，$(500 \cdot 600 + 700 \cdot 700 + 800 \cdot 500)/(500 + 700 + 800) = 595\,(\text{円})$ となる．これは加重平均 (加重算術平均) の式となる．

〔3〕(幾何平均) 1.04.

幾何平均を使う．4 年間の伸び率が 1.15, 0.98, 1.03, 0.99 であった場合，4 年後の伸び率は $1.15 \times 0.98 \times 1.03 \times 0.99$ で計算できる．4 年間の伸び率の平均は，この値の 4 乗根となり，$\sqrt[4]{1.15 \cdot 0.98 \cdot 1.03 \cdot 0.99} = \sqrt[4]{1.149202} \approx 1.04$ となる．これは幾何平均の式となる．

問 3.3 $V[Z_1] = 0.66, V[Z_2] = 1.16.$

X_a, X_b を X と同じ分布に従う確率変数とすると

$$Z_1 = X_a + X_b + Y, \qquad Z_2 = 2X + Y$$

と書ける．ここで，X_a, X_b, Y は独立で，X, Y も独立である．したがって，分散の加法性より

$$V[Z_1] = V[X_a] + V[X_b] + V[Y] = 0.66$$
$$V[Z_2] = 4V[X] + V[Y] = 1.16$$

となる．

変数変換

／キーワード／ 変数変換，確率変数の線形結合の分布

■変数変換による確率密度関数の変化■ 連続型確率変数 X の確率密度関数を $f(x)$ とする．ここで，新たな確率変数 $Y = g(X)$ の確率密度関数について考える（ただし，$g(x)$ は 1 対 1 の関数とする）．このとき，Y の確率密度関数は $f(g^{-1}(y))/|g'(g^{-1}(y))|$（つまり，$f(x)/|g'(x)|$ の x を y に変換したもの）として与えられる．

> **例 1** 自由度 1 のカイ二乗分布（標準正規分布に従う X に対する X^2 の分布）の確率密度関数を求めよ．
>
> **答** 標準正規分布に従う X の確率密度関数は $\dfrac{1}{\sqrt{2\pi}} \exp(-x^2/2)$ である．$Y = X^2$ という変換を考えるが X と Y は 1 対 1 ではない．$Y = y$ となるケースは $X = \sqrt{y}$ と $X = -\sqrt{y}$ の 2 通りあるので，$X > 0$ の場合のみ考え，確率密度関数を 2 倍とすればよい．また，$Y = X^2$ を X で微分すると $2X$ となる．よって，$\dfrac{2}{\sqrt{2\pi}} \exp(-x^2/2) \times \dfrac{1}{2x}$ を y に変換することで，Y の確率密度関数 $\dfrac{1}{\sqrt{2\pi y}} \exp(-y/2)$ を得る．

つづいて，2 変数 (X, Y) の確率密度関数を $f(x, y)$ とし，変数変換 $(Z, W) = (u(X, Y), v(X, Y))$ について考える．ただし，1 対 1 の変換とし，逆変換 $(X, Y) = (s(Z, W), t(Z, W))$ が存在するものとする．この変換のヤコビアンは

$$J(X, Y) = \frac{\partial(u(X, Y), v(X, Y))}{\partial(X, Y)} = \begin{vmatrix} \dfrac{\partial u(X, Y)}{\partial X} & \dfrac{\partial u(X, Y)}{\partial Y} \\ \dfrac{\partial v(X, Y)}{\partial X} & \dfrac{\partial v(X, Y)}{\partial Y} \end{vmatrix}$$

と計算される．このとき，(Z, W) の確率密度関数は $f(s(z, w), t(z, w))/|J(s(z, w), t(z, w))|$（つまり，$f(x, y)/|J(x, y)|$ の (x, y) を (z, w) に変換したもの）として与えられる．

▌確率変数の線形結合の分布▐　2つの独立な確率変数 X, Y の線形結合 $aX + bY$ の分布を考える方法としては，2章で紹介した母関数を使う方法と，前項で述べた変数変換を用いる方法がある．モーメント母関数を使う方法では，$aX + bY$ のモーメント母関数 $E\left[e^{\theta(aX + bY)}\right] = E\left[e^{a\theta X}\right] E\left[e^{b\theta Y}\right]$ を計算し，既知の分布のモーメント母関数となるかどうかを調べる．しかし，この方法では求めたモーメント母関数が未知の場合にはその分布を知ることができない．そこで，変数変換を用いる方法について説明する．

　$Z = aX + bY, W = Y$ という変換を考え，(Z, W) の分布を考える．このとき，逆変換は $(X, Y) = (Z/a - bW/a, W)$ であり，ヤコビアンは

$$J(X, Y) = \begin{vmatrix} \dfrac{\partial Z}{\partial X} & \dfrac{\partial Z}{\partial Y} \\ \dfrac{\partial W}{\partial X} & \dfrac{\partial W}{\partial Y} \end{vmatrix} = \begin{vmatrix} a & b \\ 0 & 1 \end{vmatrix} = a$$

となる．X の確率密度関数を $f_X(x)$，Y の確率密度関数を $f_Y(y)$ とすると，(Z, W) の確率密度関数は $f_X(z/a - bw/a)f_Y(w)/|a|$ となる．ここで，w について積分することで，Z の確率密度関数

$$f_Z(z) = \int_{-\infty}^{\infty} \frac{1}{|a|} f_X\left(\frac{z}{a} - \frac{bw}{a}\right) f_Y(w)\,dw$$

を得る．

　これらの方法を用いることで次の結果が得られる (詳しくは5章，6章を参照のこと)．

- X, Y が独立でそれぞれ正規分布 $N(\mu_1, \sigma_1^2), N(\mu_2, \sigma_2^2)$ に従うとき，$aX + bY + c$ は正規分布 $N(a\mu_1 + b\mu_2 + c, a^2\sigma_1^2 + b^2\sigma_2^2)$ に従う．
- X, Y が独立でそれぞれ二項分布 $Bin(n_1, p), Bin(n_2, p)$ に従うとき，$X + Y$ は二項分布 $Bin(n_1 + n_2, p)$ に従う．
- X, Y が独立でそれぞれパラメータ λ_1, λ_2 のポアソン分布に従うとき，$X + Y$ はパラメータ $\lambda_1 + \lambda_2$ のポアソン分布に従う．

▌データの変換▐　得られたデータを変換することで，さまざまな計算が可能となることがある．そこで，いくつかのデータの変換法について紹介する．

　一般にさまざまな誤差が積み重なったデータは正規分布に従う．一方，さまざまな

積が積み重なることにより得られるデータは対数をとることで正規分布に従う．このような場合はデータの対数をとるとよい．このような変換を**対数変換** (logarithmic transformation) という．たとえば，人口，株価，所得のデータなどはしばしば対数変換が行われる．対数変換を行うと，非負値のデータを $-\infty$ から ∞ の値をとるデータに変換できる．回帰分析において目的変数が非負値のデータであれば，対数変換を行うことがある．

　データが正規分布に従うようにする方法としては，**ベキ乗変換** (power transformation) も使われる．ベキ乗変換は x^a という変換であり，どのような a とするかも重要な問題となる．ベキ乗変換と対数変換をひとまとめにした変換として **Box-Cox 変換** (Box-Cox transformation) がある．これは，パラメータ λ に対し，

$$\begin{cases} \dfrac{x^\lambda - 1}{\lambda} & (\lambda \neq 0) \\[2mm] \log x & (\lambda = 0) \end{cases}$$

とする変換である．$\lambda \neq 0$ のときの形は，対数変換と同様に $x = 1$ のあたりを 0 付近に移動させ，$x = 1$ のあたりでの変動が小さくなるようにしている（$x = 1$ での微分が 1 となるような変換となっている）．Box-Cox 変換の注意点として，非負のデータしか変換できない．

　確率 p のような 0 から 1 の値しかとらないものを $-\infty$ から ∞ をとる値に変換したいときは，**ロジット変換** (logit transformation) $\log \dfrac{p}{1-p}$ を行う．これを x の回帰式 $a + bx$ で表す方法がロジスティック回帰である．これは，p を $a + bx$ の**ロジスティック変換** (logistic transformation) $1/(1 + e^{-(a+bx)})$ で表すことと同値である．

　0 から 1 の値しかとらないものを $-\infty$ から ∞ をとる値に変換するもう 1 つの方法としては**プロビット変換** (probit transformation) がある．プロビット変換は標準正規分布の累積分布関数 $\Phi(x) = \displaystyle\int_{-\infty}^{x} \frac{1}{\sqrt{2\pi}} e^{-t^2/2}\, dt$ の逆関数 $\Phi^{-1}(x)$ によって変換する方法である．詳しくは，18 章を参照のこと．

▨ 例 題 ▨

問 4.1　確率変数 X は正規分布 $N(\mu, \sigma^2)$ に従い，その確率密度関数は $f(x) = \dfrac{1}{\sqrt{2\pi}\sigma} \exp[-(x - \mu)^2/2\sigma^2]$ であるとする．このとき，確率変数 Y を $Y = \exp(X)$

とする (Y の対数が正規分布に従うので, Y の分布は対数正規分布とよばれる).

〔1〕 Y の期待値を求めよ.

〔2〕 Y の分散を求めよ.

〔3〕 Y の確率密度関数を求めよ.

問 4.2 確率変数 X, Y が独立でそれぞれパラメータ λ の指数分布に従う. つまり, 確率密度関数が $f(x) = \lambda e^{-\lambda x}$ で与えられるとする. このとき, $X + Y$ の確率密度関数を求めよ.

答および解説

問 4.1

〔1〕 $\exp(\mu + \sigma^2/2)$.

正規分布 $N(\mu, \sigma^2)$ のモーメント母関数は, $E[\exp(tX)] = \exp(\mu t + \sigma^2 t^2/2)$ であるので, $t = 1$ として, $E[\exp(X)]\, (= E[Y]) = \exp(\mu + \sigma^2/2)$ を得る.

〔2〕 $\exp(2\mu + \sigma^2)(\exp(\sigma^2) - 1)$.

正規分布 $N(\mu, \sigma^2)$ のモーメント母関数について, $t = 2$ として, $E[\exp(2X)]\, (= E[Y^2]) = \exp(2\mu + 2\sigma^2)$ となる. よって, $V[Y] = E[Y^2] - (E[Y])^2 = \exp(2\mu + 2\sigma^2) - \exp(2\mu + \sigma^2) = \exp(2\mu + \sigma^2)(\exp(\sigma^2) - 1)$ を得る.

〔3〕 $\dfrac{1}{\sqrt{2\pi}\sigma y} \exp[-(\log y - \mu)^2/2\sigma^2]$.

$Y = \exp(X)$ を X で微分すると $\exp(X)$ である. よって, $\dfrac{1}{\sqrt{2\pi}\sigma} \exp[-(x-\mu)^2/2\sigma^2]/\exp(x)$ を y に変換することで, Y の確率密度関数 $\dfrac{1}{\sqrt{2\pi}\sigma y} \exp[-(\log y - \mu)^2/2\sigma^2]$ を得る.

問 4.2 $\lambda^2 z e^{-\lambda z}$.

$Z = X + Y, W = Y$ とすることで, (Z, W) の同時確率密度関数は $f(z - w)f(w) = \lambda^2 e^{-\lambda(z-w)}e^{-\lambda w} = \lambda^2 e^{-\lambda z}$ となる. ここで, X, Y ともに非負であるので, Z が与えられたもとで W は 0 から Z の値をとりうる. よって, Z の確率密度関数は

$$\int_0^z f(z-w)f(w)\,dw = \int_0^z \lambda^2 e^{-\lambda z}\,dw = \lambda^2 z e^{-\lambda z}$$

となる.

5 離散型分布

//**キーワード**// 離散一様分布，ベルヌーイ分布，二項分布，超幾何分布，ポアソン分布，幾何分布，負の二項分布，多項分布

この章では，代表的な離散型分布について解説する．

■**離散一様分布**■　確率変数 X が $1, 2, \ldots, K$ を等確率でとる，すなわち

$$P(X = 1) = P(X = 2) = \cdots = P(X = K) = \frac{1}{K}$$

であるとする．このとき，X の分布を $\{1, 2, \ldots, K\}$ 上の**離散一様分布** (discrete uniform distribution) という．

期待値と分散は

$$E[X] = \frac{K+1}{2}, \quad V[X] = \frac{K^2 - 1}{12}$$

である．これは $1 + 2 + \cdots + K = K(K+1)/2$, $1^2 + 2^2 + \cdots + K^2 = K(K+1)(2K+1)/6$ より容易に導ける．

また，確率母関数は

$$G(s) = E[s^X] = \frac{s + s^2 + \cdots + s^K}{K} = \frac{s(1 - s^K)}{K(1 - s)}$$

となる．

■**ベルヌーイ分布**■　2つの結果のうち，いずれか一方が起こる試行を考える．一方の結果を「成功」とよび，もう一方の結果を「失敗」とよぶ．成功の起こる確率を $p\ (0 < p < 1)$ とし，成功確率という．このような試行を，成功確率 p の**ベルヌーイ試行** (Bernoulli trial) という．

成功確率 p のベルヌーイ試行に対し，確率変数 X を，成功のとき 1，失敗のとき 0 をとる，として定義する．X はベルヌーイ試行を 1 回行ったときの成功の回数を表すともいえる．X の従う分布を，成功確率 p の**ベルヌーイ分布** (Bernoulli distribution) といい，$Bin(1, p)$ と表す．

$Bin(1, p)$ の確率関数は，$q := 1 - p$ を用いて

$$P(X = x) = p^x q^{1-x}, \quad x = 0, 1$$

と書ける．

$Bin(1, p)$ の期待値と分散は

$$E[X] = p, \quad V[X] = pq \tag{5.1}$$

となる．この期待値は $E[X] = 1 \times p + 0 \times q = p$ からわかる．また $X = 0, 1$ より $X^2 \equiv X$ なので $E[X^2] = E[X] = p$ となるため，分散は $V[X] = E[X^2] - (E[X])^2 = p - p^2 = p(1 - p) = pq$ のようにしてわかる．

$Bin(1, p)$ の確率母関数が

$$G(s) = E[s^X] = ps + q \tag{5.2}$$

となることは，$E[s^X] = s^1 \times p + s^0 \times q = ps + q$ からわかる．

■**二項分布**■　成功確率 p $(0 < p < 1)$ のベルヌーイ試行を n 回行い，i 回目 $(1 \le i \le n)$ のベルヌーイ試行に対応する確率変数を X_i とする．和 $X_1 + \cdots + X_n$ は，n 回中の成功の回数を表す．ここでさらに，$X_1, \ldots, X_n$ が独立なとき，$Y = X_1 + \cdots + X_n$ の従う分布を，成功確率 p の**二項分布** (binomial distribution) といい，$Bin(n, p)$ と表す．つまり，「独立なベルヌーイ試行 (成功確率 p) を n 回行ったときの成功回数 Y の分布」が，二項分布 $Bin(n, p)$ である．

二項分布 $Bin(n, p)$ の確率関数は，$q = 1 - p$ を用いて

$$P(Y = y) = {}_nC_y \, p^y q^{n-y}, \quad y = 0, 1, \ldots, n \tag{5.3}$$

となる．これは，次のように考えればわかる．与えられた y $(0 \le y \le n)$ に対し，n 回の独立なベルヌーイ試行のうち成功が y 回，失敗が $n - y$ 回となるような，結果 (成功 or 失敗) の列を考える．そのような列の総数は，n 回の試行のうち成功が起こった y 個の回を選ぶ方法の数なので，${}_nC_y = n!/(y! \, (n - y)!)$ である．またこのような特定の列が生じる確率は，すべて $p^y q^{n-y}$ である．これより，二項分布 $Bin(n, p)$ の確率関数が式 (5.3) となることがわかる．

二項分布 $Bin(n, p)$ の期待値，分散，確率母関数は，

$$E[Y] = np, \quad V[Y] = npq, \quad G(s) = E[s^Y] = (ps + q)^n \tag{5.4}$$

となる．これは，ベルヌーイ分布の場合の期待値，分散，確率母関数から，以下のようにして容易に得られる．$Y \sim Bin(n,p)$ のとき，$Y = X_1 + \cdots + X_n$, $X_1, \ldots, X_n \sim Bin(1,p)$, $i.i.d.$, と考えてよいので，式 (5.1), (5.2) を用いると，$E[Y] = E[X_1] + \cdots + E[X_n] = nE[X_1] = np$, $V[Y] = V[X_1] + \cdots + V[X_n] = nV[X_1] = npq$, $G(s) = E[s^Y] = E[s^{X_1} \cdots s^{X_n}] = E[s^{X_1}] \times \cdots \times E[s^{X_n}] = (E[s^{X_1}])^n = (ps + q)^n$ が得られる．

　二項分布には，再生性とよばれる以下の性質がある：$Y_1 \sim Bin(n_1, p)$, $Y_2 \sim Bin(n_2, p)$ で，Y_1 と Y_2 が独立ならば，$Y_1 + Y_2 \sim Bin(n_1 + n_2, p)$ となる．これは式 (5.4) より，$Y_1 + Y_2$ の確率母関数が $E[s^{Y_1+Y_2}] = E[s^{Y_1} s^{Y_2}] = E[s^{Y_1}] E[s^{Y_2}] = (ps + q)^{n_1}(ps + q)^{n_2} = (ps + q)^{n_1+n_2}$ となり，$Bin(n_1 + n_2, p)$ の確率母関数に一致することからわかる．

▌超幾何分布▐　壺のなかに N 個の玉が入っている．そのうちの M 個は赤玉であり，残りの $N - M$ 個は白玉である $(0 < M < N)$．壺の玉をよくかき混ぜたうえで，この壺から n 個の玉をとり出す．このとき，n 個のとり出された玉のうち，赤玉の個数を Y とする．$n = 1$ ならば，Y の分布は，成功確率 M/N のベルヌーイ分布 $Bin(1, M/N)$ である．

　一般の n の場合，n 個の玉のとり出し方は 2 通りある．1 つの方法は，1 つとり出すごとにその玉を壺に戻したうえで，次の玉をとり出す方法 (復元無作為抽出) であり，もう 1 つの方法は，とり出した玉を壺に戻さずに，次の玉をとり出す方法 (非復元無作為抽出) である．後者の非復元 (無作為) 抽出は，一度に n 個まとめてとり出すのと同じである．

　復元無作為抽出の場合，1 つずつとり出す各回で，赤玉の割合 M/N は変化しない．それゆえ，とり出された赤玉の個数 Y の分布は，二項分布 $Bin(n, M/N)$ となる．

　他方，非復元無作為抽出で 1 つずつ玉をとり出す場合は，それまでにとり出された赤玉，白玉の数により，壺のなかの赤玉の割合は変化する．それゆえ，この場合の Y の分布は，二項分布とは異なる．

　非復元抽出の場合の Y の分布を，**超幾何分布** (hypergeometric distribution) といい，$HG(N, M, n)$ で表す．すなわち「M 個の赤玉と $N - M$ 個の白玉の合計 N 個の玉の入った壺から，非復元無作為抽出で n 個の玉をとり出すとき，とり出された

n 個の玉のうちの赤玉の個数 Y の分布」が, 超幾何分布 $HG(N, M, n)$ である. 以下では, Y が $HG(N, M, n)$ に従う場合を考える.

$Y \sim HG(N, M, n)$ の確率関数は

$$P(Y = y) = \frac{{}_M\mathrm{C}_y \times {}_{N-M}\mathrm{C}_{n-y}}{{}_N\mathrm{C}_n}, \quad \max\{0, n-(N-M)\} \leq y \leq \min\{n, M\} \quad (5.5)$$

である. y の範囲の条件 $\max\{0, n - (N - M)\} \leq y \leq \min\{n, M\}$ は, $0 \leq y \leq M$, $0 \leq n - y \leq N - M$ を言い換えたものである. $a < b$ または $b < 0$ のとき ${}_a\mathrm{C}_b = 0$ と考えることにすれば, 上の条件は不要である. 確率関数 (5.5) の分母は, N 個の玉から n 個の玉をとる組合せの総数であり, 分子は, M 個の赤玉から y 個とり, $N - M$ 個の白玉から $n - y$ 個とる組合せの総数である. なお, n と $M/N =: p$ を一定のまま, $N \to \infty$ $(M = Np \to \infty)$ とすると, 式 (5.5) は二項分布 $Bin(n, p)$ の確率関数に各 y で収束し (証明は『統計検定 2 級対応 統計学基礎』の付録にある), 復元抽出と非復元抽出の差がなくなる.

$Y \sim HG(N, M, n)$ の期待値と分散は,

$$E[Y] = n \cdot \frac{M}{N}, \quad V[Y] = n \cdot \frac{M}{N}\left(1 - \frac{M}{N}\right) \times \frac{N - n}{N - 1} \quad (5.6)$$

となる. この期待値は, 復元抽出の場合の二項分布 $Bin(n, M/N)$ の期待値と一致する. 分散は, 復元抽出の場合の二項分布 $Bin(n, M/N)$ の分散を $(N-n)/(N-1)$ 倍したものである. $n \geq 2$ のとき $(N-n)/(N-1) < 1$ である. この $(N-n)/(N-1)$ を**有限母集団修正** (finite population correction) という.

式 (5.6) を確認するためには, $Y = X_1 + \cdots + X_n$ と表されることを用いるとよい. ここで X_i $(i = 1, \ldots, n)$ は, 非復元無作為抽出で 1 つずつとり出すとき, i 回目にとり出された玉が赤ならば $X_i = 1$, 白ならば $X_i = 0$ として定義される. 例題の問 5.3 の解答と同様の計算を, 一般の N, M, n で行うことにより, 式 (5.6) が確認できる.

超幾何分布の確率母関数は, 超幾何関数を用いて表される (具体的な形は, ここでは省略する).

例 1 学生が「性格で血液型, 特に A 型かどうかがわかる」というのを聞いたゼミ担当教員は,「君以外のゼミ生 10 人のうち A 型は 5 人いるので, その 5 人を当ててみなさい」といった. 本当の血液型 (A 型かそれ以外か) と, 学生が判定した血液型とを, 分割表にまとめたものが以下である.

この結果から学生は, A 型かどうかを見分けられると主張することができるであろうか. この学生は他のゼミ生の性格はよく知っているが, 血液型は知らないとする.

表 5.1　A 型の識別力の検証

	A 型と判定	A 型以外と判定	計
本当は A 型	4	1	5
本当は A 型以外	1	4	5
計	5	5	10

答　性格から A 型かどうかを見分ける識別力が仮にこの学生にはまったくない場合に，今回の結果，あるいは識別力がありそうなことをそれ以上に強く示唆する結果が得られる確率を求めてみる．行和，列和が与えられているので，$(1,1)$ セルの度数，つまり A 型が A 型と判定された数が決まれば，表全体が決まることに注意する．$(1,1)$ セルの度数 Y が大きいほど，識別力があることを示唆するので，Y が今回の結果である 4，あるいはそれより大きい 5 となる確率を求めてみる．識別力がまったくない場合，Y は超幾何分布 $HG(10,5,5)$ に従うと考えられる（「本当は A 型」を「赤玉」，「本当は A 型以外」を「白玉」，「A 型と判定」を「壺からとり出す」と対応させればよい）．それゆえ，$P(Y = 4) + P(Y = 5) = (({}_5C_4 \times {}_5C_1)/{}_{10}C_5) + (({}_5C_5 \times {}_5C_0)/{}_{10}C_5) = (25/252) + (1/252) = 0.099 + 0.004 = 0.103$ となる．まったく識別力がなくても 10.3 ％は起こるような事実しか今回の検証では示されていないので，A 型かどうか見分けられると今回の結果をもって主張するのには，無理がある．

この例と同じ考え方で，行和，列和が固定された 2×2 分割表における行と列との独立性を，超幾何分布に基づいて計算された P-値を用いて検定する方法を，**フィッシャーの正確検定**という．詳しくは，28 章を参照のこと．

▌ポアソン分布▐　非負整数値をとる確率変数 Y が，ある $\lambda > 0$ に対して

$$P(Y = y) = \frac{\lambda^y}{y!} e^{-\lambda}, \quad y = 0, 1, 2, \ldots \tag{5.7}$$

を確率関数としてもつとする．このときの Y の分布を**ポアソン分布** (Poisson distribution) といい，$Po(\lambda)$ と表す．式 (5.7) が確率関数になることは，$\sum_{y=0}^{\infty} \lambda^y e^{-\lambda}/y! = e^{-\lambda} \sum_{y=0}^{\infty} \lambda^y/y! = e^{-\lambda} e^{\lambda} = 1$ からわかる．

$Po(\lambda)$ の確率関数 (5.7) は，二項分布 $Bin(n, p)$ の確率関数 (5.3) において，np を $\lambda \, (> 0)$ に固定して $n \to \infty$（つまり $n \to \infty$, $p = \lambda/n \to 0$）とした場合の極限として得られる（証明は，『統計検定 2 級対応 統計学基礎』の 2.7 節にある）：

$$_n\mathrm{C}_y \left(\frac{\lambda}{n}\right)^y \left(1 - \frac{\lambda}{n}\right)^{n-y} \to \frac{\lambda^y}{y!} e^{-\lambda} \quad (n \to \infty) \tag{5.8}$$

ポアソン分布 $Po(\lambda)$ の確率母関数は,

$$G(s) = E\left[s^Y\right] = e^{\lambda(s-1)} \tag{5.9}$$

である. これは $E\left[s^Y\right] = \sum_{y=0}^{\infty} s^y \cdot \lambda^y e^{-\lambda}/y! = e^{-\lambda} \sum_{y=0}^{\infty} (\lambda s)^y/y! = e^{-\lambda} e^{\lambda s} = e^{\lambda(s-1)}$

からわかる.

また, 期待値, 分散は

$$E[Y] = \lambda, \quad V[Y] = \lambda \tag{5.10}$$

である. これは $G'(s) = \lambda e^{\lambda(s-1)}$, $G''(s) = \lambda^2 e^{\lambda(s-1)}$ より, $E[Y] = G'(1) = \lambda$, $V[Y] = E[Y(Y-1)] + E[Y] - (E[Y])^2 = G''(1) + \lambda - \lambda^2 = \lambda^2 + \lambda - \lambda^2 = \lambda$ としてわかる. 式 (5.10) は, 式 (5.8) で極限をとる前の二項分布 $Bin(n, p)$ の期待値 $np = \lambda$ と分散 $np(1-p) = \lambda(1 - (\lambda/n))$ の極限 (ともに λ) を考えても予想できる.

ポアソン分布に関しては, 以下の再生性が成り立つ:$Y_1 \sim Po(\lambda_1)$, $Y_2 \sim Po(\lambda_2)$ で, Y_1 と Y_2 が独立ならば, $Y_1 + Y_2 \sim Po(\lambda_1 + \lambda_2)$ となる. これは式 (5.9) の確率母関数から, 二項分布の再生性の場合と同じ議論でわかる.

■**幾何分布**■ 　成功確率 p $(0 < p < 1)$ の独立なベルヌーイ試行を繰り返したとき, はじめて成功するまでに起こる失敗の回数を X とする. X の分布を**幾何分布** (geometric distribution) といい, $Geo(p)$ で表す.

確率関数 $P(X = x)$ は, $q = 1 - p$ を用いて

$$P(X = x) = pq^x, \quad x = 0, 1, 2, \ldots$$

のように, 幾何数列 (等比数列) の形で表される. これは, $X = x$ となるのは「最初の x 回すべて失敗し, その次に成功する」ときであることからわかる.

確率母関数は

$$G(s) = E\left[s^X\right] = \frac{p}{1 - qs}, \quad |s| < \frac{1}{q} \tag{5.11}$$

である. これは $E\left[s^X\right] = \sum_{x=0}^{\infty} s^x pq^x = p \sum_{x=0}^{\infty} (sq)^x = p/(1 - qs)$, $|s| < 1/q$ からわかる.

期待値と分散が

$$E[X] = \frac{q}{p}, \quad V[X] = \frac{q}{p^2} \tag{5.12}$$

となることは，以下のように確認できる．まず $G'(s) = pq(1 - qs)^{-2}$ より，$E[X] = G'(1) = q/p$ が確認できる．また $G''(s) = 2pq^2(1 - qs)^{-3}$ より $E[X(X - 1)] = G''(1) = 2q^2/p^2$ となり，これより $V[X] = E[X(X - 1)] + E[X] - (E[X])^2 = (2q^2/p^2) + (q/p) - (q/p)^2 = q/p^2$ が確認できる．式 (5.12) の期待値の結果より，「失敗回数の期待値 $E[X]$」と「成功回数 $(= 1)$」の比が，「失敗確率 q」と「成功確率 p」の比に等しくなっていることがわかる．

幾何分布の**無記憶性** (memoryless property) とよばれる性質として，$X \sim Geo(p)$ のとき

$$P(X \geq t_1 + t_2 \mid X \geq t_1) = P(X \geq t_2), \quad t_1, t_2 = 0, 1, 2, \ldots$$

が成り立つ．これは，$t = 0, 1, 2, \ldots$ に対し，「$X \geq t$」が「はじめの t 回がすべて失敗」と同値なので $P(X \geq t) = q^t$ となるため，$t_1, t_2 = 0, 1, 2, \ldots$ に対して $P(X \geq t_1 + t_2 | X \geq t_1) = q^{t_1+t_2}/q^{t_1} = q^{t_2} = P(X \geq t_2)$ となることからわかる．

なお，「はじめて成功するまでの試行回数 W の分布」を幾何分布とよぶこともある．その場合は，これまでに述べてきた幾何分布に従う X に対し，$W = X + 1$ の分布を考えればよい．W の確率関数は $P(W = w) = P(X = w - 1) = pq^{w-1}$, $w = 1, 2, \ldots$ であり，期待値，分散，確率母関数は $E[W] = E[X] + 1 = (q/p) + 1 = 1/p$, $V[W] = V[X] = q/p^2$, $G(s) = E[s^W] = sE[s^X] = ps/(1 - qs)$, $|s| < 1/q$ である．

▌負の二項分布▐ p は $0 < p < 1$ を満たすとし，r は正の整数とする．成功確率 p の独立なベルヌーイ試行を繰り返し行い，r 回目の成功が起こった時点で，それまでに起こった失敗の回数を Y とする．Y の分布を**負の二項分布** (negative binomial distribution) といい，$NB(r, p)$ と表す．特に $NB(1, p)$ は，幾何分布 $Geo(p)$ である．

まず確率関数は，$q = 1 - p$ を用いて

$$P(Y = y) = {}_r\mathrm{H}_y\, p^r q^y, \quad y = 0, 1, 2, \ldots \tag{5.13}$$

と表される．ここで ${}_r\mathrm{H}_y$ は，r 個の異なるものから重複を許して y 個を選んでできる組合せ (重複組合せ) の総数であり，非負整数 $x_1, \ldots, x_r$ に関する方程式 $x_1 + \cdots + x_r = y$ の解 $(x_1, \ldots, x_r)$ の総数に等しい．具体的には

$$_r\mathrm{H}_y = {}_{y+r-1}\mathrm{C}_y = \frac{(y+r-1)(y+r-2)\cdots(r+1)r}{y!}$$

である．式 (5.13) は，$Y = y$ となるのは「最初の $y+r-1$ 回の試行で成功が $r-1$ 回，失敗が y 回起こり，$y+r$ 回目の試行で成功が起こる」ときであることから，$P(Y=y) = {}_r\mathrm{H}_y\, p^{r-1}q^y \times p = {}_r\mathrm{H}_y\, p^r q^y$ として得られる．ここで ${}_r\mathrm{H}_y$ は，「1 回目の成功より前」，「1 回目と 2 回目の成功の間」，...，「$r-1$ 回目の成功より後」という r 個の期間のなかから重複を許して，(失敗が起こる期間として) y 個選ぶ重複組合せの総数，つまり各期間に起こる失敗の回数としての非負整数 $x_1,\ldots,x_r$ ($x_1+\cdots+x_r = y$) の決め方の総数，と考えればよい．

なお，重複組合せの総数 ${}_r\mathrm{H}_y$ は，「負の二項係数」を用いて以下のようにも表される．まず，負も含めた任意の整数 (実数，複素数あるいは不定元と考えてもよい) a と非負整数 b に対し，一般化された二項係数 $\binom{a}{b}$ は

$$\binom{a}{b} := \frac{a(a-1)\cdots(a-b+1)}{b!}$$

($b=0$ のときは，$\binom{a}{0} = 1/0! = 1/1 = 1$) で定義される．これを用いると

$$_r\mathrm{H}_y = \frac{r(r+1)\cdots(r+y-1)}{y!} = (-1)^y \cdot \frac{(-r)(-r-1)\cdots(-r-y+1)}{y!} = (-1)^y\binom{-r}{y}$$

となる．このように，負の二項分布の確率関数 (5.13) の係数に現れる ${}_r\mathrm{H}_y$ は，負の $-r$ に対する二項係数 $\binom{-r}{y} = (-r)(-r-1)\cdots(-r-y+1)/y!$ を用いて書き表すことができる．

$X_1,\ldots,X_r$ が互いに独立に幾何分布 $Geo(p)$ に従うとき，$X_1+\cdots+X_r$ の分布が $NB(r,p)$ になると予想される．これが実際に正しいことが，以下のように確率母関数を用いて確認できる．まず $X_1+\cdots+X_r$ ($X_1,\ldots,X_r \sim Geo(p)$, i.i.d.) の確率母関数は，式 (5.11) を用いると，二項分布の場合と同じ議論により $E\big[s^{X_1+\cdots+X_r}\big] = \big(E\big[s^{X_1}\big]\big)^r = (p/(1-qs))^r$, $|s| < 1/q$ である．他方，$Y \sim NB(r,p)$ の確率母関数は，

$$G(s) = E\big[s^Y\big] = \sum_{y=0}^{\infty} s^y(-1)^y\binom{-r}{y}p^r q^y = p^r\sum_{y=0}^{\infty}\binom{-r}{y}(-qs)^y$$

$$= p^r(1-qs)^{-r} = \left(\frac{p}{1-qs}\right)^r, \quad |s| < \frac{1}{q}$$

となる．最後から 2 つ目の等号では，テイラー展開 $(1+x)^a = \sum_{b=0}^{\infty}(a(a-1)\cdots(a-b+1)/b!)x^b = \sum_{b=0}^{\infty}\binom{a}{b}x^b$, $|x| < 1$（a は任意の実数）を用いた．確率母関数が一致するので，Y の分布と $X_1 + \cdots + X_r$ の分布が一致することが確認できた．

$Y \sim NB(r,p)$ の期待値，分散は

$$E[Y] = \frac{rq}{p}, \qquad V[Y] = \frac{rq}{p^2}$$

となる．これは，上で述べたように $X_1,\ldots,X_r \sim Geo(p)$, $i.i.d.$ に対して $Y \overset{\mathrm{d}}{=} X_1 + \cdots + X_r$（$\overset{\mathrm{d}}{=}$ は両辺の確率変数の分布が等しいことを表す）となることと，式 (5.12) より $E[X_1] = q/p$, $V[X_1] = q/p^2$ となることからわかる．

確率母関数 $G(s) = (p/(1-qs))^r$ の形から，負の二項分布に関しても，次の再生性が成り立つことがわかる：$Y_1 \sim NB(r_1,p)$, $Y_2 \sim NB(r_2,p)$ で，Y_1 と Y_2 が独立ならば，$Y_1 + Y_2 \sim NB(r_1 + r_2, p)$ となる．

▌多項分布▐　$K\ (\geq 2)$ 個の結果 $1,\ldots,K$ のいずれか 1 つが起こる試行を考える．結果 $j\ (1 \leq j \leq K)$ が起こる確率を $p_j\ (p_1 > 0, \ldots, p_K > 0,\ p_1 + \cdots + p_K = 1)$ とする．この試行を独立に n 回行うとき，結果 j が起こる回数を $Y^{(j)}$ とする．このとき，$Y := (Y^{(1)},\ldots,Y^{(K)})$ の従う分布を**多項分布** (multinomial distribution) とよび，$M(n; p_1, \ldots, p_K)$ と表す．常に $Y^{(1)} + \cdots + Y^{(K)} = n$ が成り立つことに注意する．また特に $K = 2$ のときには，$Y = (Y^{(1)}, Y^{(2)}) = (Y^{(1)}, n - Y^{(1)}) \sim M(n; p_1, 1-p_1)$ と 1 対 1 に対応する $Y^{(1)}$ の分布は二項分布 $Bin(n, p_1)$ であるので，多項分布は二項分布の一般化と考えることができる．

多項分布 $M(n; p_1, \ldots, p_K)$ の確率関数は，

$$P(Y^{(1)} = y^{(1)}, \ldots, Y^{(K)} = y^{(K)}) = \frac{n!}{y^{(1)}! \cdots y^{(K)}!} p_1^{y^{(1)}} \cdots p_K^{y^{(K)}},$$

$$y^{(j)} \in \{0, 1, \ldots, n\}\ (1 \leq j \leq K), \quad y^{(1)} + \cdots + y^{(K)} = n$$

である．これは，二項分布の確率関数の場合と同様の考え方でわかる．つまり，独立な n 回の試行のうち，結果 j の回数が $y^{(j)}\ (1 \leq j \leq K)$ となるような結果の列を考えたとき，そのような特定の列が得られる確率が $p_1^{y^{(1)}} \cdots p_K^{y^{(K)}}$ であり，また，そのような結果の列の総数が ${}_n\mathrm{C}_{y^{(1)}} \times {}_{n-y^{(1)}}\mathrm{C}_{y^{(2)}} \times \cdots \times {}_{n-y^{(1)}-\cdots-y^{(K-1)}}\mathrm{C}_{y^{(K)}} = n!/(y^{(1)}! \cdots y^{(K)}!)$

であることからわかる.

次に，多項分布 $M(n; p_1, \ldots, p_K)$ の期待値，分散，共分散と確率母関数は，

$$E\left[Y^{(j)}\right] = np_j, \quad V\left[Y^{(j)}\right] = np_j(1 - p_j), \quad j = 1, \ldots, K \tag{5.14}$$

$$\mathrm{Cov}[Y^{(j)}, Y^{(j')}] = -np_j p_{j'}, \quad j \neq j' \tag{5.15}$$

$$G(s_1, \ldots, s_K) = E\left[s_1{}^{Y^{(1)}} \cdots s_K{}^{Y^{(K)}}\right] = (p_1 s_1 + \cdots + p_K s_K)^n \tag{5.16}$$

となる．これらの結果は，$n = 1$ のときの多項分布 $M(1; p_1, \ldots, p_K)$ の期待値，分散，共分散，確率母関数から，次のようにして得られる.

まず $n = 1$ のときは，$X = (X^{(1)}, \ldots, X^{(K)}) \sim M(1; p_1, \ldots, p_K)$ に対して

$$E\left[X^{(j)}\right] = p_j, \quad V\left[X^{(j)}\right] = p_j(1 - p_j), \quad j = 1, \ldots, K \tag{5.17}$$

$$\mathrm{Cov}[X^{(j)}, X^{(j')}] = -p_j p_{j'}, \quad j \neq j' \tag{5.18}$$

$$G(s_1, \ldots, s_K) = E\left[s_1{}^{X^{(1)}} \cdots s_K{}^{X^{(K)}}\right] = p_1 s_1 + \cdots + p_K s_K \tag{5.19}$$

である．式 (5.17) の期待値と分散は，j 以外の結果をひとまとめにして考えると $X^{(j)} \sim Bin(1, p_j)$ がわかるので，式 (5.1) から得られる．また共分散 (5.18) については，$j \neq j'$ に対し，$E[X_j X_{j'}] = P(X_j = 1 \text{ かつ } X_{j'} = 1) = 0$ より $\mathrm{Cov}[X_j, X_{j'}] = E[X_j X_{j'}] - E[X_j] E[X_{j'}] = -p_j p_{j'}$ としてわかる．確率母関数 (5.19) は，$E\left[s_1{}^{X^{(1)}} \cdots s_K{}^{X^{(K)}}\right] = s_1{}^1 s_2{}^0 \cdots s_K{}^0 \times p_1 + \cdots + s_1{}^0 \cdots s_{K-1}{}^0 s_K{}^1 \times p_K = p_1 s_1 + \cdots + p_K s_K$ よりわかる.

これを用いると，一般の多項分布の式 (5.14), (5.15), (5.16) は，次のようにして得られる．まず，$Y = (Y^{(1)}, \ldots, Y^{(K)}) \sim M(n; p_1, \ldots, p_K)$ は，互いに独立に $M(1; p_1, \ldots, p_K)$ に従う $X_i = (X_i^{(1)}, \ldots, X_i^{(K)})$, $i = 1, \ldots, n$ を用いて，$Y = X_1 + \cdots + X_n$ と表されていると考えてよい．つまり，$Y^{(j)} = X_1^{(j)} + \cdots + X_n^{(j)}$, $j = 1, \ldots, K$ と考えてよい．これと式 (5.17), (5.18), (5.19) を用いれば，式 (5.14), (5.15), (5.16) が導ける.

多項分布においても二項分布と同様の再生性が成り立つことが，確率母関数 (5.16) の形からわかる.

例 題

問 5.1　ある研究機関では，ウイルスに関する研究を行っている．多くのウイルスを検査し，滅多に現れないウイルス A を発見し，その性質を研究するのがこの機関の仕事である．検査するウイルスの全株数を n とする．n 株のウイルスの検査は独立に行われ，いずれの検査においても，ウイルス A の発見率は一定値 p であるとする．

〔1〕n 株のウイルスのなかにウイルス A が少なくとも 1 株はみつかる確率 β を求める式を，p と n を用いて示せ．

〔2〕p の値が 0 に十分近いとき，$\log(1-p) \approx -p$ の近似が成り立つ．これを用いて，$p = 1/5000$，$\beta = 0.98$ のときの n の値を求めよ．ただし，$\log(0.02) \approx -3.9$ であり，$\log$ は自然対数である．

問 5.2　A 町に住む 40 歳代前半の男女から 79 人を無作為に選び，就業者と非就業者の数を集計したところ，次のようになった．

表 5.2　就業者と非就業者 (単位：人)

	就業者	非就業者	計
男性	40	2	42
女性	26	11	37
計	66	13	79

　表の 79 人から 25 人を無作為に選ぶとき，その 25 人のうち，男性で就業者の人数 X は超幾何分布に従う．X の確率関数 $P(X = x)$ を求めよ．

問 5.3　ある 9 人のグループのうち 3 人は関東地方出身者，他の 6 人は関東地方以外の出身者であった．この 9 人のなかから無作為非復元抽出によって選ばれた 4 人の標本を X_i $(i = 1, 2, 3, 4)$ とおく．ただし，i 番目の人が関東地方出身者のとき $X_i = 1$，i 番目の人が関東地方以外の出身者のとき $X_i = 0$ である．

〔1〕X_i^2 の期待値 $E[X_i^2]$ を求めよ．

〔2〕X_i, X_j, $i \neq j$ に対し $E[X_i X_j]$ を求めよ．

〔3〕標本平均 $\overline{X} = \dfrac{1}{4} \displaystyle\sum_{i=1}^{4} X_i$ の分散 $V[\overline{X}]$ を求めよ．

問 5.4　あるサッカーの試合において，チーム T1 があげた得点 X およびチーム T2 があげた得点 Y がそれぞれ独立に平均 1.5 および 3 のポアソン分布に従うと仮定する．次の空欄に当てはまる数値または用語を答えよ．

〔1〕2 チームの合計得点 $X + Y$ の従う分布は，平均が　 ア 　，分散が　 イ 　のポアソン分布である．

〔2〕2 チームの合計得点 $X + Y$ が 5 であるという条件のもとで，チーム T1 の得点 X が平均　 ウ 　の　 エ 　分布に従う．

問 5.5 あるお菓子を買うと，4 種類のアニメキャラクターのカードのうちの 1 つが等確率でおまけとして付いてくる.

〔1〕 無作為復元抽出を仮定できるとき，4 種類すべてのカードを揃えるまでに必要な購入回数の期待値を求めよ.

〔2〕 4 種類のカードをすべて集めた後，お菓子を買うのをやめていたが，新しい種類のカード 1 枚が追加されたため再び購入をはじめた．この場合に，はじめの 4 種類と追加の 1 種類の，5 種類すべてを揃えるのに必要な購入回数の期待値を x とする．一方，はじめから 5 種類が発売されていた場合に，5 種類すべてを揃えるまでに必要な購入回数の期待値を y とする．このとき，購入回数の期待値の差 $x - y$ の値を求めよ．ただし，いずれの購入時期においても等確率の無作為復元抽出を仮定してよい．

答および解説

問 5.1

〔1〕 $\beta = 1 - (1 - p)^n$.

n 株のうち，ウイルス A がみつかる株の数を Y とすると，$Y \sim Bin(n, p)$ である．これより，少なくとも 1 株はみつかる確率 β は，$\beta = P(Y \geq 1) = 1 - P(Y = 0) = 1 - (1 - p)^n$ となる.

〔2〕 19500.

$0.98 = 1 - (1 - (1/5000))^n$ を n について解けばよい．$(1 - (1/5000))^n = 1 - 0.98 = 0.02$ の両辺の自然対数をとると $n \log(1 - (1/5000)) = \log 0.02 \approx -3.9$ となる．ここで $\log(1 - (1/5000)) \approx -1/5000$ を用いると，$n \approx (-3.9)/(-1/5000) = 19500$ が得られる.

問 5.2 ${}_{40}\mathrm{C}_x \times {}_{39}\mathrm{C}_{25-x}/{}_{79}\mathrm{C}_{25}$.

X は $N = 79$, $M = 40$, $n = 25$ の超幾何分布に従うので，X の確率関数は $P(X = x) = ({}_M\mathrm{C}_x \times {}_{N-M}\mathrm{C}_{n-x})/{}_N\mathrm{C}_n = ({}_{40}\mathrm{C}_x \times {}_{39}\mathrm{C}_{25-x})/{}_{79}\mathrm{C}_{25}$, $0 \leq x \leq 25$ となる.

問 5.3

〔1〕 1/3.

$E[X_i^2] = 0^2 \times P(X_i = 0) + 1^2 \times P(X_i = 1) = P(X_i = 1) = (3 \times {}_{9-1}\mathrm{P}_{4-1})/{}_9\mathrm{P}_4 = 3/9 = 1/3$ となる．ここで ${}_a\mathrm{P}_b$ は，a 個の異なるものから b 個を選んでできる順列の総数である：${}_a\mathrm{P}_b = a(a-1)\cdots(a-b+1)$.

〔2〕 1/12.

$i \neq j$ に対し，$E[X_i X_j] = 1 \times P(X_i = 1 \text{ かつ } X_j = 1) + 0 \times P(X_i = 0 \text{ または } X_j = 0) = P(X_i = 1 \text{ かつ } X_j = 1) = ({}_3\mathrm{P}_2 \times {}_{9-2}\mathrm{P}_{4-2})/{}_9\mathrm{P}_4 = (3/9) \times (2/8) = 1/12$ となる.

〔3〕 5/144.

まず $X_i = 0, 1$ より $X_i^2 \equiv X_i$ のため $E[X_i] = E[X_i^2] = 1/3$ なので, $V[X_i] = E[X_i^2] - (E[X_i])^2 = (1/3) - (1/3)^2 = 2/9$ である. また $i \neq j$ に対して $\mathrm{Cov}[X_i, X_j] = E[X_i X_j] - E[X_i]E[X_j] = (1/12) - (1/3)^2 = -1/36$ である. これらを用いて

$$V[X_1 + \cdots + X_4] = \sum_{i=1}^{4} V[X_i] + \sum_{i \neq j} \mathrm{Cov}[X_i, X_j] = 4 \times (2/9) + 4 \cdot 3 \times (-1/36) =$$

$(8/9) - (1/3) = 5/9$ が得られる. よって $V[\overline{X}] = V[(X_1 + \cdots + X_4)/4] = V[X_1 + \cdots + X_4]/4^2 = (5/9)/16 = 5/144$ となる.

問 5.4

〔1〕**ア**：4.5, **イ**：4.5.

$X \sim Po(1.5)$, $Y \sim Po(3)$ で X と Y が独立なので, 本文で述べたポアソン分布の再生性より, $X + Y \sim Po(1.5 + 3) = Po(4.5)$ となる. よって $X + Y$ の従う分布は, 平均, 分散がそれぞれ 4.5 のポアソン分布である.

〔2〕**ウ**：5/3, **エ**：二項.

$X \sim Po(1.5)$, $Y \sim Po(3)$, $X + Y \sim Po(1.5 + 3)$ より, $x = 0, 1, \ldots, 5$ に対して

$$P(X = x \mid X + Y = 5) = \frac{P(X = x,\ X + Y = 5)}{P(X + Y = 5)} = \frac{P(X = x,\ Y = 5 - x)}{P(X + Y = 5)}$$

$$= \frac{e^{-1.5} \frac{1.5^x}{x!} \cdot e^{-3} \frac{3^{5-x}}{(5-x)!}}{e^{-(1.5+3)} \frac{(1.5+3)^5}{5!}} = \frac{5!}{x!\,(5-x)!} \frac{1.5^x \cdot 3^{5-x}}{(1.5+3)^5}$$

$$= {}_5\mathrm{C}_x \left(\frac{1.5}{1.5 + 3} \right)^x \left(\frac{3}{1.5 + 3} \right)^{5-x}$$

となる. よって $X + Y = 5$ という条件のもとで, X は試行回数 5, 成功確率 $1.5/(1.5+3) = 1/3$ の二項分布 $Bin(5, 1/3)$ に従う. $Bin(5, 1/3)$ の平均は, $5 \times \{1.5/(1.5 + 3)\} = 5/3 \ (\approx 1.67)$ である.

(条件 $X + Y = 5$ の 5 が, X と Y の期待値の和 $1.5 + 3 (= 4.5)$ よりも大きく, このとき X の条件付き分布の期待値 $5 \times (1.5/(1.5 + 3)) \ (\approx 1.67)$ が, 条件付けないときの期待値 1.5 よりも大きくなっていることに注意する. 解答の方針より, 5, 1.5, 3 が他の数値の場合であってもこの性質が成り立つことがみてとれる.)

問 5.5

〔1〕25/3.

カードが n 種類あるとする. すでに $k \ (0 \leq k \leq n-1)$ 種類のカードが揃っているときにお菓子を買って, $k+1$ 種類目のカードが出る確率 p_k は, $p_k = (n-k)/n$ である. k 種類目のカードが揃った後, $k+1$ 種類目のカードが出るまでに必要な購入回数は, 成功確率 p_k の幾何分布に従うので, その期待値は $1/p_k = n/(n-k)$ である. これより, n 種類すべてのカードを揃えるまでに必要な購入回数の期待値は, $\displaystyle\sum_{k=0}^{n-1} n/(n-k)$ となる. $n = 4$

のとき，この値は $\displaystyle\sum_{k=0}^{4-1} 4/(4-k) = (4/4) + (4/3) + (4/2) + (4/1) = 25/3 \ (\approx 8.33)$ となる．

〔2〕 23/12.

まず，x について考える．5 種類目のカードを得るのに必要な購入回数の期待値は，$n = 5$, $k = 4$ としたときの $1/p_4 = 5/(5-4) = 5$ である．よってこの値を，はじめの 4 種類を揃えるのに必要な購入回数の期待値 25/3 に加えた値が，5 種類すべて揃えるのに必要な購入回数の期待値 x なので，$x = (25/3) + 5 = 40/3 \ (\approx 13.33)$ である．他方，y については，$n = 5$ のときの $\displaystyle\sum_{k=0}^{n-1} n/(n-k)$ なので，$y = \displaystyle\sum_{k=0}^{5-1} 5/(5-k) = (5/5) + (5/4) + (5/3) + (5/2) + (5/1) = 137/12 \ (\approx 11.42)$ である．以上より，$x - y = (40/3) - (137/12) = 23/12 \ (\approx 1.92)$ となる．

6 連続型分布と標本分布

／キーワード／ 連続一様分布，正規分布，指数分布，ガンマ分布，ベータ分布，コーシー分布，対数正規分布，2 変量正規分布，多変量正規分布，混合正規分布，カイ二乗分布，t 分布，F 分布 (非心分布を含む)

この章では，代表的な連続型分布について解説する．一般に，標本に基づく統計量の分布を標本分布というが，この章の最後の 3 つの項では，正規分布からの無作為標本に基づく統計量の標本分布に現れるカイ二乗分布，t 分布，F 分布も扱う．

■**連続一様分布**■ $a < b$ を満たす a, b に対し，確率密度関数

$$f(x) = \begin{cases} \dfrac{1}{b-a} & (a \leq x \leq b) \\ 0 & (その他) \end{cases}$$

をもつ分布を**連続一様分布** (continuous uniform distribution) といい，$U(a, b)$ で表す．

$X \sim U(a, b)$ のとき，平均，分散，モーメント母関数は，

$$E[X] = \frac{a+b}{2}, \quad V[X] = \frac{(b-a)^2}{12},$$

$$M(t) = E\left[e^{tX}\right] = \frac{e^{bt} - e^{at}}{(b-a)t}, \quad -\infty < t < \infty$$

となる．

■**正規分布**■ 実数 μ と $\sigma > 0$ に対し，確率密度関数

$$f(x) = \frac{1}{\sqrt{2\pi}\,\sigma} \exp\left(-\frac{(x-\mu)^2}{2\sigma^2}\right)$$

をもつ分布を**正規分布** (normal distribution) あるいは**ガウス分布** (Gaussian distribution) といい，$N(\mu, \sigma^2)$ で表す．

特に $\mu = 0$, $\sigma^2 = 1$ のときの $N(0, 1)$ は，**標準正規分布** (standard normal distribution) とよばれる．$Z \sim N(0, 1)$ の確率密度関数は $\varphi(z)$，累積分布関数は $\Phi(z)$ で

表される：

$$\varphi(z) := \frac{1}{\sqrt{2\pi}} e^{-\frac{z^2}{2}}, \tag{6.1}$$

$$\Phi(z) := P(Z \le z) = \int_{-\infty}^{z} \varphi(t)\,dt, \quad Z \sim N(0,1)$$

$X \sim N(\mu, \sigma^2)$ のとき，平均，分散，モーメント母関数は，

$$E[X] = \mu, \quad V[X] = \sigma^2,$$

$$M(t) = E\big[e^{tX}\big] = \exp\Big(\mu t + \frac{1}{2}\sigma^2 t^2\Big), \quad -\infty < t < \infty \tag{6.2}$$

となる．それゆえ，$N(\mu, \sigma^2)$ の μ, σ^2 はそれぞれ期待値と分散を表す．

$X \sim N(\mu, \sigma^2)$ のとき，標準化した $Z = (X - \mu)/\sigma$ の分布は，標準正規分布 $N(0,1)$ になる．これより，$X \sim N(\mu, \sigma^2)$ の累積分布関数は，

$$P(X \le x) = P\Big(\frac{X - \mu}{\sigma} \le \frac{x - \mu}{\sigma}\Big) = \Phi\Big(\frac{x - \mu}{\sigma}\Big)$$

となる．

正規分布には，再生性とよばれる以下の性質がある：$X_1 \sim N(\mu_1, \sigma_1^2)$, $X_2 \sim N(\mu_2, \sigma_2^2)$ で，X_1 と X_2 が独立ならば，$X_1 + X_2 \sim N(\mu_1 + \mu_2, \sigma_1^2 + \sigma_2^2)$ となる．これは式 (6.2) より，$X_1 + X_2$ のモーメント母関数が $E\big[e^{t(X_1 + X_2)}\big] = E\big[e^{tX_1} e^{tX_2}\big] = E\big[e^{tX_1}\big] E\big[e^{tX_2}\big] = e^{\mu_1 t + (\sigma_1^2 t^2/2)} e^{\mu_2 t + (\sigma_2^2 t^2/2)} = e^{(\mu_1 + \mu_2)t + ((\sigma_1^2 + \sigma_2^2)t^2/2)}$ となり，$N(\mu_1 + \mu_2, \sigma_1^2 + \sigma_2^2)$ のモーメント母関数に一致することからわかる．

■指数分布■　$\lambda > 0$ に対し，確率密度関数

$$f(x) = \lambda e^{-\lambda x}, \quad x > 0$$

をもつ分布を**指数分布** (exponential distribution) といい，$Exp(\lambda)$ で表す．$X \sim Exp(\lambda)$ の累積分布関数は，

$$F(x) = P(X \le x) = 1 - e^{-\lambda x}, \quad x > 0$$

と明示的に書ける．

$X \sim Exp(\lambda)$ のとき，平均，分散，モーメント母関数は，

$$E[X] = \frac{1}{\lambda}, \quad V[X] = \frac{1}{\lambda^2},$$

$$M(t) = E\big[e^{tX}\big] = \frac{\lambda}{\lambda - t} = \Big(1 - \frac{1}{\lambda}t\Big)^{-1}, \quad t < \lambda$$

となる.

指数分布の**無記憶性** (memoryless property) として，$X \sim Exp(\lambda)$ のとき

$$P(X \geq t_1 + t_2 \,|\, X \geq t_1) = P(X \geq t_2), \quad t_1, t_2 \geq 0$$

が成り立つ．これは，$t \geq 0$ に対して $P(X \geq t) = 1 - F(t) = e^{-\lambda t}$ となるため，$t_1, t_2 \geq 0$ に対して $P(X \geq t_1 + t_2 \,|\, X \geq t_1) = e^{-\lambda(t_1+t_2)}/e^{-\lambda t_1} = e^{-\lambda t_2} = P(X \geq t_2)$ となることからわかる.

▌ガンマ分布▐ $a > 0$, $b > 0$ に対し，確率密度関数

$$f(x) = \frac{1}{\Gamma(a)b^a} x^{a-1} e^{-\frac{x}{b}}, \quad x > 0$$

をもつ分布を，形状母数 a，尺度母数 b の**ガンマ分布** (gamma distribution) といい，$Ga(a, b)$ で表す．ここで，$\Gamma(a)$ はガンマ関数

$$\Gamma(a) := \int_0^\infty x^{a-1} e^{-x} \, dx, \quad a > 0$$

を表す．特に $a = 1$ の場合のガンマ分布 $Ga(1, b)$ は，$\lambda = 1/b$ とした指数分布 $Exp(1/b)$ である.

$X \sim Ga(a, b)$ のとき，平均，分散，モーメント母関数は，

$$E[X] = ab, \quad V[X] = ab^2, \tag{6.3}$$

$$M(t) = E\left[e^{tX}\right] = (1 - bt)^{-a}, \quad t < \frac{1}{b} \tag{6.4}$$

となる.

ガンマ分布の再生性として，以下が成り立つ：$X_1 \sim Ga(a_1, b)$, $X_2 \sim Ga(a_2, b)$ で，X_1 と X_2 が独立ならば，$X_1 + X_2 \sim Ga(a_1 + a_2, b)$ となる．これはガンマ分布のモーメント母関数 (6.4) の形からわかる.

▌ベータ分布▐ $a > 0$, $b > 0$ に対し，確率密度関数

$$f(x) = \frac{1}{B(a, b)} x^{a-1} (1 - x)^{b-1}, \quad 0 < x < 1$$

をもつ区間 $(0, 1)$ 上の分布を**ベータ分布** (beta distribution) といい，$Be(a, b)$ で表す．ここで，$B(a, b)$ はベータ関数

$$B(a, b) := \int_0^1 x^{a-1} (1 - x)^{b-1} \, dx, \quad a > 0, \ b > 0$$

を表す.

$X \sim Be(a, b)$ のとき, 平均, 分散は,

$$E[X] = \frac{a}{a+b}, \quad V[X] = \frac{ab}{(a+b)^2(a+b+1)}$$

となる. モーメント母関数は, やや複雑になるため, 省略する.

ベータ分布はガンマ分布から, 以下のようにして得られる: $X_1 \sim Ga(a_1, b)$, $X_2 \sim Ga(a_2, b)$ で, X_1 と X_2 が独立ならば, $X_1/(X_1+X_2)$ は X_1+X_2 と独立で, $X_1/(X_1+X_2) \sim Be(a_1, a_2)$ となる (この条件のもとで $X_1 + X_2 \sim Ga(a_1 + a_2, b)$ となることは, ガンマ分布の再生性として「ガンマ分布」の項で述べた).

■**コーシー分布**■　確率密度関数

$$f(x) = \frac{1}{\pi(1+x^2)} \tag{6.5}$$

をもつ分布を**コーシー分布** (Cauchy distribution) という.

コーシー分布は裾が重い分布であり, 平均やより高次のモーメントが存在しない. 確率密度関数 (6.5) は原点に関して対称であるが, 0 は平均ではない.

より一般に, 位置母数 μ と尺度母数 $\sigma > 0$ を導入し, 式 (6.5) の $f(x)$ に対して

$$\frac{1}{\sigma} f\left(\frac{x-\mu}{\sigma}\right) = \frac{1}{\pi\sigma\left(1 + \left(\frac{x-\mu}{\sigma}\right)^2\right)}$$

を確率密度関数とする分布をコーシー分布として考えることもある.

■**対数正規分布**■　$Y \sim N(\mu, \sigma^2)$ のとき, $X = e^Y (> 0)$ は, 確率密度関数

$$f(x) = \frac{1}{\sqrt{2\pi}\,\sigma x} \exp\left(-\frac{(\log x - \mu)^2}{2\sigma^2}\right), \quad x > 0 \tag{6.6}$$

をもつ分布に従う. 確率密度関数 (6.6) をもつ分布を**対数正規分布** (log-normal distribution) といい, $\Lambda(\mu, \sigma^2)$ で表す. $X \sim \Lambda(\mu, \sigma^2)$ のとき, $\log X \sim N(\mu, \sigma^2)$ である.

対数正規分布 $\Lambda(\mu, \sigma^2)$ の原点まわりの k 次のモーメント $E[X^k]$ は, 式 (6.2) で述べた正規分布 $N(\mu, \sigma^2)$ のモーメント母関数 $M(t) = \exp(\mu t + \sigma^2 t^2/2)$ の $t = k$ における値に等しい. これは, $X \sim \Lambda(\mu, \sigma^2)$ のとき, $Y = \log X \sim N(\mu, \sigma^2)$ を用いて $E[X^k] = E[e^{kY}]$ と書けることからわかる.

このことを用いると, $X \sim \Lambda(\mu, \sigma^2)$ のとき, 平均, 分散が

$$E[X] = \exp\left(\mu + \frac{1}{2}\sigma^2\right), \quad V[X] = \exp(2\mu + \sigma^2)(\exp(\sigma^2) - 1)$$

となることが容易に導ける.

■**2 変量正規分布, 多変量正規分布**■　実数 μ_1, μ_2 と $\sigma_1 > 0$, $\sigma_2 > 0$, さらに $-1 < \rho < 1$ を満たす ρ に対し, 確率ベクトル $\boldsymbol{X} = (X_1, X_2)^\top$ が同時確率密度関数

$$f(x_1, x_2) = \frac{1}{2\pi\sigma_1\sigma_2\sqrt{1 - \rho^2}}$$

$$\times \exp\left[-\frac{1}{2(1 - \rho^2)}\left(\left(\frac{x_1 - \mu_1}{\sigma_1}\right)^2 - 2\rho\left(\frac{x_1 - \mu_1}{\sigma_1}\right)\left(\frac{x_2 - \mu_2}{\sigma_2}\right) + \left(\frac{x_2 - \mu_2}{\sigma_2}\right)^2\right)\right]$$

$$(6.7)$$

をもつとき, X は平均ベクトル $\boldsymbol{\mu}$, 分散共分散行列 Σ の **2 変量正規分布** (2-variate normal distribution) に従うといい, この分布を $N_2(\boldsymbol{\mu}, \Sigma)$ で表す. ただし

$$\boldsymbol{\mu} = (\mu_1, \mu_2)^\top, \quad \Sigma = \begin{pmatrix} \sigma_1{}^2 & \rho\sigma_1\sigma_2 \\ \rho\sigma_1\sigma_2 & \sigma_2{}^2 \end{pmatrix} \tag{6.8}$$

とする ($^\top$ は転置を表す). 特に $\mu_1 = \mu_2 = 0$, $\sigma_1{}^2 = \sigma_2{}^2 = 1$, $\rho = 0$ の場合, すなわち $\boldsymbol{\mu} = (0,0)^\top$, $\Sigma = I_2$ (2×2 の単位行列) の場合には, 2 変量標準正規分布とよばれる.

　名前のとおり, $\boldsymbol{\mu}$ と Σ はそれぞれ $\boldsymbol{X}$ の平均ベクトルと分散共分散行列になっている:

$$E[\boldsymbol{X}] = \boldsymbol{\mu}, \quad V[\boldsymbol{X}] = \Sigma$$

式 (6.8) にある分散共分散行列 Σ より, X_1 と X_2 の分散はそれぞれ $\sigma_1{}^2$, $\sigma_2{}^2$ である. それゆえ, 確率密度関数 (6.7) に現れるパラメータ σ_1, σ_2 は, それぞれ X_1 と X_2 の標準偏差を表していることがわかる. 同じく式 (6.8) より, X_1 と X_2 の共分散は $\rho\sigma_1\sigma_2$ であるため, パラメータ ρ は X_1 と X_2 の相関係数を表す. $\rho = 0$ の場合には, 式 (6.7) の同時確率密度関数 $f(x_1, x_2)$ が, $N(\mu_1, \sigma_1{}^2)$ の確率密度関数と $N(\mu_2, \sigma_2{}^2)$ の確率密度関数の積に分かれ, X_1 と X_2 が独立になる.

　X_1 と X_2 の周辺分布は, それぞれ $N(\mu_1, \sigma_1{}^2)$ と $N(\mu_2, \sigma_2{}^2)$ になる. また, $X_1 = x_1$ が与えられたときの X_2 の条件付き分布は, 正規分布となり, その期待値と分散は以下となる:

$$E[X_2 \mid X_1 = x_1] = \mu_2 + \rho \cdot \frac{\sigma_2}{\sigma_1}(x_1 - \mu_1) = \mu_2 + \frac{\sigma_{12}}{\sigma_1^2}(x_1 - \mu_1),$$

$$V[X_2 \mid X_1 = x_1] = \sigma_2^2(1 - \rho^2)$$

(式 (6.7) を $N(\mu_1, \sigma_1^2)$ の確率密度関数で割ればよい). ここで, $\sigma_{12} := \rho\sigma_1\sigma_2$ は, X_1 と X_2 の共分散を表す.

2 変量正規分布に従う確率ベクトルの成分の任意の 1 次結合は, 1 変量の正規分布に従う. より正確には, $\boldsymbol{X} = (X_1, X_2)^\top \sim N_2(\boldsymbol{\mu}, \Sigma)$ のとき, 任意の実定数ベクトル $\boldsymbol{c} = (c_1, c_2)^\top \neq (0, 0)^\top$ に対し, $\boldsymbol{c}^\top\boldsymbol{X} = c_1X_1 + c_2X_2 \sim N(\boldsymbol{c}^\top\boldsymbol{\mu}, \boldsymbol{c}^\top\Sigma\boldsymbol{c})$ となる. ($\boldsymbol{c} = (0, 0)^\top$ のときは, 分散がゼロの正規分布に従うと考えればよい.)

$\boldsymbol{X} \sim N_2(\boldsymbol{\mu}, \Sigma)$ のモーメント母関数は

$$M(\boldsymbol{t}) = E\left[e^{\boldsymbol{t}^\top\boldsymbol{X}}\right] = \exp\left(\boldsymbol{\mu}^\top\boldsymbol{t} + \frac{1}{2}\boldsymbol{t}^\top\Sigma\boldsymbol{t}\right), \quad \boldsymbol{t} \in \mathbb{R}^2 \qquad (6.9)$$

である.

これまでの 2 変量正規分布の議論は, 多変量に一般化することができる.

p 次元ベクトル $\boldsymbol{\mu} = (\mu_1, \ldots, \mu_p)^\top$ と $p \times p$ の正定値行列 Σ に対し, 確率ベクトル $\boldsymbol{X} = (X_1, \ldots, X_p)^\top$ が同時確率密度関数

$$f(\boldsymbol{x}) = \frac{1}{(2\pi)^{\frac{p}{2}}(\det\Sigma)^{\frac{1}{2}}} \exp\left(-\frac{1}{2}(\boldsymbol{x} - \boldsymbol{\mu})^\top\Sigma^{-1}(\boldsymbol{x} - \boldsymbol{\mu})\right)$$

をもつとき, $\boldsymbol{X}$ は平均ベクトル $\boldsymbol{\mu}$, 分散共分散行列 Σ の **多変量正規分布** (multivariate normal distribution) に従うといい, この分布を $N_p(\boldsymbol{\mu}, \Sigma)$ で表す.

2 変量正規分布について述べた独立性, 周辺分布, 条件付き分布, 1 次結合に関する結果を多変量に自然に拡張したものが, 一般の多変量正規分布においても成り立つが, 詳細は省略する. モーメント母関数は, $\boldsymbol{t} \in \mathbb{R}^p$ に対して式 (6.9) と同じ形となる.

■**混合正規分布**■　$j = 1, \ldots, K$ に対し, $f_j(x) = \dfrac{1}{\sigma_j}\varphi\left(\dfrac{x - \mu_j}{\sigma_j}\right)$ を $N(\mu_j, \sigma_j^2)$ の確率密度関数とする. また $p_1, \ldots, p_K$ は, $p_j > 0$ $(j = 1, \ldots, K)$ と $p_1 + \cdots + p_K = 1$ を満たすとする. このとき, 確率密度関数

$$f(x) = p_1f_1(x) + \cdots + p_Kf_K(x)$$

をもつ分布を, (1 変量の) **混合正規分布** (mixture of normal distributions, Gaussian mixture distribution) という. 各 $N(\mu_j, \sigma_j^2)$ を混合要素といい, $p_1, \ldots, p_K$ を混

合比率あるいは混合係数という．累積分布関数 $F(x)$ は，$F_j(x) = \Phi\left(\dfrac{x - \mu_j}{\sigma_j}\right)$ を
$N(\mu_j, \sigma_j{}^2)$ の累積分布関数とするとき，

$$F(x) = p_1 F_1(x) + \cdots + p_K F_K(x)$$

である．

　たとえば 2 要素 ($K = 2$) の場合，確率密度関数は必ずしも二峰性を示すとは限らない．$p_1 = p_2 = 1/2$ かつ $\sigma_1 = \sigma_2$ ($= \sigma$ とおく) という簡単な場合には，二峰性を示すための条件は，$|\mu_1 - \mu_2|/\sigma > 2$ (2 つの混合要素の平均同士の差が，共通の標準偏差の 2 倍より大きい) となる．

▓ カイ二乗分布 (非心分布を含む) ▓

$Z_i \sim N(0, 1)$, $i = 1, \ldots, n$ で，これらが互いに独立なとき，

$$Y = Z_1{}^2 + \cdots + Z_n{}^2 \tag{6.10}$$

が従う分布を**自由度 n のカイ二乗分布** (χ^2 分布, chi-square distribution with n degrees of freedom) といい，$\chi^2(n)$ で表す．

　$\chi^2(n)$ の確率密度関数は

$$f(y) = \frac{1}{\Gamma\left(\frac{n}{2}\right) 2^{\frac{n}{2}}} \, y^{\frac{n}{2} - 1} e^{-\frac{y}{2}}, \quad y > 0$$

となる．それゆえ $\chi^2(n)$ は，形状母数が $a = n/2$, 尺度母数が $b = 2$ のガンマ分布 $Ga(n/2, 2)$ と一致する．

　$Y \sim \chi^2(n)$ の平均，分散，モーメント母関数は，一般のガンマ分布の場合の結果 (6.3), (6.4) を用いると，

$$E[Y] = n, \quad V[Y] = 2n,$$

$$M(t) = E\left[e^{tY}\right] = (1 - 2t)^{-\frac{n}{2}}, \quad t < \frac{1}{2}$$

となる．

　また，カイ二乗分布の再生性として，以下が成り立つ：$Y_1 \sim \chi^2(n_1)$, $Y_2 \sim \chi^2(n_2)$ で，Y_1 と Y_2 が独立ならば，$Y_1 + Y_2 \sim \chi^2(n_1 + n_2)$ となる．

　正規分布からの標本に基づく標本分散の標本分布を考える際に，次のようにカイ二乗分布が現れる：$N(\mu, \sigma^2)$ からの無作為標本 $X_1, \ldots, X_n$ に対し，標本平均を $\overline{X}$, 不

偏分散を $s^2 = \sum_{i=1}^{n}(X_i - \overline{X})^2/(n-1)$ とすると,

- $\overline{X}$ と s^2 は独立

- $(\overline{X} - \mu)/(\sigma/\sqrt{n}) = \sqrt{n}(\overline{X} - \mu)/\sigma \sim N(0,1)$ \hfill (6.11)

- $(n-1)s^2/\sigma^2 = \sum_{i=1}^{n}\big((X_i - \overline{X})/\sigma\big)^2 \sim \chi^2(n-1)$

となる.

次に, 非心カイ二乗分布を定義する. カイ二乗分布の定義 (6.10) において, $Z_i \sim N(\mu_i, 1)$, $i = 1,\ldots,n$ とした場合を考え, $\lambda = \mu_1{}^2 + \cdots + \mu_n{}^2$ とおく. この場合に式 (6.10) の Y が従う分布を**自由度 n, 非心度 λ の非心カイ二乗分布** (noncentral chi-square distribution with n degrees of freedom and noncentrality parameter λ) といい, $\chi^2(n, \lambda)$ で表す. この分布は, $\mu_1,\ldots,\mu_n$ には, $\lambda = \mu_1{}^2 + \cdots + \mu_n{}^2$ を通してしか依存しない. $\chi^2(n, 0)$ は $\chi^2(n)$ と一致する.

$Y \sim \chi^2(n, \lambda)$ のモーメント母関数は

$$M(t) = E\big[e^{tY}\big] = (1 - 2t)^{-\frac{n}{2}} \exp\Big(\frac{\lambda t}{1 - 2t}\Big), \quad t < \frac{1}{2}$$

であり, これより再生性が成り立つことがわかる : $Y_1 \sim \chi^2(n_1, \lambda_1)$, $Y_2 \sim \chi^2(n_2, \lambda_2)$ で, Y_1 と Y_2 が独立ならば, $Y_1 + Y_2 \sim \chi^2(n_1 + n_2, \lambda_1 + \lambda_2)$ となる. また $Y \sim \chi^2(n, \lambda)$ の平均 $E[Y] = n + \lambda$ と分散 $V[Y] = 2n + 4\lambda$ もわかる.

■**t 分布 (非心分布を含む)**■　$Z \sim N(0,1)$, $Y \sim \chi^2(n)$ で, これらが互いに独立なとき,

$$T = \frac{Z}{\sqrt{\dfrac{Y}{n}}}$$ \hfill (6.12)

が従う分布を**自由度 n の t 分布** (t-distribution with n degrees of freedom) といい, $t(n)$ で表す.

$t(n)$ の確率密度関数は

$$f(t) = \frac{\Gamma\big(\frac{n+1}{2}\big)}{\sqrt{\pi n}\,\Gamma\big(\frac{n}{2}\big)} \left(1 + \frac{t^2}{n}\right)^{-\frac{n+1}{2}}, \quad -\infty < t < \infty$$ \hfill (6.13)

となる. 式 (6.13) の $1/\sqrt{n}$ を除く係数部分 $\Gamma((n+1)/2)/(\sqrt{\pi}\,\Gamma(n/2))$ は, ベータ関数を用いて $1/B(n/2, 1/2)$ とも表せる.

式 (6.13) は, $n = 1$ のとき, 裾が重いコーシー分布の確率密度関数 (6.5) と一致し, $n \to \infty$ のとき, 標準正規分布の確率密度関数 (6.1) に収束する.

$T \sim t(n)$ の平均, 分散は,

$$E[T] = 0 \quad (n > 1), \quad V[T] = \frac{n}{n-2} \quad (n > 2)$$

となる. $n = 1$ のとき平均は存在せず, $n = 1, 2$ のとき分散は存在しない. t 分布は, 正規分布より裾が重い分布である.

次に, 非心 t 分布を定義する. t 分布の定義 (6.12) において, $Z \sim N(\lambda, 1)$ とした場合を考える. この場合に式 (6.12) の T が従う分布を**自由度 n, 非心度 λ の非心 t 分布** (noncentral t-distribution with n degrees of freedom and noncentrality parameter λ) といい, $t(n, \lambda)$ で表す. $t(n, 0)$ は $t(n)$ と一致する.

t 分布と非心 t 分布が現れる例として, 分散が未知の正規分布の平均の検定がある. $N(\mu, \sigma^2)$ からの無作為標本 $X_1, \dots, X_n$ に対し, 不偏分散 $s^2 = \sum_{i=1}^{n}(X_i - \overline{X})^2/(n-1)$ を用いて定義される

$$t = \frac{\overline{X}}{\frac{s}{\sqrt{n}}} = \frac{\sqrt{n}\,\overline{X}}{s} \tag{6.14}$$

を **t 統計量** (t-statistic) という. t 統計量 (6.14) は, $\mu = 0$ のとき, 自由度 $n-1$ の t 分布に従い, $\mu \neq 0$ のとき, 自由度 $n-1$, 非心度 $\sqrt{n}\mu/\sigma$ の非心 t 分布に従う. これは, 式 (6.14) を

$$t = \frac{\frac{\overline{X}}{\frac{\sigma}{\sqrt{n}}}}{\sqrt{\frac{(n-1)s^2}{\sigma^2}/(n-1)}}$$

と書き直すと, 式 (6.11) よりわかる. σ^2 が未知の場合の帰無仮説 $\mu = 0$ の検定 (t 検定) において, t 分布は検定統計量としての t 統計量 (6.14) の帰無分布に現れ, 非心 t 分布は検出力に現れる.

■ **F 分布 (非心分布を含む)** ■　$Y_1 \sim \chi^2(n_1)$, $Y_2 \sim \chi^2(n_2)$ で, これらが互いに独立なとき,

$$X = \frac{Y_1/n_1}{Y_2/n_2} \tag{6.15}$$

が従う分布を**自由度** (n_1, n_2) **の** F **分布** (F-distribution with n_1 and n_2 degrees of freedom) といい，$F(n_1, n_2)$ で表す．

$F(n_1, n_2)$ の確率密度関数は

$$f(x) = \frac{n_1^{\frac{n_1}{2}} n_2^{\frac{n_2}{2}}}{B\left(\frac{n_1}{2}, \frac{n_2}{2}\right)} \cdot \frac{x^{\frac{n_1}{2}-1}}{(n_2 + n_1 x)^{\frac{n_1+n_2}{2}}} = \frac{1}{B\left(\frac{n_1}{2}, \frac{n_2}{2}\right)} \cdot \frac{\left(\frac{n_1}{n_2}\right)^{\frac{n_1}{2}} x^{\frac{n_1}{2}-1}}{\left(1 + \frac{n_1}{n_2} x\right)^{\frac{n_1+n_2}{2}}}, \; x > 0$$

となる．

$X \sim F(n_1, n_2)$ の平均，分散は，

$$E[X] = \frac{n_2}{n_2 - 2} \quad (n_2 > 2), \quad V[X] = 2\left(\frac{n_2}{n_2 - 2}\right)^2 \frac{n_1 + n_2 - 2}{n_1(n_2 - 4)} \quad (n_2 > 4)$$

となる．$n_2 \leq 2$ のとき平均は存在せず，$n_2 \leq 4$ のとき分散は存在しない．

2 標本の標本分散の比の標本分布を考える際に，次のように F 分布が現れる：$X_1, \ldots, X_{n_1}$ は $N(\mu_1, \sigma_1^2)$ からの無作為標本とし，$Y_1, \ldots, Y_{n_2}$ は $N(\mu_2, \sigma_2^2)$ からの無作為標本とする．さらに，$X_1, \ldots, X_{n_1}, Y_1, \ldots, Y_{n_2}$ がすべて互いに独立とする．このとき，$s_1^2 = \sum_{i=1}^{n_1}(X_i - \overline{X})^2/(n_1 - 1), s_2^2 = \sum_{i=1}^{n_2}(Y_i - \overline{Y})^2/(n_2 - 1)$ に対して，

$$\frac{s_1^2/\sigma_1^2}{s_2^2/\sigma_2^2} \sim F(n_1 - 1, n_2 - 1)$$

となる．

次に，非心 F 分布を定義する．F 分布の定義 (6.15) において，$Y_1 \sim \chi^2(n_1, \lambda)$ とした場合を考える．この場合に式 (6.15) の X が従う分布を**自由度** (n_1, n_2)**，非心度** λ **の非心** F **分布** (noncentral F-distribution with n_1 and n_2 degrees of freedom and noncentrality parameter λ) といい，$F(n_1, n_2, \lambda)$ で表す．$F(n_1, n_2, 0)$ は $F(n_1, n_2)$ と一致する．(非心度がゼロの場合も含め) $T \sim t(n, \mu)$ のとき $T^2 \sim F(1, n, \mu^2)$ となるが，これは非心カイ二乗分布，非心 t 分布，非心 F 分布の定義から明らかである．

非心 F 分布は，回帰モデルや分散分析モデルにおける F 検定の検出力の計算などに現れる．

━ 例 題 ━

問 6.1 あるテストの受験者は全部で 1000 人であり，受験者全体でのテストの得点の分布は正規分布 $N(65, 10^2)$ で近似できるとする．このテストで A 君は 85 点，B 君は 60 点であった．なお，標準正規分布 $N(0, 1)$ の確率密度関数は $f(z) = \dfrac{1}{\sqrt{2\pi}} \exp\left(-z^2/2\right)$ である．

〔1〕A 君および B 君の偏差値はいくらか．

〔2〕A 君の得点と B 君の得点の間に入る受験者の人数はおおよそ何人か．

〔3〕このテストの全受験者の得点の箱ひげ図を描いた場合，四分位範囲 (箱の長さ) はいくらか．

〔4〕このテストで 65 点以上の受験者のみを集めた場合，彼・彼女らの得点の平均値はおおよそいくらか．

問 6.2 全国規模の英語能力試験は Listening と Reading からなり，それらの合計が Total として算出される．ある回の試験では，Listening, Reading および Total の点数の平均点は 305 点，250 点，555 点であり，標準偏差はそれぞれ 80 点，90 点，150 点であった．

〔1〕この回の試験で，Listening の点数と Reading の点数の間の相関係数はいくらか．

〔2〕Listening と Reading の点数が 2 変量正規分布に従うとき，この回の試験で，Listening の点数が 335 点だった人たちの Reading の点数の条件付き期待値の推定値はいくらか．

問 6.3 ある医学研究で，患者が登録された時点から死亡までの時間 t $(t \geq 0)$ に関する生存関数について，パラメータ λ をもつ関数 $S(t)$ を次のように仮定した．

$$S(t) = P(T > t) = \exp(-\lambda t)$$

〔1〕確率変数 T の確率密度関数 $f(t)$ を求めよ．

〔2〕確率密度関数 $f(t)$ をもつ分布の平均と上側 25％点を求めよ．

〔3〕10 人の死亡までの時間を調べ，確率変数 T の標本平均を求めたところ 3.0 年となった．〔2〕の結果に基づき，T の上側 25％点の推定値を求めるといくらになるか．ただし，必要に応じて，$\log 2 \approx 0.7$，$\log 4 \approx 1.4$ を用いてよい．

問 6.4 ある大学の文理融合系学部における統計学の講義の受講生 500 名のうち，300 名は文系，200 名は理系の学生で，500 名全員が期末試験を受験した．期末試験は 100 点満点で，受講生全体の成績の分布は，文系が平均 65 点，標準偏差 4 点の正規分布 $N(65, 4^2)$，理系が平均 85 点，標準偏差 3 点の正規分布 $N(85, 3^2)$ という 2 つの正規分布の混合正規分布で近似できた．

〔1〕このテストにおいて，文系の A さんは 67 点，理系の B さんは 82 点であった．文系の学生のなかにおける A さんの偏差値と，理系の学生のなかにおける B さんの偏差値はいくらか．

〔2〕この期末試験では 60 点以上を合格とした．この試験の合格率はおよそ何％か．

答および解説

問 6.1

〔1〕70，45.

受験者全体での得点の分布の平均は 65 点，標準偏差は 10 点なので，A 君 (85 点) の標準化得点と B 君 (60 点) の標準化得点は，それぞれ $(85-65)/10 = 2$, $(60-65)/10 = -0.5$ となる．これより，A 君の偏差値と B 君の偏差値は，それぞれ $50 + 10 \times 2 = 70$, $50 + 10 \times (-0.5) = 45$ となる．

〔2〕669 人.

得点が 60 点から 85 点の間に入るのは，標準化得点が -0.5 から 2 に入るときである．この割合は，$Z \sim N(0,1)$ に対する確率 $P(-0.5 < Z \le 2) = \Phi(2) - \Phi(-0.5) = (1 - P(Z > 2)) - P(Z > 0.5) = 1 - 0.0228 - 0.3085 = 0.6687$ で近似できる．受験者は全体で 1000 人なので，得点が 60 点から 85 点の間に入る受験者の人数は，$1000 \times 0.6687 = 668.7$ より，おおよそ 669 人である．

〔3〕14 点.

$X \sim N(65, 10^2)$ とし，$N(65, 10^2)$ の下側 25％点を $x_{0.25}$ とすると，

$$0.25 = P(X \le x_{0.25}) = P\left(\frac{X - 65}{10} \le \frac{x_{0.25} - 65}{10}\right) = \Phi\left(\frac{x_{0.25} - 65}{10}\right)$$

となる．ここで，$N(0,1)$ の下側 25％点は -0.675 であるので，$(x_{0.25} - 65)/10 = -0.675$, すなわち $x_{0.25} = 65 - 0.675 \times 10$ となる．対称性より，上側 25％点 $x_{0.75}$ は $x_{0.75} = 65 + 0.675 \times 10$ となるので，四分位範囲は $x_{0.75} - x_{0.25} = (65 + 0.675 \times 10) - (65 - 0.675 \times 10) = 2 \times (0.675 \times 10) = 13.5$ なので，およそ 14 点となる．

〔4〕73 点.

$X \sim N(65, 10^2)$ と $Z = (X - 65)/10 \sim N(0,1)$ に対して，$E[X \,|\, X \ge 65] = E[65 + 10Z \,|\, Z \ge 0] = 65 + 10E[Z \,|\, Z \ge 0]$ となる．ここで，$Z \ge 0$ のもとでの Z の条件付き分布の確率密度関数 $f(z \,|\, z \ge 0)$ は，

$$f(z \,|\, z \ge 0) = \begin{cases} \dfrac{\varphi(z)}{P(Z \ge 0)} = 2\varphi(z) = \sqrt{\dfrac{2}{\pi}} e^{-\frac{z^2}{2}} & (z \ge 0) \\ 0 & (z < 0) \end{cases}$$

となる．これより

$$E[Z \,|\, Z \ge 0] = \int_0^\infty z \sqrt{\frac{2}{\pi}} e^{-\frac{z^2}{2}} \, dz = \sqrt{\frac{2}{\pi}} \left[-e^{-\frac{z^2}{2}}\right]_0^\infty = \sqrt{\frac{2}{\pi}} = 0.798$$

となるので，65 点以上の受験者のみを集めた場合の得点の平均値は，$E[X \,|\, X \ge 65] = 65 + 10E[Z \,|\, Z \ge 0] = 65 + 10 \times 0.798 = 72.98$ より，おおよそ 73 点となる．

問 6.2

〔1〕0.56.

「Total の分散」＝「Listening の分散」＋「Reading の分散」＋2×「Listening と Reading の共分散」が成り立つので，「Listening と Reading の共分散」＝ $(150^2 - 80^2 - 90^2)/2 =$

4000 となる．よって，Listening と Reading の相関係数は，$4000/(80 \times 90) = 0.5556$ なので，およそ 0.56 となる．

〔2〕269．

一般に，(X, Y) が 2 変量正規分布に従うとき，条件付き分布 $Y \mid X = x$ の期待値は，

$$E[Y] + \rho[X, Y] \cdot \frac{\sqrt{V[Y]}}{\sqrt{V[X]}} (x - E[X])$$

となる．これより，Listening の得点を X，Reading の得点を Y とすると，今回の試験で Listening の点数が 335 点だった人たちの Reading の点数の条件付き期待値は，$250 + 0.556(90/80)(335 - 305) = 268.8$ より，およそ 269 となる．

問 6.3

〔1〕$f(t) = \lambda \exp(-\lambda t)$，$t \geq 0$．

問題文では明示的に述べられてはいないが，$\lambda > 0$ であることに注意する．$S(t) = P(T > t) = \exp(-\lambda t)$，$t \geq 0$（$t < 0$ に対しては $S(t) = 1$）より，累積分布関数 $F(t) = P(T \leq t) = 1 - S(t)$ は

$$F(t) = \begin{cases} 1 - \exp(-\lambda t) & (t \geq 0) \\ 0 & (t < 0) \end{cases}$$

となる．この $F(t)$ を t で微分すると，確率密度関数 $f(t)$ が

$$f(t) = \begin{cases} \lambda \exp(-\lambda t) & (t \geq 0) \\ 0 & (t < 0) \end{cases}$$

となることがわかる．

〔2〕平均 $1/\lambda$，上側 25 ％点 $(\log 4)/\lambda$．

（$f(t)$ は平均が $1/\lambda$ の指数分布の確率密度関数であるが，ここでは平均を直接計算する．）$\lambda > 0$ より

$$E[T] = \int_0^\infty t\lambda \exp(-\lambda t)\, dt = \lambda \left(-\frac{1}{\lambda} \left[te^{-\lambda t} \right]_0^\infty + \frac{1}{\lambda} \int_0^\infty e^{-\lambda t}\, dt \right)$$

$$= 0 - \frac{1}{\lambda} \left[e^{-\lambda t} \right]_0^\infty = \frac{1}{\lambda}$$

となる．上側 25 ％点は，$S(t) = P(T > t) = 1/4$ を満たす t であるので，$\exp(-\lambda t) = 1/4$ を解いて，$t = (\log(1/4))/(-\lambda) = (\log 4)/\lambda$ となる．

〔3〕4.2 年．

T の期待値 $E[T] = 1/\lambda$ を，標本平均 $\bar{t} = 3.0$ で推定する．このとき，T の上側 25 ％点 $(\log 4)/\lambda = \log 4 \times (1/\lambda)$ の推定値は，$\log 4 \times 3.0 = 1.4 \times 3.0 = 4.2$（年）となる．

問 6.4

〔1〕55，40．

文系の分布は $N(65, 4^2)$ なので，そのなかでの A さん（67 点）の偏差値は $50 + 10 \times (67 - 65)/4 = 55$ となる．また，理系の分布は $N(85, 3^2)$ なので，そのなかでの B さん（82 点）の偏差値は $50 + 10 \times (82 - 85)/3 = 40$ となる．

〔2〕94%.

$N(65, 4^2)$ の累積分布関数は $\Phi\left(\dfrac{x-65}{4}\right)$ であり，$N(85, 3^2)$ の累積分布関数は $\Phi\left(\dfrac{x-85}{3}\right)$ である．また混合比率は，前者が $300/500 = 3/5$，後者が $200/500 = 2/5$ である．これより，X が問題の混合正規分布に従うとすると，X の分布の累積分布関数は，

$$P(X \leq x) = \frac{3}{5}\Phi\left(\frac{x-65}{4}\right) + \frac{2}{5}\Phi\left(\frac{x-85}{3}\right)$$

となる．それゆえ

$$\begin{aligned}
P(X \geq 60) &= 1 - P(X < 60) \\
&= 1 - \frac{3}{5}\Phi\left(\frac{60-65}{4}\right) - \frac{2}{5}\Phi\left(\frac{60-85}{3}\right) \\
&= 1 - \frac{3}{5}\Phi(-1.25) - \frac{2}{5}\Phi(-8.33) \\
&= 1 - \frac{3}{5} \times 0.1056 - \frac{2}{5} \times 0.0000 \\
&= 0.93664
\end{aligned}$$

となるので，この試験の合格率はおよそ 94 %である．

7 極限定理，漸近理論

/キーワード/ 確率収束，分布収束，大数の弱法則，少数法則，中心極限定理，連続修正，極値分布，デルタ法

■**確率変数の収束**■ 確率変数の列 $X_1, X_2, \ldots$ を考え，これを $\{X_n\}$ と略記する．$\{X_n\}$ がある確率変数 Y に**概収束** (almost sure convergence) するとは

$$P\left(\lim_{n \to \infty} X_n = Y\right) = 1$$

が成り立つことと定義する．つまり確率 1 で収束するということである．ただし，この定義を厳密にするには測度論的確率論を必要とし，具体例で実際に証明するのもしばしば難しい．

そこで概収束の代わりに以下の**確率収束** (convergence in probability) を用いることが多い．$\{X_n\}$ が Y に確率収束するとは，任意の $\varepsilon > 0$ に対して

$$\lim_{n \to \infty} P(|X_n - Y| > \varepsilon) = 0$$

となることと定義する．概収束する確率変数列は確率収束することが知られている．

また $\{X_n\}$ が Y に**平均二乗収束** (convergence in mean-square) するとは

$$\lim_{n \to \infty} E[(X_n - Y)^2] = 0$$

が成り立つことと定義する．平均二乗収束する確率変数列は確率収束する．これはチェビシェフの不等式を知っていれば容易に示される．

■**大数の弱法則**■ $\{X_n\}$ は独立同一分布に従い，その平均と分散がそれぞれ $E[X_n] = \mu$ と $V[X_n] = \sigma^2$ であるとする．このとき $X_1, \ldots, X_n$ の標本平均

$$\overline{X}_n = \frac{1}{n} \sum_{i=1}^{n} X_i$$

は $n \to \infty$ のもとで μ に平均二乗収束する (したがって確率収束もする)．この定理を**大数の弱法則** (weak law of large numbers) という．証明は，期待値や分散の計算

規則を使えば容易である：

$$E\left[(\overline{X}_n - \mu)^2\right] = V\left[\overline{X}_n\right] = \frac{\sigma^2}{n} \to 0 \quad (n \to \infty)$$

例 1 $X_1, \ldots, X_n$ が区間 $[0, 1]$ 上の一様分布に従う独立な確率変数のとき，$Z_n = \sqrt{(X_1 + \cdots + X_n)/n}$ はどのような値に確率収束するか．

答 $\{X_n\}$ に対する大数の法則から，$(X_1 + \cdots + X_n)/n$ は $E[X_n] = 1/2$ に確率収束する．よって，その平方根である Z_n は $1/\sqrt{2}$ に確率収束する．

この例では次の事実を暗に使っている．すなわち $\{X_n\}$ が Y に確率収束し，かつ関数 h が連続であれば $\{h(X_n)\}$ は $h(Y)$ に確率収束する．直感的には成り立ちそうであろう．実際に成り立つことが知られている．

■確率分布の収束■ 確率変数列 $\{X_n\}$ を考え，X_n の分布関数を $F_n(x) = P(X_n \le x)$ と表す．このとき，$\{X_n\}$ がある確率分布 G に**分布収束** (convergence in distribution) あるいは**法則収束** (convergence in law) するとは，

$$\lim_{n \to \infty} F_n(x) = G(x)$$

という式が G のすべての連続点 x において成り立つことと定義する．分布収束は確率変数そのものの収束ではなく，文字どおり分布の収束を表している．

例 2 平均 0，分散 $1/n$ の正規分布に従う確率変数を X_n とおく．X_n はどのような分布に分布収束するか．

答 標準正規分布の分布関数を Φ と書けば，X_n の分布関数は $F_n(x) = \Phi(\sqrt{n}x)$ となる．よって $x > 0$ のとき $\lim_{n \to \infty} F_n(x) = 1$ であり，$x < 0$ のとき $\lim_{n \to \infty} F_n(x) = 0$ である．したがって X_n は 0 に集中した 1 点分布

$$G(x) = \begin{cases} 1 & (x \ge 0) \\ 0 & (x < 0) \end{cases}$$

に分布収束する．なお $x = 0$ のときは $F_n(0) = 1/2$ であり $G(0) = 1$ に収束しないが，$x = 0$ は G の連続点ではないため問題はない．

■少数法則■ 確率変数 X_n が試行回数 n，成功確率 $\dfrac{\lambda}{n}$ の二項分布

$$P(X_n = x) = {}_n\mathrm{C}_x \left(\frac{\lambda}{n}\right)^x \left(1 - \frac{\lambda}{n}\right)^{n-x}$$

に従うとする．ただし $\lambda > 0$ は定数である．このとき x を固定して $n \to \infty$ とすると

$$\lim_{n \to \infty} P(X_n = x) = \frac{\lambda^x}{x!} e^{-\lambda}$$

となることが示される．つまり，X_n はポアソン分布に分布収束する．これをポアソンの**少数法則** (law of rare events) という．たとえばある地域で一週間に発生する交通事故の回数の分布は近似的にポアソン分布で表されると考えられる．

■**中心極限定理**■　$\{X_n\}$ は平均 μ，分散 σ^2 の独立同一分布に従うと仮定する．また $X_1, \ldots, X_n$ の標本平均を $\overline{X}_n$ と記す．このとき $\sqrt{n}(\overline{X}_n - \mu)$ は正規分布 $N(0, \sigma^2)$ に分布収束する．これを**中心極限定理** (central limit theorem) という．

　離散分布を中心極限定理によって正規分布で近似するとき，区間の選び方によって結果が変わってしまうことがある．このような場合は区間を半整数 (整数の半分) にすると近似がよくなることが知られている．この補正方法を**連続修正** (continuity correction) という．具体例は章末の例題を参照のこと．

■**極値分布**■　標本の最大値あるいは最小値が従う分布，およびその極限のことを**極値分布** (extreme value distribution) という．

> **例 3**　$\{X_n\}$ は独立に平均 1 の指数分布に従うとする．このとき $X_1, \ldots, X_n$ の最大値 $M_n = \max\{X_1, \ldots, X_n\}$ の分布は
>
> $$P(M_n \leq x) = \prod_{i=1}^{n} P(X_i \leq x) = (1 - e^{-x})^n$$
>
> である．M_n を位置・尺度変換し極限分布を求めよ．
>
> **答**　右辺で $x = y + \log n$ とおき，y を固定したまま $n \to \infty$ とすると $e^{-e^{-y}}$ に収束する．この関数は分布関数になっており，**ガンベル分布** (Gumbel distribution) とよばれる．つまり $M_n - \log n$ の分布はガンベル分布に収束する．

　実は，$\{X_n\}$ が指数分布以外の独立同一分布に従う場合でも，最大値を適切に位置・尺度変換することにより分布収束することが多い．そしてその収束先はガンベル分布の他に**フレシェ分布** (Fréchet distribution) $e^{-y^{-\alpha}}$ $(y > 0)$ と**ワイブル分布** (Weibull distribution) $e^{-(-y)^{\alpha}}$ $(y < 0)$ のあわせて 3 種類しかないことが知られている．ここで $\alpha > 0$ は定数である．

▌分布収束の性質▐　分布収束に関する便利な性質を 3 つ述べる．以下，確率変数列 $\{X_n\}$ が確率変数 X の分布に分布収束するとき，単に X_n は X に分布収束するということにしよう．

(i) X_n が X に分布収束し，かつ h が連続関数であれば，$h(X_n)$ は $h(X)$ に分布収束する．これを**連続写像定理** (continuous mapping theorem) とよぶ．たとえば X_n が $N(0,1)$ に分布収束するならば，$X_n{}^2$ は自由度 1 のカイ二乗分布に分布収束する．

(ii) X_n が X に分布収束し，かつ Y_n が定数 c に確率収束するならば，$X_n + Y_n$ および $X_n Y_n$ はそれぞれ $X + c$ および cX に分布収束する．これを**スルツキーの補題** (Slutsky's lemma) とよぶ．この補題の要点は，X_n と Y_n の同時分布を知る必要がないという点である．あとで述べる多次元の分布収束と比較せよ．

(iii) X_n のモーメント母関数が $M_n(t) = E\left[e^{tX_n}\right] < \infty$ で，X のモーメント母関数が $M(t) = E\left[e^{tX}\right] < \infty$ であるとする．このとき各実数 t に対して $M_n(t) \to M(t)$ が成り立つならば，X_n は X に分布収束する．たとえば少数法則をこの方針で証明することもできる．

▌デルタ法▐　$\{X_n\}$ は平均 μ，分散 σ^2 の独立同一分布に従うと仮定する．また $X_1, \ldots, X_n$ の標本平均を $\overline{X}_n$ と記す．いま，ある関数 f を用いて $f(\overline{X}_n)$ と表される量を考える．このような量は推測統計における推定量や検定統計量としてしばしば現れる．このとき $\sqrt{n}(f(\overline{X}_n) - f(\mu))$ の分布収束先を求める方法が，以下に述べる**デルタ法** (delta method) である．

$f(x)$ が連続微分可能であれば，テイラーの定理から

$$f(\overline{X}_n) - f(\mu) \approx f'(\mu)(\overline{X}_n - \mu)$$

と近似できる．ただし $f'(x)$ は $f(x)$ の導関数を表す．中心極限定理から $\sqrt{n}(\overline{X}_n - \mu)$ は $N(0, \sigma^2)$ に分布収束するので，$\sqrt{n}(f(\overline{X}_n) - f(\mu))$ は $N(0, f'(\mu)^2 \sigma^2)$ に分布収束する．厳密には前項のスルツキーの補題を使って証明する．

> **例4**　$\{X_n\}$ は平均 μ，分散 σ^2 の独立同一分布に従う確率変数列とする．このとき $\sqrt{n}(\overline{X}_n{}^2 - \mu^2)$ の分布収束先を求めよ．ただし $\mu \neq 0$ とする．
>
> **答**　$f(x) = x^2$ とおき，デルタ法を適用する．$f'(x) = 2x$ であるから，確率変数 $\sqrt{n}(\overline{X}_n{}^2 - \mu^2)$ は $N(0, (2\mu)^2 \sigma^2)$ に分布収束する．

▌**多次元の分布収束**▐　応用上, 確率変数が 1 次元でなく多次元である場合の分布収束も重要である. ここでは 2 次元の場合のみを扱うが 3 次元以上でも同様である. 2 次元の確率変数ベクトルの列 $(X_1, Y_1), (X_2, Y_2), \ldots$ を考え, 累積分布関数を $F_n(x, y) = P(X_n \leq x, Y_n \leq y)$ とおく. このとき $\{(X_n, Y_n)\}$ がある分布 G に分布収束するとは,

$$\lim_{n \to \infty} F_n(x, y) = G(x, y)$$

という式が G のすべての連続点 (x, y) において成り立つことと定義する.

　分布収束については次の点に留意する必要がある：X_n が分布収束し, かつ Y_n が分布収束したとしても, (X_n, Y_n) の同時分布は収束するとは限らない. なぜならば周辺分布だけでは同時分布を特定できないからである. ただし X_n と Y_n が独立であれば, その収束先も独立となる.

　その他の性質については 1 次元の場合と同様に成り立つことが多い. たとえば (X_n, Y_n) が (X, Y) に分布収束し, かつ $h(x, y)$ が連続な 2 変数関数であれば, $h(X_n, Y_n)$ は $h(X, Y)$ に分布収束する (連続写像定理).

▌**例 5**　X_n, Y_n が独立で, かつ X_n, Y_n の周辺分布がともに標準正規分布に収束するとき, $X_n^2 + Y_n^2$ の分布収束先を求めよ.

▌**答**　連続写像定理より $X_n^2 + Y_n^2$ は自由度 2 のカイ二乗分布に分布収束する.

─**例 題**─────────────

問 7.1　普通のサイコロを 30 回投げたとき, 数字の 3 が 10 回以上現れる確率の近似値を求めよ. ただし連続修正を行うものとする.

問 7.2　$\{X_n\}$ は独立同一分布に従う確率変数列とし, それぞれの平均は μ, 分散は σ^2 とする. また $X_1, \ldots, X_n$ の標本平均を $\overline{X}_n$ とおく.

〔1〕 $\sqrt{n}(\overline{X}_n - \mu)/\sigma$ はどのような分布に収束するか.

〔2〕 $\sqrt{n}(\overline{X}_n^3 - \mu^3)$ はどのような分布に収束するか. ただし $\mu \neq 0$ とする.

〔3〕 $(\sqrt{n}(\overline{X}_n - \mu)/\sigma)^2$ はどのような分布に収束するか.

答および解説

問 7.1　0.014.

　確率変数 X_k を, k 回目に現れた数字が 3 であったとき $X_k = 1$, そうでないとき $X_k = 0$ として定める. X_k の期待値は 1/6, 分散は $(1/6) \cdot (1 - 1/6) = 5/36$ である. 求めたい確率

は $P\left(\sum_{k=1}^{30} X_k \geq 10\right)$ である. 連続修正により

$$P\left(\sum_{k=1}^{30} X_k \geq 9.5\right) = P\left(\overline{X}_{30} \geq 9.5/30\right)$$

$$= P\left(\frac{\sqrt{30}(\overline{X}_{30} - 1/6)}{\sqrt{5/36}} \geq \frac{\sqrt{30}(9.5/30 - 1/6)}{\sqrt{5/36}}\right)$$

$$\approx P\left(Z \geq \frac{\sqrt{30}(9.5/30 - 1/6)}{\sqrt{5/36}}\right) \quad (Z \sim N(0,1))$$

$$= P(Z \geq 2.2)$$

となる. この確率は正規分布表からおよそ 0.014 であることがわかる.

問 7.2

〔1〕 $N(0,1)$.

これは中心極限定理そのものである.

〔2〕 $N(0, 9\mu^4\sigma^2)$.

デルタ法において $f(x) = x^3$ とおく. その微分は $f'(x) = 3x^2$ だから収束先の分散は $(f'(\mu))^2\sigma^2 = (3\mu^2)^2\sigma^2 = 9\mu^4\sigma^2$ となる.

〔3〕 自由度 1 のカイ二乗分布.

$\sqrt{n}(\overline{X}_n - \mu)/\sigma$ は中心極限定理より $N(0,1)$ に分布収束するから, その 2 乗である $(\sqrt{n}(\overline{X}_n - \mu)/\sigma)^2$ は自由度 1 のカイ二乗分布に分布収束する.

8 統計的推定の基礎

/**キーワード**/　統計量，順序統計量，点推定，最尤法，モーメント法，線形モデル，最小二乗法，不偏性，十分性，有効性，クラーメル・ラオの不等式，フィッシャー情報量，最尤推定量の漸近正規性，ジャックナイフ法

▚**統計量**▚　パラメータ θ をもつ確率分布 F_θ に独立同一に従う標本 $X_1, X_2, \ldots, X_n$ を考えよう．標本の観測値をもとに未知のパラメータ θ の値を推測することを**統計的推定** (statistical estimation) という．特に，標本のある関数 h を用いて $\hat{\theta} = h(X_1, \ldots, X_n)$ のようにパラメータ θ の値を推定することを**点推定** (point estimation) という．また，$h(X_1, \ldots, X_n)$ を**推定量** (estimator) とよび，観測値 $x_1, \ldots, x_n$ を代入した $h(x_1, \ldots, x_n)$ を**推定値** (estimate) とよぶ．推定量のように未知の θ の値によらない標本 $X_1, X_2, \ldots, X_n$ のみの関数を**統計量** (statistic) という．また，標本の値を昇順に並べ替えたものを $X_{(1)}, X_{(2)}, \ldots, X_{(n)}$ としたとき，これらを**順序統計量** (order statistic) とよぶ．

> **例1**　未知の平均 μ をもつ確率分布からの標本 $X_1, \ldots, X_n$ に対して，標本平均 $\overline{X} := \dfrac{1}{n} \sum_{i=1}^{n} X_i$，標本分散 $S := \dfrac{1}{n} \sum_{i=1}^{n} (X_i - \overline{X})^2$，$\dfrac{1}{n} \sum_{i=1}^{n} (X_i - \mu)^2$，最小値 $X_{(1)}$，最大値 $X_{(n)}$，n が奇数のときの中央値 $X_{((n+1)/2)}$ を考える．これらのうちどれが統計量であるか．
>
> **答**　$\dfrac{1}{n} \sum_{i=1}^{n} (X_i - \mu)^2$ は統計量ではないが，他は統計量である．

▚**各種推定法**▚　標準的なパラメータの点推定法として**最尤法** (最大尤度法，method of maximum likelihood) があげられる．確率分布 F_θ の確率密度関数 (離散変数の場合は確率関数) を $f(x; \theta)$ としたとき，標本の独立同一性から同時確率密度関数は積 $L(\theta) := \prod_{i=1}^{n} f(x_i; \theta)$ となる．これを θ の関数として扱うとき**尤度関数** (likelihood function) とよび，尤度関数値は単に尤度とよばれる．尤度は，得られた標本が確率分布 F_θ によってどれだけ生成されやすいかの指標と解釈できる．よって，想定して

いるパラメータ領域内において尤度を最大化するパラメータ値 (これは標本の関数として表される) をパラメータの推定量として用いることができ, これを**最尤推定量** (maximum likelihood estimator) とよぶ. なお, 尤度の対数をとると計算がしやすくなることが多く, $\ell(\theta) := \log L(\theta) = \sum_{i=1}^{n} \log f(x_i; \theta)$ は**対数尤度** (log-likelihood) とよばれる. もちろん, 最尤推定量は対数尤度の最大化によっても得られる. 本章後半で述べるように, 最尤推定量は**標本サイズ** (サンプルサイズ, sample size) n が十分大きいときに良い性質をもつことが保証されている.

> **例 2** 平均 μ と分散 v が未知の正規分布に独立同一に従う標本 $X_1, \ldots, X_n$ が得られているとする. このとき, μ および v の最尤推定量は標本平均および標本分散となることを示せ.
>
> **答** 実際に対数尤度 $\ell(\mu, v)$ を計算すると,
>
> $$\ell(\mu, v) = \log \prod_{i=1}^{n} \frac{1}{\sqrt{2\pi v}} \exp\left(-\frac{(x_i - \mu)^2}{2v}\right) = -\frac{n}{2}\log(2\pi v) - \frac{1}{2v}\sum_{i=1}^{n}(x_i - \mu)^2$$
>
> となるが, 最右辺のうち μ に依存するのは第 2 項のみであり,
>
> $$\sum_{i=1}^{n}(x_i - \mu)^2 = \sum_{i=1}^{n}\{(x_i - \overline{x}) + (\overline{x} - \mu)\}^2$$
> $$= \sum_{i=1}^{n}(x_i - \overline{x})^2 + 2\left(\sum_{i=1}^{n} x_i - n\overline{x}\right)(\overline{x} - \mu) + n(\overline{x} - \mu)^2$$
> $$= \sum_{i=1}^{n}(x_i - \overline{x})^2 + n(\overline{x} - \mu)^2$$
>
> より, v をどの値に固定しても $\mu = \overline{x}$ のとき対数尤度は最大となる. このとき
>
> $$\ell(\overline{x}, v) = -\frac{n}{2}\log(2\pi v) - \frac{1}{2v}\sum_{i=1}^{n}(x_i - \overline{x})^2 = -\frac{n}{2}\log(2\pi v) - \frac{ns}{2v}$$
>
> であるが, v での微分を計算し, 増減を調べると, v が標本分散値 $s = \sum_{i=1}^{n}(x_i - \overline{x})^2/n$ のときに最大値をとり, これが v に関する最尤推定値となることがわかる.

最尤法は尤度の最大化の計算が困難であることも多く, そういった場合にはより簡便な**モーメント法** (method of moments) も用いられる. いま m 個のパラメータ $\theta = (\theta_1, \ldots, \theta_m)$ をもつ確率分布の確率密度関数 $f(x; \theta)$ を考えよう. 中心モーメント

$$\mu_1 := \int x f(x;\theta)\,dx, \quad \mu_k := \int (x-\mu_1)^k f(x;\theta)\,dx, \quad k = 2, 3, \dots$$

の各右辺はパラメータ θ の関数であるのでこれを $m_k(\theta)$ と書くと，$\mu_k = m_k(\theta)$ のように表される．これらは θ についての連立方程式であるので，十分大きな次数 K までのモーメントを用いれば，適当な関数 g_j を用いて

$$\theta_j = g_j(\mu_1, \dots, \mu_K), \quad j = 1, \dots, m$$

のように逆に解ける場合が多い．その場合は，中心モーメントを標本平均や標本分散のような推定量 $\hat{\mu}_1 = \overline{X} = \dfrac{1}{n}\sum_{i=1}^{n} X_i$, $\hat{\mu}_k = \dfrac{1}{n}\sum_{i=1}^{n}(X_i - \overline{X})^k$ $(k = 2, 3, \dots)$ で置き換えた $\hat{\theta}_j = g_j(\hat{\mu}_1, \dots, \hat{\mu}_K)$ を θ_j の推定量として用いることができ，これをモーメント法とよぶ．なお，中心モーメントの代わりに，中心化しない（μ_1 を引かない）モーメントを使う場合や，不偏分散のように不偏化されたモーメントの推定量を用いることも多い．

> **例 3**　ガンマ分布 $Ga(\alpha, 1/\lambda)$ とは確率密度関数が $f(x;\alpha,\lambda) = \dfrac{\lambda^\alpha}{\Gamma(\alpha)} x^{\alpha-1} e^{-\lambda x}$ $(x \geq 0)$ となる確率分布である．$Ga(\alpha, 1/\lambda)$ に独立同一に従う標本 $X_1, \dots, X_n$ をもとに α および λ を推定する問題を考える．このとき α の最尤推定量は解析的に陽な形の式で表すことができないので，モーメント法により推定せよ．
>
> **答**　$Ga(\alpha, 1/\lambda)$ の平均と分散は $\mu_1 = \alpha/\lambda$, $\mu_2 = \alpha/\lambda^2$ であるから，α, λ について解いて $\alpha = \mu_1^2/\mu_2$, $\lambda = \mu_1/\mu_2$ が得られる．よって，μ_1 と μ_2 の推定量として標本平均 $\overline{X}$ と標本分散 S を用いると，α と λ のモーメント法による推定量は $\hat{\alpha} = \dfrac{\overline{X}^2}{S}$, $\hat{\lambda} = \dfrac{\overline{X}}{S}$ となる．

　真のパラメータ値 θ と推定量 $\hat{\theta}$ の差異を直接的に評価するための標準的な指標として，**平均二乗誤差** (Mean Squared Error)

$$MSE_\theta(\hat{\theta}) := E_\theta\big[(\hat{\theta} - \theta)^2\big]$$

がある．ここで $\hat{\theta}$ は標本に依存するため確率変数であり，E_θ は確率分布 F_θ による期待値を表すことに注意する．また，二つの推定量の推定精度を比較する際には，$\hat{\theta}_1$ の $\hat{\theta}_2$ に対する相対効率

$$e(\hat{\theta}_1, \hat{\theta}_2) := \frac{E_\theta\big[(\hat{\theta}_2 - \theta)^2\big]}{E_\theta\big[(\hat{\theta}_1 - \theta)^2\big]}$$

を用いることができる．

■点推定の性質■ 真のパラメータ値 θ がどのような値であったとしても，$E_\theta[\hat{\theta}] = \theta$ となるような推定量 $\hat{\theta}$ を**不偏推定量** (unbiased estimator) とよぶ．$b_\theta(\hat{\theta}) := E_\theta[\hat{\theta}] - \theta$ を推定量 $\hat{\theta}$ の**バイアス** (偏り，bias) とよぶので，不偏推定量はバイアスが常に 0 の推定量と言い換えられる．一方，平均二乗誤差 $E_\theta[(\hat{\theta} - \theta)^2]$ は，一般の確率変数 X に対して $E[X^2] = E[X]^2 + V[X]$ が成り立つことから，以下のようにバイアスの 2 乗の項とバリアンス (分散) の項に分けることができる．

$$E_\theta\big[(\hat{\theta} - \theta)^2\big] = (E_\theta[\hat{\theta}] - \theta)^2 + V_\theta[\hat{\theta}] = (b_\theta(\hat{\theta}))^2 + V_\theta[\hat{\theta}]$$

これを平均二乗誤差の**バイアス・バリアンス分解** (bias-variance decomposition) とよぶ．バイアス項が 0 となる不偏推定量に限ったうえで平均二乗誤差を最小化する推定量は，分散 $V[\hat{\theta}]$ を最小化する推定量にほかならない．このような推定量を**一様最小分散不偏推定量** (uniformly minimum-variance unbiased estimator) という．

線形単回帰モデル $y_i = \beta x_i + \varepsilon_i\ (i = 1, \ldots, n)$ に関して未知の回帰パラメータ β を推定しよう．ここで各説明変数 x_i および目的変数 y_i は観測されているが，撹乱項 ε_i は確率変数で観測されないとする．**最小二乗法** (least squares method)，すなわち残差二乗和 $\displaystyle\sum_{i=1}^{n}(y_i - \beta x_i)^2$ を最小化するパラメータ値 $\hat{\beta}$ は β で偏微分することにより，$\hat{\beta} = \Big(\displaystyle\sum_{j=1}^{n} x_j^2\Big)^{-1} \sum_{i=1}^{n} x_i y_i$ と求まる．この $\hat{\beta}$ のように y_i の線形和で表されるような回帰パラメータの推定量を線形推定量とよぶ．撹乱項が各 i について，$E[\varepsilon_i] = 0$，$V[\varepsilon_i] < \infty$，さらに $i \neq j$ のとき $E[\varepsilon_i \varepsilon_j] = 0$ を満たすと仮定すると，$\hat{\beta}$ は β の不偏推定量であり，さらに不偏な線形推定量のなかでは分散が最小となることを示すことができる (**ガウス・マルコフの定理**，Gauss–Markov theorem)．よって $\hat{\beta}$ は線形不偏推定量のなかでは一様最小分散であるため，**最良線形不偏推定量** (Best Linear Unbiased Estimator, 略して BLUE) ともよばれる．なお，既知の m 次ベクトル $\boldsymbol{x}$，n 次ベクトル $\boldsymbol{y}$，および未知の $n \times m$ 行列 A と n 次確率変数ベクトル $\boldsymbol{\varepsilon}$ に対して，$\boldsymbol{y} = A\boldsymbol{x} + \boldsymbol{\varepsilon}$ と表される統計モデルを**線形モデル** (linear model) あるいは**線形模型**という．推定する行列 A には制約を仮定する場合が多く，上記の線形単回帰モデルは $m = n$ かつ $A = \beta I$ とした場合に対応する．

以下に述べる**クラーメル・ラオの不等式** (Cramér–Rao inequality) を用いると，一様最小分散不偏推定量であるかの判定をできることがある．**フィッシャー情報量**

(Fisher information) は，f を確率密度関数あるいは確率関数として

$$J_n(\theta) = E_\theta\left[\left(\frac{\partial}{\partial\theta}\log f(X_1,\ldots,X_n;\theta)\right)^2\right]$$

もしくは適当な正則条件のもと同値となる

$$J_n(\theta) = -E_\theta\left[\frac{\partial^2}{\partial\theta^2}\log f(X_1,\ldots,X_n;\theta)\right]$$

により定義されるが，フィッシャー情報量が正であるとき，不偏推定量に対するクラーメル・ラオの不等式は以下で表される．

$$V_\theta[\hat{\theta}] \geq J_n(\theta)^{-1}$$

これは不偏推定量 $\hat{\theta}$ をどのように選んでも，その分散をフィッシャー情報量の逆数より小さくはできないことを意味している．なお，標本が独立同一であるときは $J_n(\theta) = nJ_1(\theta)$ となりフィッシャー情報量は標本サイズに比例するため，クラーメル・ラオの下限値は標本サイズの逆数に比例する．クラーメル・ラオの不等式の等号を満たすような不偏推定量を**有効推定量** (efficient estimator) という．よって，有効推定量であれば一様最小分散不偏推定量である．一方，クラーメル・ラオの不等式の等号を満たす不偏推定量が存在しないような確率分布 F_θ に対しては θ の有効推定量は存在しない．

　最尤法に必要な標本の情報を集約するためには，**十分統計量** (sufficient statistics) が有効である．パラメータ θ をもつ分布から得られた標本 $X_1,\ldots,X_n$ をまとめて X と書くとき，以下の式を満たす統計量 $T = T(X)$ を θ の十分統計量とよぶ．

$$P(X = x\,|\,T(X) = t, \theta) = P(X = x\,|\,T(X) = t)$$

つまり，$T(X)$ で条件付けた X の分布がパラメータによらないことが十分統計量の定義である．ただしここで，$T(X)$ はベクトルであってもよい．さらに，$T(X)$ が θ の十分統計量であるとき，またそのときに限り適当な関数 h と g が存在して

$$f(x;\theta) = h(x)g(T(x),\theta) \tag{8.1}$$

という分解が可能であることが示される (**フィッシャー・ネイマンの分解定理**，Fisher–Neyman factorization theorem)．つまり，確率密度関数を θ に依存しない関数と，依存する関数の積に分解したときに，後者が十分統計量のみを含むような分解が存在する．また，式 (8.1) より，対数尤度関数の θ を含む項は $T(X)$ にのみ依存するため，最尤推定量は十分統計量のみの関数となることがわかる．

例 4 正規分布 $N(\mu, \sigma^2)$ に独立同一に従う標本 $X_1, \ldots, X_n$ が得られているとする. (μ, σ^2) の十分統計量を求めよ.

答 同時確率密度関数は以下の式 (8.2) もしくは式 (8.3) のように分解できる.

$$
\begin{aligned}
f(x; \mu, \sigma^2) &= \prod_{i=1}^{n} \frac{1}{\sqrt{2\pi\sigma^2}} \exp\left(-\frac{(x_i - \mu)^2}{2\sigma^2}\right) \\
&= (2\pi\sigma^2)^{-n/2} \exp\left(-\frac{\sum_{i=1}^{n} x_i^2}{2\sigma^2}\right) \exp\left(-\frac{n\mu^2}{2\sigma^2}\right) \exp\left(\frac{n\overline{x}\mu}{\sigma^2}\right) \quad (8.2) \\
&= (2\pi\sigma^2)^{-n/2} \exp\left(-\frac{\sum_{i=1}^{n} (x_i - \overline{x})^2}{2\sigma^2}\right) \exp\left(-\frac{n(\overline{x} - \mu)^2}{2\sigma^2}\right) \quad (8.3)
\end{aligned}
$$

分散 σ^2 が既知のとき, 標本平均 $\overline{X}$ は μ の十分統計量である. これは, 式 (8.2) において $h(x) := (2\pi\sigma^2)^{-n/2} \exp\left(-\frac{\sum_{i=1}^{n} x_i^2}{2\sigma^2}\right)$, $g(\overline{x}, \mu) := \exp\left(-\frac{n\mu^2}{2\sigma^2}\right) \exp\left(\frac{n\overline{x}\mu}{\sigma^2}\right)$ とおくことによりフィッシャー・ネイマンの分解定理を用いて確認できる. また, μ, σ^2 がともに未知のとき, 同じく式 (8.2) に関する分解定理を用いて, $(\overline{x}, \sum_{i=1}^{n} x_i^2)$ は $\theta = (\mu, \sigma^2)$ の十分統計量であることがわかる. さらに式 (8.3) より, $(\overline{x}, \sum_{i=1}^{n} (x_i - \overline{x})^2)$ や, 標本分散 S を用いた $(\overline{x}, S)$ も (μ, σ^2) の十分統計量である. ここで, 順番を入れ替えた $(S, \overline{x})$ や, 余分な統計量を加えた $(\overline{x}, S, x_1)$ などもまた (μ, σ^2) の十分統計量であることに注意が必要である. また, (μ, σ^2) の最尤推定量 $(\overline{x}, S)$ は確かにこれらの十分統計量のみを用いて算出できる.

■**漸近的な性質**■ 標本サイズが十分に大きいときの推定の妥当性を評価するための理論を漸近論という. 確率分布 F_θ に独立同一に従う標本 $X_1, X_2, \ldots, X_n$ をもとに得られる推定量 $\hat{\theta} = \hat{\theta}(X_1, \ldots, X_n)$ を考えよう. 真のパラメータ値 θ は未知であるが, どのような値であっても推定量がその値に確率収束するとき, つまり任意の $\varepsilon > 0$ に対して

$$
\lim_{n \to \infty} P(|\hat{\theta} - \theta| < \varepsilon) = 1
$$

が成立するとき, その推定量が**一致性** (consistency) をもつという. パラメータと推定量が多次元の場合も, 2 ノルム $\|\hat{\boldsymbol{\theta}} - \boldsymbol{\theta}\|$ を用いて同様に定義される. また, 一致推定量の分散が漸近的にクラーメル・ラオの不等式の下限を達成するとき, つまり任意の θ に対して

$$\lim_{n\to\infty} nV_\theta[\hat\theta] = J_1(\theta)^{-1}$$

となるとき，この推定量が**漸近有効性** (asymptotic efficienty) をもつという．

適当な正則条件が成り立つような確率分布 F_θ に関して，パラメータの最尤推定量は一致性および漸近有効性をもつことが知られている．つまり，最尤推定量は漸近的には最良な推定量の 1 つであるといえる．さらに，最尤推定量 $\hat\theta$ から極限値の θ を引いたうえで $\sqrt{n}$ でスケーリングした $Z := \sqrt{n}(\hat\theta - \theta)$ は正規分布 $N(0, J_1(\theta)^{-1})$ に分布収束する．つまり，Z の累積分布関数 $F_n(z)$ は $N(0, J_1(\theta)^{-1})$ の累積分布関数に各点で収束する．これを，最尤推定量の**漸近正規性** (asymptotic normality) という[※1]．

▌リサンプリング法▐　推定量が不偏でなくバイアスがある場合，得られている標本を「再利用」して推定量のバイアスを補正する方法が**ジャックナイフ法** (jackknife method) である．標本 $X_1, \ldots, X_n$ をもとにした推定量 $\hat\theta$ のバイアスを補正する場合を考えよう．標本 X_i を除いたサイズ $n-1$ の部分標本から推定量 $\hat\theta$ と同様にして計算される推定量を $\hat\theta_{(i)}$ と書くことにする．また，そのようにして得られた n 個の推定量の平均を $\hat\theta_{(\cdot)} := \dfrac{1}{n}\sum_{i=1}^{n}\hat\theta_{(i)}$ と書くことにする．このとき，$\hat\theta$ のバイアスは $\widehat{\mathrm{bias}} := (n-1)(\hat\theta_{(\cdot)} - \hat\theta)$ で見積もられ，それを補正した

$$\hat\theta_{\mathrm{jack}} := \hat\theta - \widehat{\mathrm{bias}} = \hat\theta - (n-1)(\hat\theta_{(\cdot)} - \hat\theta) = n\hat\theta - (n-1)\hat\theta_{(\cdot)}$$

を**ジャックナイフ推定量** (jackknife estimator) という．バイアスの評価値に $\widehat{\mathrm{bias}} = (n-1)(\hat\theta_{(\cdot)} - \hat\theta)$ を用いる妥当性について一般の場合の説明は省略するが，バイアスが $1/n$ のオーダーであり $E[\hat\theta] = \theta + b(\theta)/n$ のように仮定できる場合は容易に説明できる．実際，$\hat\theta_{(i)}$ はサイズ $n-1$ の標本から計算されるから，$E[\hat\theta_{(i)}] = \theta + b(\theta)/(n-1)$ である．これより，$E[\hat\theta_{(\cdot)}] = \dfrac{1}{n}\sum_{i=1}^{n}E[\hat\theta_{(i)}] = \theta + b(\theta)/(n-1)$ となり，$E[\widehat{\mathrm{bias}}] = (n-1)(E[\hat\theta_{(\cdot)}] - E[\hat\theta]) = b(\theta)/n$ が成り立つことから $\widehat{\mathrm{bias}}$ がバイアス $b(\theta)/n$ の不偏推定量であることが確認できる．ジャックナイフ法のように，得られている標本からの部分標本を用いることにより推定精度を向上させる手法を**リサンプリング法** (resampling method) とよぶ．

[※1] なお，漸近正規性をもつ推定量に対して，その極限分布の分散がクラーメル・ラオ不等式の下限を達成することを漸近有効性と定義することもあるが，分散の極限と極限分布の分散は一般には異なるので，上記の漸近有効性の定義とは厳密には異なる．

例 題

問 8.1 未知の平均 μ, 分散 σ^2 をもつ正規分布 $N(\mu, \sigma^2)$ から独立同一に得られた標本を $X_1, \ldots, X_n$ とし, その標本平均を $\overline{X}$ と書く. 以下の ① から ⑤ の文章のうち正しいもののみをすべて選べ. (複数回答あり)

① $\displaystyle\sum_{i=1}^{n}(X_i - \overline{X})^2$ は統計量であるが, $\displaystyle\sum_{i=1}^{n}(X_i - \mu)^2$ は統計量ではない.

② 順序統計量を並べたベクトル $(X_{(1)}, \ldots, X_{(n)})$ はパラメータ μ および σ^2 の十分統計量である.

③ 標本分散 $\dfrac{1}{n}\displaystyle\sum_{i=1}^{n}(X_i - \overline{X})^2$ は σ^2 の不偏推定量である.

④ 標本分散の平方根 $\left(\dfrac{1}{n}\displaystyle\sum_{i=1}^{n}(X_i - \overline{X})^2\right)^{1/2}$ は標準偏差 σ の最尤推定量である.

⑤ 標本分散は分散 σ^2 の一致推定量であるが, 漸近有効推定量ではない.

問 8.2 平均 $\lambda > 0$ のポアソン分布から独立同一に標本 $X_1, \ldots, X_n$ が得られているとする. ただし, ポアソン分布の確率関数は $f(x) = e^{-\lambda}\lambda^x/x!$ $(x = 0, 1, \ldots)$ である.

〔1〕パラメータ λ の最尤推定量を求めよ.

〔2〕λ に関するフィッシャー情報量 $J_n(\lambda)$ を求めよ.

〔3〕λ の最尤推定量は有効推定量であることを示せ.

〔4〕λ の最尤推定量の漸近正規性および漸近有効性を, 中心極限定理を用いて示せ.

問 8.3 コインを製造する工場で 5 つの円形のコインを試作し, その半径を測ったところ以下のようなデータが得られた.

$$8.4, \quad 9.0, \quad 8.2, \quad 10.4, \quad 9.2 \quad (単位：mm)$$

コインの半径は平均 r の確率分布に独立同一に従うとするとき, 以下の問いに答えよ. ただし, 円周率 π は 3.14 として計算せよ.

〔1〕平均 $\mu > 0$, 分散 σ^2 の確率分布から独立同一に標本 $X_1, \ldots, X_n$ が得られており, その標本平均を $\overline{X}$ とする. μ^2 の二種類の推定量

$$T_1 := \overline{X}^2, \quad T_2 := \frac{1}{n}\sum_{i=1}^{n}X_i^2$$

に対し, T_1 のバイアス $b_1(\mu, \sigma^2)$ および T_2 のバイアス $b_2(\mu, \sigma^2)$ を求めよ.

〔2〕コインの面積 πr^2 の推定値として, 5 つのコインの半径の計測値から各面積を計算してその平均値を用いることの問題点を, 〔1〕の結果をもとに説明せよ.

〔3〕〔1〕で求めた T_1 のバイアスに標本平均 $\overline{X}$, 不偏分散 U を代入して,
$$\widetilde{T}_1 := \overline{X}^2 - b_1(\overline{X}, U)$$
というバイアス補正をした推定量を構成できる. これを用いて, 得られたデータからコインの面積 πr^2 のバイアス補正推定値を計算せよ.

〔4〕 μ^2 の推定量として $\overline{X}^2$ を用いた場合のジャックナイフ推定量を用いて，得られた
データからコインの面積 πr^2 のバイアス補正推定値を求めよ．

〔5〕 〔1〕の設定で，デルタ法を用いて μ^2 の推定量 $T_1 = \overline{X}^2$ の漸近正規性を示せ．漸近
分散も求めよ．

答および解説

問 8.1　①，②，④ が正しい．

① 正しい：統計量は標本もしくは既知のパラメータのみの関数で表されるべきなので，未
知のパラメータ μ に依存してはいけない．

② 正しい：標本が独立なので尤度関数は $L(\mu, \sigma^2) = \prod_{i=1}^{n} f(x_i; \mu, \sigma^2)$ のように積に分解

できるが，積は順序を入れ替えても同じなので，$L(\mu, \sigma^2) = \prod_{i=1}^{n} f(x_{(i)}; \mu, \sigma^2)$ と書け

る．よって，尤度関数には順序統計量 $(X_{(1)}, \ldots, X_{(n)})$ を介してのみ標本が現れるか
ら，定義より十分性がいえる．

③ 誤り：不偏分散 $\dfrac{1}{n-1} \sum_{i=1}^{n} (X_i - \overline{X})^2$ が分散の不偏推定量であるから，

$$E\left[\frac{1}{n} \sum_{i=1}^{n} (X_i - \overline{X})^2 \right] = \frac{n-1}{n} E\left[\frac{1}{n-1} \sum_{i=1}^{n} (X_i - \overline{X})^2 \right] = \frac{n-1}{n} \sigma^2$$

となり不偏推定量ではない．これは

$$E\left[\sum_{i=1}^{n} (X_i - \overline{X})^2 \right] = E\left[\sum_{i=1}^{n} (X_i - \mu)^2 - \sum_{i=1}^{n} (\overline{X} - \mu)^2 \right] = n\sigma^2 - n \frac{1}{n} \sigma^2 = (n-1)\sigma^2$$

となることからも確認できる．

④ 正しい：本章で述べたように，正規分布の標本分散は分散の最尤推定量である．最尤推
定量は尤度関数を最大化するパラメータ値であることから，パラメータをある関数で
変換した場合は，最尤推定量も同じ関数で変換をすればよい．よって，分散の平方根
(標準偏差) の最尤推定量は標本分散の平方根である．

⑤ 誤り：正規分布は漸近論の正則条件を満たす確率分布であり，最尤推定量は一致性と漸
近有効性の両方を満たす．

なお，① ～ ③ については正規分布以外の一般の確率分布でも同じ解答となる．

問 8.2

〔1〕 $\dfrac{1}{n} \sum_{i=1}^{n} X_i$.

対数尤度関数は

$$\ell(\lambda) = \log \prod_{i=1}^{n} e^{-\lambda} \frac{\lambda^{x_i}}{x_i!} = -n\lambda + \sum_{i=1}^{n} x_i \log \lambda - \sum_{i=1}^{n} \log x_i!$$

となる. これは λ に関する凹関数なので, $\dfrac{\partial}{\partial \lambda}\ell(\lambda) = -n + \sum_{i=1}^{n} x_i \lambda^{-1} = 0$ を解いた

$\hat{\lambda} = \dfrac{1}{n}\sum_{i=1}^{n} x_i$ が最尤推定値である. これより, 最尤推定量は $\dfrac{1}{n}\sum_{i=1}^{n} X_i$ である.

〔2〕 $\dfrac{n}{\lambda}$.

フィッシャー情報量は

$$J_n(\lambda) = -E\left[\frac{\partial^2}{\partial \lambda^2}\ell(\lambda)\right] = -E\left[\sum_{i=1}^{n} X_i \frac{-1}{\lambda^2}\right] = \frac{n}{\lambda}$$

より, $\dfrac{n}{\lambda}$ である. なお, もう一方のフィッシャー情報量の定義式を用いても同じ値が得

られる. 実際, $E\left[\dfrac{\partial}{\partial \lambda}\ell(\lambda)\right] = 0$ であることに注意して,

$$J_n(\lambda) = E\left[\left(\frac{\partial}{\partial \lambda}\ell(\lambda)\right)^2\right] = V\left[\frac{\partial}{\partial \lambda}\ell(\lambda)\right] + E\left[\frac{\partial}{\partial \lambda}\ell(\lambda)\right]^2 = V\left[\frac{\partial}{\partial \lambda}\ell(\lambda)\right]$$

$$= V\left[-n + \sum_{i=1}^{n} X_i \lambda^{-1}\right] = \lambda^{-2} V\left[\sum_{i=1}^{n} X_i\right] = \lambda^{-2} n\lambda = \frac{n}{\lambda}$$

となる.

〔3〕 〔1〕より最尤推定量は標本平均であるから平均 λ の不偏推定量である. よって, 標本平均の分散は $V\left[\dfrac{1}{n}\sum_{i=1}^{n} X_i\right] = \dfrac{1}{n}V[X_i] = \dfrac{\lambda}{n}$ であるが, これはクラーメル・ラオの不等式の下限 $J_n(\lambda)^{-1} = \dfrac{\lambda}{n}$ と一致する. よって, 標本平均は有効推定量である.

〔4〕 標本平均に対する中心極限定理より, $\sqrt{n}(\overline{X} - \lambda)$ は $N(0, \lambda)$ に分布収束する. よって, この場合の最尤推定量の漸近正規性が示された. また, この場合の漸近分散 λ はフィッシャー情報量の逆数 $J_1(\lambda)^{-1} = \lambda$ と一致しており, 漸近有効性も成立している.

問 8.3

〔1〕 $b_1(\mu, \sigma^2) = \dfrac{1}{n}\sigma^2$, $b_2(\mu, \sigma^2) = \sigma^2$.

各推定量の期待値を計算すると,

$$E[T_1] = E\left[\overline{X}^2\right] = E\left[\overline{X}\right]^2 + V\left[\overline{X}\right] = \mu^2 + \frac{1}{n}\sigma^2$$

$$E[T_2] = E\left[\frac{1}{n}\sum_{i=1}^{n} X_i^2\right] = \frac{1}{n}nE\left[X_i^2\right] = E\left[X_i^2\right] = \mu^2 + \sigma^2$$

よって, $b_1(\mu, \sigma^2) = E[T_1] - \mu^2 = \dfrac{1}{n}\sigma^2$, $b_2(\mu, \sigma^2) = E[T_2] - \mu^2 = \sigma^2$ となる.

〔2〕 問題のコインの面積の推定法は，〔1〕において，X_i を半径の計測値としたとき，推定量 T_2 を π 倍したものに対応する．〔1〕の結果より推定量 T_2 のバイアスは σ^2 であり n に依存せず，標本サイズにかかわらないバイアスをもってしまうためこの推定量は問題がある．ただし，これはコインの半径が平均 r の分布に従うと仮定したからであり，コインの面積が平均 πr^2 の分布に従うなら，観測面積の平均を用いても問題ないことに注意．

〔3〕 256.

〔1〕より $b_1(\mu, \sigma^2) = \dfrac{1}{n}\sigma^2$ なので，$\widetilde{T}_1 = \overline{X}^2 - \dfrac{1}{n}U$ である．5 つの半径の標本平均は 9.04，不偏分散は 0.748 なので，コインの面積の推定値は $3.14 \times \widetilde{T}_1 = 3.14 \times (9.04^2 - 0.748/5) \approx 256$ である．

〔4〕 256.

まず，i 番目のデータを除いた残りの 4 つで T_1 を計算した値を $T_{1(i)}$ すると，$T_{1(1)} = \{(9.0+8.2+10.4+9.2)/4\}^2 = 84.64$ となる．同様にして，$T_{1(2)} = 81.90$, $T_{1(3)} = 85.56$, $T_{1(4)} = 75.69$, $T_{1(5)} = 81.00$ と計算できる．これらの平均を $T_{1(\cdot)} := (T_{1(1)} + T_{1(2)} + T_{1(3)} + T_{1(4)} + T_{1(5)})/5 = 81.76$ としたとき，T_1 のジャックナイフ推定値は

$$T_{\mathrm{jack}} = nT_1 - (n-1)T_{1(\cdot)} = 5 \times 9.04^2 - 4 \times 81.76 = 81.57$$

よって，コインの面積のバイアス補正推定値は，$3.14 \times T_{\mathrm{jack}} = 3.14 \times 81.57 \approx 256$ となる．

ここで，〔3〕と〔4〕の解は等しくなっている．実は推定量が $\overline{X}^2$ の場合に限ると，ジャックナイフ推定量によるバイアス補正は，〔1〕のように計算されたバイアスの理論値に標本平均，不偏分散を代入した場合と一致することを示すことができる．よってこの場合は理論値を用いたほうが計算は楽である．ただし一般の推定量に対してはこれらのバイアス補正推定量は一致しない．また本問題のように有限標本に対してバイアスの理論値を得られることはむしろ稀であり，計算機が使える場合はジャックナイフ推定量などのリサンプリング法は汎用的で強力である．

〔5〕 まず，$\overline{X}$ についての中心極限定理より，$\sqrt{n}(\overline{X} - \mu)$ は $N(0, \sigma^2)$ に分布収束する．さらに，$g(x) = x^2$ という変数変換関数に対してデルタ法を適用すると，漸近分散は $\sigma^2 (g'(\mu))^2 = 4\mu^2\sigma^2$ となり，$\sqrt{n}(\overline{X}^2 - \mu^2)$ は $N(0, 4\mu^2\sigma^2)$ に分布収束する．よって，漸近正規性が成立する．

9 区間推定

//キーワード// 平均および分散の区間推定，多項分布の比率の信頼区間

■区間推定■ **区間推定** (interval estimation) とは，データを用いて未知母数 θ の値の存在範囲を区間として推定する方法である．

確率変数 X の母集団分布が正規分布 $N(\mu, \sigma^2)$ に従っており，母分散 σ^2 を既知として，母平均 μ の区間推定を考える．この母集団分布からの独立な標本 $X_1, X_2, \ldots, X_n$ の標本平均 $\overline{X}$ は正規分布 $N(\mu, \sigma^2/n)$ に従うことから，$u = \dfrac{\overline{X} - \mu}{\sqrt{\sigma^2/n}}$ は標準正規分布 $N(0, 1)$ に従う．標準正規分布の上側 2.5 ％点 (1.96) および上側 97.5 ％点 (-1.96) から，以下の確率式が成り立つ．

$$P(-1.96 \leq u \leq 1.96) = 0.95 \tag{9.1}$$

式 (9.1) に $u = \dfrac{\overline{X} - \mu}{\sqrt{\sigma^2/n}}$ を代入し，μ について整理すると，

$$P\left(\overline{X} - 1.96\sqrt{\sigma^2/n} \leq \mu \leq \overline{X} + 1.96\sqrt{\sigma^2/n}\right) = 0.95 \tag{9.2}$$

となる．式 (9.2) は，母平均 μ が確率的に変動する区間 $(\overline{X} - 1.96\sqrt{\sigma^2/n},\ \overline{X} + 1.96\sqrt{\sigma^2/n})$ に含まれる確率が 0.95 であることを意味している．この確率 0.95 を**信頼率** (confidence level) あるいは**信頼係数** (confidence coefficient) とよび，標本 $X_1, X_2, \ldots, X_n$ に依存して得られる区間を**信頼区間** (confidence interval)，信頼区間の上限と下限を**信頼限界** (confidence limit) とよぶ．また，信頼率 0.95 の信頼区間を 95 ％信頼区間とよぶ．

信頼率を大きくすると，信頼区間が μ を含む確率は大きくなるが，区間幅が広くなり，μ の値を推測する上での有用性を損なう．一方で，信頼率を小さくすると，区間幅が狭くなり，μ の値を推測する上での有用性は増すものの，μ を含む確率が小さくなってしまう．信頼率を一定に保ったままで区間幅を狭くするためには，標本サイズ n を大きくすればよい．

■**分散の区間推定**■　確率変数 X の母集団分布が正規分布 $N(\mu, \sigma^2)$ である場合の母分散 σ^2 の区間推定について考える．ここで，母平均 μ は未知とする．

　この母集団分布からの独立な標本 $X_1, X_2, \ldots, X_n$ の標本平均 $\overline{X}$ からの偏差平方和を $T^2 = \sum_{i=1}^{n}(X_i - \overline{X})^2$ とすると，$\chi^2 = \dfrac{T^2}{\sigma^2}$ は自由度 $n-1$ のカイ二乗分布に従う．カイ二乗分布は，標準正規分布に従う確率変数の二乗和の分布であり，自由度は足された確率変数の二乗のうち自由に決められるものの個数に相当している．偏差平方和 $T^2 = \sum_{i=1}^{n}(x_i - \overline{x})^2$ は，和の個数としては n 個であるが，標本平均を $\overline{x}$ に固定していることによって，x_i の値を自由に決められる個数は $n-1$ となるため，自由度は $n-1$ となる．

　母平均の区間推定と同様に，カイ二乗分布の上側 $2.5\,\%$点 $\chi^2_{0.025}(n-1)$ および上側 $97.5\,\%$点 $\chi^2_{0.975}(n-1)$ から，以下の確率式が成り立つ．

$$P(\chi^2_{0.975}(n-1) \leq \chi^2 \leq \chi^2_{0.025}(n-1)) = 0.95 \tag{9.3}$$

式 (9.3) に $\chi^2 = T^2/\sigma^2$ を代入し，σ^2 について整理すると，

$$P\left(\frac{T^2}{\chi^2_{0.025}(n-1)} \leq \sigma^2 \leq \frac{T^2}{\chi^2_{0.975}(n-1)}\right) = 0.95 \tag{9.4}$$

となる．

■**分散の比の区間推定**■　2 つの独立した集団における分散を比較するための指標としては，分散の比がよく用いられる．

　$X_{11}, X_{12}, \ldots, X_{1n_1}$ が，互いに独立に正規分布 $N(\mu_1, \sigma_1^2)$ に従い，さらにそれとは独立に $X_{21}, X_{22}, \ldots, X_{2n_2}$ が，互いに独立に正規分布 $N(\mu_2, \sigma_2^2)$ に従うとき，統計量 $F = \dfrac{V_1/\sigma_1^2}{V_2/\sigma_2^2}$ は自由度 (n_1-1, n_2-1) の F 分布に従う．ここで，

$$V_1 = \frac{1}{n_1-1}\sum_{i=1}^{n_1}(X_{1i}-\overline{X}_1)^2,\, V_2 = \frac{1}{n_2-1}\sum_{i=1}^{n_2}(X_{2i}-\overline{X}_2)^2,\, \overline{X}_1 = \frac{1}{n_1}\sum_{i=1}^{n_1}X_{1i},$$

$\overline{X}_2 = \dfrac{1}{n_2}\sum_{i=1}^{n_2}X_{2i}$ である．

　自由度 (ϕ_1, ϕ_2) の F 分布の上側 $2.5\,\%$点および上側 $97.5\,\%$点をそれぞれ，$F_{0.025}(\phi_1, \phi_2), F_{0.975}(\phi_1, \phi_2)$ とすると，$\phi_1 = n_1-1$，$\phi_2 = n_2-1$ として以下の確率式が成り立つ．

$$P(F_{0.975}(\phi_1, \phi_2) \le F \le F_{0.025}(\phi_1, \phi_2)) = 0.95 \tag{9.5}$$

式 (9.5) に $F = \dfrac{V_1/\sigma_1{}^2}{V_2/\sigma_2{}^2}$ を代入し，$\dfrac{\sigma_1{}^2}{\sigma_2{}^2}$ について整理すると，

$$P\left(\frac{V_1}{V_2} \cdot \frac{1}{F_{0.025}(\phi_1, \phi_2)} \le \frac{\sigma_1{}^2}{\sigma_2{}^2} \le \frac{V_1}{V_2} \cdot \frac{1}{F_{0.975}(\phi_1, \phi_2)} \right) = 0.95 \tag{9.6}$$

となる．

■多項分布の信頼区間■　確率 p_i で事象 $A_i\ (i = 1, 2, \ldots, k)$ が起こるような試行を n 回行ったとき，それぞれの事象が起こる回数 N_i に関する確率分布を多項分布という．

N_i の実現値を n_i とし，$\displaystyle\sum_{i=1}^{k} n_i = n$ とすると，同時確率関数は，

$$P(N_1 = n_1, N_2 = n_2, \ldots, N_k = n_k) = \frac{n!}{n_1! \, n_2! \cdots n_k!} p_1{}^{n_1} p_2{}^{n_2} \cdots p_k{}^{n_k} \tag{9.7}$$

となる．ただし，$\displaystyle\sum_{i=1}^{k} p_i = 1$ である．

ある事象 A_i が起こるかどうかに着目すると，多項分布は二項分布に帰着するため，平均は $E[N_i] = np_i$，分散は $V[N_i] = np_i(1 - p_i)$ となる．

ここで $\hat{p}_i = \dfrac{N_i}{n}$ とし，$u_i = \dfrac{\hat{p}_i - p_i}{\sqrt{\hat{p}_i(1 - \hat{p}_i)/n}}$ とすると，u_i は漸近的に標準正規分布に従い，

$$P(-1.96 \le u_i \le 1.96) = 0.95 \tag{9.8}$$

が成り立つ．$u_i = \dfrac{\hat{p}_i - p_i}{\sqrt{\hat{p}_i(1 - \hat{p}_i)/n}}$ を代入し，p_i について整理すると，

$$P(\hat{p}_i - 1.96\sqrt{\hat{p}_i(1 - \hat{p}_i)/n} \le p_i \le \hat{p}_i + 1.96\sqrt{\hat{p}_i(1 - \hat{p}_i)/n}) = 0.95 \tag{9.9}$$

となり，多項分布の 95 ％信頼区間 $(\hat{p}_i - 1.96\sqrt{\hat{p}_i(1 - \hat{p}_i)/n},\ \hat{p}_i + 1.96\sqrt{\hat{p}_i(1 - \hat{p}_i)/n})$ が得られる．

■多項分布の差の信頼区間■　多項分布に従う確率変数 $N_i\ (i = 1, 2, \ldots, k)$ について，N_1 と N_2 の共分散は

$$\mathrm{Cov}[N_1, N_2] = E[N_1 N_2] - E[N_1]\,E[N_2] = n(n-1)p_1 p_2 - n^2 p_1 p_2$$

$$= -np_1 p_2 \tag{9.10}$$

となり，負の値をとることがわかる．これは事象 A_1 が起こる回数が増えれば，事象 A_2 が起こる回数が減ることを意味している．

ここで $p_1 - p_2$ の信頼区間を求めるために，$\hat{p}_1 - \hat{p}_2 = \dfrac{N_1}{n} - \dfrac{N_2}{n}$ の期待値と分散を考える．$\hat{p}_1 - \hat{p}_2$ の期待値は，

$$E[\hat{p}_1 - \hat{p}_2] = \frac{np_1}{n} - \frac{np_2}{n} = p_1 - p_2$$

である．$\hat{p}_1 - \hat{p}_2$ の分散は，

$$V[\hat{p}_1 - \hat{p}_2] = \frac{np_1(1 - p_1)}{n^2} + \frac{np_2(1 - p_2)}{n^2} - 2 \cdot \frac{-np_1 p_2}{n^2}$$

$$= \frac{p_1(1 - p_1)}{n} + \frac{p_2(1 - p_2)}{n} + \frac{2p_1 p_2}{n}$$

となる．

$u = \dfrac{(\hat{p}_1 - \hat{p}_2) - (p_1 - p_2)}{\sqrt{\dfrac{\hat{p}_1(1 - \hat{p}_1)}{n} + \dfrac{\hat{p}_2(1 - \hat{p}_2)}{n} + \dfrac{2\hat{p}_1 \hat{p}_2}{n}}}$ とすると，u は漸近的に標準正規分布に従い，式 (9.8) が成り立ち，$p_1 - p_2$ の 95％信頼区間は，

$$\left((\hat{p}_1 - \hat{p}_2) - 1.96\sqrt{\frac{\hat{p}_1(1 - \hat{p}_1)}{n} + \frac{\hat{p}_2(1 - \hat{p}_2)}{n} + \frac{2\hat{p}_1 \hat{p}_2}{n}}, \right.$$

$$\left. (\hat{p}_1 - \hat{p}_2) + 1.96\sqrt{\frac{\hat{p}_1(1 - \hat{p}_1)}{n} + \frac{\hat{p}_2(1 - \hat{p}_2)}{n} + \frac{2\hat{p}_1 \hat{p}_2}{n}} \right)$$

となる．

■ 例 題 ■

問 9.1　2020 年 3 月の NHK による政治意識月例調査では，全国の 18 歳以上の男女に対し電話法 (RDD 追跡法) により調査を行い，調査対象の 2222 人の 55.8％にあたる 1240 人から回答を得た．その調査での内閣支持率は 43％であった．

〔1〕母集団の内閣支持率の信頼係数 95％の信頼区間を構成したい．調査への回答者を母集団からの単純無作為抽出であるとみなしたときの 95％信頼区間を求めよ．

〔2〕内閣支持率は 40％前後であると想定できるとき，内閣支持率の 95％信頼区間の区間幅が 2％となるために必要とされるサンプルサイズを求めよ．

問 9.2　次の記事は，「人気スポーツ」調査における「最も好きなスポーツ選手」の調査結果 (2019 年 6 月) の抜粋 (一部改変・要約) である．以下の問題においては，この調査で使われた抽出方法を単純無作為抽出とみなして答えよ．

> 　4 月 5 日から 14 日にかけて，「人気スポーツ」に関する全国意識調査を実施しました．調査は，無作為に選んだ全国の 20 歳以上の男女個人を対象に

個別面接聴取法で行いました (回答者数 1227 人．有効回答数 917 人).

1. 最も好きなスポーツ選手
質問：「プロ・アマ，現役・引退，国内・国外を問わず，あなたが好きなスポーツ選手を 1 人だけ，何の選手かもあわせてあげてください.」

1.	1位	イチロー	野球	240 人	26.2 %
2.	2位	羽生結弦	フィギュアスケート	73 人	8.0 %
3.	3位	大谷翔平	野球	59 人	6.4 %
4.	4位	錦織　圭	テニス	45 人	4.9 %
5.	5位	長嶋茂雄	野球	37 人	4.0 %

資料：一般社団法人中央調査社「第 27 回「人気スポーツ」調査」

〔1〕 母集団でイチロー選手が最も好きな人の割合の 95 ％信頼区間を求めよ.

〔2〕 母集団でイチロー選手が最も好きな人の割合と羽生結弦が最も好きな人の割合の差の 95 ％信頼区間を求めよ.

答および解説

問 9.1

〔1〕 $(0.403, 0.457)$.

二項分布の正規近似により信頼区間を構成する．標準正規分布 $N(0,1)$ の上側 2.5 ％の $z_{0.025} = 1.96$ および標本比率の標準誤差 $\sqrt{0.43 \times 0.57/1240} = 0.014$ を用い，信頼区間は

$$0.43 \pm 1.96\sqrt{0.43 \times 0.57/1240} = 0.43 \pm 0.02744 = (0.403, 0.457)$$

となる.

〔2〕 9220.

$p = 0.4$ の場合の区間幅に関する等式

$$2 \times 1.96\sqrt{0.4 \times 0.6/n} = 0.02$$

を解くと，$n = (2 \times 1.96/0.02)^2 \times 0.4 \times 0.6 = 9219.84$ となる.

必要とされる標本サイズは，小数点以下を繰り上げて，9220 となる.

問 9.2

〔1〕 $(0.2335, 0.2905)$.

母比率 p の二項母集団からのサイズ n の標本に基づく標本比率 $\overline{p}$ の分布は，$n \to \infty$ のとき，中心極限定理により近似的に $N(0, p(1-p)/n)$ となる．この分散 $p(1-p)/n$ を $\overline{p}(1-\overline{p})/n$ に置き換えることで，母比率 p の近似的な 95 ％信頼区間

$$\left(\overline{p} - 1.96\sqrt{\frac{\overline{p}(1-\overline{p})}{n}},\ \overline{p} + 1.96\sqrt{\frac{\overline{p}(1-\overline{p})}{n}}\right)$$

が得られる．イチロー選手が好きだと回答した割合 26.2％は有効回答数の 917 人を分母とする標本比率 $(240/917 = 0.262)$ であるので，サンプルサイズは $n = 917$ となり，母比率の信頼区間は

$$0.262 \pm 1.96\sqrt{\frac{0.262 \times 0.738}{917}} = 0.262 \pm 0.0285 = (0.2335, 0.2905)$$

となる．

〔2〕 $(0.1460, 0.2180)$.

多項分布の割合の差の 95％信頼区間は

$$(\hat{p}_1 - \hat{p}_2) \pm 1.96\sqrt{\frac{\hat{p}_1(1-\hat{p}_1)}{n} + \frac{\hat{p}_2(1-\hat{p}_2)}{n} + \frac{2\hat{p}_1\hat{p}_2}{n}}$$

となるので，$\hat{p}_1 = 0.262, \hat{p}_2 = 0.08, n = 917$ として，$0.182 \pm 1.96 \times 0.01835$ から，$(0.1460, 0.2180)$ となる．

10 検定の基礎と検定法の導出

//キーワード// 帰無仮説，対立仮説，有意水準，棄却限界値，P-値，検出力，抜取検査

■**統計的仮説検定の考え方**■ 統計的仮説検定 (statistical hypothesis testing) は，データを用いて，数学的背理法と類似した方法により，仮説を検証する手法である．

数学的背理法では以下のように命題を証明する．

(1) 「○○である」という命題 A を証明したい．

(2) まず命題 A を否定し，「○○ではない」と仮定する．

(3) 「○○ではない」と仮定したことによって起こる矛盾を導く．

(4) 命題 A の否定「○○ではない」はおかしいといえる．

(5) 命題 A「○○である」は正しいと結論付ける．

統計的仮説検定では，上記の考え方を応用し，以下のように考える．ここで例として，ある母集団の平均 (母平均) がある値とは異なることを示したいとする．

(1) 「母平均はある値とは異なる」という命題 A を証明したい．

(2) まず命題 A を否定し，「母平均はある値と等しい」と仮定する．

(3) 「母平均はある値と等しい」と仮定したもとで，データをとり，標本平均を求める．この標本平均が「母平均はある値と等しい」という仮定のもとでは，極めて稀にしか得られないほどある値からずれているということを観察する．

(4) 命題 A の否定「母平均はある値と等しい」はおかしいと判断する．

(5) 命題 A「母平均はある値とは異なる」は正しいと判断する．

数学的背理法では (3) において数学的矛盾を導き命題 A の否定を否定したのに対し，統計的仮説検定では，極めて稀にしか起こりえないことが観察されたということをもって，矛盾したことが起こっていると判断している．確率的事象に基づいた判断であるため，当然ながら誤りが生じることがある．

■**検定法の導出**■　確率変数 X の母集団分布が正規分布 $N(\mu, \sigma^2)$ であり，母分散 σ^2 を既知として，母平均 μ が μ_0 ではないということを検証する統計的仮説検定を考える．このとき「母平均 μ が μ_0 ではない」という検証したい仮説を**対立仮説** (alternative hypothesis) H_1，それを否定した「母平均 μ が μ_0 である」という仮説を**帰無仮説** (null hypothesis) H_0 とよび，以下のように記述する．

$$\text{帰無仮説 } H_0 : \mu = \mu_0 \quad \text{vs.} \quad \text{対立仮説 } H_1 : \mu \neq \mu_0$$

互いに独立な確率変数 $X_1, X_2, \ldots, X_n$ の標本平均 $\overline{X}$ は正規分布 $N(\mu, \sigma^2/n)$ に従うことから，統計量 $Z = \dfrac{\overline{X} - \mu}{\sqrt{\sigma^2/n}}$ は標準正規分布 $N(0,1)$ に従う．ここで帰無仮説 H_0 が正しいと仮定すると，統計量 $Z_0 = \dfrac{\overline{X} - \mu_0}{\sqrt{\sigma^2/n}}$ は標準正規分布 $N(0,1)$ に従う．この統計量 Z_0 は**検定統計量** (test statistic) とよばれる．

帰無仮説 H_0 が正しい場合には，検定統計量 Z_0 は 0 に近い値をとりやすいと考えられる．したがって，検定統計量 Z_0 がある値よりも大きくなる確率や，あるいは小さくなる確率が極めて小さい場合，検定統計量 Z_0 がそのような値をとることは稀であると考えられる．帰無仮説 H_0 が正しいという仮定のもとで稀だと判断する確率の値を**有意水準** (significance level) とよび，記号 α で表す．ここで有意水準を 5 ％とすると，$|Z_0| \geq 1.96$ のとき帰無仮説 H_0 のもとでは稀なことが起こったとして，帰無仮説 H_0 は誤っていると考え，対立仮説 H_1 が正しいと判断する．このことを，帰無仮説 H_0 を**棄却** (reject) する，あるいは有意水準 5 ％で**有意である**という．一方で，$|Z_0| < 1.96$ であれば，帰無仮説 H_0 を**受容** (accept) する，あるいは**有意でない**という．帰無仮説 H_0 が棄却される $|Z_0| \geq 1.96$ を**棄却域** (rejection region,

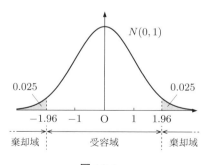

図 10.1

critical region) といい，1.96 という棄却されるぎりぎりの値を**棄却限界値**あるい
は**臨界値** (critical value) という．逆に，$|Z_0| < 1.96$ を**受容域** (acceptance region)
という．棄却域を $|Z_0| \geq 1.96$ のように設定すると，検定統計量 Z_0 の分布に関して，
$Z_0 \geq 1.96$ および $Z_0 \leq -1.96$ のように分布の両端に棄却域を設定していることにな
る．このような検定を**両側検定** (two-sided test) とよぶ．一方で，対立仮説を $\mu \neq \mu_0$
ではなく，$\mu > \mu_0$ もしくは $\mu < \mu_0$ のように，検定統計量が大きいもしくは小さい
ことを検証したいと考えると，$Z_0 \geq 1.96$ もしくは $Z_0 \leq -1.96$ のように分布の片側
だけに棄却域を設定することのほうが自然な場合がある．このような検定を**片側検
定** (one-sided test) とよぶ．

■**P-値**■ **P-値** (P-value) とは，帰無仮説 H_0 のもとで，現在観察されたデータと
同じか，より稀にしか起こらないようなデータが観察される確率である．片側検定に
おいて，検定統計量 Z_0 の値 $z_0 (> 0)$ が得られた場合，標準正規分布に従う確率変
数 Z について $Z \geq z_0$ となる確率 $P(Z \geq z_0)$ が P-値であり，**片側 P-値** (one-sided
P-value) とよばれる．一方で，両側検定の場合には $Z \leq -z_0$ となる確率についても
考慮する必要がある．標準正規分布は 0 に関して左右対称な分布であるため，片側 P-
値を 2 倍した $2 \cdot P(Z \geq z_0)$ が両側検定に対応した P-値となり，**両側 P-値** (two-sided
P-value) とよばれる．なお，両側 P-値として他の定義を用いることもある (『統計
検定 2 級対応 統計学基礎』の 4.2.3 項，4.3.4 項を参照).

　上記のように，P-値はデータが観測されてはじめて計算される値であり，検定を
行う前に設定される有意水準とは明確に異なる概念である．ただ，P-値を計算する
ために用いられる分布は，棄却限界値を求めるために用いられる分布と同一の分布で
あるため，P-値が有意水準を下回れば，帰無仮説 H_0 が棄却され，有意となる．

■**検定の過誤**■　統計的仮説検定の考え方の項で述べたように，統計的仮説検定で
は，数学的背理法における矛盾を，極めて稀にしか起こりえないことが観察されたと
いうことをもって置き換えている．しかし，極めて稀にしか起こりえないとはいって
も起こらないわけではない．したがって，帰無仮説 H_0 が真に正しいもとでも，有意
と判定されることがある．この誤りを**第一種の過誤** (type I error) という．統計的仮
説検定おける有意水準 α はこの第一種の過誤を制御するものである．一方で，対立
仮説 H_1 が真に正しいもとでも，有意と判定されないことがある．この誤りを**第二種**

の過誤 (type II error) とよび，その確率を β で表す．統計的仮説検定では，対立仮説 H_1 が真に正しいもとで，有意と判定することをもって仮説の検証を行うため，この β はできるだけ小さいことが望まれる．対立仮説 H_1 が真に正しいもとで，正しく有意と判定する確率は $1 - \beta$ であり，この確率は**検出力** (power) とよばれる．

■ **サンプルサイズ設計** ■　帰無仮説 H_0 のもとでの検定統計量 Z_0 の分布は標準正規分布 $N(0,1)$ である．一方，対立仮説 H_1 として母平均 μ が μ_1 とすると，検定統計量の期待値は $E[Z_0] = \dfrac{\mu_1 - \mu_0}{\sqrt{\sigma^2/n}}$ となり，検定統計量 Z_0 の分布は正規分布 $N\left(\dfrac{\mu_1 - \mu_0}{\sqrt{\sigma^2/n}}, 1\right)$ となる．

図 10.2 にあるように，2 つの正規分布は重なっており，棄却限界値を境として，第一種の過誤の確率 α と第二種の過誤の確率 β が正規分布の裾の面積として定義できる．α を小さくするために棄却限界値を大きくすれば，β の面積は大きくなる．逆に，β を小さくするために棄却限界値を小さくすれば，α の面積は大きくなる．したがって，α と β はトレードオフの関係にあることがわかる．一方で，対立仮説の正規分布の平均に着目すると，分子は対立仮説における平均 μ_1 と帰無仮説における平均 μ_0 の差となっている．また，分母は分散 σ^2 とサンプルサイズ n の比の平方根となっている．したがって，対立仮説と帰無仮説の平均の差が大きければ大きいほど，またサンプルサイズが大きければ大きいほど，2 つの正規分布が離れることがわかる．α が一定のもとでは，2 つの正規分布が離れれば離れるほど β は小さくなる．

サンプルサイズ設計では，この性質を利用して，一定の検出力を確保するためのサンプルサイズ n を求める．

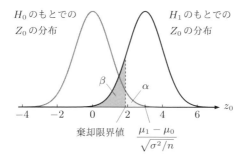

図 10.2

サンプルサイズ n が小さい場合   サンプルサイズ n が大きい場合

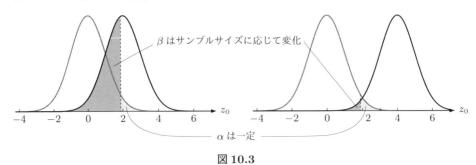

図 10.3

　ここで，一標本の平均値に関して，母平均 μ が μ_0 と異なるかどうかを検証する有意水準 2.5％の片側検定を考える．対立仮説としては母平均 μ は $\mu_1 (> \mu_0)$ とし，検出力が 0.8 以上となるようなサンプルサイズ n を求める．帰無仮説のもとでは，検定統計量 Z_0 は標準正規分布 $N(0, 1)$ に従うので，片側有意水準 2.5％のときの棄却限界値は 1.96 となる．一方で対立仮説のもとでは，検定統計量 Z_0 が従う分布は，平均は 0 とは異なるものの分散は 1 であるため，標準正規分布の正規分布表を参照することができ，第二種の過誤の確率 $\beta = 0.2$ (検出力 0.8) に相当する正規分位点の値は 0.84 となる．

　図 10.4 より，対立仮説における検定統計量 z_0 の期待値は，帰無仮説における棄却限界値 1.96 と対立仮説における第 2 種の過誤の確率 β に対応する正規分位点の値 0.84 を足したものとなるので，サンプルサイズ n を求めるための等式は以下のよう

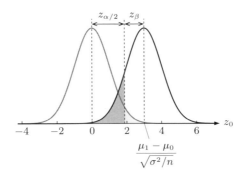

図 10.4　サンプルサイズ設計の考え方
z_c は標準正規分布の上側 $100c$ ％点

になる.

$$1.96 + 0.84 = \frac{\mu_1 - \mu_0}{\sqrt{\sigma^2/n}} \tag{10.1}$$

この式を n について解くと,

$$n = \frac{(1.96 + 0.84)^2}{\left(\dfrac{\mu_1 - \mu_0}{\sigma}\right)^2} = \frac{(z_{\alpha/2} + z_\beta)^2}{\Delta^2} \tag{10.2}$$

となる. $z_{\alpha/2}$ および z_β は標準正規分布の上側 $100\dfrac{\alpha}{2}$ %点および上側 100β %点である. また, Δ は平均値の差 $\mu_1 - \mu_0$ と標準偏差 σ の比であり, **エフェクトサイズ** (effect size) とよばれる. エフェクトサイズは, 効果の大きさ (この場合は平均値の差) が標準偏差の何倍に相当しているかということを表している. 式から明らかなように, サンプルサイズ n は, 有意水準 (第一種の過誤の確率) α, 第二種の過誤の確率 β, エフェクトサイズ Δ の関数となっており, エフェクトサイズが小さいほど, 検出力 $1 - \beta$ を確保するために必要なサンプルサイズが大きくなることがわかる.

■**抜取検査**■　抜取検査 (sampling inspection) とは, 日本産業規格 (JIS) において,「検査ロットから, あらかじめ定められた抜取検査方式に従って, サンプルを抜き取って試験し, その結果をロットの判定基準と比較して, そのロットの合格・不合格を判定する検査」と定義されている. 具体的には以下の手順に従って行われる.

(1) 検査ロットを明示し, 検査ロットを構成する製品の数 N を特定する. この N をロットの大きさという.

(2) 検査ロットより抽出する標本の大きさ n を定める.

(3) 検査ロットの合格・不合格の判定基準を定める.

不良率を指標とする計数抜取検査の場合, 合格の検査ロットの不良率を p_0, 不合格の検査ロットの不良率を p_1 とし, 大きさ n の標本中に不良個数 k が,

$$k \leq c \text{ のとき} \qquad \text{検査ロット合格}$$
$$k \geq c + 1 \text{ のとき} \quad \text{検査ロット不合格}$$

と判定する. この c を合格判定個数とよぶ. このとき不良個数は二項分布に従うため, 本来は合格である検査ロットが不合格と判定される確率 FP は,

$$FP = \sum_{k=c+1}^{n} \binom{n}{k} p_0{}^k (1-p_0)^{n-k} \tag{10.3}$$

となり，本来は不合格である検査ロットが合格と判定される確率 FN は，

$$FN = \sum_{k=1}^{c} \binom{n}{k} p_1{}^k (1-p_1)^{n-k} \tag{10.4}$$

となる．確率 FP は**生産者危険** (producer's risk)，確率 FN は**消費者危険** (consumer's risk) とよばれる．

▀ 例 題 ▀

問 10.1 ある政党に対する支持率調査を行ったところ，先月の支持率は 0.45 であった．この政党の党首は「今月は先月よりも支持率 5 ポイントが上がり 0.50 である」という主張をしている．なお，支持率調査において，全国の有権者より無作為に抽出された n 人から有効な回答を得ることができるとする．

〔1〕 帰無仮説 H_0: $p_0 = 0.45$ に対する対立仮説 H_1: $p_1 = 0.50$ の一標本の両側検定を考える．有意水準を 5 ％として，$n = 600$ のとき，この検定の検出力はいくらか．

〔2〕 検出力を 80 ％以上とするために必要なサンプルサイズを求めよ．

問 10.2 あるメーカーは既製品 A に対して，新製品 B を開発した．開発の目的は，既製品 A より重さの分散を小さくすることである．ここで，既製品 A，新製品 B の重さはそれぞれ独立に正規分布 $N(\mu_A, \sigma_A{}^2)$，$N(\mu_B, \sigma_B{}^2)$ に従うとする．このメーカーが，既製品 A，新製品 B を 16 個ずつ無作為に選んで重さを測定したところ，標本平均からの偏差平方和はそれぞれ，$T_A{}^2 = 300$，$T_B{}^2 = 100$ であった．

〔1〕 新製品 B の母分散 $\sigma_B{}^2$ の 95 ％信頼区間を求めよ．

〔2〕 このメーカーは，既製品 A の重さの分散 $\sigma_A{}^2$ より新製品 B の重さの分散 $\sigma_B{}^2$ のほうが小さいと主張している．この主張を有意水準 5 ％で片側検定することにした．次の文章の ア ， イ について選択肢から適切な項目を選択せよ．

『この片側検定の帰無仮説は H_0: $\sigma_A{}^2 = \sigma_B{}^2$，対立仮説は H_1: $\sigma_A{}^2 > \sigma_B{}^2$ である．検定統計量 $F = T_A{}^2 / T_B{}^2$ とおくと，帰無仮説が正しい場合，F は自由度 (ア ， ア) の F 分布に従う．測定の結果より統計量の値は $F = 3.0$ となる．自由度 (ア ， ア) の F 分布の上側 5 ％点と比較すると，帰無仮説は イ ．』

選択肢

　　ア： 15, 16, 30　　**イ**： 棄却できる，棄却できない，どちらともいえない

問 10.3 箱のなかから 5 個の商品を抜き取り，そのなかの 2 個以上が不良品ならその箱の商品をすべて不合格とする抜取調査について考える．次の表は，不良品率が p のとき，商品を 5 個抜き取り，不良品が r 個発見される確率である．たとえば，$r = 1$，$p = 0.2$ に対応するセルの値 0.41 は，不良品率が 0.2 のとき，5 個抜き取った商品のなかで不良品が 1 個発見される確率である．ただしここでは，小数点以下第 3 位を四捨五入している．

	$p = 0.1$	$p = 0.2$	$p = 0.3$	$p = 0.4$	$p = 0.5$
$r = 0$	0.59	0.33	ア	0.08	0.03
$r = 1$	0.33	0.41	イ	0.26	0.16
$r = 2$	0.07	0.20	ウ	0.35	0.31
$r = 3$	0.01	0.05	0.13	0.23	0.31
$r = 4$	0.00	0.01	0.03	0.08	0.16
$r = 5$	0.00	0.00	0.00	0.01	0.03

〔1〕空欄 ア ～ ウ を埋めよ.

〔2〕ある箱の不良品率が 0.1 以下であればその箱を合格とし，そうでない場合は不合格とする消費者がいる. 不良品率が 0.1 以下であるにもかかわらず，抜き取ったなかの不良品が 2 個以上であったため不合格となる確率を「生産者危険」といい，不良品率が 0.1 を超えるにもかかわらず，抜き取ったなかの不良品が 1 個以下であったため合格となる確率を「消費者危険」という.

不良品率が 0.1 のときの「生産者危険」と，不良品率が 0.2 のときの「消費者危険」を求めよ.

答および解説

問 10.1

〔1〕0.6915.

帰無仮説 $H_0 : p_0 = 0.45$ のもとで，n が大きいとき，標本支持率 $\hat{p}$ は近似的に正規分布 $N(0.45, (0.45 \times 0.55)/n)$ に従うため，有意水準 5% の両側検定で $n = 600$ のとき，右側の棄却限界値 c は

$$c = 0.45 + 1.96 \times \sqrt{\frac{0.45 \times 0.55}{600}} = 0.4898$$

となる. 対立仮説 $H_1 : p_1 = 0.50$ のとき $\hat{p}$ は近似的に正規分布 $N(0.50, (0.50 \times 0.50)/600)$ に従う. 検出力は，この $\hat{p}$ について $P(\hat{p} \geq c)$ である. 標準化 $Z = \dfrac{\hat{p} - 0.50}{\sqrt{\frac{0.50 \times 0.50}{600}}}$

を行うことで

$$P(\hat{p} \geq c) = P(Z \geq -0.4997) = 1 - P(Z > 0.4997)$$

よって標準正規分布表より，検出力は 0.6915 である. なお左側の棄却域の確率は無視できる.

〔2〕779.

標準正規分布表より $z_{0.80} = -z_{0.20} = -0.84$ であるから

$$0.45 + 1.96 \times \sqrt{\frac{0.45 \times 0.55}{n}} = 0.50 - 0.84 \times \sqrt{\frac{0.50 \times 0.50}{n}}$$

となる n を求めると $n = 778.51$ となり，必要な標本サイズは 779 となる.

問 10.2

〔1〕 $(3.64, 15.97)$.

新製品 B の偏差平方和が 100 であることと，自由度 15 のカイ二乗分布の上側 2.5％点が 27.49，下側 2.5％点が 6.26 であることより，

$$100/27.49 \leq \sigma_{\mathrm{B}}^2 \leq 100/6.26$$

となり 95％信頼区間は $(3.64, 15.97)$ である．

〔2〕 **ア**：15，**イ**：棄却できる．

問 10.3

〔1〕 **ア**：0.17，**イ**：0.36，**ウ**：0.31.

不良品率が p のとき，不良品の個数を X とすると，$X = r$ となる確率は二項分布 $Bin(5, p)$ より

$$P(X = r \,|\, p) = {}_5\mathrm{C}_r p^r (1-p)^{5-r} \quad (r = 0, 1, \ldots, 5)$$

となる．$p = 0.3, r = 0$ のとき，この確率は

$$P(X = 0 \,|\, 0.3) = {}_5\mathrm{C}_0 (0.3)^0 (0.7)^5 = 0.1681$$

となり，小数点以下第 3 位を四捨五入すると 0.17 となる．

同様に，

$$P(X = 1 \,|\, 0.3) = {}_5\mathrm{C}_1 (0.3)^1 (0.7)^4 = 0.3602$$
$$P(X = 2 \,|\, 0.3) = {}_5\mathrm{C}_2 (0.3)^2 (0.7)^3 = 0.3087$$

となるので，小数点以下第 3 位を四捨五入すると 0.36, 0.31 となる．

〔2〕 生産者危険：0.08，消費者危険：0.74.

$p = 0.1$ のときの生産者危険は

$$P(X \geq 2 \,|\, p = 0.1) = 0.07 + 0.01 + 0.00 + 0.00 = 0.08$$

となり，$p = 0.2$ のときの消費者危険は

$$P(X \leq 1 \,|\, p = 0.2) = 0.33 + 0.41 = 0.74$$

となる．

正規分布に関する検定

//キーワード// 平均の検定, 分散の検定, t 分布, カイ二乗分布, F 分布

■**この章で扱う検定**■ ある連続量の変数が正規分布 (母集団分布) に従うとする. この正規分布の平均と分散の検定を考える. **1 標本問題** (one-sample problem) すなわち集団 (群) の数が 1 つの場合, 正規分布の平均の検定は, (a) 分散が既知の場合, (b) 分散が未知の場合に分類される.

2 標本問題 (two-sample problem) すなわち集団の数が 2 つの場合, 正規分布の平均の検定は, (c) 分散が既知の場合, (d) 分散が未知の場合 (ただし, 分散は 2 群間で等しいとする), (e) 分散が未知の場合 (ただし, 分散は 2 群間で異なるとする) に分類される.

2 標本の場合も, 2 つの変数に対応がある場合は, それらの差や比をとることで, 集団の数が 1 つの場合に帰着される.

本章では, (e) を除く, (a)~(d) の状況と分散の検定を対象にする.

■**1 標本の平均の検定 (分散が既知の場合)**■ 確率変数 $X_1, \ldots, X_n$ が互いに独立に平均 μ, 分散 σ^2 の正規分布に従うとする. 実際には想定しにくいが, 分散 σ^2 は既知とする. 帰無仮説 $H_0 : \mu = \mu_0$ に対して, 次の 3 通りの対立仮説 H_1 を考える.

(1) $H_1 : \mu > \mu_0$ (片側対立仮説, 右側対立仮説)

(2) $H_1 : \mu < \mu_0$ (片側対立仮説, 左側対立仮説)

(3) $H_1 : \mu \neq \mu_0$ (両側対立仮説)

μ_0 の値は解析の目的に応じて設定される. 検定の有意水準は, (1) と (2) の片側対立仮説では $\alpha/2$ (または, 解析の目的に応じて α), (3) の両側対立仮説では α とする. 帰無仮説 H_0 のもとで, 標本平均 $\overline{X} = \dfrac{1}{n} \displaystyle\sum_{i=1}^{n} X_i$ は, 平均 μ_0, 分散 $\dfrac{\sigma^2}{n}$ の正規分布に従う. これより, 帰無仮説 H_0 のもとで, 検定統計量 $Z = \dfrac{\overline{X} - \mu_0}{\sigma/\sqrt{n}}$ は標準正規分

布に従う．各対立仮説に応じて，次の条件のもとで帰無仮説 H_0 を棄却する．

(1) 「$H_1 : \mu > \mu_0$」：$Z \geq z_{\alpha/2}$

(2) 「$H_1 : \mu < \mu_0$」：$Z \leq -z_{\alpha/2}$

(3) 「$H_1 : \mu \neq \mu_0$」：$|Z| \geq z_{\alpha/2}$

$z_{\alpha/2}$ は標準正規分布の上側 $100\alpha/2$％点 (棄却限界値) である．(1) と (2) の片側対立仮説のもとでは，検定の P-値は，標準正規分布における Z の実現値の上側確率 ((1) の場合) または下側確率 ((2) の場合) として定義される．P-値が有意水準 $\alpha/2$ を下回るときに，帰無仮説 H_0 を棄却する．(3) の両側対立仮説のもとでは，検定の P-値は，標準正規分布における $|Z|$ の実現値の上側確率の 2 倍として定義される．P-値が有意水準 α を下回るときに，帰無仮説 H_0 を棄却する．

■1 標本の平均の検定 (分散が未知の場合)■

分散 σ^2 は未知とする．標本分散 $s^2 = \dfrac{1}{n-1}\sum_{i=1}^{n}(X_i - \overline{X})^2$ (分散の不偏推定量) で σ^2 を推定する．$\dfrac{(n-1)s^2}{\sigma^2} = \dfrac{\sum_{i=1}^{n}(X_i - \overline{X})^2}{\sigma^2}$ は自由度 $n-1$ のカイ二乗分布に従う．標本平均 $\overline{X}$ と s^2 は互い独立であるから，帰無仮説 $H_0 : \mu = \mu_0$ のもとで，検定統計量 $T = \dfrac{\overline{X} - \mu_0}{s/\sqrt{n}}$ は自由度 $n-1$ の t 分布に従う．各対立仮説に応じて，次の条件のもとで帰無仮説を棄却する．

(1) 「$H_1 : \mu > \mu_0$」：$T \geq t_{\alpha/2}(n-1)$

(2) 「$H_1 : \mu < \mu_0$」：$T \leq -t_{\alpha/2}(n-1)$

(3) 「$H_1 : \mu \neq \mu_0$」：$|T| \geq t_{\alpha/2}(n-1)$

$t_{\alpha/2}(n-1)$ は自由度 $n-1$ の t 分布の上側 $100\alpha/2$％点 (棄却限界値) である．検定統計量 T が t 分布に従うことから，この検定は **t 検定** (t-test) とよばれる．(1) と (2) の片側対立仮説のもとでは，検定の P-値は，自由度 $n-1$ の t 分布における T の実現値の上側確率 ((1) の場合) または下側確率 ((2) の場合) として定義される．P-値が有意水準 $\alpha/2$ を下回るときに，帰無仮説 H_0 を棄却する．(3) の両側対立仮説のもとでは，検定の P-値は，自由度 $n-1$ の t 分布における $|T|$ の実現値の上側確率の 2 倍として定義される．P-値が有意水準 α を下回るときに，帰無仮説 H_0 を棄却する．

■2 標本の平均の検定 (分散が既知の場合)■

群 A の参加者 i ($= 1, \ldots, n_A$) の確率変数を X_{Ai} とし，互いに独立に，平均 μ_A，分散 σ_A^2 の正規分布に従うとする．同

様に，群 B の参加者 $i\,(=1,\ldots,n_B)$ の確率変数を X_{Bi} とし，互いに独立に，平均 μ_B，分散 $\sigma_B{}^2$ の正規分布に従うとする．実際には想定しにくいが，分散 $\sigma_A{}^2$ と $\sigma_B{}^2$ は既知とする．群 A と群 B の平均の差を $\delta = \mu_A - \mu_B$ とし，帰無仮説 $H_0 : \delta = \delta_0$ に対して，次の 3 通りの対立仮説 H_1 を考える．

(1) $H_1 : \delta > \delta_0$ （片側対立仮説，右側対立仮説）

(2) $H_1 : \delta < \delta_0$ （片側対立仮説，左側対立仮説）

(3) $H_1 : \delta \neq \delta_0$ （両側対立仮説）

δ_0 の値は解析の目的に応じて設定されるが，$\delta_0 = 0$ （$H_0 : \delta = \delta_0 = 0$ あるいは $H_0 : \mu_A = \mu_B$，すなわち 2 つの群の平均が等しい）を考えることが多い．1 標本の場合と同様に，検定の有意水準は，(1) と (2) の片側対立仮説では $\alpha/2$，(3) の両側対立仮説では α とする．各群の標本平均を $\overline{X}_A = \dfrac{1}{n_A}\displaystyle\sum_{i=1}^{n_A} X_{Ai}$，$\overline{X}_B = \dfrac{1}{n_B}\displaystyle\sum_{i=1}^{n_B} X_{Bi}$ とする．$\overline{X}_A$ と $\overline{X}_B$ は互い独立であるから，帰無仮説 H_0 のもとで，$\overline{X}_A - \overline{X}_B$ は，平均 δ_0，分散 $\dfrac{\sigma_A{}^2}{n_A} + \dfrac{\sigma_B{}^2}{n_B}$ の正規分布に従う．これより，帰無仮説 H_0 のもとで，検定統計量

$$Z = \frac{\overline{X}_A - \overline{X}_B - \delta_0}{\sqrt{\dfrac{\sigma_A{}^2}{n_A} + \dfrac{\sigma_B{}^2}{n_B}}}$$

は標準正規分布に従う．各対立仮説に応じて，次の条件のもとで帰無仮説 H_0 を棄却する．

(1) 「$H_1 : \delta > \delta_0$」： $Z \geq z_{\alpha/2}$

(2) 「$H_1 : \delta < \delta_0$」： $Z \leq -z_{\alpha/2}$

(3) 「$H_1 : \delta \neq \delta_0$」： $|Z| \geq z_{\alpha/2}$

ただし，2 つの群の分散が異なる場合は，平均の差 δ を検定することに意味があるのかという問題 (**ベーレンス・フィッシャー問題**, Behrens-Fisher problem) が生じる．$\sigma_A{}^2 = \sigma_B{}^2 = \sigma^2$ という条件を加えると，検定統計量は

$$Z = \frac{\overline{X}_A - \overline{X}_B - \delta_0}{\sigma\sqrt{\dfrac{1}{n_A} + \dfrac{1}{n_B}}}$$

となる．P-値の定義は「1 標本の平均の検定 (分散が既知の場合)」と同様である．

■2 標本の平均の検定 (分散が未知の場合)■ 分散 σ_A^2 と σ_B^2 は未知とする. 各群の標本分散

$$s_A{}^2 = \frac{1}{n_A - 1}\sum_{i=1}^{n_A}(X_{Ai} - \overline{X}_A)^2, \ s_B{}^2 = \frac{1}{n_B - 1}\sum_{i=1}^{n_B}(X_{Bi} - \overline{X}_B)^2 \ (分散の不偏推定量)$$

で $\sigma_A{}^2$ と $\sigma_B{}^2$ を推定する. 共通の母分散 $\sigma_A{}^2 = \sigma_B{}^2 = \sigma^2$ を仮定すると, 2 つの群をプールした標本分散

$$s^2 = \frac{(n_A - 1)s_A{}^2 + (n_B - 1)s_B{}^2}{n_A + n_B - 2} \quad (分散の不偏推定量)$$

で σ^2 を推定する. $\dfrac{(n_A + n_B - 2)s^2}{\sigma^2}$ は自由度 $n_A + n_B - 2$ のカイ二乗分布に従う. 共通の母分散を仮定すると $\overline{X}_A - \overline{X}_B$ と s^2 は互いに独立であるから, 帰無仮説 $H_0 : \delta = \delta_0$ のもとで, 検定統計量

$$T = \frac{\overline{X}_A - \overline{X}_B - \delta_0}{s\sqrt{\dfrac{1}{n_A} + \dfrac{1}{n_B}}}$$

は自由度 $n_A + n_B - 2$ の t 分布に従う. 各対立仮説に応じて, 次の条件のもとで帰無仮説を棄却する.

(1) 「$H_1 : \delta > \delta_0$」 : $T \geq t_{\alpha/2}(n_A + n_B - 2)$

(2) 「$H_1 : \delta < \delta_0$」 : $T \leq -t_{\alpha/2}(n_A + n_B - 2)$

(3) 「$H_1 : \delta \neq \delta_0$」 : $|T| \geq t_{\alpha/2}(n_A + n_B - 2)$

$t_{\alpha/2}(n_A + n_B - 2)$ は自由度 $n_A + n_B - 2$ の t 分布の上側 $100\alpha/2$ ％点 (棄却限界値) である. 検定統計量が t 分布に従うことから, この検定は t 検定とよばれる. P-値の定義は, t 分布の自由度を除き, 「1 標本の平均の検定 (分散が未知の場合)」と同様である.

■1 標本の分散の検定■ 平均 μ は未知とする. 分散 σ^2 が特定の値 $\sigma_0{}^2$ に等しいという帰無仮説 $H_0 : \sigma^2 = \sigma_0{}^2$ のもとで, 検定統計量 $V = \dfrac{(n - 1)s^2}{\sigma_0{}^2}$ は自由度 $n - 1$ のカイ二乗分布に従う. 各対立仮説に応じて, 次の条件のもとで帰無仮説を棄却する.

(1) 「$H_1 : \sigma^2 > \sigma_0{}^2$」 : $V \geq \chi_{\alpha/2}^2(n - 1)$

(2) 「$H_1 : \sigma^2 < \sigma_0{}^2$」 : $V \leq \chi_{1-\alpha/2}^2(n - 1)$

(3) 「$H_1 : \sigma^2 \neq \sigma_0{}^2$」 : $V \geq \chi_{\alpha/2}^2(n - 1)$ または $V \leq \chi_{1-\alpha/2}^2(n - 1)$

$\chi_{\alpha/2}^2(n-1)$ と $\chi_{1-\alpha/2}^2(n-1)$ はそれぞれ自由度 $n-1$ のカイ二乗分布の上側 $100\alpha/2$ ％

点と上側 $100(1-\alpha/2)$ ％点 (棄却限界値) である.

■**2 標本の分散の検定**■　平均 μ_A と μ_B は未知とする. 2 つの群の分散が等しいという帰無仮説 $H_0 : \sigma_A{}^2 = \sigma_B{}^2$ のもとで, 検定統計量

$$F = \frac{\sum_{i=1}^{n_B}(X_{Bi} - \overline{X}_B)^2/(n_B - 1)}{\sum_{i=1}^{n_A}(X_{Ai} - \overline{X}_A)^2/(n_A - 1)}$$

は自由度 $(n_B - 1, n_A - 1)$ の F 分布に従う. 各対立仮説に応じて, 次の条件のもとで帰無仮説を棄却する.

(1)「$H_1 : \sigma_A{}^2 < \sigma_B{}^2$」： $F \geq F_{\alpha/2}(n_B - 1, n_A - 1)$

(2)「$H_1 : \sigma_A{}^2 > \sigma_B{}^2$」： $F \leq F_{1-\alpha/2}(n_B - 1, n_A - 1)$

(3)「$H_1 : \sigma_A{}^2 \neq \sigma_B{}^2$」： $F \geq F_{\alpha/2}(n_B - 1, n_A - 1)$

$$\text{または } F \leq F_{1-\alpha/2}(n_B - 1, n_A - 1)$$

$F_{\alpha/2}(n_B - 1, n_A - 1)$ と $F_{1-\alpha/2}(n_B - 1, n_A - 1)$ はそれぞれ自由度 $(n_B - 1, n_A - 1)$ の F 分布の上側 $100\alpha/2$ ％点と上側 $100(1-\alpha/2)$ ％点 (棄却限界値) である. (2) の対立仮説では, 検定統計量を $1/F$, 棄却限界値を $F_{\alpha/2}(n_A - 1, n_B - 1)$ としてもよい.

━━ **例 題** ━━

問 11.1　あるハンバーガーショップは, 東京と大阪に店舗を展開している. この店舗のフライドポテト (以下, ポテト) の M サイズは 120 g とされている. ところが「大阪の店舗のポテトは 120 g よりも多い」という噂が広まった. そこで, 大阪の店舗のポテトをランダムに 10 個選んで, その重さを量ったところ, 平均は 125 g で, 標準偏差 (分散の不偏推定量の平方根) は 10.0 g であった. ポテトの重量は互いに独立に平均 μ, 分散 σ^2 の正規分布に従うとする. 得られたデータから, 帰無仮説 $H_0 : \mu = 120$ に対して対立仮説 $H_1 : \mu > 120$ の t 検定を行う.

〔1〕検定統計量の値を求めよ.

〔2〕有意水準を 2.5 ％ (片側) とする. 棄却限界値を求めよ.

〔3〕帰無仮説が棄却されるかどうか判定せよ.

〔4〕有意水準 2.5 ％ (片側) で帰無仮説が棄却される最小の標本サイズ n を求めよ. ただし, n によらず, 平均は 125 g で標準偏差は 10.0 g であるとする.

問 11.2　問 11.1 の続きを考える. さらに「東京と大阪の店舗では, ポテトの量が異なる」という噂が広まった. そこで, 東京の店舗からもポテトをランダムに 10 個選んで, その重さを量ったところ, 平均は 115 g で, 標準偏差は 8.0 g であった. 大阪と東京の店舗のポテトの重量はそれぞれ互いに独立に平均 μ_A と μ_B の正規分布に従うとし, その分散は

ともに σ^2 とする. 大阪と東京の店舗のデータから, 帰無仮説 $H_0 : \mu_A = \mu_B$ に対して対立仮説 $H_1 : \mu_A \neq \mu_B$ の t 検定を行う.

〔1〕 大阪と東京の店舗のデータをプールしたもとでの標本分散 (分散の不偏推定値) を求めよ.

〔2〕 検定統計量の値を求めよ.

〔3〕 有意水準を 5 % (両側) とする. 棄却限界値を求めよ.

〔4〕 帰無仮説が棄却されるかどうか判定せよ.

答および解説

問 11.1

〔1〕 1.581.

検定統計量の値は $\dfrac{125 - 120}{10/\sqrt{10}} \approx 1.581$ である.

〔2〕 2.262.

検定統計量は自由度 9 の t 分布に従うから, 棄却限界値は t 分布の上側 2.5 %点の $t_{0.025}(9) \approx 2.262$ である.

〔3〕 帰無仮説 H_0 は棄却されない.

検定統計量 1.581 は棄却限界値 2.262 より小さいので, 帰無仮説 H_0 は棄却されない.

〔4〕 18.

$$\frac{125 - 120}{10/\sqrt{n}} \geq t_{0.025}(n - 1) \iff n \geq 4 \cdot t_{0.025}(n - 1)^2$$

を n について反復的に解くことにより $n = 18$ が得られる.

問 11.2

〔1〕 82.

分散の不偏推定値は $\dfrac{9 \times 10^2 + 9 \times 8^2}{10 + 10 - 2} = 82$ である.

〔2〕 2.469.

検定統計量の値は $\dfrac{125 - 115}{\sqrt{82}\sqrt{\dfrac{1}{10} + \dfrac{1}{10}}} \approx 2.469$ である.

〔3〕 2.101.

検定統計量は自由度 18 の t 分布に従うから, 棄却限界値は t 分布の上側 2.5 %点の $t_{0.025}(18) \approx 2.101$ である.

〔4〕 帰無仮説 H_0 は棄却される.

検定統計量の値 2.469 は棄却限界値 2.101 より大きいので, 帰無仮説 H_0 は棄却される.

一般の分布に関する検定法

//キーワード// 二項分布に関する検定，ポアソン分布に関する検定，適合度検定，尤度比検定

■**この章で扱う検定**■ パラメトリックモデルに関する仮説検定を行う場合は，原則的には尤度比検定などの汎用的な手法を用いればよい．しかし検定の目的や分布の特性に応じた特定の検定手法を知っておくと便利である．この章では二項分布とポアソン分布に関する検定，さらに分割表モデルに関する適合度検定を扱う．また尤度比検定についても説明する．

■**母比率の検定**■ 試行回数 n，成功確率 θ の二項分布に従う確率変数 X を考える：

$$P(X = x) = \binom{n}{x} \theta^x (1-\theta)^{n-x}$$

いま，与えられた比率 $\theta_0 \in (0,1)$ に対して $\theta = \theta_0$ を帰無仮説とする仮説検定を行いたいとする．

対立仮説が片側対立仮説 $\theta > \theta_0$ の場合，棄却域を

$$\hat{\theta} - \theta_0 \geq c$$

とおくのが自然である．ここで $\hat{\theta} = X/n$ は θ の最尤推定量である．問題は棄却限界値 c をいかに定めるかということであるが，これには最尤推定量の漸近正規性を利用することが多い．すなわち，帰無仮説のもとで $n \to \infty$ のとき

$$\frac{\sqrt{n}(\hat{\theta} - \theta_0)}{\sqrt{\theta_0(1-\theta_0)}}$$

が標準正規分布に分布収束することを利用する．ここで分母にある $\theta_0(1-\theta_0)$ は $\sqrt{n}(\hat{\theta} - \theta_0)$ の分散である．すると，近似的に有意水準 α の検定方式は

$$\frac{\sqrt{n}(\hat{\theta} - \theta_0)}{\sqrt{\theta_0(1-\theta_0)}} \geq z_\alpha \tag{12.1}$$

とすれば得られる．ここで z_α は標準正規分布の上側 $100\alpha\%$ 点である．

両側対立仮説 $\theta \neq \theta_0$ の場合，上と同様にして有意水準 α の棄却域は

$$\left| \frac{\sqrt{n}(\hat{\theta} - \theta_0)}{\sqrt{\theta_0(1 - \theta_0)}} \right| \geq z_{\alpha/2}$$

となる．尤度比検定を用いる場合，棄却域は

$$2n \left(\hat{\theta} \log \frac{\hat{\theta}}{\theta_0} + (1 - \hat{\theta}) \log \frac{1 - \hat{\theta}}{1 - \theta_0} \right) \geq \chi_{\alpha}^2(1)$$

となる (尤度比検定に関する詳細については後述する)．ここで $\chi_{\alpha}^2(1)$ は自由度 1 の
カイ二乗分布の上側 100α ％点を表す．漸近理論の一般的な事実からこれら 2 つの検
定方式は漸近的に等価である．

> **例 1** 表の出る確率が θ のコインを 30 回投げ，表の出た回数を 12 とする．帰無仮説を
> $\theta = 1/2$，対立仮説を $\theta \neq 1/2$ として，有意水準 5 ％の検定を実行せよ．
>
> **答** $n = 30$，$\theta_0 = 0.5$ とする．最尤推定値は $\hat{\theta} = 12/30 = 0.4$ である．検定統計量の値は
>
> $$\frac{\sqrt{n}(\hat{\theta} - \theta_0)}{\sqrt{\theta_0(1 - \theta_0)}} = \frac{\sqrt{30}(0.4 - 0.5)}{\sqrt{0.5 \times 0.5}} = -1.095$$
>
> であり，その絶対値は 1.095 である．一方，標準正規分布の上側 2.5 ％点はおよそ 1.96 で
> あるから，仮説は棄却されない．なお尤度比検定の場合は
>
> $$2n \left(\hat{\theta} \log \frac{\hat{\theta}}{\theta_0} + (1 - \hat{\theta}) \log \frac{1 - \hat{\theta}}{1 - \theta_0} \right) = 60 \left(0.4 \log \frac{0.4}{0.5} + 0.6 \log \frac{0.6}{0.5} \right)$$
>
> $$= 1.21$$
>
> となり，自由度 1 のカイ二乗分布の上側 5 ％点はおよそ 3.84 であるから，やはり棄却され
> ない．

θ の信頼区間を作るときは，式 (12.1) の左辺にある $\theta_0(1 - \theta_0)$ を $\hat{\theta}(1 - \hat{\theta})$ に置き
換えて得られる量

$$u := \frac{\sqrt{n}(\hat{\theta} - \theta)}{\sqrt{\hat{\theta}(1 - \hat{\theta})}}$$

を使う．このように置き換えても $n \to \infty$ のときに標準正規分布に収束することが示
される．よって $|u| \leq z_{\alpha/2}$ とおき，これを θ について解けば信頼係数 $1 - \alpha$ の信頼
区間

$$\hat{\theta} \pm z_{\alpha/2} \sqrt{\frac{\hat{\theta}(1 - \hat{\theta})}{n}}$$

が得られる.

■**母比率の差の検定**■　試行回数 n_1, 成功確率 θ_1 の二項分布に従う確率変数 X_1 と，試行回数 n_2, 成功確率 θ_2 の二項分布に従う確率変数 X_2 が観測され，帰無仮説 $\theta_1 = \theta_2$ の検定を行いたいとする．つまり母比率に関する 2 標本問題である．ここで，帰無仮説において $\theta_1(=\theta_2)$ の値そのものは決めていないことに注意する．つまりこの共通の値 θ_1 は局外パラメータである.

　対立仮説を $\theta_1 > \theta_2$ とする場合，棄却域を

$$\hat{\theta}_1 - \hat{\theta}_2 \geq c$$

とおくのが自然である．ただし $\hat{\theta}_i = X_i/n_i$ は最尤推定量である．棄却限界値 c は以下のように決められる．まず，帰無仮説に限らず $\hat{\theta}_1 - \hat{\theta}_2$ の平均は $\theta_1 - \theta_2$, 分散は $\theta_1(1-\theta_1)/n_1 + \theta_2(1-\theta_2)/n_2$ であるから，中心極限定理より n_1, n_2 がともに大きければ

$$\frac{(\hat{\theta}_1 - \hat{\theta}_2) - (\theta_1 - \theta_2)}{\sqrt{\frac{\theta_1(1-\theta_1)}{n_1} + \frac{\theta_2(1-\theta_2)}{n_2}}}$$

は近似的に標準正規分布に従う．ここで分母に現れる θ_1, θ_2 を $\hat{\theta}_1, \hat{\theta}_2$ に置き換え，また帰無仮説のもとで成り立つ等式 $\theta_1 - \theta_2 = 0$ を代入することにより，有意水準 α の検定方式

$$\frac{\hat{\theta}_1 - \hat{\theta}_2}{\sqrt{\frac{\hat{\theta}_1(1-\hat{\theta}_1)}{n_1} + \frac{\hat{\theta}_2(1-\hat{\theta}_2)}{n_2}}} \geq z_\alpha \tag{12.2}$$

が得られる．両側検定の場合も同様である.

　$\theta_1 - \theta_2$ の信頼区間についても同様の手順で得られ，

$$(\hat{\theta}_1 - \hat{\theta}_2) \pm z_{\alpha/2} \sqrt{\frac{\hat{\theta}_1(1 - \hat{\theta}_1)}{n_1} + \frac{\hat{\theta}_2(1 - \hat{\theta}_2)}{n_2}} \tag{12.3}$$

が信頼係数 $1 - \alpha$ の信頼区間となる.

　式 (12.2) の分母の計算において，帰無仮説における最尤推定量を用いることもできる．すなわち，$\theta_1 = \theta_2 = \theta_*$ とおけば，尤度関数は

$$\binom{n_1}{x_1}\binom{n_2}{x_2}\theta_*^{x_1+x_2}(1-\theta_*)^{n_1+n_2-x_1-x_2}$$

となり，θ_* の最尤推定値は $\hat{\theta}_* = (x_1 + x_2)/(n_1 + n_2)$ となる．この $\hat{\theta}_*$ を用いて

$$\frac{\hat{\theta}_1 - \hat{\theta}_2}{\sqrt{\left(\frac{1}{n_1} + \frac{1}{n_2}\right)\hat{\theta}_*(1 - \hat{\theta}_*)}} \geq z_\alpha \tag{12.4}$$

を式 (12.2) の代わりに用いてもよい．どちらでも漸近的には等価であるが，前項の1標本問題のときと整合的に考えるならば，仮説検定の場合には式 (12.4) を用い，$\theta_1 - \theta_2$ の信頼区間を求めたいときは式 (12.3) を用いることになる．

■**ポアソン分布に関する検定**■　パラメータ λ のポアソン分布に従う確率変数 X を考える：

$$P(X = x) = \frac{\lambda^x}{x!} e^{-\lambda}$$

与えられた $\lambda_0 > 0$ に対して $\lambda = \lambda_0$ を帰無仮説とする仮説検定を行いたいとする．対立仮説が $\lambda > \lambda_0$ の場合，棄却域を

$$\hat{\lambda} - \lambda_0 \geq c$$

とおくのが自然である．ここで $\hat{\lambda} = X$ は λ の最尤推定量である．真の λ の値が十分大きければ $\hat{\lambda}$ の分布は正規分布で近似される．これはポアソン分布の再生性と中心極限定理によって説明することができる (詳細は省略する)．ポアソン分布の分散は λ だから，帰無仮説のもとでは

$$\frac{\hat{\lambda} - \lambda_0}{\sqrt{\lambda_0}} \tag{12.5}$$

が近似的に標準正規分布に従う．これに基づく棄却域は

$$\frac{\hat{\lambda} - \lambda_0}{\sqrt{\lambda_0}} \geq z_\alpha$$

である．両側検定も同様である．また λ に関する信頼係数 $1 - \alpha$ の信頼区間は

$$\hat{\lambda} \pm z_{\alpha/2}\sqrt{\hat{\lambda}}$$

となる．

なお式 (12.5) の検定統計量を 2 乗して得られる量

$$\frac{(\hat{\lambda} - \lambda_0)^2}{\lambda_0}$$

は近似的に自由度 1 のカイ二乗分布に従う. これは次の項で扱う適合度検定の特別な場合と解釈することもできる.

■**適合度検定**■　カテゴリカルデータに関する検定には, 尤度比検定のほか, 以下に述べる**適合度検定** (goodness of fit test) がよく用いられる. カテゴリの個数を I とし, それぞれの生起確率を p_i $(1 \leq i \leq I)$ とおく. また総度数を n, カテゴリ i の観測度数を x_i とおき, 帰無仮説のもとでの p_i の最尤推定量を $\widetilde{p}_i$ とおく. このとき, ピアソンのカイ二乗適合度検定統計量 (あるいは単にカイ二乗統計量) を

$$T(x) = \sum_{i=1}^{I} \frac{(x_i - n\widetilde{p}_i)^2}{n\widetilde{p}_i}, \quad x = (x_1, \ldots, x_I) \tag{12.6}$$

と定義する. 分母と分子に現れる $n\widetilde{p}_i$ は期待度数とよばれる. $T(x)$ は帰無仮説のもとで漸近的に自由度 $d = I - 1 - k$ のカイ二乗分布に収束する. ここで k は帰無仮説のもとで自由に動けるパラメータの個数を表し, また $I - 1$ は生起確率に (和が 1 以外の) 制約のないフルモデル (あるいは飽和モデル) において自由に動けるパラメータの個数を意味する. たとえば単純帰無仮説の場合は $k = 0$ であるから自由度は $d = I - 1$ である.

　度数が十分大きくない場合には**イェーツの補正** (Yates' correction) が用いられることがある. これは式 (12.6) の分子にある $(x_i - n\widetilde{p}_i)^2$ を

$$(|x_i - n\widetilde{p}_i| - 0.5)^2$$

に置き換えるという補正法である. 中心極限定理における連続修正に対応している.

> **例 2**　母比率に関する両側検定は適合度検定の特殊ケースであることを説明せよ.
>
> **答**　母比率の検定は, カテゴリー数を 2 として, $p_1 = \theta$, $p_2 = 1 - \theta$ とした場合に対応する. 帰無仮説は $p_1 = \theta_0$, $p_2 = 1 - \theta_0$ である. カイ二乗統計量は
>
> $$\frac{(x_1 - n\theta_0)^2}{n\theta_0} + \frac{(n - x_1 - n(1 - \theta_0))^2}{n(1 - \theta_0)} = \frac{(x_1 - n\theta_0)^2}{n\theta_0(1 - \theta_0)}$$
> $$= \frac{n(\hat{\theta} - \theta_0)^2}{\theta_0(1 - \theta_0)}$$
>
> となり, 式 (12.1) で求めた検定統計量の 2 乗に等しいことがわかる.

　同じようにして母比率の差に関する両側検定も適合度検定の特殊ケースとみなすことができる. その場合のカテゴリー数は 4 である.

例 3 2元分割表 p_{ij} $(1 \leq i \leq I, 1 \leq j < J)$ において，独立性の仮説を表す式，およびカイ二乗統計量の自由度 d を求めよ．

答 独立性の仮説は $p_{ij} = \alpha_i \beta_j$ と表される．集合として表せば

$$\{(\alpha_i \beta_j)_{i=1, j=1}^{I, J} \mid \alpha_1, \ldots, \alpha_I \in \mathbb{R}, \ \beta_1, \ldots, \beta_J \in \mathbb{R}, \ \sum_{i=1}^I \alpha_i = \sum_{j=1}^J \beta_j = 1\}$$

である．自由度は $d = (I-1)(J-1)$ となる．なぜならば，フルモデルにおいて自由に動けるパラメータの個数は $IJ - 1$ 個，帰無仮説のもとで自由に動けるのは $\alpha_1, \ldots, \alpha_{I-1}$ および $\beta_1, \ldots, \beta_{J-1}$ のあわせて $I + J - 2$ 個，これらの差をとって

$$d = (IJ - 1) - (I + J - 2) = IJ - I - J + 1 = (I-1)(J-1)$$

となるからである．

独立性の仮説についてより詳しくは 28 章を参照のこと．

■**尤度比検定**■　汎用的な検定の構成法として**尤度比検定** (likelihood ratio test) がある．パラメータのベクトル θ が 2 つの部分に分かれており，$\theta = (\theta_1, \theta_2)$ とする．ただし，θ_1 の次元 (要素数) を p，θ_2 の次元を q とする．大きさ n の観測値 x_n の確率密度関数を $f_n(x_n; \theta_1, \theta_2)$ と書く．帰無仮説を $H_0 : \theta_1 = \theta_{10}$ とし，尤度比を

$$\lambda_n = \frac{\max_{\theta_1, \theta_2} f_n(x_n; \theta_1, \theta_2)}{\max_{\theta_2} f_n(x_n; \theta_{10}, \theta_2)}$$

と定義する．一般的に H_0 のもとで $n \to \infty$ のとき $2 \log \lambda_n$ の分布は自由度 p のカイ二乗分布に従うことが示される．これより $2 \log \lambda_n \geq \chi_\alpha^2(p)$ のときに H_0 を棄却すれば，近似的に有意水準 α となる．

── **例 題** ──

問 12.1　次の表は，小売店 S への「問い合わせ」の回数について，ある 1 週間の調査結果を示したものである．曜日によって「問い合わせ」の回数に差があるか否かを考える．「曜日によって問い合わせの回数が異ならない」という帰無仮説を立て，一様性の検定を有意水準 5％で行う．

曜日	月	火	水	木	金	土	日	合計
回数	7	3	5	2	7	12	13	49

〔1〕この検定を行うためのカイ二乗統計量の値を求めよ．

〔2〕カイ二乗分布表より棄却限界値を求め，この検定の結論を述べよ．

問 12.2　A さんと B さんは，台風が来たときの備えのため，1 年間にどの程度の数の台風が上陸するかを考えることにした．次の表は，1951 年から 2019 年までの 69 年間の年ごとの台風の日本本土への上陸数 (回) をまとめたものであり，この表から求めた 69 年間の上陸数の平均は 2.99 (回)，標準偏差は 1.70 (回) である．

上陸数 (回)	0	1	2	3	4	5	6	7	8	9	10	計
観測度数 (年)	4	7	17	18	12	7	3	0	0	0	1	69

資料：気象庁「台風の上陸数」

　A さんは，この表から 7 回以上上陸した年は 69 年中 1 年なので，$1/69 \approx 0.015$ から，2 % 以下であり，1 年間に 6 回の上陸に対して備えれば，98 % 以上は対応できると考えた．

　B さんは，この表をもとに，1 年間の台風の上陸数がポアソン分布に従うかどうかを吟味したうえで，1 年間に 7 回以上上陸する確率を求めるほうがよいのではないかと提案した．また，平均と標準偏差の値からもポアソン分布に従うのではないかという意見を述べた．

　B さんの考えをもとに，1 年間の台風の上陸数がポアソン分布に従うかどうかの適合度検定について考察する．なお，パラメータ λ のポアソン分布の確率関数は次のとおりである．

$$p(x) = \frac{\lambda^x}{x!} e^{-\lambda} \quad (x = 0, 1, 2, \dots)$$

〔1〕　B さんが述べた「平均が 2.99 (回)，標準偏差が 1.70 (回) であることからもポアソン分布に従うのではないか」という意見の意味するところを示せ．

〔2〕　次の表は，1 年間の台風の上陸数がパラメータ $\lambda = 2.99$ のポアソン分布に従うと仮定したときの，69 年間の上陸数の期待度数 (年) を求めたものである．この表の求め方を説明せよ．

上陸数 (回)	0	1	2	3	4	5
期待度数 (年)	3.47	10.37	15.51	15.46	11.56	6.91

上陸数 (回)	6	7	8	9	10 以上	計
期待度数 (年)	3.44	1.47	0.55	0.18	0.07	69.00

〔3〕　カイ二乗統計量を求めたところ 16.37 であった．適合度検定を有意水準 5 % で行ったときの検定の結果について，棄却域の設定に必要となる数値を示し論ぜよ．また，統計量の値を大きくしている原因について考察せよ．

〔4〕　B さんは，1 年間に上陸数 6 回以上の期待度数が小さいので，これらを「上陸数 6 回以上」とまとめるとよいのではないかと考えた．上陸数 6 回以上をまとめたときの検定の結果と上陸数 6 回以上をまとめないときの結果を比較し，あてはまりのよさについて論ぜよ．

問 12.3　次の表は，ソーシャルネットワークサービス「Instagram」の 20 代男女の利用者数を整理したクロス集計表である．

	利用している	利用していない	計
20 代男	40	74	114
20 代女	62	45	107
計	102	119	221

Instagram の利用率に男女差があるかどうかを調べるために, 検定統計量 Z を用いて, 利用率に男女差がないという帰無仮説に対する有意水準 α の両側検定

$$|Z| \geq z_{\alpha/2} \;\Rightarrow\; \text{利用率に男女差がある}$$

を行うことにした. ただし $z_{\alpha/2}$ は標準正規分布の上側 $100\alpha/2$ ％点である. 検定統計量 Z として適切なものを求めよ.

答および解説

問 12.1

〔1〕 15.14.

「曜日によって問い合わせの回数が異ならない」という帰無仮説のもとでの期待回数は, $49/7 = 7$ (回) ずつとなる. カイ二乗統計量の値は

$$\left((7-7)^2 + (3-7)^2 + (5-7)^2 + (2-7)^2 + (7-7)^2 + (12-7)^2 + (13-7)^2\right)/7$$
$$= 106/7 \approx 15.14$$

である.

曜日	月	火	水	木	金	土	日	合計
回数	7	3	5	2	7	12	13	49
期待回数	7	7	7	7	7	7	7	49
乖離度	0	16/7	4/7	25/7	0	25/7	36/7	106/7

〔2〕 このときのカイ二乗統計量は自由度 6 のカイ二乗分布に従う. 自由度 6 のカイ二乗分布の上側 5 ％点は 12.59 である. $15.14 > 12.59$ より, この帰無仮説は棄却され, 曜日によって問い合わせの回数が異なるといえる.

問 12.2

〔1〕 ポアソン分布は平均と分散が等しいという性質がある. いまのデータでは平均が 2.99, 分散が $1.70^2 = 2.89$ であり, これらは近い値なので, ポアソン分布に近い可能性が示唆される.

〔2〕 上陸数 $x = 0, \ldots, 9$ に対して, ポアソン分布の確率 $p(x)$ に年数 $n = 69$ を掛けたものが期待度数である. 上陸数 10 回以上の期待度数については, 上陸数 9 回以下の期待度数を足し合わせ, 69 から引けば求められる (その際, 丸め誤差には注意する必要がある).

〔3〕 カテゴリー数は $I = 11$ で, 帰無仮説にはポアソン分布のパラメータが 1 つ含まれるので, 自由度は $d = (I-1) - 1 = 9$ である. この場合の棄却限界値はカイ二乗分布表か

ら 16.92 である. よってカイ二乗統計量の値 16.37 は棄却限界値より小さいので仮説は棄却されない. しかしほぼ棄却限界値に近い値となっている. 統計量が大きくなる原因としては, 上陸回数 10 回以上の期待度数が 0.07 と極めて小さいため, このカテゴリーにおける乖離度が

$$\frac{(1-0.07)^2}{0.07} = 12.36$$

と大きくなってしまうことがあげられる.

〔4〕上陸数 6 回以上の期待度数は

$$3.44 + 1.47 + 0.55 + 0.18 + 0.07 = 5.71$$

となる. また実際の観測度数は 4 である. よって上陸数 6 回以上をまとめたときのカイ二乗検定統計量の値は

$$\frac{(4-3.47)^2}{3.47} + \frac{(7-10.37)^2}{10.37} + \cdots + \frac{(7-6.91)^2}{6.91} + \frac{(4-5.71)^2}{5.71}$$

となる. これを計算すると 2.27 となり, 自由度 5 のカイ二乗分布の上側 10%点である 9.24 よりも小さい. 一方, 上陸数をまとめない場合の検定統計量の値 16.37 は自由度 9 のカイ二乗分布の上側 10%点 14.68 よりも大きい. よって P-値で比較すると, 上陸数をまとめたときのほうがあてはまりがよいと考えられる.

問 12.3 $\dfrac{40/114 - 62/107}{\sqrt{(1/114 + 1/107) \times (102/221) \times (119/221)}}$.

これは母比率の差の検定である. 式 (12.4) において $\hat{\theta}_1 = 40/114$, $\hat{\theta}_2 = 62/107$, $n_1 = 114$, $n_2 = 107$, $\hat{\theta}_* = 102/221$ を代入すれば結果を得る. 式 (12.2) を用いても間違いではない.

13 ノンパラメトリック法

／キーワード／ ウィルコクソンの順位和検定，並べ替え検定，符号付き順位検定，符号検定，クラスカル・ウォリス検定，順位相関係数

▮ノンパラメトリック法▮ 前章までの仮説検定は**母集団分布** (population distribution) を仮定しており，その多くは正規分布である．母集団分布の仮定のもとで，検定統計量 T が導出され，T が従う分布を用いて仮説検定を行う．これを**パラメトリック法** (parametric method) という．

ノンパラメトリック法 (non-parametric method) はこのような母集団分布の仮定を設けることなく仮説検定を行うものである．ノンパラメトリック法の基本的な考え方は，データを構成している観測値を大きさの順に並べ替えて統計量を作ることである．母集団分布がわかっている場合でも，サンプルサイズが小さいときには，ノンパラメトリック法が有効とされるケースが多くみられる．次の表は，これから説明するノンパラメトリック法のまとめである．

検定内容	検定名
2 群の差の検定	ウィルコクソンの順位和検定，並べ替え検定
対応がある場合の差の検定	(ウィルコクソンの) 符号付き順位検定，符号検定
3 群以上の差の検定	クラスカル・ウォリス検定

▮ウィルコクソンの順位和検定▮ 2 つの群 A, B にそれぞれ 3 人の被験者がいる．ある試験を受けた成績 (点) が次のように得られた．いま，帰無仮説を「2 つの群の成績の分布は同じ」，対立仮説を「群 A の成績の分布の形は群 B と同じだが，悪いほうにずれている」とし片側検定を考える．各群の分布の形は同じなので，中央値の差の検定と捉えてもよい．

A	30	20	52
B	40	50	35

ウィルコクソンの順位和検定 (Wilcoxon rank sum test) は，はじめに群 A と群 B

をあわせて，小さい値から順位を与え，その和 W_A または W_B を検定統計量とする．これを**順位和** (rank sum) という．次の表は本例での順位であり，最後の合計が順位和の実測値 (w_A または w_B) である．

A	2	1	6	9
B	4	5	3	12

帰無仮説が正しいと仮定すると，6 人の順位はランダムに割り振られると考えられる．群 A の 3 人に与えられる順位の組合せは $_6C_3 = 20$ であることを利用し，群 A の順位和 W_A が 9 以下となる確率 $P(W_A \leq 9)$ を求める．これがウィルコクソンの順位和検定の片側 P-値である．次の表は，実際に群 A がとりうる順位和 w_A の値とその値となる場合の数である．表からわかるように，$P(W_A \leq 9) = 7/20$ である．この確率を有意水準と比較し，帰無仮説を棄却するか否かを考察する．

w_A	6	7	8	9	10	11	12	13	14	15	計
個数	1	1	2	3	3	3	3	2	1	1	20

上の例は，2 つの群の人数が同数であったが，異なる場合も同様に計算すればよい．データの数値に同じ値 (タイ) がある場合は，順位を分配する．たとえば，5 番と 6 番がタイである場合，次のように順位を 5.5 ずつに分配する．片側 P-値の計算も順位がランダムに割り振られると考えればよく，本例では，$P(W_A \leq 8.5) = 5/20 = 1/4$ となる．

A	2	1	5.5	8.5
B	4	5.5	3	12.5

各群の人数が多くなると，P-値の計算は複雑になる．一般に，各群のサンプルサイズ m と n が大きく，タイがない場合，平均 $= m(m+n+1)/2$，分散 $= mn(m+n+1)/12$ の正規分布近似を用いる．

例 1　2 つの群 A, B の被験者がある試験を受け，その成績 (点) が次のようになった．帰無仮説を「2 つの群の成績の分布は同じ」とし，ウィルコクソンの順位和検定の片側 P-値を求めよ．

A	30	20	52	
B	40	50	35	60

答　群 A の 3 人に与えられる順位の組合せは $_7C_3 = 35$ である．また，群 A の順位和は 9 である．9 以下の値をとる確率を求めると $7/35 = 1/5$ である．

■並べ替え検定■　ウィルコクソンの順位和検定で用いた例で**並べ替え検定** (permutation test) を説明する．このときの帰無仮説，対立仮説は先と同じである．並べ替え検定がウィルコクソンの順位和検定と異なる点は，数値の平均 $\overline{X}_A$ または平均 $\overline{X}_B$ を検定統計量とすることである．群 A の平均は $\overline{x}_A = (30 + 20 + 52)/3 = 102/3 = 34$，群 B の平均は $\overline{x}_B = (40 + 50 + 35)/3 = 125/3 \approx 41.7$ である．この平均に差があるか否かを考える．

帰無仮説が正しいと仮定すると，2 つの群を一緒にした $(20, 30, 35, 40, 50, 52)$ から群 A として 3 つが次のように無作為に選ばれる．

$$(20, 30, 35),\ (20, 30, 40),\ (20, 30, 50), \dots,\ (40, 50, 52)$$

これら 20 種類の並びの平均は，小さい順に $85/3, 90/3, 95/3, \dots, 142/3$ となる．次の表は，これらの値と個数を示したものである．この表から，群 A の平均 $\overline{X}_A$ が 34 以下となる確率 $P(\overline{X}_A \leq 34) = 5/20 = 1/4$ となり，これが片側 P-値である．この結果は，ウィルコクソンの順位和検定の結果と異なるが，どちらがよいということではない．

$\overline{x}_A$	85/3	90/3	95/3	100/3	102/3	105/3	$\cdots$	142/3	計
個数	1	1	1	1	1	2	$\cdots$	1	20

例 2　例 1 と同じデータに対して，帰無仮説を「2 つの群の成績の分布は同じ」とし，並べ替え検定の片側 P-値を求めよ．

答　7 人に与えられる順位の組合せは $_7C_3 = 35$ である．また，群 A の平均は 34 である．34 以下の値をとる確率を求めると $5/35 = 1/7$ である．

■符号付き順位検定■　7 人の学生に対して，補習を行ったところ，点数の差 ($d =$ 補習後 − 補習前) が次のようになった．

$$D : -15,\ -9,\ 0,\ 6,\ 11,\ 20,\ 25$$

この補習が有用であったかを考える．ウィルコクソンの**符号付き順位検定** (Wilcoxon signed-rank test) は，ウィルコクソンの順位和検定と同様に並べ替えを考えるが，符号に関しても考慮する．はじめに，絶対値の小さな順に並べる．ただし，値が 0 になったときは，その観測値は除き，サンプルサイズ n も減らす．本例では，$n = 6$ となる．

$$D' : 6,\ -9,\ 11,\ -15,\ 20,\ 25$$

この順に符号付きの順位を割り当てる.

$$\widetilde{D} : 1, \ -2, \ 3, \ -4, \ 5, \ 6$$

これらのうち, 正値の合計 T_+ を検定統計量とする. 本例の実測値は $t_+ = 1+3+5+6 = 15$ である. 1 から 6 までの値が正か負かで生じるので, 組合せは $2^6 = 64$ 通りある. すべてが負であるとき, 1 つが正であるとき, ..., 全部が正であるときを順に考えると, T_+ は 0 から 21 までの値をとりうる.

符号付き順位検定を用いるとき, D の分布が対称であることが条件であるため, あまりにも歪みのある分布に利用することはこのましくない. 本検定の帰無仮説は「分布 D の中央値 $= 0$」である. 本例では補習の有効性を示したいので, 対立仮説が「分布 D の中央値 > 0」の片側検定を考える. 帰無仮説が正しいなら, 1 から 6 までの和の半分程度の値 $(= 10.5)$ になる. つまり, サンプルサイズが n のとき, $n(n+1)/4$ 程度の値をとる. 対立仮説が正しいなら, この値より大きく離れた値をとる.

いま, $t_+ = 15$ であったので, これ以上の値をとる T_+ の確率を求める. それが符号付き順位検定片側 P-値であり, $P(T_+ \geq 15) = 14/64 \approx 0.22$ となる.

タイがある場合は, 順位を分配し, 同様の計算をする. 人数が多くなると, P-値の計算が複雑になることはウィルコクソンの順位和検定と同じである. 符号付き順位検定では, サンプルサイズ n が大きいとき, 平均 $= n(n+1)/4$, 分散 $= n(n+1)(2n+1)/24$ の正規分布近似を用いる.

例 3 40 人の学生に対して, 補習を行う前と行った後の点数の差を求めたところ, 5 人が 0 点で, 正順位和 $t_+ = 420$ であった. 補習を行ったことによる効果を考えるため, 有意水準 5 % の片側検定を符号付き順位検定を用いて行え. ただし, 正規分布近似を用いてよい.

答 $n = 35$ なので, 平均 $= 35 \times (35+1)/4 = 315$, 分散 $= 35(35+1)(2 \times 35+1)/24 = 3727.5$ となる. $z = (420 - 315)/\sqrt{3727.5} = 1.72$ より, 有意水準 5 % で帰無仮説は棄却できるので, この補習は効果があったといえる.

■符号検定■ 符号付き順位検定で用いた例で**符号検定** (sign test) を説明する. このときの帰無仮説, 対立仮説は先と同じであるが, 符号付き順位検定と異なり D の分布の対称性を仮定する必要はない. 0 の値をとらないサンプルサイズ n に対して, 差 d の値が正になった個数 T_+ を検定統計量とする. 帰無仮説が正しいとき, T_+ は二項分布 $Bin(n, 0.5)$ に従うと考えることができる.

本例では値が 0 になるものが 1 つあるので $n = 6$ である. つまり, T_+ は二項分

布 $Bin(6, 0.5)$ に従うと考える．$t_+ = 4$ より，符号検定片側 P-値は，$P(T_+ \geq 4) = ({}_6C_4 + {}_6C_5 + {}_6C_6) \times (0.5)^6 = 22 \times (0.5)^6 \approx 0.34$ となる．

■**クラスカル・ウォリス検定**■　クラスカル・ウォリス検定 (Kruskal–Wallis test) は，複数の群の分布に差があるか否かを考える．ここでは，3 群の場合について述べるが，2 群の場合でも 4 群以上の場合でも同様である．帰無仮説は「3 つの群の分布は同じ」，対立仮説は「3 つの群の分布は同じでない」である．ここで，各群の分布の形が同じであるという仮定が満たされていることは，ウィルコクソンの順位和検定の場合と同じである．3 群のなかのどの群とどの群の分布が異なるかということは考えない．どれか 1 つでも他の群と分布が異なると判断されれば，帰無仮説は棄却される．

3 つの群を A, B, C とし，次のようなデータを考える (左)．さらに，3 群をあわせて順位を割り振ったたものと，順位和および順位の平均を示す (右)．

A	22	30	42	
B	36	40	50	53
C	25	32	45	48

A	1	3	7		11	11/3
B	5	6	10	11	32	32/4
C	2	4	8	9	23	23/4

各群のサンプルサイズを n_A, n_B, n_C，その合計 $N = n_A + n_B + n_C$，順位の中央値 $\widetilde{N} = (N+1)/2$ とする．また，各群の順位和を R_A, R_B, R_C および順位の平均を $\overline{R}_A, \overline{R}_B, \overline{R}_C$ とするとき，タイがない場合のクラスカル・ウォリス検定の検定統計量は

$$H = \frac{12}{N(N+1)} \left(n_A(\overline{R}_A - \widetilde{N})^2 + n_B(\overline{R}_B - \widetilde{N})^2 + n_C(\overline{R}_C - \widetilde{N})^2 \right) \tag{13.1}$$

となる．また，次のように書き直すことができる．

$$H = \frac{12}{N(N+1)} \left(\frac{R_A{}^2}{n_A} + \frac{R_B{}^2}{n_B} + \frac{R_C{}^2}{n_C} \right) - 3(N+1) \tag{13.2}$$

クラスカル・ウォリス検定の検定統計量は，母集団分布が正規分布の場合の一元配置分散分析と対応するので，統計量の成り立ちを考えると式 (13.1) のほうが理解しやすい．この統計量の P-値を正確に求めるには複雑な計算になるので，一般には統計ソフトウエアを用いる．各群のサンプルサイズが大きいときには，自由度が (群の数 -1) のカイ二乗分布近似を利用する．

上の例で考えると，各群のサンプルサイズは 3, 4, 4 なので，合計 11 であり，順位の中央値は 6 である．これより，統計検定量の実測値は

$$\frac{12}{11 \times 12} \left(3 \times \left(\frac{11}{3} - 6 \right)^2 + 4 \times \left(\frac{32}{4} - 6 \right)^2 + 4 \times \left(\frac{23}{4} - 6 \right)^2 \right) \approx 2.96$$

となる．自由度 $3 - 1 = 2$ のカイ二乗分布を用いると，P-値は約 0.23 なで，有意水準 10% でも帰無仮説を棄却できず，これらの群に差があるとはいえない．

> **例 4**　4 群でそれぞれ 5 回ずつ実験を行ったところ，各群の順位和の平均が 15, 14, 7, 6 となった．帰無仮説「4 群の分布は同じ」を有意水準 5 ％ でクラスカル・ウォリス検定を用いて考察せよ．ただし，カイ二乗分布近似を用いてよい．
>
> **答**　与えられた値から，実測値は 9.29 となる．自由度 3 のカイ二乗分布を用いると，P-値は約 0.03 なので，有意水準 5 ％ で帰無仮説は棄却でき，これらの群に差があるといえる．

■**順位相関係数**■　2 次元データ $(x_i, y_i)\,(i = 1, 2, \ldots, n)$ がともに順位データ (順序尺度データ) である場合の相関係数が**順位相関係数** (rank coefficient of correlation) である．**スピアマンの順位相関係数** (Spearman correlation coefficient) r_s は 2 次元データ (x_i, y_i) がともに連続変数である場合のピアソンの積率相関係数と同じ計算を行う．順位であることを用いると，次のように書き直せる．

$$r_\mathrm{s} = 1 - \frac{6 \displaystyle\sum_{i=1}^{n} (x_i - y_i)^2}{n(n^2 - 1)}$$

(x_i, y_i) と $(x_j, y_j)\,(i < j)$ に対して $(x_i - x_j)(y_i - y_j)$ が正となる組の数を P，負となる組の数を N とする．**ケンドールの順位相関係数** (Kendall rank correlation coefficient) r_k は次のように定義する．つまり，x_i と x_j，y_i と y_j の順位の大きさの順が一致している組の数と，逆である組の数の差をみている．

$$r_\mathrm{k} = \frac{P - N}{n(n-1)/2}$$

スピアマンの順位相関係数もケンドールの順位相関係数も -1 から 1 の間の値をとるが，同じ値にならないことからもその意味は異なる．

> **例 5**　次のような 2 次元データについて，スピアマンの順位相関係数とケンドールの順位相関係数を求めよ．
>
> | No. | 1 | 2 | 3 | 4 | 5 | 6 | 7 |
> |---|---|---|---|---|---|---|---|
> | x_i | 1 | 2 | 3 | 4 | 5 | 6 | 7 |
> | y_i | 1 | 3 | 2 | 6 | 4 | 5 | 7 |
>
> **答**　定義より，スピアマンの順位相関係数は $r_\mathrm{s} \approx 0.86$，ケンドールの順位相関係数は $P = 18, N = 3$ なので，$r_\mathrm{k} \approx 0.71$ となる．

例 題

問 13.1 高血圧の治療のために，血圧を下げる効果のある治療薬 (A 薬) を開発した．A 薬の効果を従来薬 (B 薬) と比較する．いま，2 種類の治療薬の効果が等しいという帰無仮説と，A 薬のほうが効果が高いという片側対立仮説を考える．

〔1〕 血圧がほぼ等しい高血圧患者 6 人をランダムに 3 人ずつに分け，それぞれ，A 薬と B 薬のいずれかを投与した．薬の投与後の血圧測定の結果が次のようになった (単位：mmHg)．ウィルコクソンの順位和検定を用いて検定するとき，片側 P-値はいくらか．

A	135	127	131
B	132	144	138

〔2〕 別の患者のデータを用いて，同様の仮説に対するウィルコクソンの順位和検定を行ったところ，片側 P-値が 3 % 未満になった．このとき，最低でも何人以上の患者がいたか．

〔3〕 血圧がほぼ等しい高血圧患者 3 人に A 薬と B 薬を互いの効果が影響しないよう時間をおいて投与した．薬の投与後の血圧測定の結果の差 (B 薬 − A 薬) は，$-3, 17, 7$ となった．符号付き順位検定を用いて検定するとき，片側 P-値はいくらか．

〔4〕 別の患者のデータを用いて，同様の仮説に対する符号付き順位検定を行ったところ，片側 P-値が 5 % 未満になった．このとき，最低でも何人以上の患者がいたか．

答および解説

問 13.1

〔1〕 0.1.

A 群の 3 人に与えられる順位の組合せは $_6C_3 = 20$ であり，A, B の順位和はそれぞれ 7, 14 である．A が 7 以下になるのは順位の組が $(1,2,3)$ と $(1,2,4)$ の 2 種類なので，P-値は $2/20 = 0.1$ である．

〔2〕 7 人.

患者が 6 人 (A 群 3 人，B 群 3 人) において，順位和が最小の 6 のとき，P-値は $1/20 = 0.05$ である．また，$_6C_2 = 15$, $_6C_1 = 6$ であることから，患者が 6 人の場合，順位和の最小 P-値は $1/20 = 0.05$ である．患者が 7 人 (A 群 3 人，B 群 4 人) において，順位和が最小の 6 のとき，P-値は $1/35 \approx 0.0286 < 0.03$ である．これより，最低でも 7 人いたことになる．

〔3〕 0.25.

3 人の効果の差が $-3, 17, 7$ であることから，符号付き順位を付加すると $-1, 3, 2$ となり，正値の合計は 5 である．$2^3 = 8$ 種類の符号と順位の組合せのなかで，正値が 5 以上の値となるのは $(1,2,3)$ と $(-1,2,3)$ の 2 種類なので，P-値は $2/8 = 0.25$ である．

〔4〕 5 人.

患者が n 人において，2^n 種類の符号と順位の組合せのなかで，正値の合計が最大になる場合を考えればよい．3 人の場合は $1/8 > 0.05$，4 人の場合は $1/16 > 0.05$，5 人の場合は $1/32 < 0.05$ となる．これより，最低でも 5 人いたことになる．

マルコフ連鎖

//キーワード// マルコフ性，有限マルコフ連鎖，推移確率行列，定常分布

■**マルコフ連鎖**■　実数値確率変数の列 $X = (X_n)_{n=0,1,2,\ldots}$ と集合 $B \subset \mathbb{R}$ に対して，

$$P(X_{n+1} \in B \,|\, X_n, X_{n-1}, \ldots, X_1, X_0) = P(X_{n+1} \in B \,|\, X_n)$$

となるとき，これを確率変数列 X の**マルコフ性** (Markov property) といい，このような性質をもつ X を**マルコフ連鎖** (Markov chain) という．このことを直感的に述べると，現在の状態 X_n が与えられれば，それ以外の過去の情報は未来 X_{n+1} を予測するのに不要であるといえる．n を時間の変数とみなすとき，X_n は時点 n における何らかの"状態"を表すと考え，X_n がとる値の空間のことを**状態空間** (state space) ということがある．

　状態空間を S とし，その部分集合からなる集合族を $\mathcal{S}$ とする．S 上のマルコフ連鎖 X が与えられたとき，自然数 $n, m = 0, 1, 2, \ldots$ と $B \in \mathcal{S}$ に対して，

$$p_m^{(n)}(x, B) := P(X_{n+m} \in B \,|\, X_n = x), \quad x \in S$$

を，X の m ステップ**推移確率** (transition probability) という．特に，$p_m^{(n)}$ が時点 n によらないとき，マルコフ連鎖 X は**斉時的** (time homogeneous) であるという．

■**離散的で有限な状態空間**■　応用上は $S = \{x_1, x_2, \ldots\}$ のように，離散的な状態空間をもつ斉時的マルコフ連鎖が重要である．特に，S が有限個の要素からなるとき，X を**有限マルコフ連鎖** (finite Markov chain) という．ここではこのような場合に限定して考える．

　以下，一般性を失うことなく $S = \{1, 2, \ldots, N\}$ とし，$X = (X_n)_{n=0,1,2,\ldots}$ を S 上の斉時的有限マルコフ連鎖とする．このとき，状態 i から状態 j への m ステップでの推移確率を

$$p_m(i,j) = P(X_{n+m} = j \,|\, X_n = i), \quad i,j \in S$$

とおく．これを (i,j) 成分において作った $N \times N$ 行列

$$Q(m) = \begin{pmatrix} p_m(1,1) & p_m(1,2) & \cdots & p_m(1,N) \\ p_m(2,1) & p_m(2,2) & \cdots & p_m(2,N) \\ \vdots & \vdots & \ddots & \vdots \\ p_m(N,1) & p_m(N,2) & \cdots & p_m(N,N) \end{pmatrix}$$

をマルコフ連鎖 X の m ステップ**推移確率行列** (transition matrix) という．容易にわかるように，任意の $i \in S$ と自然数 m に対して，

$$\sum_{j \in S} p_m(i,j) = 1$$

である．このように，行列 $Q = (q_{ij})_{1 \le i,j \le N}$ の任意の行成分の和が 1 で $q_{ij} \ge 0$ となるようなものを，特に，**確率行列** (probability matrix) という．

以下では，特に $m = 1$ のとき，単に

$$p(i,j) := p_1(i,j), \quad Q := Q(1)$$

と書くことにする．

▌**推移確率の性質**▌　X_n に対して，$p_n(k) := P(X_n = k)\ (k \in S)$ と書くとき，

$$\boldsymbol{\pi}_n = (p_n(1), p_n(2), \ldots, p_n(N))$$

なる N 次元 (行) ベクトルを，時点 n における X の**状態確率ベクトル** (state probability vector) という．特に，$\boldsymbol{\pi}_0$ を X の**初期分布** (initial distribution) という．ここで，$\sum_{k=1}^{N} p_n(k) = 1$ となることに注意しよう．このように，成分の総和が 1 となるベクトルを**確率ベクトル**という．

推移確率行列と状態確率ベクトルについて，以下が成り立つ．

(1) 任意の自然数 l, m に対して，

$$Q(m+l) = Q(m)Q(l) = Q^m Q^l$$

(2) 任意の $n = 0, 1, 2, \ldots$ に対して，

$$\boldsymbol{\pi}_n = \boldsymbol{\pi}_0 Q^n \tag{14.1}$$

実際，(1) については，等式

$$p_{m+l}(i,j) = \sum_{k=1}^{N} p_m(i,k)p_l(k,j)$$

から得られるし，(2) については，

$$p_n(k) = \sum_{i=1}^{N} p_{n-1}(i)p(i,k)$$

となることに注意すれば，

$$\boldsymbol{\pi}_n = \boldsymbol{\pi}_{n-1}Q, \quad n = 1, 2, \ldots \tag{14.2}$$

のような漸化式が得られるが，これを繰り返し用いればよい．

■**定常分布**■　状態確率ベクトル $\boldsymbol{\pi}_n$ において $n \to \infty$ としたときの極限が存在する場合を考えよう：

$$\boldsymbol{\pi} := \lim_{n \to \infty} \boldsymbol{\pi}_n \tag{14.3}$$

このとき，式 (14.2) の両辺で $n \to \infty$ とすると，

$$\boldsymbol{\pi} = \boldsymbol{\pi}Q \tag{14.4}$$

が成り立つ．つまり，$\boldsymbol{\pi}$ は行列 Q の固有値 1 に対する左固有ベクトルである．

　この意味は，もしマルコフ連鎖 X の初期分布が $\boldsymbol{\pi}$ であったとすると，1 回の推移によって状態確率が変化しないということであり，したがって，長い時間のあと状態確率が $\boldsymbol{\pi}$ に収束してしまうと，その後何回推移してもその状態確率は変化しない．実際，式 (14.1) において $\boldsymbol{\pi}_0 = \boldsymbol{\pi}$ として式 (14.4) を繰り返し用いると，任意の $n = 1, 2, \ldots$ に対して，

$$\boldsymbol{\pi}_n = \boldsymbol{\pi}Q^n = \boldsymbol{\pi}Q^{n-1} = \cdots = \boldsymbol{\pi}Q = \boldsymbol{\pi}$$

であり，どの時点の状態確率ベクトルも $\boldsymbol{\pi}$ である．このような状態確率ベクトル $\boldsymbol{\pi}$ を X の**定常分布** (stationary distribution) といい，初期分布が定常分布であるようなマルコフ連鎖を**定常マルコフ連鎖**という．

例1　独立試行は定常マルコフ連鎖の特別な場合とみることができる．
　たとえば，表の出る確率が q であるようなコインを繰り返し投げる試行を考え，n 回目に表が出れば $X_n = 1$，裏が出れば $X_n = 2$ となるような確率変数 X_n を考える．便宜上，X_0 も X_n らと独立で同一分布に従うとし，確率変数列 $X = (X_n)_{n=0,1,2,\ldots}$ を考えると，

これは明らかに，任意の自然数 n で $\boldsymbol{\pi}_n = (q, 1-q)$ であろう．したがって，定常分布も $\boldsymbol{\pi} = (q, 1-q)$ となるはずである．このことを確かめよ．

答 各 $i = 1, 2$ に対して，推移確率と推移確率行列はそれぞれ

$$p(i, j) = \begin{cases} q & (j=1) \\ 1-q & (j=2) \end{cases}, \quad Q = \begin{pmatrix} q & 1-q \\ q & 1-q \end{pmatrix}$$

となり，任意の自然数 n に対して $Q^n = Q$ である．式 (14.1) から，どんな $\boldsymbol{\pi}_0$ に対しても

$$\boldsymbol{\pi} = \lim_{n \to \infty} \boldsymbol{\pi}_0 Q^n = \boldsymbol{\pi}_0 Q = (q, 1-q)$$

となって定常分布が得られる．

定常分布を求めるには，上の例のように具体的に Q^n を求めて式 (14.1) と (14.3) から計算してもよいが，行列の n 乗の計算は一般には面倒である．そこで，実際に定常分布を求めるには関係式 (14.4) を用いるのが近道である．ただし，この場合，極限 $\lim_{n \to \infty} \boldsymbol{\pi}_n$ の存在が問題になるが，式 (14.4) を満たすように機械的に求めた $\boldsymbol{\pi}$ が確率ベクトルとして一意に定まれば，それは定常分布である．

例 2 以下の 2 つの推移確率行列 Q_1, Q_2 を考えよう．

$$Q_1 = \begin{pmatrix} 0 & 1/2 & 1/2 \\ 1/2 & 0 & 1/2 \\ 1/2 & 1/2 & 0 \end{pmatrix}, \quad Q_2 = \begin{pmatrix} 1/3 & 2/3 & 0 \\ 1/3 & 1/3 & 1/3 \\ 0 & 0 & 1 \end{pmatrix}$$

各 $Q_i \ (i = 1, 2)$ に対して，$\boldsymbol{\pi}_i = (a_i, b_i, c_i) \ (i = 1, 2)$ とおいて，それぞれに定常分布が存在するかどうか調べよ．

答 Q_1 をみると，これは任意の状態から異なる状態へ等確率で (一様に) 推移するようなマルコフ連鎖であり，初期値をランダムに定めれば，どの状態にも一様に推移しそうであろう．実際，$\boldsymbol{\pi}_1 = \boldsymbol{\pi}_1 Q_1$ とすると，

$$a_1 = \frac{1}{2}(b_1 + c_1), \quad b_1 = \frac{1}{2}(a_1 + c_1), \quad c_1 = \frac{1}{2}(a_1 + b_1)$$

となり，$a_1 + b_1 + c_1 = 1$ に注意してこれらを解くと，

$$\boldsymbol{\pi}_1 = \left(\frac{1}{3}, \frac{1}{3}, \frac{1}{3} \right)$$

と一意に定まり定常分布は (離散) 一様分布である．

次に Q_2 をみてみると，これは状態 3 から状態 1, 2 へ推移する確率が 0 であるから，もし状態 3 に移ってしまうとそこから移動することはできない．このような状態は**吸収状態** (absorbing state) といわれる．したがって，状態 3 からスタートすればそこから動かないので直感的に $(0, 0, 1)$ が定常分布である．実際，$\boldsymbol{\pi}_2 = \boldsymbol{\pi}_2 Q_2$ とすると，

$$a_2 - \frac{1}{3}(a_2 + b_2), \quad b_2 = \frac{1}{3}(2a_2 + b_2), \quad c_2 = \frac{1}{3}b_2 + c_2$$

となり，これと $a_2 + b_2 + c_2 = 1$ をあわせて $\pi_2 = (0, 0, 1)$ と定まる．

■有限マルコフ連鎖のパラメータ推定■

推移確率行列 Q が未知パラメータ θ に依存しているとする：

$$Q_\theta = (p_\theta(i, j))_{1 \leq i, j \leq N}$$

簡単のために，θ は 1 次元のパラメータとする．

X に関する観測（データ）$x_0, x_1, \ldots, x_n$ が与えられたとき，その実現確率は

$$P(X_0 = x_0, X_1 = x_1, \ldots, X_n = x_n) = p_0(x_0) \prod_{j=1}^{n} p_\theta(x_{j-1}, x_j) \tag{14.5}$$

と書ける．ただし，初期分布 p_0 はパラメータによらないとする．このとき，右辺の対数をとってパラメータによらない項を無視すれば，対数尤度関数は

$$\ell_n(\theta) = \sum_{j=1}^{n} \log p_\theta(x_{j-1}, x_j)$$

で与えられる．したがって，θ の最尤推定値 $\hat{\theta}$ は以下の尤度方程式の解として求められる：

$$\frac{\partial}{\partial \theta} \ell_n(\hat{\theta}) = 0 \tag{14.6}$$

次に，独立で同一分布に従うようなマルコフ連鎖が複数観測される場合を考えよう．すなわち，$X^{(k)} = (X_n^{(k)})_{n=0,1,2,\ldots}$ $(k = 1, 2, \ldots, M)$ らを独立なマルコフ連鎖の列で，それぞれ同一の（k によらない）推移確率行列 $Q_\theta = (p_\theta(i, j))_{1 \leq i, j \leq N}$ をもつとし，各マルコフ連鎖を時点 n まで観測する．M 組の実現値の列

$$\{x_0^{(k)}, x_1^{(k)}, \ldots, x_n^{(k)}\}, \quad k = 1, 2, \ldots, M$$

を得たとしよう．この場合も上記と同様に，実現確率をもとにして対数尤度を作ることができる．すなわち，対数尤度関数は

$$\ell_n(\theta) = \sum_{k=1}^{M} \sum_{j=1}^{n} \log p_\theta(x_{j-1}^{(k)}, x_j^{(k)})$$

で与えられる．同様に，尤度方程式 (14.6) を解いて最尤推定値が求まる．

例 3   ある進学塾では,成績によって生徒を A, B, C の 3 つに分類している.毎年の成績によってランクが変化する.クラス A, B, C を状態 1, 2, 3 に対応させると,その推移は以下の推移確率行列で表されるマルコフ連鎖に従うとする:

$$Q = \begin{pmatrix} 1-\theta & \theta & 0 \\ 0.1 & 0.9-\theta & \theta \\ 0 & 0.1 & 0.9 \end{pmatrix}$$

ただし,θ は未知パラメータで $0 < \theta < 0.5$ とし,各生徒のランクの推移は他の学生とは独立とする.ある年には,A が 30 人,B が 50 人,C が 10 人いて,A → B への推移が 5 人,B → C が 1 人で,そのほかの移動はなかったとする.先述の設定でいえば $M = 90$,$n = 1$ の場合に相当する.このときの θ の最尤推定値を求めよ.

答   注意すべきことは,A → B,B → C 以外の生徒は「同じクラスにとどまっている」ということを忘れないことである.これに注意して,題意の実現確率は,

$$(1-\theta)^{30-5} \cdot \theta^5 \cdot (0.9-\theta)^{50-1} \cdot \theta^1 \cdot 0.9^{10}$$

となる.この対数をとれば対数尤度が求まるが,最尤推定値を求めるには θ に依存しない項だけをとり出して,

$$\ell_n(\theta) = 25\log(1-\theta) + 5\log\theta + 49\log(0.9-\theta) + \log\theta$$

としてよく,これを θ で微分して,尤度方程式

$$-\frac{25}{1-\theta} + \frac{6}{\theta} - \frac{49}{0.9-\theta} = 0 \quad \Longleftrightarrow \quad 80\theta^2 - 82.9\theta + 5.4 = 0$$

を得る.ここから $\theta < 0.5$ となる解を求めると,最尤推定値は $\hat{\theta} \approx 0.07$.

このように,マルコフ連鎖の未知パラメータに対する最尤推定値を求めるには推移確率を用いればよいが,最尤推定量の一致性や漸近正規性などを議論するためには,$n \to \infty$ として観測を増やすか,独立同一分布 (*i.i.d.*) の系列の観測を増やす ($M \to \infty$) 必要がある.

例 題

問 14.1   サイコロの出目によって 2 つのマスを移動する駒を考える.マス目には 1, 2 と番号が振ってある.駒が 1 のマスにあるとき,サイコロを投げ 6 の目が出たらその場に留まり,それ以外の目が出た場合は 2 のマスに移る.また,2 のマスにあるとき,偶数の目が出たらその場に留まり,奇数の目が出たら 1 のマスに移るとする.時点 $n = 0, 1, \dots$ における駒の位置を X_n,初期状態を $X_0 = 1$ として以下の問いに答えよ.

〔1〕マルコフ連鎖 $X = (X_n)_{n=0,1,\dots}$ の推移確率行列を求めよ.

〔2〕時点 n における状態確率ベクトルを $\boldsymbol{\pi}_n$ とするとき,$\displaystyle\lim_{n\to\infty} \boldsymbol{\pi}_n$ を求めよ.

問 14.2 状態空間 $S = \{1, 2, 3\}$ とするマルコフ連鎖 $X = (X_n)_{n=0,1,2,\dots}$ を次のように定める. 中身のみえない箱のなかに 3 枚のカードがあり, それぞれ a_1, a_2, a_3 の数字が 1 つずつ書かれている. ただし, $a_1 < a_2 < a_3$ とする. X が状態 i にあるときにカードを 1 枚ランダムにとり出し, とり出したカードが a_i であれば状態 i にとどまる. カードが a_j $(j \neq i)$ であったときは, 確率 $c_{ij} = \min\{j/i, 1\}$ で状態 j に推移し, 確率 $1 - c_{ij}$ で i にとどまる. カードは引くたびに箱のなかへ戻すとして, 以下の問いに答えよ.

〔1〕 マルコフ連鎖 X の推移確率行列 Q を求めよ.

〔2〕 初期分布を $\boldsymbol{\pi}_0 = (0, 0, 1)$ とするとき, 2 回目の状態確率 $\boldsymbol{\pi}_2$ を求めよ.

〔3〕 定常分布は存在するか. あればそれを求めよ.

問 14.3 A 氏は家と職場の往復で雨が降っていないときに傘を持ち歩くのが面倒だったので, 家と職場の両方に傘を置くことにした. 家を出るとき, または職場から帰るとき, 雨が降っていてそこに傘があれば傘を持っていき, なければ仕方なく濡れて行くことにする. 以下, n 回目 $(n \geq 1)$ の移動の出発時にその場所にある傘の本数を X_n とする. また, 降雨は移動ごとに独立であり, その確率は一定値 $\theta \in (0, 1)$ であるとする. A 氏は, はじめに家と職場に 1 本ずつ傘を置き, この生活をスタートすることにした.

〔1〕 $X = (X_n)_{n=1,2,\dots}$ はどのようなマルコフ連鎖になるか. 状態空間 S と初期分布 $\boldsymbol{\pi}_0$, および推移確率行列を求めよ.

〔2〕 8 回目までの移動記録をつけたところ, $(X_1, \dots, X_8) = (1, 1, 2, 0, 2, 1, 1, 1)$. この観測から得られる θ の最尤推定値を求めよ.

〔3〕 十分な時間が経過したのち, 出発時に傘がない確率の推定値を, 〔2〕で得られた最尤推定値を用いて求めよ.

答および解説

問 14.1

〔1〕 $\begin{pmatrix} 1/6 & 5/6 \\ 1/2 & 1/2 \end{pmatrix}$.

推移確率行列が式 (14.2) を満たすことに注意して, n ステップ目の状態確率ベクトルを $\boldsymbol{\pi}_n = (p_n, q_n)$ などとおくと移動のルールによって

$$p_n = \frac{1}{6} p_{n-1} + \frac{1}{2} q_{n-1}, \quad q_n = \frac{5}{6} p_{n-1} + \frac{1}{2} q_{n-1}$$

が成り立つことがわかるから,

$$\boldsymbol{\pi}_n = \boldsymbol{\pi}_{n-1} Q, \quad Q = \begin{pmatrix} 1/6 & 5/6 \\ 1/2 & 1/2 \end{pmatrix}$$

と書けて, 式 (14.2) により Q が推移確率行列である.

〔2〕 $(3/8, 5/8)$.

ここでは式 (14.4) を利用して定常分布 $\boldsymbol{\pi}$ を求めてみよう．すなわち，$\boldsymbol{\pi} = \boldsymbol{\pi}Q$ であり，これは

$$\boldsymbol{\pi}(Q - I) = \mathbf{0} \quad (I \text{ は単位行列})$$

と同値である．これを満たす $\mathbf{0}$ でないベクトル $\boldsymbol{\pi} = (a, b)$ が存在するには，$\det(Q-I) = 0$ であることが必要である．このことと，$\boldsymbol{\pi}$ が分布であること $(a + b = 1)$ に注意して $\boldsymbol{\pi} = (3/8, 5/8)$ と定まる．

問 14.2

〔1〕 $\begin{pmatrix} 1/3 & 1/3 & 1/3 \\ 1/6 & 1/2 & 1/3 \\ 1/9 & 2/9 & 2/3 \end{pmatrix}$.

〔2〕 $(4/27, 8/27, 5/9)$.

式 (14.1) に注意して，

$$\boldsymbol{\pi}_1 = \boldsymbol{\pi}_0 Q = \left(\frac{1}{9}, \frac{2}{9}, \frac{2}{3} \right), \quad \boldsymbol{\pi}_2 = \boldsymbol{\pi}_0 Q^2 = \left(\frac{4}{27}, \frac{8}{27}, \frac{5}{9} \right)$$

となる．これは確かに確率ベクトルになっている．

〔3〕 $(1/6, 1/3, 1/2)$.

$\boldsymbol{\pi} = (a, b, c)$ $(a + b + c = 1)$ とおいて $\boldsymbol{\pi} = \boldsymbol{\pi}Q$ を解くと，$\boldsymbol{\pi} = (1/6, 1/3, 1/2)$ と定まる．

問 14.3

〔1〕 $S = \{0, 1, 2\}$ であり，最初の傘の本数は 1 本だから $\boldsymbol{\pi}_0 = (0, 1, 0)$ である．また，推移確率行列 $Q = (p_{ij})_{1 \le i, j \le 3}$ を

$$p_{ij} = P(X_{n+1} = j - 1 \,|\, X_n = i - 1) \quad (i, j = 1, 2, 3)$$

とおくと，Q は以下となる．

$$Q = \begin{pmatrix} 0 & 0 & 1 \\ 0 & 1 - \theta & \theta \\ 1 - \theta & \theta & 0 \end{pmatrix}$$

〔2〕 $\hat{\theta} = 1/3$.

式 (14.5) の要領で尤度を書くと，

$$1 \cdot (1 - \theta) \cdot \theta \cdot (1 - \theta) \cdot 1 \cdot \theta \cdot (1 - \theta) \cdot (1 - \theta) = \theta^2 (1 - \theta)^4$$

となる．これを θ で微分して尤度方程式を解くと，$\hat{\theta} = 1/3$．

〔3〕 $1/4$.

「十分な時間が経過したのち」という表現は "$n \to \infty$" と読み替えてよい．すると，これは定常分布における状態 0 の確率を求める問題と解釈できる．定常分布を $\boldsymbol{\pi} = (a, b, c)$ とおくと，求めるものは a の推定値である．そこで，$\boldsymbol{\pi} = \boldsymbol{\pi}Q$ を解くと，$a = (1 - \theta)/(3 - \theta)$ となって，ここに最尤推定値 $\hat{\theta} = 1/3$ を代入すると，$a = 1/4$ となる．

15 確率過程の基礎

／／キーワード／／ 独立定常増分過程，ブラウン運動，(複合) ポアソン過程，計数過程

■確率過程■ 各 $t \in [0, \infty)$ に対して，確率変数 X_t が与えられたとき，その族 $X = (X_t)_{t \geq 0}$ を**確率過程** (stochastic process) という．添え字 t は時間を表すことが多く，t が $[0, \infty)$ の実数値のように連続値をとりうる場合には，X を特に連続時間確率過程とよぶ．また，$t = 1, 2, \ldots$ のように t を離散値で考える場合には，X を「時系列」とよぶこともあり，これについては時系列解析 (27 章) の項で扱う．

確率過程 $X = (X_t)_{t \geq 0}$ が与えられたとき，その実現値の集合を $(x_t)_{t \geq 0}$ と書くと，$t \mapsto x_t$ なる t の関数が描かれる．これを X の**パス** (path) という．確率過程のパスは連続なものから不連続なものまでさまざまである．

応用上重要な確率過程は次のような性質をもつものである．

■独立定常増分■ 確率過程 $X = (X_t)_{t \geq 0}$ が以下の (1), (2) を満たすとする．

(1) 任意の $0 = t_0 < t_1 < \cdots < t_{n-1} < t_n$ に対して，$X_{t_0}, X_{t_1} - X_{t_0}, X_{t_2} - X_{t_1}, \ldots, X_{t_n} - X_{t_{n-1}}$ は互いに独立である (独立増分性).

(2) 任意の $0 \leq t < t + h$ に対して，$X_{t+h} - X_t$ の分布は $X_h - X_0$ の分布と同一である (定常増分性).

このような確率過程 X を**独立定常増分過程** (process of independent and stationary increments) という．本章では，このような確率過程のうち，最も基本的で重要な応用をもつ例を取り上げる．

■ブラウン運動■ $B_0 = 0$ なる確率過程 $B = (B_t)_{t \geq 0}$ が以下の (1)～(3) の性質を満たすとき，B を**ブラウン運動** (Brownian motion) という．

(1) B は独立定常増分過程である．

(2) 各 $t \geq 0$ に対して，(周辺分布) $B_t \sim N(\mu t, \sigma^2 t)$.

(3) B のパスは連続である．

特に，(2) において，$\mu = 0, \sigma^2 = 1$ となるものを**標準ブラウン運動**または**ウィナー過程** (Wiener process) という．

> **例1**　$W = (W_t)_{t \geq 0}$ を標準ブラウン運動とするとき，$B_t = \mu t + \sigma W_t$ はまたブラウン運動である．
>
> **答**　$B_{t+h} - B_t = \mu h + \sigma(W_{t+h} - W_t)$ であるが，W の定常増分性により $W_{t+h} - W_t \sim N(0, h)$．したがって，$B_{t+h} - B_t \sim N(\mu h, \sigma^2 h) \sim B_h$ となって B は定常増分性をもつ．同様にして，W の独立増分性より B の独立増分性が従う．さらに，W_t のパスは t の連続関数であるから，$B_t = \mu t + \sigma W_t$ のパスも t の連続関数である．以上により，B はブラウン運動の定義をすべて満たす．

上記のブラウン運動に対して，$0 = t_0 < t_1 < \cdots < t_n = t = 1$ なる $[0, 1]$ の分割をとる．ただし，$t_k = \dfrac{k}{n}\ (k = 0, 1, \ldots, n)$ とする．このとき，各 k に対して，

$$B_{t_k} = \sum_{i=1}^{k} \varepsilon_i, \quad \varepsilon_i = B_{t_i} - B_{t_{i-1}}$$

のように表すことができて，ブラウン運動の定義により $(\varepsilon_i)_{i=1,\ldots,n}$ は独立に $N(\mu/n, \sigma^2/n)$ に従う．点列 $B_{t_0}(=0), B_{t_1}, B_{t_2}, \ldots, B_{t_n}$ らはブラウン運動のパスの一部であり，確率変数列 (ε_i) の和（**ランダム・ウォーク**，random walk）になっている．分割数 n は任意なので，$n \to \infty$ の極限でブラウン運動のパスが現れる（図 15.1）．

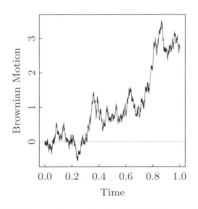

図 15.1　ブラウン運動 $(\mu = 3, \sigma = 2)$ のパスの近似．$t = 1, n = 5000$ として $B_{t_0}(=0), B_{t_1}, B_{t_2}, \ldots, B_{t_n}$ を折れ線でつないだもの．

ブラウン運動のパラメータ推定
ブラウン運動は時間に関して連続的なパスをもつが，応用上このようなモデルを用いるとき，その観測（データ）は時間に関して

離散的に観測されるのが普通である. そこで, $B_t \sim N(\mu t, \sigma^2 t)$ なるブラウン運動 $B = (B_t)_{t \geq 0}$ のパスを, 時間間隔 $\Delta > 0$ で観測し, データ $B_0, B_\Delta, B_{2\Delta}, \ldots, B_{n\Delta}$ を得たと仮定して, パラメータ μ, σ^2 を推定することを考えよう.

ブラウン運動の独立定常増分性によって $Z_k := B_{k\Delta} - B_{(k-1)\Delta} \sim N(\mu\Delta, \sigma^2\Delta)$ $(k = 1, \ldots, n)$ らは独立であるから, $(Z_k)_{k=1,\ldots,n}$ をデータとする最尤法を考える. この対数尤度関数 $\ell_n(\mu, \sigma)$ は

$$\ell_n(\mu, \sigma) = -\frac{1}{2} \sum_{k=1}^{n} \frac{(Z_k - \mu\Delta)^2}{\sigma^2\Delta} - \frac{n}{2} \log(\sigma^2\Delta) + 定数$$

であるから, これを (μ, σ^2) に関して最大化すればよいが, $(\mu\Delta, \sigma^2\Delta)$ をパラメータ とする正規分布の最尤推定量より, 以下の式は直ちに得られる:

$$\hat{\mu}\Delta = \frac{1}{n} \sum_{k=1}^{n} Z_k, \quad \hat{\sigma}^2\Delta = \frac{1}{n} \sum_{k=1}^{n} Z_k^2 - \left(\frac{1}{n} \sum_{k=1}^{n} Z_k\right)^2 \tag{15.1}$$

この両辺を $\Delta > 0$ で割ることによって, 最尤型の推定量 $(\hat{\mu}, \hat{\sigma}^2)$ が得られる.

モーメント法によっても同じ形の推定量が得られる. すなわち, $E[Z_k] = \mu\Delta$, $E[Z_k^2] = \sigma^2\Delta + (\mu\Delta)^2$ となることに注意して,

$$\frac{1}{n} \sum_{k=1}^{n} Z_k = \hat{\mu}\Delta, \tag{15.2}$$

$$\frac{1}{n} \sum_{k=1}^{n} Z_k^2 = \hat{\sigma}^2\Delta + (\hat{\mu}\Delta)^2 \tag{15.3}$$

を解けば, 式 (15.1) が得られる.

このようにして得られた最尤推定量は, $\Delta > 0$ を固定して $n \to \infty$ とするとき, 真値 (μ, σ) に対する一致性や漸近正規性をもつことが証明できる. また, ここでは詳細に触れないが, 連続時間確率過程の漸近理論では, $n \to \infty$ と同時に $\Delta \to 0$ のような状況を考えることもあり, この設定は**高頻度観測** (high frequent observations) といわれており, データを頻繁に記録できるようになった昨今では重要な設定である. この場合, 漸近理論はやや複雑になるが, 推定量の作り方は Δ を固定する場合と同じでよい.

■**ポアソン過程**■ 各 t で自然数値をとるような確率過程 $N = (N_t)_{t \geq 0}$ を考え, $N_0 = 0$ とする. この N が以下の (1), (2) の性質を満たすとき, 強度 λ の**ポアソン**

過程 (Poisson process) という.

(1)　N は独立定常増分過程である.

(2)　任意の $t \geq 0$ に対して N_t は強度 λt のポアソン分布に従う. すなわち,

$$P(N_t = k) = e^{-\lambda t} \frac{(\lambda t)^k}{k!}, \quad k = 0, 1, 2, \ldots$$

ポアソン過程は連続時間確率過程であるが, 自然数にしか値をとらない階段型のパスをもち, 応用上は何らかのイベントの回数を表すモデルとして用いられることが多い. 特に, 稀なイベントで, その発生回数が, それ以前のイベントの発生回数とは独立であるような現象のモデルとして用いられる. 具体的には, 地震や自動車事故などの発生回数のモデルなどがあげられる. ポアソン過程のこのような特色は次項で取り上げる表現をみると理解しやすいであろう.

■**計数過程としての表現**■　正値確率変数列 $T = (T_k)_{k=1,2,\ldots}$ が, 自然数 k に対して $T_k < T_{k+1}$ を満たすとし, $T_0 = 0$ とする. これを用いて確率過程 $N = (N_t)_{t \geq 0}$ を

$$N_t = \sum_{k=1}^{\infty} I(T_k \leq t) \tag{15.4}$$

と定める. ただし, $I(A)$ はイベント A が起こったとき 1, 起こらなければ 0 をとる定義関数である. このような N を, T から定まる N の**計数過程** (counting process) または**点過程** (point process) という.

ある繰り返し起こるイベントに対して n 番目の発生時刻を T_n とみれば, N_t は時刻 t までに起こるイベントの回数を表す確率過程とみなせる.

$$W_k = T_k - T_{k-1}$$

とすると, $W = (W_k)_{k=1,2,\ldots}$ はイベントの発生間隔であり, このとき, 特に, W が独立に $W_n \sim Exp(\lambda)$ (平均 $1/\lambda$ の指数分布) に従うとすると計数過程 N がポアソン過程になることが知られている. 実際, $Exp(\lambda)$ がガンマ分布 $Ga(1, 1/\lambda)$ であることと, $T_k = W_1 + \cdots + W_k$ であることに注意して, ガンマ分布の再生性を使うと $T_k \sim Ga(k, 1/\lambda)$ であり

$$P(N_t = k) = P(T_k \leq t, \ T_{k+1} > t)$$
$$= P(T_k \leq t) - P(T_{k+1} \leq t)$$

$$= \int_0^t \frac{\lambda^k}{(k-1)!} x^{k-1} e^{-\lambda x}\, dx - \int_0^t \frac{\lambda^{k+1}}{k!} x^k e^{-\lambda x}\, dx$$

$$= \left[\frac{\lambda^k}{k!} x^k e^{-\lambda x} \right]_0^t = e^{-\lambda t} \frac{(\lambda t)^k}{k!}$$

となる (最後から 2 番目の等号は部分積分). したがって, $N_t \sim Po(\lambda t)$ である.

■**ポアソン過程のパラメータ推定**■ 　強度 λ をもつポアソン過程のパラメータ λ を推定するにあたり, ここでは以下の 2 種類のデータ形式を考えよう.

(I) イベントの起こった時刻 $T_1, T_2, \dots, T_n$ を観測する.

(II) 時間間隔 $\Delta > 0$ によってデータ $N_0, N_\Delta, N_{2\Delta}, \dots, N_{n\Delta}$ を観測する.

(I) の形式では各イベント発生の正確な時刻が観測されるのに対し, (II) の形式ではイベントの正確な時刻は観測されず, その回数しかわからない. また, (I) の n はイベント発生の回数であるのに対し, (II) の n は観測の回数であることに注意されたい.

(I) の場合の推定: 　$W_k = T_k - T_{k-1}$ として, データを $W_1, W_2, \dots, W_n$ に変換すれば, これらは平均 $1/\lambda$ の指数分布 (確率密度関数は $f_\lambda(w) = \lambda e^{-\lambda w}$) に従うことから, その対数尤度関数 $\ell_n(\lambda)$ は

$$\ell_n(\lambda) = \sum_{k=1}^n \log f_\lambda(W_k) = n \log \lambda - \lambda \sum_{k=1}^n W_k$$

である. このことから, 最尤推定量は以下のようになる:

$$\hat{\lambda} = \left(\frac{1}{n} \sum_{k=1}^n W_k \right)^{-1} = \frac{n}{T_n} \tag{15.5}$$

また, $W_1, W_2, \dots, W_n$ を用いたモーメント法によると, $E[W_k] = \dfrac{1}{\lambda}$ より,

$$\frac{1}{\hat{\lambda}} = \frac{1}{n} \sum_{k=1}^n W_k = \frac{T_n}{n} \quad \Longleftrightarrow \quad \hat{\lambda} = \frac{n}{T_n}$$

となって, やはり式 (15.5) と同じ推定量が得られる.

(II) の場合の推定: 　$M_k = N_{k\Delta} - N_{(k-1)\Delta}$ としてデータを $M_1, \dots, M_n$ に変換すると, ポアソン過程の独立定常増分性により, これらは独立に $M_k \sim Po(\lambda\Delta)$ となる (確率関数は $g_\lambda(m) = e^{-\lambda\Delta}(\lambda\Delta)^m/m!$) から, 対数尤度関数 $\ell_n(\lambda)$ は

$$\ell_n(\lambda) = \sum_{k=1}^{n} \log g_\lambda(M_k)$$

$$= -\lambda n \Delta + \sum_{k=1}^{n} M_k \log(\lambda \Delta) - \sum_{k=1}^{n} \log(M_k!)$$

ここから，$\dfrac{d\ell_n}{d\lambda} = 0$ を解いて最尤推定量 $\hat{\lambda}$ を求めると，以下のようになる：

$$\hat{\lambda} = \frac{1}{n\Delta} \sum_{k=1}^{n} M_k = \frac{N_{n\Delta}}{n\Delta} \tag{15.6}$$

(I) と (II) で求めた推定量 (15.5) と (15.6) を見比べると，いずれも

$$\hat{\lambda} = \frac{(\text{イベントの総回数})}{(\text{観測時間})}$$

の形になっていることに気づくだろう．ポアソン過程の強度の推定はこの形で記憶しておくとよい．

いずれの推定量も，$n \to \infty$ (ただし，$\Delta > 0$ は固定) としたとき，真値の λ に収束し，一致性や漸近正規性をもつことが知られている．

■**複合ポアソン過程**■　ポアソン過程を用いた応用でよく用いられるのが，次のような確率過程である．

$$X_t = \sum_{k=1}^{N_t} U_k \tag{15.7}$$

ただし，$N = (N_t)_{t \geq 0}$ はポアソン過程で，$(U_k)_{k=1,2,\ldots}$ は互いに独立に同一の分布に従う確率変数列で，N とも独立とする．このような確率過程 $X = (X_t)_{t \geq 0}$ は**複合ポアソン過程** (compound Poisson process) という．特に $U_k \equiv 1$ ならば X はポアソン過程である．

複合ポアソン過程は第 k 回目のイベント発生に対応する何らかの量 U_k の累積和を表すモデルである．たとえば，時刻 t までの地震の発生回数を N_t というポアソン過程で表すとき，k 回目の地震時の損害額を U_k とすると，X_t は時刻 t までの地震による総損害額を表すことができる．

例2　X は式 (15.7) のような複合ポアソン過程とし，$E[N_t] = \lambda t$, $E[U_k] = \mu$, $V[U_k] = \sigma^2$ とする．また，任意の実数 s に対して U_k のモーメント母関数を $\phi(s) = E\left[e^{sU_k}\right]$ とおく．

〔1〕 $E[X_t]$, $V[X_t]$ を求めよ.

〔2〕 X_t のモーメント母関数を ϕ を用いて表せ.

答

〔1〕 N_t と U_k らが独立であることに注意して,

$$E[X_t] = E\left[E\left[\sum_{k=1}^{N_t} U_k \,\Big|\, N_t\right]\right] = E\left[\sum_{k=1}^{N_t} E[U_k\,|\,N_t]\right]$$

$$= E\left[\sum_{k=1}^{N_t} E[U_k]\right] \quad (N \text{ と } U_k \text{ の独立性})$$

$$= \mu E[N_t] = \lambda\mu t$$

同様に条件付き期待値を考えると,

$$E\left[X_t^2\right] = E\left[E\left[\sum_{k=1}^{N_t} U_k^2 + 2\sum_{j>i} U_i U_j \,\Big|\, N_t\right]\right]$$

$$= E\left[(\sigma^2 + \mu^2)N_t + \mu^2 N_t(N_t - 1)\right]$$

$$= \sigma^2 E[N_t] + \mu^2 E[N_t^2] = \sigma^2\lambda t + \mu^2[\lambda t + (\lambda t)^2]$$

したがって,

$$V[X_t] = E\left[X_t^2\right] - (E[X_t])^2 = \lambda t(\mu^2 + \sigma^2)$$

〔2〕 やはり条件付き期待値の議論によって,

$$E\left[e^{sX_t}\right] = E\left[\prod_{k=1}^{N_t} E\left[e^{sU_k}|N_t\right]\right] = E\left[\phi^{N_t}(s)\right] = \sum_{k=0}^{\infty} \phi^k(s)\cdot e^{-\lambda t}\frac{(\lambda t)^k}{k!}$$

$$= e^{-\lambda t(1-\phi(s))}\sum_{k=0}^{\infty} e^{-\lambda t\phi(s)}\frac{(\lambda t\phi(s))^k}{k!}$$

$$= \exp\left(\lambda t(\phi(s) - 1)\right)$$

上記のような条件付き期待値を用いた計算は,複合ポアソン過程の計算では基本的で頻繁に用いられるテクニックの1つである.通常,イベント回数 N_t による条件付けを行うことにより,N_t を定数とみなして計算し,その後で N_t に関する期待値をとる,という手順をとることが多い.

例題

問 15.1　為替市場の取引開始時刻を $t = 0$, 終了時刻を $t = 100$ として, 時刻 $t \in [0, 100]$ において 1 米ドル $= X_t$ 円が $X_t = x + \sigma B_t$ なる確率過程で表されるとする. ただし, $x, \sigma > 0$ は定数で, $(B_t)_{0 \le t \le 100}$ は標準ブラウン運動とする.

〔1〕観測データ X_t ($t = 0, 1, 2, \ldots, 100$) を用いて X_t の増分の 2 乗の平均を求めたところ,

$$V = \frac{1}{100} \sum_{t=1}^{100} (X_t - X_{t-1})^2 = 0.0225$$

であった. モーメント法により σ の推定値 $\hat{\sigma}$ を求めよ.

〔2〕〔1〕よりも高頻度に X を観測し, $X_{\frac{t}{10}}$ ($t = 0, 1, \ldots, 1000$) なるデータによって同様に増分の二乗和を求めたところ,

$$V_1 = \frac{1}{1000} \sum_{k=1}^{1000} (X_{\frac{t}{10}} - X_{\frac{t-1}{10}})^2 = 0.00625$$

であった. これをもとにして, モーメント法により σ の推定値 $\hat{\sigma}$ を求めよ.

問 15.2　ある工場において, 製品の品質検査に用いる機械は, ベルトコンベアで製品を運びながら確率 $q \in (0, 1]$ の割合で不良品を発見するという (つまり, 確率 $(1 - q)$ で不良品を見逃す). この機械のよさを確かめるために, 300 分間で流れてくる製品をすべて人の手で丁寧に検査したところ, 558 個の不良品が発見された. このデータの一部をとり, 不良品を 100 個みつけるまでの時間 (横軸) と累積数 (縦軸) をプロットしたのが図 15.2 である. 不良品の発生は他の製品の出来とは独立であるとして, 以下の問いに答えよ.

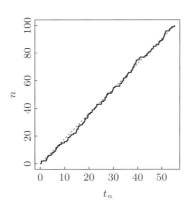

図 15.2　不良品を 100 個みつけるまでの時間 (横軸) と累積数 (縦軸) のグラフ. 破線は始点 $(0, 0)$ と終点を結んだ直線.

〔1〕図 15.2 の結果をみて, t 分間の不良品の数 N_t は強度 λ のポアソン過程に従うと考えた. この妥当性について論ぜよ.

〔2〕〔1〕の仮定のもとで，λ の最尤推定値を求めよ．

〔3〕時刻 t までの機械の不良品発見数を X_t とすると，N_t と独立な平均 q のベルヌーイ確率変数 U_k $(k = 1, 2, \ldots)$ を用いて，$X_t = \displaystyle\sum_{k=1}^{N_t} U_k$ と書けることに注意する．このとき，X_1 の平均，分散を求めよ．

〔4〕この機械で不良品の発見数を調べたところ，1 分間あたりの平均が 1.53 個であった．モーメント法により，q の推定値を求めよ．

答および解説

問 15.1 $Z_t := X_{t\Delta} - X_{(t-1)\Delta} = \sigma(B_{t\Delta} - B_{(t-1)\Delta}) \sim N(0, \sigma^2\Delta)$ とおくことで，式 (15.2)，(15.3) が使える (ただし，$\mu = 0$).

〔1〕$\Delta = 1$ とすればよいので，$\hat{\sigma}^2 = V = 0.0225 = (0.15)^2$ より，$\hat{\sigma} = 0.15$.

〔2〕今度はより高頻度に $\Delta = \dfrac{1}{10}$ として観測していることになるので，

$$\hat{\sigma}^2\Delta = V_1 \implies \hat{\sigma}^2 = 10 \times 0.00625 = (0.25)^2$$

より，$\hat{\sigma} = 0.25$.

問 15.2

〔1〕不良品の発生は稀な事象とみなせるので，その個数 N_t にポアソン分布を仮定することは不自然ではない．このように仮定したとき，累積数の増加が直線的であることは N_t の強度が一定 (定数) であることに対応する．また，不良品の発生の独立性により，累積数は独立増分性をもつと考えられる．このようなことから，$N = (N_t)_{t \geq 0}$ をポアソン過程とすることは妥当である．

〔2〕式 (15.6) の形を思い出して，最尤推定値は $\hat{\lambda} = \dfrac{558}{300} = 1.86$.

〔3〕$X = (X_t)_{t \geq 0}$ は，式 (15.7) の形なので，複合ポアソン過程であり，また，$E[U_k] = q, V[U_k] = q(1 - q)$ である．したがって，例 2〔1〕により，

$$E[X_1] = \lambda q, \quad V[X_1] = \lambda(q^2 + q(1 - q)) = \lambda q$$

〔4〕モーメント推定値を $\hat{q}$ とおくと，〔3〕の $E[X_1]$ の経験推定値が 1.53 ということなので，

$$1.53 = \hat{\lambda}\hat{q} = 1.86\hat{q}$$

であるから，$\hat{q} = \dfrac{1.53}{1.86} = 0.8226$.

16 重回帰分析

キーワード 回帰分析，F 統計量，正則化，リッジ回帰，Lasso

■重回帰分析■ 目的変数 y を説明変数 $x_1, \ldots, x_d$ の線形関数と定数項で説明する以下のガウス・マルコフモデルの**重回帰分析** (multiple regression analysis) を考える：

$$y = \beta_0 + \beta_1 x_1 + \cdots + \beta_d x_d + \varepsilon \tag{16.1}$$

ただし，$\beta_1, \ldots, \beta_d \in \mathbb{R}$ は各変数の y への影響を表現する**回帰係数** (regression coefficient) で，β_0 は切片項にあたる．また，ε は誤差項で平均 0 かつ分散 σ^2 とする．本節では簡単のため ε は正規分布 $N(0, \sigma^2)$ に従うとする．もっとも，これ以降述べる多くの事項は正規性を仮定しないでも成り立つが，特に「最小二乗推定量の最小分散性」「検定論」は正規性を仮定しているので注意されたい．$\boldsymbol{\beta} = (\beta_0, \beta_1, \ldots, \beta_d)^\top \in \mathbb{R}^{d+1}$ を推定するために，サイズ n のデータが得られているとする．すなわち，

$$y_i = \beta_0 + \beta_1 x_{i,1} + \cdots + \beta_d x_{i,d} + \varepsilon_i \quad (i = 1, 2, \ldots, n)$$

なる観測が得られているとする．なお，$(\varepsilon_i)_{i=1}^n$ は互いに独立で同一分布に従うと仮定する．ここで，

$$\boldsymbol{Y} = (y_1, \ldots, y_n)^\top \in \mathbb{R}^n,$$

$$X = \begin{pmatrix} 1 & x_{1,1} & x_{1,2} & \ldots & x_{1,d} \\ 1 & x_{2,1} & x_{2,2} & \ldots & x_{2,d} \\ \vdots & \vdots & \vdots & \ddots & \vdots \\ 1 & x_{n,1} & x_{n,2} & \ldots & x_{n,d} \end{pmatrix} \in \mathbb{R}^{n \times (d+1)}$$

とおく．重回帰分析において最も基本的な推定量は**最小二乗推定量** (least squares estimator) である．最小二乗推定量は，単回帰と同様に平均二乗誤差を最小にする推定量として定義される：

$$\hat{\boldsymbol{\beta}} \in \underset{\boldsymbol{\beta} \in \mathbb{R}^{d+1}}{\arg\min} \|\boldsymbol{Y} - X\boldsymbol{\beta}\|^2 \tag{16.2}$$

ただし，$\|\boldsymbol{z}\|^2 := \sum_{i=1}^{n} z_i^2$ とする．以降は簡単のために $X^\top X$ が可逆であるとする．すると，

$$\|\boldsymbol{Y} - X\boldsymbol{\beta}\|^2 = [(X^\top X)^{-1}X^\top \boldsymbol{Y} - \boldsymbol{\beta}]^\top (X^\top X)[(X^\top X)^{-1}X^\top \boldsymbol{Y} - \boldsymbol{\beta}]$$
$$- \boldsymbol{Y}^\top X(X^\top X)^{-1}X^\top \boldsymbol{Y} + \|\boldsymbol{Y}\|^2 \tag{16.3}$$

であることと $X^\top X$ が正定値対称行列であることより，最小二乗推定量は

$$\hat{\boldsymbol{\beta}} = (X^\top X)^{-1}X^\top \boldsymbol{Y}$$

で与えられることが確認できる．一方で，$\|\boldsymbol{Y} - X\boldsymbol{\beta}\|^2$ を $\boldsymbol{\beta}$ に関して微分し，それを $\boldsymbol{0}$ とすると，

$$\nabla_{\boldsymbol{\beta}}\|\boldsymbol{Y} - X\boldsymbol{\beta}\|^2 = 2X^\top(X\boldsymbol{\beta} - \boldsymbol{Y}) = \boldsymbol{0} \quad \Rightarrow \quad X^\top X\hat{\boldsymbol{\beta}} = X^\top \boldsymbol{Y}$$

が得られる．この関係式 $X^\top X\hat{\boldsymbol{\beta}} = X^\top \boldsymbol{Y}$ を**正規方程式** (normal equation) という．これは，最小二乗推定量の具体形からも導けるが，$X^\top X$ が可逆でなくても (つまり，式 (16.2) の解が一意でなくても) 成り立つ．

最小二乗推定量は観測データ Y の説明変数の張る空間への射影を与えるという見方をすると理解がしやすい．いま，$\mathcal{P}_X := X(X^\top X)^{-1}X^\top$ とすると，これは射影行列になっている．特に，X の像 $\mathrm{Im}(X)$ への射影になっている．つまり，$\mathcal{P}_X{}^2 = \mathcal{P}_X$ かつ $\mathcal{P}_X{}^\top = \mathcal{P}_X$ を満たし，かつ $\mathrm{Im}(\mathcal{P}_X) = \mathrm{Im}(X)$ である．ここで，$\hat{\boldsymbol{Y}} = X\hat{\boldsymbol{\beta}}$ とおくと，$\hat{\boldsymbol{\beta}} = (X^\top X)^{-1}X^\top \boldsymbol{Y}$ であることから，

$$\hat{\boldsymbol{Y}} = \mathcal{P}_X \boldsymbol{Y}$$

であり $\hat{\boldsymbol{\beta}}$ による $\boldsymbol{Y}$ の予測値は $\boldsymbol{Y}$ の $\mathcal{P}_X$ による $\mathrm{Im}(X)$ への射影になっている．このとき，この射影に対する残差を

$$\boldsymbol{e} = \boldsymbol{Y} - X\hat{\boldsymbol{\beta}} = \boldsymbol{Y} - \hat{\boldsymbol{Y}} = (I - \mathcal{P}_X)\boldsymbol{Y}$$

とすると，$\boldsymbol{e}$ は $\mathrm{Im}(X)$ の直交補空間に含まれ $X^\top \boldsymbol{e} = \boldsymbol{0}$ が成り立つ．

このことから，特に $\boldsymbol{1}^\top \boldsymbol{e} = 0$ もわかる ($\boldsymbol{1}$ はすべての要素が 1 のベクトル)．なぜなら，X の第一列は $\boldsymbol{1}$ であることから，$\boldsymbol{1} \in \mathrm{Im}(X)$ が成り立つからである．つまり，$0 = \boldsymbol{1}^\top \boldsymbol{e} = \boldsymbol{1}^\top(\boldsymbol{Y} - X\hat{\boldsymbol{\beta}}) = n(\overline{y} - (1, \overline{\boldsymbol{x}}^\top)\hat{\boldsymbol{\beta}})$ を得る．ただし，$\overline{y} := \dfrac{1}{n}\sum_{i=1}^{n} y_i$ かつ，

$\boldsymbol{x}_i = (x_{i,1}, \ldots, x_{i,d})^\top$ を用いて $\overline{\boldsymbol{x}} := \dfrac{1}{n} \displaystyle\sum_{i=1}^{n} \boldsymbol{x}_i$ とする. よって, $\overline{y} = (1, \overline{\boldsymbol{x}}^\top)\hat{\boldsymbol{\beta}}$ が成り立つ. これらより,

$$\boldsymbol{Y} - \mathbf{1}\overline{y} = X\hat{\boldsymbol{\beta}} - \mathbf{1}(1, \overline{\boldsymbol{x}}^\top)\hat{\boldsymbol{\beta}} + \boldsymbol{e}$$

$$= \begin{pmatrix} 0 & (\boldsymbol{x}_1 - \overline{\boldsymbol{x}})^\top \\ \vdots & \vdots \\ 0 & (\boldsymbol{x}_n - \overline{\boldsymbol{x}})^\top \end{pmatrix} \hat{\boldsymbol{\beta}} + \boldsymbol{e}$$

を得る.

ここで, $X\hat{\boldsymbol{\beta}} \in \mathrm{Im}(X)$, $\mathbf{1}(1, \overline{\boldsymbol{x}}^\top)\hat{\boldsymbol{\beta}} \in \mathrm{Im}(X)$ より, $X\hat{\boldsymbol{\beta}} - \mathbf{1}(1, \overline{\boldsymbol{x}}^\top)\hat{\boldsymbol{\beta}} \in \mathrm{Im}(X)$ であるため, $\boldsymbol{Y}$ は $\mathrm{Im}(X)$ とその直交補空間に分解できて

$$\|\boldsymbol{Y} - \mathbf{1}\overline{y}\|^2 = \|X\hat{\boldsymbol{\beta}} - ((1, \overline{\boldsymbol{x}}^\top)\hat{\boldsymbol{\beta}})\mathbf{1}\|^2 + \|\boldsymbol{e}\|^2$$

$$\iff \underbrace{\sum_{i=1}^{n}(y_i - \overline{y})^2}_{\text{総変動}} = \underbrace{\sum_{i=1}^{n}\left((\boldsymbol{x}_i - \overline{\boldsymbol{x}})^\top \hat{\boldsymbol{\beta}}_{1:d}\right)^2}_{\text{回帰変動}} + \underbrace{\sum_{i=1}^{n}e_i^2}_{\text{残差変動}}$$

のように $\displaystyle\sum_{i=1}^{n}(y_i - \overline{y})^2$ を分解できる. ただし, $\hat{\boldsymbol{\beta}}_{1:d}$ は $\hat{\boldsymbol{\beta}}$ のインデックス $1, \ldots, d$ に対応した部分ベクトルである: $\hat{\boldsymbol{\beta}}_{1:d} = (\hat{\beta}_i)_{i=1}^{d}$. 総変動は目的変数 y の分散 (の n 倍) に相当するもので, 回帰変動は回帰係数 $\hat{\boldsymbol{\beta}}$ を用いた予測値の分散に相当し, 残差変動は説明変数では説明できない目的変数の分散に相当する.

このように, 目的変数の変動を説明変数で説明できる部分とそれ以外の部分に分けることで, モデルの説明力を調べることができる. **決定係数** (coefficient of determination) R^2 はこの考えを反映させたもので,

$$R^2 = \frac{\sum_{i=1}^{n}\left((\boldsymbol{x}_i - \overline{\boldsymbol{x}})^\top \hat{\boldsymbol{\beta}}_{1:d}\right)^2}{\sum_{i=1}^{n}(y_i - \overline{y})^2} = 1 - \frac{\sum_{i=1}^{n}\left(y_i - (1, \boldsymbol{x}_i^\top)\hat{\boldsymbol{\beta}}\right)^2}{\sum_{i=1}^{n}(y_i - \overline{y})^2}$$

と定義される. 決定係数が大きければそれだけデータへの当てはまりがよいことを意味する. 上記の変動の分解より, $0 \leq R^2 \leq 1$ であることも確認できる.

なお, 決定係数は変数を増やせば増やすほど増大するので, 変数の数について調整した**自由度調整済み決定係数** (adjusted R^2) を用いることも多い. 自由度調整済み決定係数 R^{*2} は

$$R^{*2} = 1 - \frac{\left(\sum_{i=1}^{n}(y_i - (1, \boldsymbol{x}_i^{\top})\hat{\boldsymbol{\beta}})^2\right)/(n-d-1)}{\left(\sum_{i=1}^{n}(y_i - \overline{y})^2\right)/(n-1)}$$

で定義される.これは,後述のように $\sum_{i=1}^{n}(y_i - (1, \boldsymbol{x}_i^{\top})\hat{\boldsymbol{\beta}})^2/(n-d-1)$ が σ^2 の不偏

推定量であり,$\sum_{i=1}^{n}(y_i - \overline{y})^2/(n-1)$ が y の分散の不偏推定量であることによる.

最小二乗推定量に関して,いくつかの性質を述べておく.そのため,ガウス・マルコフモデルが真の分布を表現しており,y がある $\boldsymbol{\beta}^* \in \mathbb{R}^{d+1}$ を用いて $y = \beta_0^* + \beta_1^* x_1 + \cdots + \beta_d^* x_d + \varepsilon$ なる関係式に従っているとしよう.

- **不偏性**:最小二乗推定量は不偏推定量である.すなわち,

$$E[\hat{\boldsymbol{\beta}}] = \boldsymbol{\beta}^*$$

が成り立つ.ここで,$E[\cdot]$ は観測ノイズ $(\varepsilon_i)_{i=1}^{n}$ の出方についてとる.

- **最小分散**:$\hat{\boldsymbol{\beta}}$ の期待値は真の値 $\boldsymbol{\beta}^*$ であることがわかったが,分散については不偏推定量のなかで最小であることがいえる.簡単な計算により,$\hat{\beta}$ の分散共分散行列は

$$\mathrm{Cov}[\hat{\boldsymbol{\beta}}] = \sigma^2(X^{\top}X)^{-1}$$

で与えられることがわかる.この分散共分散行列はクラーメル・ラオの下限を達成しており,その意味で $\hat{\beta}$ は最小分散不偏推定量になっている.すなわち,他の任意の不偏推定量 $\widetilde{\boldsymbol{\beta}}$ をもってきても,$\mathrm{Cov}[\widetilde{\boldsymbol{\beta}}] \succeq \sigma^2(X^{\top}X)^{-1}$ が常に成り立つ.ここで,対称行列 A, B に対して,$A \succeq B$ は $A - B$ が半正定値対称であることを意味する.

- **分散の不偏推定量**:$\dfrac{\|\boldsymbol{e}\|^2}{n-d-1}$ は σ^2 の不偏推定量になっている.これは以下のようにして示すことができる:

$$\begin{aligned}
E[\|\boldsymbol{e}\|^2] &= E[\|\boldsymbol{Y} - \hat{\boldsymbol{Y}}\|^2] = E[\|(I - \mathcal{P}_X)\boldsymbol{Y}\|^2] \\
&= E[\|(I - \mathcal{P}_X)(X\boldsymbol{\beta}^* + \varepsilon)\|^2] = E[\|(I - \mathcal{P}_X)\varepsilon\|^2] \\
&= \sigma^2 \mathrm{Tr}[(I - \mathcal{P}_X)^2] = \sigma^2 \mathrm{Tr}[I - \mathcal{P}_X] \\
&= (n - d - 1)\sigma^2
\end{aligned}$$

これまでは式 (16.1) の線形モデルを想定して話を進めてきたが,重回帰分析はその

まま非線形回帰にも適用できる．そのため，ある (非線形) 基底関数 φ_k $(k = 1, \ldots, d)$ を用意する．これを用いて，

$$y = \beta_0 + \beta_1 \varphi_1(x) + \cdots + \beta_d \varphi_d(x) + \varepsilon$$

なるモデルを考える．これは，$x_k = \varphi_k(x)$ とすればガウス・マルコフモデルに帰着される．非線形な基底としては，$\varphi_k(x) = x^k$ $(x \in \mathbb{R})$ とした多項式回帰や，$\varphi_k(x) = \cos(kx)$ $(x \in \mathbb{R})$ とした三角関数を用いた回帰といったものが用いられている．

■**重回帰分析の検定**■　本節では，重回帰分析に関する検定について説明する．重回帰分析においては，変数の**有意性検定** (significance test) が重要である．たとえば，変数 β_k がゼロか非ゼロかを検定することにより，変数 x_k が y に有意に影響しているかどうかがわかる．これは推定結果の解釈に重要な示唆を与え，データ分析における強力な解析手法となりうる．変数の有意性検定を一般化すると，以下のように記述できる．ある $q < d + 1$ を満たす q に対し，行列 $A \in \mathbb{R}^{q \times (d+1)}$ はランクが $\mathrm{rank}(A) = q$ かつ像が $\mathrm{Im}(A^\top) \subset \mathrm{Im}(X^\top)$ を満たすとする．この A を用いて，

$$\text{帰無仮説 } H_0 : A\boldsymbol{\beta} = \boldsymbol{0} \quad \text{vs.} \quad \text{対立仮説 } H_1 : A\boldsymbol{\beta} \neq \boldsymbol{0}$$

として書ける仮説検定を考える．たとえば，$A = (0, \ldots, 0, 1, 0, \ldots, 0)$ のように，$k + 1$ 番目の成分のみが 1 のベクトルを考えれば，$A\boldsymbol{\beta} = 0 \Leftrightarrow \beta_k = 0$ となる．

このとき，$\Theta_0 = \{\boldsymbol{\beta} \in \mathbb{R}^{d+1} \mid A\boldsymbol{\beta} = \boldsymbol{0}\}$ として，

$$R_0{}^2 = \min_{\boldsymbol{\beta} \in \Theta_0} \|\boldsymbol{Y} - X\boldsymbol{\beta}\|^2$$

とおき，

$$R_1{}^2 = \min_{\boldsymbol{\beta} \in \mathbb{R}^{d+1}} \|\boldsymbol{Y} - X\boldsymbol{\beta}\|^2$$

とおく．$R_0{}^2$ は帰無仮説のもとで二乗損失がどれだけ小さくできるかを表し，$R_1{}^2$ は対立仮説のもとで二乗損失をどれだけ小さくできるかを表している．なお，$R_1{}^2 = \|\boldsymbol{e}\|^2$ であることに注意されたい．もし $R_0{}^2$ と $R_1{}^2$ が大きく変わる場合は，帰無仮説は間違っているとして棄却すればよい．そこで，検定統計量として，

$$T = \frac{(R_0{}^2 - R_1{}^2)/q}{R_1{}^2/(n - d - 1)}$$

を考える．すると，帰無仮説のもと，

$$T \sim F(q, n - d - 1)$$

が成り立つことが知られている．ただし，$F(a,b)$ は自由度 (a,b) の F 分布を表す．この T を F **統計量** (F-statistic) という．これを用いて変数の仮説検定を以下のように構成することができる．なお，$S^{-1} = \left(\dfrac{1}{n} \displaystyle\sum_{i=1}^{n} (\boldsymbol{x}_i - \overline{\boldsymbol{x}})(\boldsymbol{x}_i - \overline{\boldsymbol{x}})^\top \right)^{-1}$ の (k, k') 要素を $S^{k,k'}$ と表し，σ^2 の不偏推定量を

$$\hat{\sigma}^2 = \|\boldsymbol{e}\|^2 / (n - d - 1) = R_1^2 / (n - d - 1)$$

とする．

- $\beta_k = 0 \; (k \in \{1, \ldots, d\})$ **の検定**：$A = (0, \ldots, 0, 1, 0, \ldots, 0)$ ($k+1$ 番目の成分のみが 1) とすると，

$$T = \frac{\hat{\beta}_k^{\,2}}{\hat{\sigma}^2 S^{k,k} / n} \sim F(1, n - d - 1)$$

を得る．いま，$F_\alpha(1, n - d - 1)$ を有意水準 $\alpha \in (0,1)$ に対する F 分布の上側 100α ％点とすると，

$$T \geq F_\alpha(1, n - d - 1)$$

のときに H_0 を棄却すればよいことになる．

なお，t 分布と F 分布の関係から，帰無仮説のもと

$$\frac{\hat{\beta}_k}{\sqrt{\hat{\sigma}^2 S^{k,k} / n}} \sim t(n - d - 1)$$

が成り立つ．ただし，$t(k)$ は自由度 k の t 分布である．これより，変数の検定は t 検定にも帰着される．なお，$\hat{\sigma}^2 S^{k,k} / n$ は推定量 $\hat{\beta}_k$ の分散 (の推定量) になっており，$\hat{\beta}_k^{\,2}$ をこの分散で割ることで，分散と比べてどれくらい推定量が大きいかを測ることになる．$\beta_k^* = 0$ と仮定したとき，分散と比してあまり大きくない範囲に $\hat{\beta}_k^{\,2}$ が収まっていれば，それは観測データの揺らぎによる統計的誤差とみなせるが，もし分散に比して無視できないほど $\hat{\beta}_k^{\,2}$ が大きければ，もともとの $\beta_k^* = 0$ という仮定が誤っておりそれを棄却するという判断が働く．

- $\beta_0 = 0$ **の検定**：$A = (1, 0, \ldots, 0)$ とすることで，$A\boldsymbol{\beta} = 0 \Leftrightarrow \beta_0 = 0$ を得る．このとき，帰無仮説のもと

$$T = \frac{\hat{\beta}_0^2}{\hat{\sigma}^2(1 + \sum_{k,k'=1}^{d} \overline{x}_k \overline{x}_{k'} S^{k,k'})/n} \sim F(1, n - d - 1)$$

が成り立つ.

- $\beta_1 = \beta_2 = \cdots = \beta_d = 0$ **の検定**：$A = (\mathbf{0}\,|\,\mathrm{I}_d)$ とすることで, $A\boldsymbol{\beta} = \mathbf{0} \Leftrightarrow \beta_k = 0 \ (k = 1, \ldots, d)$ を得る. このとき, 帰無仮説のもと

$$T = \frac{\|X\hat{\boldsymbol{\beta}} - \mathbf{1}\overline{y}\|^2/d}{\hat{\sigma}^2} \sim F(d, n - d - 1)$$

が成り立つ. 重回帰分析においてモデルの F 統計量といえば, 通常はこの量を意味し, たとえば統計解析ソフトウェアである R は重回帰分析の結果としてこの量を出力する.

以上では, 検定により有意な変数をみつける方法を説明したが, AIC などの情報量規準を用いた変数選択については 30 章を参照のこと.

▌**正則化**▌　これまでは $X^\top X$ が可逆であることを仮定してきたが, 高次元データを扱う場合は必ずしも可逆とは限らない. そこで, $X^\top X$ の条件数が悪い場合でも安定した推定を行うために**正則化** (regularization) が有用である. 代表的な正則化法として, L_2-**正則化**と L_1-**正則化**がある. L_2-正則化を用いた重回帰は**リッジ回帰** (ridge regression) ともよばれ, L_1-正則化を用いた重回帰は **Lasso 回帰** (least absolute shrinkage and selection operator regression) ともよばれる. リッジ回帰推定量は

$$\hat{\boldsymbol{\beta}}_{\mathrm{R}} = \underset{\boldsymbol{\beta} \in \mathbb{R}^{d+1}}{\arg\min} \left(\|\boldsymbol{Y} - X\boldsymbol{\beta}\|^2 + \lambda\|\boldsymbol{\beta}\|_2^2\right)$$

で与えられる. ここで, $\|\boldsymbol{\beta}\|_2 := \sqrt{\sum_{j=0}^{d} \beta_j^2}$ であり, $\lambda > 0$ は正則化パラメータとよばれ交差検証法や Mallows' C_p 規準によって選択される. Lasso 推定量は, $\boldsymbol{\beta}$ の L_1-ノルム $\|\boldsymbol{\beta}\|_1 := \sum_{j=0}^{d} |\beta_j|$ を用いて,

$$\hat{\boldsymbol{\beta}}_{\mathrm{L}} = \underset{\boldsymbol{\beta} \in \mathbb{R}^{d+1}}{\arg\min} \left(\|\boldsymbol{Y} - X\boldsymbol{\beta}\|^2 + \lambda\|\boldsymbol{\beta}\|_1\right)$$

で与えられる.

正則化を加えることで推定量の分散を抑えることができる. そのため, 推定に用いるデータ (**学習データ**, training data) に合わせすぎ予測誤差が悪くなる**過適合** (overfitting) を抑え, 予測精度を向上させることができる. 一方で, 正則化が強す

ぎると推定量が原点に向けて縮小されすぎてしまい，予測精度はかえって悪くなる．これを**過小適合** (underfitting) という．過小適合している状況ではバイアス (偏り) が大きく，過適合している状況ではバリアンス (分散) が大きくなっている．正則化パラメータはバイアスとバリアンスのトレードオフを最小化するように選ぶ必要がある．リッジ正則化において正則化パラメータを選ぶ規準として，**Mallows' C_p 規準**がある．Mallows' C_p 規準は統計的自由度とよばれる量を用いる：

$$M(\lambda) = \mathrm{Tr}\big[X(X^\top X + \lambda \mathrm{I}_d)^{-1} X^\top\big]$$

これを用いて，Mallows' C_p 規準は

$$\mathrm{Cp}(\lambda) = \|\boldsymbol{Y} - X\hat{\boldsymbol{\beta}}_{\mathrm{R}}\|^2 + 2\sigma^2 M(\lambda)$$

で与えられる．Mallows' C_p 規準を用いた λ の選択は $\mathrm{Cp}(\lambda)$ を最小化することで実現される．このことから，統計的自由度 $M(\lambda)$ は正則化付きで推定するときの統計モデルの実質的な次元と考えることができる．

Lasso はリッジ回帰と形式上は非常に似ているが，L_1-正則化を用いることで変数選択の効果がある．すなわち，$\boldsymbol{\beta}$ のいくつかの成分は厳密に 0 となり (これを**スパース** (sparse) という)，凸最適化によって変数選択が可能になる．そのため，高次元問題においてより有効な手法である．

L_1-正則化と L_2-正則化を混ぜた **Elastic-Net** とよばれる手法も用いられている．Elastic-Net では正則化項として

$$\lambda\left(\alpha\|\boldsymbol{\beta}\|_1 + \frac{(1-\alpha)}{2}\|\boldsymbol{\beta}\|_2^{\,2}\right)$$

を用いる．ただし，$\lambda \geq 0,\, 0 \leq \alpha \leq 1$ である．実は，L_1-正則化は欠点があり，2 つの相関の強い変数があるとその 2 つの変数間で変数選択が安定せず，どちらかのみを選ぶ傾向にある．一方で，Elastic-Net は L_1-正則化のもつこの変数選択の不安定性を抑え，相関の高い変数の両方を選ぶ傾向がある．

Lasso の亜種は数多く提案されている．その 1 つに，**Fused lasso** がある．Fused lasso はたとえば時系列解析で用いられ，β_k を時刻 k での信号とし，β_k と β_{k+1} がなるべく等しくなるようにする正則化を用いる．その目的関数は

$$\|\boldsymbol{Y} - X\boldsymbol{\beta}\|^2 + \lambda \sum_{k=1}^{d-1} |\beta_k - \beta_{k+1}|$$

で与えられる．これは，$(\beta_k - \beta_{k+1})_{k=1}^{d-1}$ に L_1-正則化を課しており，これらが 0 になることで隣接する時間で $\hat{\beta}_k$ の値が等しくなりやすくなる．よって，時系列のデノイジングやスムージングが実現でき，推定結果 $\hat{\beta}_k$ を時刻 k に沿って並べると区分定数関数のような形状になる．

例題

問 16.1　アミトリプチリン (Amitriptyline) は三環系抗鬱薬 (TCAD) の一種であるが，アミトリプチリンの過剰摂取による心電への影響を調べた以下のデータを解析する．データサイズは 17 で，AMI は過剰摂取後の血中アミトリプチリン量，GEN は性別 (男=0, 女=1)，AMT は過剰摂取したアミトリプチリンの量，PR は心電における PR 間隔，DIAP は最低血圧，QRS は心電図の QRS 間隔を表す．

患者番号	AMI	GEN	AMT	PR	DIAP	QRS
1	3149	1	7500	220	0	140
2	653	1	1975	200	0	100
3	810	0	3600	205	60	111
4	448	1	675	160	60	120
5	844	1	750	185	70	83
6	1450	1	2500	180	60	80
7	493	1	350	154	80	98
8	941	0	1500	200	70	93
9	547	1	375	137	60	105
10	392	1	1050	167	60	74
11	1283	1	3000	180	60	80
12	458	1	450	160	64	60
13	722	1	1750	135	90	79
14	384	0	2000	160	60	80
15	501	0	4500	180	0	100
16	405	0	1500	170	90	120
17	1520	1	3000	180	0	129

AMI を目的変数 y として，GEN (x_1)，AMT (x_2)，PR (x_3)，DIAP (x_4)，QRS (x_5) を用いて予測する．そのため，以下の 4 種類のモデルを考える：

$$\text{モデル 0}：\ y = \beta_0 + \varepsilon$$

$$\text{モデル 1}：\ y = \beta_0 + \sum_{k=3}^{5} \beta_k x_k + \varepsilon$$

$$\text{モデル } 2: \quad y = \beta_0 + \sum_{k=1}^{2} \beta_k x_k + \varepsilon$$

$$\text{モデル } 3: \quad y = \beta_0 + \sum_{k=1}^{5} \beta_k x_k + \varepsilon$$

ここで，ε は誤差項であり正規分布 $N(0, \sigma^2)$ に従うと仮定する．これらのモデルに対して重回帰分析を行った結果，以下の結果を得た．なお，***** は P-値が $0\sim0.001$，** は $0.001\sim0.01$，* は $0.01\sim0.05$，. は $0.05\sim1$ を意味している．

モデル0：

```
Coefficients:
            Estimate Std. Error t value Pr(>|t|)
(Intercept)    882.4      167.3   5.275 7.55e-05 ***
---
Residual standard error: 689.7 on 16 degrees of freedom
```

モデル1：

```
Coefficients:
            Estimate Std. Error t value Pr(>|t|)
(Intercept) -2015.366   1567.386  -1.286    0.221 .
PR             13.134      7.428   1.768    0.100 .
DIAP           -2.851      5.707  -0.500    0.626 .
QRS             7.708      7.540   1.022    0.325 .
---
Residual standard error: 570.1 on 13 degrees of freedom
Multiple R-squared:  0.4448,  Adjusted R-squared:  0.3167
F-statistic: 3.472 on 3 and 13 DF,  p-value: 0.04767
```

モデル2：

```
Coefficients:
            Estimate Std. Error t value Pr(>|t|)
(Intercept) -241.34791  196.11640  -1.231  0.23874 .
GEN          606.30967  183.86521   3.298  0.00529 **
AMT            0.32425    0.04723   6.866 7.73e-06 ***
---
Residual standard error: 340.2 on 14 degrees of freedom
Multiple R-squared:  0.787,  Adjusted R-squared:  0.7566
F-statistic: 25.87 on 2 and 14 DF,  p-value: 1.986e-05
```

モデル 3：

```
Coefficients:
            Estimate Std. Error t value Pr(>|t|)
(Intercept) -2.729e+03 9.288e+02  -2.938 0.013502 *
GEN          7.630e+02 1.685e+02   4.528 0.000861 ***
AMT          3.064e-01 6.334e-02   4.837 0.000521 ***
PR           8.896e+00 4.424e+00   2.011 0.069515 .
DIAP         7.206e+00 3.354e+00   2.149 0.054782 .
QRS          4.987e+00 4.002e+00   1.246 0.238622 .
---
Residual standard error: 292.4 on 11 degrees of freedom
Multiple R-squared:  0.8764,  Adjusted R-squared:  0.8202
F-statistic:  15.6 on 5 and 11 DF,  p-value: 0.0001132
```

これらの結果を用いて以下の問いに答えよ.

〔1〕これらの出力結果から, 自由度調整済み決定係数を比べることでモデルを選択することとした. この考え方に従って選択されたモデルはどのモデルか. 適切なものを 1 つ選べ.

〔2〕モデル 3 の解析結果より, 有意な変数を選択したい. 有意水準 $\alpha = 0.05$ としたとき, 選ばれるべき変数をすべてあげよ.

問 16.2

airquality データは 1973 年 5 月から 9 月までのニューヨークの大気状態を 6 つの変数で観測した 111 個の観測点からなるデータである. 6 つの変数は Ozone (オゾンの濃度), Solar.R (日射量), Wind (風力), Temp (温度), Month (月), Day (月のうちの日) である. ここでは, Ozone を他の 5 つの変数で予測する問題を考える. そのため, 以下の 3 つのモデルを考える.

$$\text{モデル } 0：\ \text{Ozone} = \beta_0 + \varepsilon$$
$$\text{モデル } 1：\ \text{Ozone} = \beta_0 + \beta_1 \cdot \text{Solar.R} + \beta_2 \cdot \text{Wind} + \beta_3 \cdot \text{Temp}$$
$$+ \beta_4 \cdot \text{Month} + \varepsilon$$
$$\text{モデル } 2：\ \text{Ozone} = \beta_0 + \beta_1 \cdot \text{Solar.R} + \beta_2 \cdot \text{Wind} + \beta_3 \cdot \text{Temp}$$
$$+ \beta_4 \cdot \text{Month} + \beta_5 \cdot \text{Day} + \varepsilon$$

なお, ε は誤差項であり正規分布 $N(0, \sigma^2)$ に従うと仮定する. これらのモデルに対して重回帰分析を行った結果, 以下の結果を得た.

モデル 0：

```
Coefficients:
            Estimate Std. Error
(Intercept)  42.099     3.158
---
AIC: 1096.073
```

モデル 1：

```
Coefficients:
            Estimate Std. Error
(Intercept) -58.05384   22.97114
Solar.R       0.04960    0.02346
Wind         -3.31651    0.64579
Temp          1.87087    0.27363
Month        -2.99163    1.51592
---
Multiple R-squared:  0.6199, Adjusted R-squared:  0.6055
F-statistic: 43.21 on 4 and 106 DF,  p-value: < 2.2e-16
AIC: 996.7119
```

モデル 2：

```
Coefficients:
            Estimate Std. Error
(Intercept) -64.11632   23.48249
Solar.R       0.05027    0.02342
Wind         -3.31844    0.64451
Temp          1.89579    0.27389
Month        -3.03996    1.51346
Day           0.27388    0.22967
---
Multiple R-squared:  0.6249, Adjusted R-squared:  0.6071
F-statistic: 34.99 on 5 and 105 DF,  p-value: < 2.2e-16
AIC: 997.2188
```

〔1〕 モデル 2 において，Day に対応する係数 $\hat{\beta}_5$ の最小二乗推定量を答えよ．また，その t 統計量を求め有意性について論じよ．

〔2〕 各モデルの決定係数，F-値および AIC の値を用いて，予測誤差の観点からはどのモデルを用いることが望ましいか論じよ．

問 16.3 Aquatic Toxicity データセットは，322 個の化合物の毒性を調べたデータセットである．ここでは，"原子対記述子"とよばれる 468 次元の説明変数を用いて毒性を予測する．i 番目の化合物の毒性を y_i として，

$$y_i = \beta_0 + \sum_{k=1}^{468} \beta_k x_{i,k} + \varepsilon_i$$

なるモデルを考える．ここで，$x_{i,k}$ は i 番目の化合物の各原子対記述子を表し，ε_i は独立同一に正規分布 $N(0, \sigma^2)$ に従う誤差項である．このモデルの推定に，Elastic-Net 正則化を用いる．Elastic-Net 正則化による推定は $\lambda \geq 0$ と $0 \leq \alpha \leq 1$ を用いて

$$\hat{\boldsymbol{\beta}} = \underset{\mathbb{R}^{469}}{\arg\min} \left(\frac{1}{322} \sum_{i=1}^{322} \left(y_i - \beta_0 - \sum_{k=1}^{468} \beta_k x_{i,k} \right)^2 \right.$$

$$\left. + \lambda \sum_{k=1}^{468} \left(\alpha |\beta_k| + \frac{1}{2}(1-\alpha)\beta_k^2 \right) \right)$$

で与えられる.

〔1〕 $\alpha = 0$ として，正則化パラメータ λ を動かして平均二乗誤差 $\left(\frac{1}{322} \sum_{i=1}^{322} (y_i - \hat{\beta}_0 - \sum_{k=1}^{468} \hat{\beta}_k x_{i,k})^2 \right)$ および交差検証法によるスコアを計算したところ，下図のようになった．この図は横軸に正則化パラメータ λ の自然対数，縦軸に平均二乗誤差および交差検証スコアをプロットしている．

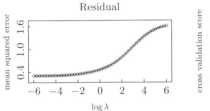
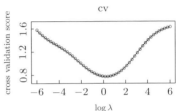

このグラフから予測誤差の観点から望ましい正則化パラメータ λ は $e^{-6}, e^{-4}, 1, e^6$ のうちどれか．

〔2〕 $\lambda = 0$ もしくは，$\lambda = e^{-2}$ かつ $\alpha = 0, 0.5, 1$ なる設定で推定を行った．推定の結果得られた回帰係数を下図にプロットした．なお，$\lambda = 0$ のときは最小二乗解のなかでも最小ノルム解を用いた．図の (a), (b), (c), (d) はそれぞれ，$\lambda = 0$ および $\lambda = e^{-2}$ かつ $\alpha = 0$, $\alpha = 0.5$, $\alpha = 1$ のどれに対応するか答えよ．

(a)

(b)

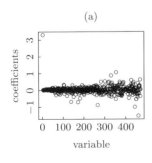
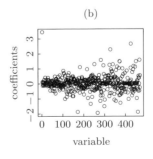

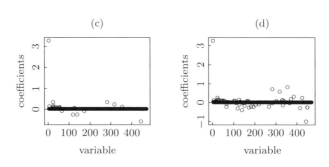

〔3〕 $\alpha = 0, 0.5, 1$ に対して，λ を動かして推定された回帰係数の解パスと非ゼロ要素の数を下図にプロットした．このとき，図 (a), (b), (c) はそれぞれどの α に対応するか答えよ．

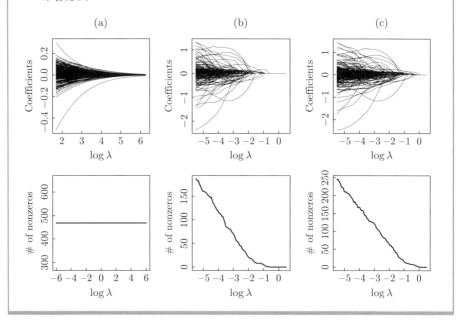

答および解説

問 16.1

〔1〕 モデル 3 が選ばれる．

自由度調整済み決定係数はモデル 3 が一番大きいことから，モデル 3 が選ばれる．

〔2〕 GEN と AMT.

各変数の P-値は Pr(>|t|) の値から取得できる．有意水準 α 以下の P-値をもつ変数は，GEN と AMT のみである．

問 16.2

〔1〕推定値：0.27388, t 統計量：1.1925.

推定値は Estimate から読みとれる. t 統計量は推定値をその標準偏差 (の推定量) Std. Error で割ったものであり, $0.27388/0.22967 \approx 1.1925$ から答えを得る. 一方, 自由度 $(111 - 5 - 1)$ の t 分布の両側裾確率を参照すると, 有意水準 $\alpha = 0.1$ ($|t| \geq$ 約 1.66 が棄却域) としても t 統計量 1.19 では有意とはいえない.

〔2〕予測誤差の観点からは AIC を比べるのが最も妥当である. AIC を比べると, モデル 1 が最も小さい. よって, モデル 1 を用いることが望ましい. 一方, F 統計量の観点からもモデル 1 は十分有意であり, 妥当なモデルである. 決定係数はモデル 2 が一番大きいが, 予測誤差という観点からは AIC 最小のモデル 1 のほうが望ましく, 観測データへの当てはまりが最良であることと予測誤差最小化は必ずしも一致しないことを示唆している.

問 16.3

〔1〕$\lambda = 1$.

平均二乗誤差の観点からは $\lambda = e^{-6}$ が最良であるが, 予測精度の意味では交差検証スコアをみる必要がある. すると, 候補の λ のなかでは $\lambda = 1$ で最小になっていることがわかる.

〔2〕$\lambda = 0$ は (b), $\lambda = e^{-2}$, $\alpha = 0$ は (a), $\lambda = e^{-2}$, $\alpha = 0.5$ は (d), $\lambda = e^{-2}$, $\alpha = 1$ は (c).

$\lambda = 0$ は最小二乗解であり, 最も推定された回帰係数のノルムが大きい解である. (b) が最も各係数が大きくばらついており, ノルムが大きいことから $\lambda = 0$ は (b) が対応する. $\lambda = e^{-2}$ の場合, α を大きくするごとに L_1-正則化が強くなり, より解がスパースになる. このことから, スパース性の弱い順に並べると, $\alpha = 0$ は (a) が, $\alpha = 0.5$ は (d) が, $\alpha = 1$ は (c) が対応する.

〔3〕(a) $\alpha = 0$, (b) $\alpha = 1$, (c) $\alpha = 0.5$.

これもスパース性に応じて並べ替えればよい. (a) はまったくスパースにはなっていないので, $\alpha = 0$ が対応する. (b) と (c) は非常に似通っているが, (b) のほうがより小さな λ で非ゼロ要素が小さくなっているので, (b) のほうが L_1-正則化の効果が大きい $\alpha = 1$ に対応する.

17 回帰診断法

//キーワード// 外れ値, 回帰診断, 残差プロット, 正規 Q-Q プロット, leverage (てこ比, てこ値), Cook の距離, 自己相関 (系列相関), DW 比

■回帰診断■ 線形回帰モデルは**外れ値** (outlier) がある場合や, 誤差項の独立性, 等分散性, 正規性の仮定が満たされない場合, 最小二乗法による予測の結果には誤解を生じさせる可能性があり, より適切なモデルや他の手法を用いる必要がある. そのため, 誤差項がこれらの仮定を満たしているか, 満たさない場合にはどのような手法を用いるべきかなどを判断するために**回帰診断** (regression diagnostics) を行うことが好ましい.

■残差プロット■ i 番目の実測値 y_i $(i = 1, \ldots, n)$ に対して, モデルから得られた予測値を $\hat{y}_i$, 残差を $e_i = y_i - \hat{y}_i$ とする. 予測値 $\hat{y}_i$ を横軸にとり, 縦軸に残差 e_i をとり示す**残差プロット** (residual plot) からわかることについて述べる. 図 17.1 は, 上記の仮定を満たしている残差の例である. このように, 残差は 0 を中心として上下に規則なく分散している. 次に, 仮定のいくつかを満たさない例を示す. 図 17.2 は, 外れ値 (右端の上) がある場合の残差の例で, この外れ値によって回帰係数の推定が大きく影響を受けることがある. 図 17.3 は, 等分散性を満たさない残差の例, 図 17.4 は, 独立性を満たさない残差の例である.

予測値に対する残差をプロットするだけでもさまざまなことがわかるが, より正確にどのような問題があるかを知るため, 以下に述べる目的に応じた回帰診断を行い, 結果の妥当性を判断する. これらは, 統計分析ソフト R などに準備されているので利用されたい.

■正規 Q-Q プロット■ 残差を標準化し, 小さい順に並べたものの分位点と, 標準正規分布の累積分布関数の分位点をプロットしたもので, **正規 Q-Q プロット** (normal quantile-quantile plot) とよぶ. 誤差項の正規性の仮定が満たされているとき, このプロットは傾き 1 の直線上に並ぶ. この並びから, 誤差項の正規性が妥当であるか

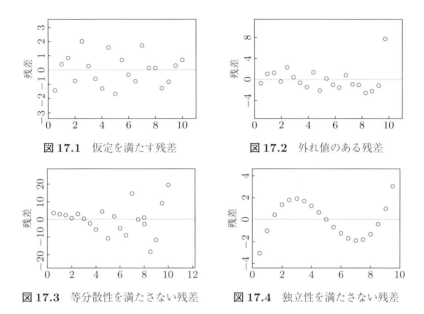

図 **17.1**　仮定を満たす残差　　　　図 **17.2**　外れ値のある残差

図 **17.3**　等分散性を満たさない残差　　図 **17.4**　独立性を満たさない残差

否かを判断する.

■**標準化残差の絶対値の平方根プロット**■　標準化された残差の絶対値の全体像を観察する. 残差プロットが残差全体の動きをみているのに対し, この値を予測値に対してプロットした図 (例 1 参照) は残差の大きさに注目している. 特に, プロットが予測値に対して増加または減少する傾向がある場合は, 等分散性が成り立っていないとより明確に判断できる.

■**leverage (てこ比, てこ値) と Cook の距離**■　$n \times p$ の説明変数行列 X のランクが p であれば, $\hat{\boldsymbol{\beta}} = (X^\top X)^{-1} X^\top \boldsymbol{y}$ は $\boldsymbol{\beta}$ の最小二乗法による推定量となり, $H = X(X^\top X)^{-1} X^\top = (h_{ij})$ とおくと, 予測値は $\hat{\boldsymbol{y}} = H\boldsymbol{y}$ と書くことができる. ここで, $X^\top$ は X の転置行列である.

$H = (h_{ij})$ は**ハット行列** (hat matrix), i 番目の対角要素 h_{ii} は i 番目の観測値の **leverage** (てこ比, てこ値) とよぶ. leverage は各観測値の回帰係数への影響度を判断することができ, この値が大きい観測値はモデルへの影響力が大きいと判断し, ときには外れ値の候補となる.

leverage とともに示される値として, **Cook の距離** (Cook's distance) がある.

Cook の距離は 標準化された残差と $h_{ii}/(1 - h_{ii})$ によって計算される．すべての観測値を用いた場合の予測値と，i 番目の観測値を除いた場合の予測値との差異に関する距離と考えればよく，leverage と同様，各観測値のモデルへの影響力を示す．0.5 を超えるとその観測値の影響力は大きく，外れ値とされる．

例1 47 都道府県の乗用車所有率 (乗用車台数/人口) y を人口密度 (人口/可住地面積) の x によって予測するため，次の線形回帰モデルを仮定した．

$$y_i = \alpha + \beta\sqrt{x_i} + \varepsilon_i \qquad (i = 1, \dots, n)$$

図 17.5 は統計分析ソフト R によって作成された次の 4 つの回帰診断図である．

(ア) 残差プロット (左上)

(イ) 正規 Q-Q プロット (右上)

(ウ) 標準化残差の絶対値の平方根プロット (左下)

(エ) leverage に対する標準化残差プロットと Cook の距離 (右下)

各回帰診断について説明せよ．

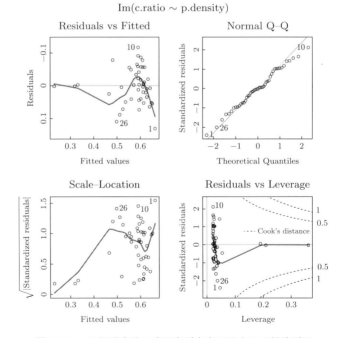

図 17.5 47 都道府県の乗用車所有率に関する回帰診断図

(出典：総務省統計局「都道府県・市区町村のすがた (社会・人口統計体系) 2017 年度」，一般財団法人自動車検査登録情報協会「都道府県別・車種別自動車保有台数 (軽自動車含む) 令和元年 8 月末現在」)

答

- (ア) 残差の散らばりに特徴がみられる。予測値が小さな値となる 3 つの都府県 (実際は東京，大阪，神奈川) の残差が小さいため，等分散の仮定の妥当性が疑われる。R では残差が比較的大きい観測値の番号が示される。ここでは，1 (北海道)，10 (群馬)，26 (京都) が示されている。

- (イ) ほぼ直線に並んでいるといえ，正規性は成り立つと考えられる。1, 10, 26 が若干直線から外れている可能性がある。

- (ウ) 予測値に対するプロットの様子から，等分散性が成り立っていないことが (ア) と同様に判断できる。さらに，1, 10, 26 の残差の相対的な大きさが明確にわかる。

- (エ) 3 つの都府県 (実際は東京，大阪，神奈川) の leverage が大きく，回帰係数に影響を与える可能性と，外れ値の可能性がある。最も leverage の大きい観測値は東京であるが，Cook の距離は 0.5 を超えていない。

■**自己相関 (系列相関) と DW 比**■ ここまで，残差をプロットすることによりいくつかの特徴を考察した。残差の独立性を判断する方法もいくつかある。ここでは，**自己相関** (autocorrelation)(**系列相関** (serial correlation)) と **DW 比** (ダービン・ワトソン比，Durbin-Watson statistic) について簡単に述べる。詳しくは 27 章の時系列解析を参照のこと。

　自己相関の多くは時系列データにおいてみられる現象である。ある残差が前後のずれた時間の残差と関係しており，何らかの規則性がみてとれる場合，自己相関があるという。また，DW 比は自己相関の有無を判断する値で，残差から導かれる。DW 比は 0 から 4 の値をとり，一般的に，値が 2 に近いと自己相関はない，0 に近いと正の自己相関，4 に近いと負の自己相関があると判断する。

例 題

問 17.1　図 17.6 は，例 1 で用いたデータから，影響が大きいと思われる東京，大阪，神奈川の値を削除し，同じ線形回帰モデルに対して図示した回帰診断図である。図 17.5 と比較してわかることを述べよ。なお，図のなかの観測値の番号は 1 (北海道)，10 (群馬)，24 (京都) である。

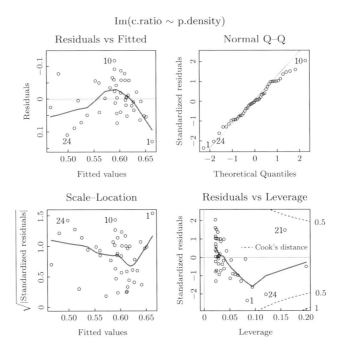

図 17.6 44 道府県の乗用車所有率に関する回帰診断図

答および解説

問 17.1 残差プロットと標準化残差の絶対値の平方根プロットから，残差の散らばりに規則性がなくなったことがわかる．等分散性が満たされると考えられる．正規 Q-Q プロットに関してはあまり変化がみられない．leverage も大きな値をもつ観測値がなくなり，Cook の距離が 0.5 を超えるものがなく，外れ値があるとはいえない．

　参考のため，例 1 (47 都道府県) と本例題 (44 道府県) について得られた回帰式，および (　) 内に自由度調整済み決定係数を示す．回帰式はほとんど変化がないが，自由度調整済み決定係数が大きく異なることがわかる．また，それぞれの回帰直線 (横軸：人口密度の正の 2 乗根，縦軸：乗用車所有率) を図 17.7 に示す．

$$47 \text{ 都道府県：} \quad y = 0.74332 - 0.05208\sqrt{x} \quad (0.7011)$$

$$44 \text{ 道府県 　：} \quad y = 0.74285 - 0.05191\sqrt{x} \quad (0.3653)$$

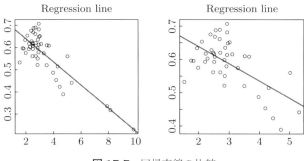

図 17.7　回帰直線の比較

18 質的回帰

//キーワード// ロジスティック回帰モデル，プロビットモデル，ポアソン回帰モデル，一般化線形モデル

▮**離散応答に対する回帰モデル**▮　16章，17章で学んだ線形回帰分析は，$(-\infty, \infty)$ の実数値をとる応答に正規性を仮定した分析手法であった．したがって，応答が連続値であっても非負値に限定される場合や，応答が離散値の場合などには，線形回帰分析は適切でない．前者の場合については，打ち切りを考慮した回帰分析を 19 章で扱う．後者の，応答が離散値である場合のモデリングについては，一般化線形モデルの理論が基本となる．一般化線形モデルの理論では，指数型分布族に属するさまざまな統計モデルを統一的に扱うことができる．応用上，特に重要な統計モデルは，応答が 2 値をとる場合のロジスティック回帰モデルやプロビットモデル，応答が計数値をとる場合のポアソン回帰モデルなどである．本章では，これらのモデルを説明する．

▮**ロジスティック回帰モデル**▮　まず，2 値応答に対する統計モデルを考える．応答を表す確率変数 Y が $\{0,1\}$ の 2 値変数であるとき，その期待値を $\pi = E[Y]$ とし，$0 < \pi < 1$ を仮定する．Y は生起確率 π のベルヌーイ分布に従うと仮定する．このとき，π を p 個の説明変数 $x_1, \ldots, x_p$ で回帰する統計モデルとして，構造

$$\log \frac{\pi}{1-\pi} = \beta_0 + \beta_1 x_1 + \cdots + \beta_p x_p \tag{18.1}$$

を仮定するモデルが，**ロジスティック回帰モデル** (logistic regression model) である．式 (18.1) の左辺の変換：$\pi \mapsto \log \dfrac{\pi}{1-\pi}$ は**ロジット変換** (logit transformation) とよばれ，その逆変換 $x \mapsto \dfrac{e^x}{1+e^x}$ を**ロジスティック変換** (logistic transformation) とよぶ．つまり，母数の線形結合のロジスティック変換で期待値母数 π を回帰するのがロジスティック回帰モデルである．これはまた，リンク関数がロジット関数で，誤差構造がベルヌーイ分布である一般化線形モデルに対応する．

　ロジスティック回帰モデルにおける母数は $p+1$ 次元母数ベクトル $\boldsymbol{\beta} = (\beta_0, \beta_1, \ldots,$ $\beta_p)^\top$ であり，これは重回帰モデルにおける偏回帰係数ベクトルに対応する．ロジスティック関数は単調増加関数であるから，$\beta_j > 0$ である説明変数 x_j の値が増加するにつれて，生起確率 π の値も増加し，逆に $\beta_j < 0$ である説明変数 x_j の値が増加するにつれて，生起確率 π の値は減少する．β_j の値のより具体的な解釈を考えるために，ロジスティック回帰モデルを

$$\frac{\pi}{1-\pi} = \exp(\beta_0 + \beta_1 x_1 + \cdots + \beta_p x_p) = e^{\beta_0}(e^{\beta_1})^{x_1} \cdots (e^{\beta_p})^{x_p} \tag{18.2}$$

と変形する．この式より，x_j 以外の値を固定したまま x_j の値を 1 増やしたとき，右辺全体の大きさは e^{β_j} 倍されることがわかる．式 (18.2) の左辺の $\pi/(1-\pi)$ は応答 Y の**オッズ** (odds) とよばれる．つまり β_j の値は，説明変数 x_j の値の変化が Y のオッズへ与える寄与の大きさを表す．オッズについては 28 章も参照のこと．

　データから母数 $\boldsymbol{\beta}$ を推定する方法を説明する．考えるデータの形式は，重回帰分析 (16 章) と同様，外的基準のある多変量データである．標本サイズを n とし，応答値ベクトルを

$$\boldsymbol{y} = (y_1, y_2, \ldots, y_n)^\top \in \{0,1\}^n,$$

説明変数行列を

$$X = \begin{pmatrix} \boldsymbol{x}_1^\top \\ \boldsymbol{x}_2^\top \\ \vdots \\ \boldsymbol{x}_n^\top \end{pmatrix} = \begin{pmatrix} 1 & x_{11} & x_{12} & \cdots & x_{1p} \\ 1 & x_{21} & x_{22} & \cdots & x_{2p} \\ \vdots & \vdots & \vdots & & \vdots \\ 1 & x_{n1} & x_{n2} & \cdots & x_{np} \end{pmatrix} \in \mathbb{R}^{n \times (p+1)}$$

と表す．ここでは，$i = 1, \ldots, n$ に対して，$\boldsymbol{x}_i = (1, x_{i1}, x_{i2}, \ldots, x_{ip})^\top \in \mathbb{R}^{p+1}$ を第 i 個体の説明変数のベクトルとし，モデルに定数項を加えるために第 1 成分を 1 としている．応答値ベクトル $\boldsymbol{y}$ を確率変数ベクトル $\boldsymbol{Y} = (Y_1, Y_2, \ldots, Y_n)^\top$ の実現値とする．$i = 1, \ldots, n$ について，Y_i の期待値を $E[Y_i] = \pi_i$ とし，$0 < \pi_i < 1$ を仮定して，Y に対する統計モデル：

$$Y_i \sim Bin(1, \pi_i), \ i = 1, \ldots, n, \ Y_1, \ldots, Y_n \text{ は互いに独立}$$

を考える．このとき，ロジスティック回帰モデルは

$$\log \frac{\pi_i}{1-\pi_i} = \beta_0 + \beta_1 x_{i1} + \beta_2 x_{i2} + \cdots + \beta_p x_{ip}, \ i = 1, \ldots, n$$

となる．対数尤度関数は

$$\log\left(\prod_{i=1}^{n} \pi_i{}^{y_i}(1-\pi_i)^{1-y_i}\right) = \sum_{i=1}^{n}\left(y_i \log \frac{\pi_i}{1-\pi_i} + \log(1-\pi_i)\right)$$

$$= \boldsymbol{y}^{\top} X \boldsymbol{\beta} - \sum_{i=1}^{n} \log(1 + e^{\boldsymbol{x}_i^{\top}\boldsymbol{\beta}})$$

であり，これを $\boldsymbol{\beta}$ の各成分で偏微分して 0 とおいた連立方程式の解として $\boldsymbol{\beta}$ の最尤推定量が求められる．ただし，この連立方程式は陽に解くことはできないから，ソフトウェアを用いて数値的に解く必要がある．母数の最尤推定量 $\hat{\boldsymbol{\beta}}$ から，生起確率の予測値 $\hat{\pi}_i$ は

$$\hat{\pi}_i = \frac{\exp(\hat{\beta}_0 + \hat{\beta}_1 x_{i1} + \cdots + \hat{\beta}_p x_{ip})}{1 + \exp(\hat{\beta}_0 + \hat{\beta}_1 x_{i1} + \cdots + \hat{\beta}_p x_{ip})} = \frac{\exp(\boldsymbol{x}_i^{\top}\hat{\boldsymbol{\beta}})}{1 + \exp(\boldsymbol{x}_i^{\top}\hat{\boldsymbol{\beta}})}, \quad i = 1, \ldots, n$$

と計算できる．推定量の解釈，有意性検定，信頼区間については，例題を参照のこと．

■**プロビットモデル**■　2値応答に対するもう1つの代表的なモデルは，標準正規分布の累積分布関数

$$\Phi(x) = \int_{-\infty}^{x} \frac{1}{\sqrt{2\pi}} e^{-\frac{1}{2}y^2} dy$$

を用いて

$$\pi = \Phi(\beta_0 + \beta_1 x_1 + \cdots + \beta_p x_p) \tag{18.3}$$

という構造を仮定するモデルである．$\Phi(x)$ の逆変換は**プロビット変換** (probit transformation) とよばれるから，このモデルは，プロビット関数 Φ^{-1} : $(0,1) \to (-\infty, \infty)$ をリンク関数とする一般化線形モデルであり，**プロビットモデル** (probit model) とよばれる．

　プロビットモデルにはいくつかの解釈が知られており，その1つは，以下のような潜在変数を仮定するものである．いま，2値の応答変数 Y の背後には，観測できない潜在変数 Y^* が存在して，この Y^* は正規分布 $N(\mu, \sigma^2)$ に従って分布すると仮定する．Y の値を，この Y^* の値に応じて，

$$Y = \begin{cases} 1 & (Y^* > \tau) \\ 0 & (Y^* \leq \tau) \end{cases} \tag{18.4}$$

と定めるとする．この Y^* の期待値 $E[Y^*] = \mu$ について，母数の線形構造

$$\mu = \beta_0^* + \beta_1^* x_1 + \cdots + \beta_p^* x_p$$

を仮定すれば，$\pi = E[Y]$ について関係式

$$\pi = P(Y^* > \tau) = P\Big(\frac{Y^* - \mu}{\sigma} > \frac{\tau - \mu}{\sigma}\Big) = P\Big(Z > \frac{\tau - \mu}{\sigma}\Big)$$

$$= P\Big(Z \le -\frac{\tau - \mu}{\sigma}\Big) = \Phi\Big(\frac{\beta_0^* + \beta_1^* x_1 + \cdots + \beta_p^* x_p - \tau}{\sigma}\Big)$$

を得る．ただし，Z は標準正規分布に従う確率変数である．この関係式から $\beta_0 = (\beta_0^* - \tau)/\sigma$，$\beta_j = \beta_j^*/\sigma$，$j = 1, \ldots, p$ と定めれば，プロビットモデル (18.3) を得る．歴史的には，プロビットモデルはロジスティック回帰モデルよりも早く，毒性学の分野で提案された．式 (18.4) のような閾値モデルは，毒性学における代表的なモデルの 1 つであり，たとえば「一定の致死量を超えて毒物を摂取すると死に至る」という解釈ができる．

プロビットモデルの母数の推定にも，ロジスティック回帰モデルと同様，最尤法が用いられる．すなわち，ロジスティック回帰モデルと同じ定式化のもとで，対数尤度関数は

$$\sum_{i=1}^{n} \left[y_i \log \Phi\Big(\beta_0 + \sum_{j=1}^{p} \beta_j x_{ij}\Big) + (1 - y_i) \log \Big(1 - \Phi\Big(\beta_0 + \sum_{j=1}^{p} \beta_j x_{ij}\Big)\Big) \right]$$

となり，これを $\boldsymbol{\beta}$ の各成分で偏微分して 0 とおいた連立方程式の解として $\boldsymbol{\beta}$ の最尤推定量を求める．この連立方程式も陽には解けないから，ソフトウェアを用いて数値的に解く必要がある．母数の最尤推定量 $\hat{\boldsymbol{\beta}}$ から，生起確率の予測値 $\hat{\pi}_i$ は

$$\hat{\pi}_i = \Phi(\hat{\beta}_0 + \hat{\beta}_1 x_{i1} + \cdots + \hat{\beta}_p x_{ip}) = \Phi(\boldsymbol{x}_i^\top \hat{\boldsymbol{\beta}})$$

と計算できる．

プロビットモデルでは，ある説明変数の単位量の変化が応答の期待値 $E[Y] = \pi$ におよぼす影響の大きさは，正規分布の累積分布関数 $\Phi(x)$ で変換して考えなければならないため，推定された母数の値 $\hat{\boldsymbol{\beta}}$ の解釈は難しい．この点は，母数の推定量がそのまま応答の対数オッズ比の推定値であったロジスティック回帰モデルとは異なる．そこで，プロビットモデルでは，説明変数 x_j の効果の大きさを，式 (18.3) の偏微分

$$\frac{\partial \pi}{\partial x_j} = \frac{\partial \Phi(\beta_0 + \beta_1 x_1 + \cdots + \beta_p x_p)}{\partial x_j} = \varphi(\beta_0 + \beta_1 x_1 + \cdots + \beta_p x_p)\beta_j$$

で評価する．ただし $\varphi(x)$ は標準正規分布の確率密度関数である．この値を**限界効果** (marginal effect) とよぶ．

■**ポアソン回帰モデル**■　次に，応答が計数値である場合の統計モデルを考える．応答を表す確率変数 Y が計数値であるとき，その期待値を $\pi = E[Y]$ とし，$\pi > 0$ を仮定する．また，Y は平均 π のポアソン分布に従うと仮定する．このとき，π を p 個の説明変数 $x_1, \ldots, x_p$ で回帰する統計モデルとして，構造

$$\log \pi = \beta_0 + \beta_1 x_1 + \cdots + \beta_p x_p$$

を仮定するモデルが，**ポアソン回帰モデル** (Poisson regression model) である．母数 π に対する**対数線形モデル** (log linear model)，あるいは**ポアソン対数線形モデル** (Poisson log linear model) などとよぶこともある．平均 π のポアソン分布は，二項分布 $Bin(n, p)$ で $np = \pi$ を固定したもとでの $n \to \infty$, $p \to 0$ の極限での分布であり，稀な事象の生起回数の分布としてよく使われる．ポアソン回帰モデルでは，説明変数 x_j の値を (それ以外を固定したもとで) 単位量増やしたとき，期待値 π は e^{β_j} 倍される．

　ポアソン回帰モデルの母数の推定にも，最尤法が用いられる．サイズ n のデータの応答値を $\boldsymbol{y} = (y_1, \ldots, y_n)^\top \in \{0, 1, 2, \ldots\}^n$ とし，説明変数行列 X をロジスティック回帰モデル，プロビットモデルと同様に定めれば，対数尤度関数は

$$\log \left(\prod_{i=1}^n e^{-\pi_i} \frac{\pi_i{}^{y_i}}{y_i!} \right) = \boldsymbol{y}^\top X \boldsymbol{\beta} - \sum_{i=1}^n \left(e^{\boldsymbol{x}_i^\top \boldsymbol{\beta}} + \log y_i! \right)$$

となる．これを母数 $\boldsymbol{\beta}$ の各成分で偏微分したものを 0 とおいた連立方程式の解が最尤推定量となるが，やはり陽に解くことはできず，ソフトウェアを用いて数値的に解くことになる．対数線形モデルについては，28 章も参照のこと．

■**一般化線形モデル**■　本章で解説した，ロジスティック回帰モデル，プロビットモデル，ポアソン回帰モデル (対数線形モデル) は，**一般化線形モデル** (generalized linear model) として統一的に扱うことができる．以下，一般化線形モデルの考え方と用語をまとめる．応答を表す確率変数 Y の期待値を $\pi = E[Y]$ とする．Y の確率分布として，(一変数) **指数型分布族** (exponential family)

$$f(y; \theta, \phi) = \exp\left[\frac{y\theta - b(\theta)}{a(\phi)} - c(y, \phi)\right]$$

を仮定する. ここで, 母数 θ は**正準母数** (canonical parameter) とよぶ. 直接計算することにより $\pi = E[Y] = b'(\theta)$, $V[Y] = b''(\theta)a(\phi)$ が得られるから, 正準母数 θ は期待値母数 π のみの関数であることがわかる. また, 関数 $a(\phi)$ は $a(\phi) = \phi/w$ の形で表されることが多く, その場合の母数 ϕ は**散らばり母数** (dispersion parameter) とよばれる. 指数型分布族は, 本章で考えたベルヌーイ分布とポアソン分布のほか, 正規分布, ガンマ分布, 逆正規分布などの代表的な確率分布を含む. たとえば, 正規分布 $N(\mu, \sigma^2)$ は

$$\theta = \mu, \ \phi = \sigma^2, \ b(\theta) = \frac{\theta^2}{2}, \ a(\phi) = \phi, \ c(y, \phi) = \frac{1}{2}\left(\frac{y^2}{\phi} + \log(2\pi\phi)\right),$$

ベルヌーイ分布 $Bin(1, \pi)$ は

$$\theta = \log\frac{\pi}{1-\pi}, \ a(\phi) = 1, \ b(\theta) = \log(1 + e^\theta), \ c(y, \phi) = 0,$$

ポアソン分布 $Po(\pi)$ は

$$\theta = \log\pi, \ a(\phi) = 1, \ b(\theta) = e^\theta, \ c(y, \phi) = \log y!$$

とおけば, 指数型分布族に含まれることが確認できる.

一般化線形モデルは, 期待値母数 π の滑らかな変換 $g(\cdot)$ を考え, これが説明変数の線形結合として

$$g(\pi) = \beta_0 + \beta_1 x_1 + \cdots + \beta_p x_p$$

と表されることを仮定する. 関数 g を**リンク関数** (link function, または**連結関数**) とよぶ. 正規分布でリンク関数を恒等関数 $g(\pi) = \pi$ とすれば, 通常の線形モデルとなる. ベルヌーイ分布でリンク関数をロジット関数 $g(\pi) = \log(\pi/(1 - \pi))$ としたものがロジスティック回帰モデル, プロビット関数 $g(\pi) = \Phi^{-1}(\pi)$ としたものがプロビットモデルである. また, ポアソン分布でリンク関数を対数関数 $g(\pi) = \log\pi$ としたものがポアソン回帰モデル (対数線形モデル) である.

━ 例 題 ━

問 18.1 以下は，がん患者 27 人に対し，トリチウムチミジン注入後の細胞活動の増殖性の指標値 (LI) と寛解数を表にしたものである．

LI	患者	寛解	LI	患者	寛解	LI	患者	寛解
8	2	0	18	1	1	28	1	1
10	2	0	20	3	2	32	1	0
12	3	0	22	2	1	34	1	1
14	3	0	24	1	0	38	3	2
16	3	0	26	1	1			

　たとえば，(LI, 患者, 寛解) = (20, 3, 2) は，LI 値が 20 の患者 3 人のうち，2 人が寛解した，という意味である．データは，Alan Agresti, *An introduction to categorical data analysis*, 2nd ed. Wiley, 2007 の Table 4.8 より引用した．このデータに対し，統計ソフトウェアを利用してロジスティック回帰モデルを推定したところ，以下のような出力結果が得られた．ただし，応答値は 1 を「寛解した」，0 を「寛解しなかった」としている．出力結果の (Intercept) は回帰モデルの定数項を意味している．

```
Coefficients:
            Estimate Std. Error z value Pr(>|z|)
(Intercept) -3.77714    1.37862  -2.740  0.00615 **
LI           0.14486    0.05934   2.441  0.01464 *
```

〔1〕ロジスティック回帰モデルの推定の出力結果によると，寛解確率が 0.5 となるのは LI 値がいくつのときと考えられるか．また，LI 値が 30 の患者の寛解確率を推定せよ．

〔2〕ロジスティック回帰モデルの推定の出力結果によると，LI 値が 2 増えるとき，寛解のオッズはおおよそ何倍になると考えられるか．

問 18.2 以下は，高血圧を喫煙，肥満，いびきと関連させた 40 歳以上の男性 433 人に対する調査結果を表にしたものである．

喫煙	肥満	いびき	例数	高血圧の人数
0	0	0	60	5
1	0	0	17	2
0	1	0	8	1
1	1	0	2	0
0	0	1	187	35
1	0	1	85	13
0	1	1	51	15
1	1	1	23	8

　ただし，喫煙，肥満，いびきはいずれも，0 が「なし」，1 が「あり」としている．このデー

タは，Douglas, G., Altman, *Practical Statistics for Medical Research*, Chapman & Hall, 1991 の Table 12.9 より引用した．このデータに対し，統計ソフトウェアを利用してロジスティック回帰モデルを推定したところ，以下のような出力結果が得られた．ただし，応答値は 1 を「高血圧である」，0 を「高血圧でない」としている．出力結果の (Intercept) は回帰モデルの定数項を意味し，変数名は喫煙を Smoking，肥満を Obesity，いびきを Snoring としている．

```
Coefficients:
            Estimate Std. Error z value Pr(>|z|)
(Intercept) -2.37766    0.38018  -6.254    4e-10 ***
Smoking     -0.06777    0.27812  -0.244   0.8075
Obesity      0.69531    0.28509   2.439   0.0147 *
Snoring      0.87194    0.39757   2.193   0.0283 *
```

〔1〕ロジスティック回帰モデルの推定の出力結果から，喫煙，肥満，いびきがすべて「あり」の男性が高血圧である確率の推定値を計算せよ．

〔2〕ロジスティック回帰モデルの推定の出力結果から，肥満でない男性に対する肥満の男性の高血圧の推定リスクを計算せよ．

〔3〕ロジスティック回帰モデルの推定の出力結果から，肥満に対する高血圧のオッズ比の近似的な 95％信頼区間を計算せよ．

問 18.3　問 18.2 のデータに対し，統計ソフトウェアを利用してプロビットモデルを推定したところ，以下のような出力結果が得られた．変数名などは問 18.2 と同様である．

```
Coefficients:
            Estimate Std. Error z value Pr(>|z|)
(Intercept) -1.37312    0.19308  -7.112 1.15e-12 ***
smoking     -0.03865    0.15682  -0.246   0.8053
obesity      0.39996    0.16748   2.388   0.0169 *
snoring      0.46508    0.20464   2.273   0.0230 *
```

〔1〕プロビットモデルの推定の出力結果から，喫煙，肥満，いびきがすべて「あり」の男性が高血圧である確率の推定値を計算せよ．

〔2〕喫煙といびきがいずれも「なし」の男性について，肥満でない男性の高血圧である確率に対する限界効果の推定値を計算せよ．ただし，$\varphi(x)$ を標準正規分布の確率密度関数としたとき $\varphi(-1.373) = 0.155$ として計算せよ．

問 18.4　M 君は，2019 年 J リーグ Division 1 で優勝した横浜 F・マリノスのリーグ戦 34 試合について，試合ごとの得点数，チーム走行距離合計 (km)，スプリント回数を調べた．データは www.jleague.jp のウェブサイトで調べた以下のようなものである．

節	チーム走行距離合計	スプリント回数	得点
1	121.420	228	3
2	119.772	211	2
3	115.585	183	2
⋮	⋮	⋮	⋮
33	116.338	204	4
34	115.769	210	3

このデータに対し，統計ソフトウェアを利用してポアソン回帰モデルを推定したところ，以下のような出力結果が得られた．ただし，変数 Dist は「チーム走行距離合計」，Sprint は「スプリント回数」，(Intercept) は回帰モデルの定数項を意味している．

```
Coefficients:
            Estimate Std. Error z value Pr(>|z|)
(Intercept) 6.340460   4.515147   1.404   0.1602
Dist        -0.081255  0.049525  -1.641   0.1009
Sprint       0.019589  0.008136   2.408   0.0161 *
```

〔1〕ポアソン回帰モデルが正しいという仮定のもとで，推定結果を説明せよ．

〔2〕有意性検定の結果から，チーム走行距離合計とスプリント回数の得点数に対する説明力の大きさを比較せよ．

答および解説

問 18.1

〔1〕推定された回帰式は

$$\log \frac{\hat{\pi}}{1 - \hat{\pi}} = \hat{\beta}_0 + \hat{\beta}_1 \times \mathrm{LI} = -3.77714 + 0.14486 \times \mathrm{LI}$$

である．$\hat{\pi} = 0.5$ を代入すれば

$$\mathrm{LI} = 3.77714 / 0.14486 = 26.07$$

となるので，寛解確率が 0.5 になるのは LI 値がおよそ 26 のときである．また，$\mathrm{LI} = 30$ を代入すれば

$$\log \frac{\hat{\pi}}{1 - \hat{\pi}} = -3.77714 + 0.14486 \times 30 = 0.56866 \ \Rightarrow \ \hat{\pi} = \frac{e^{0.56866}}{1 + e^{0.56866}} = 0.638$$

となるので，LI 値が 30 の患者の寛解確率はおよそ 0.64 と推定される．

〔2〕推定された回帰式から，寛解のオッズについての関係式

$$\frac{\hat{\pi}}{1 - \hat{\pi}} = e^{-3.77714}(e^{0.14486})^{\mathrm{LI}} = e^{-3.77714} \times (1.155878)^{\mathrm{LI}}$$

が得られる．LI 値が 2 増えたときとの比を計算すれば

$$\frac{e^{-3.77714} \times (1.155878)^{\mathrm{LI}+2}}{e^{-3.77714} \times (1.155878)^{\mathrm{LI}}} = (1.155878)^2 = 1.336$$

となるから，寛解のオッズはおよそ 1.34 倍になると考えられる．

問 18.2

〔1〕喫煙，肥満，いびきに対応する説明変数を順に $x_1, x_2, x_3 \in \{0, 1\}$ とする．推定された回帰式は

$$\log \frac{\hat{\pi}}{1 - \hat{\pi}} = \hat{\beta}_0 + \hat{\beta}_1 x_1 + \hat{\beta}_2 x_2 + \hat{\beta}_3 x_3$$

$$= -2.37766 - 0.06777 x_1 + 0.69531 x_2 + 0.87194 x_3$$

であるから，$x_1 = x_2 = x_3 = 1$ を代入すれば

$$\log \frac{\hat{\pi}}{1 - \hat{\pi}} = -0.87818 \quad \Rightarrow \quad \hat{\pi} = \frac{e^{-0.87818}}{1 + e^{-0.87818}} = 0.293555$$

を得る．したがって，喫煙，肥満，いびきがすべて「あり」の男性が高血圧である確率の推定値はおよそ 0.29 である．

〔2〕喫煙といびきの変数 (x_1, x_3) を固定すれば，肥満の男性の高血圧のオッズの推定値は

$$\frac{\hat{\pi}}{1 - \hat{\pi}} = e^{-2.37766 - 0.06777 x_1 + 0.69531 + 0.87194 x_3}$$

であり，これは肥満でない男性の高血圧のオッズの推定値

$$\frac{\hat{\pi}}{1 - \hat{\pi}} = e^{-2.37766 - 0.06777 x_1 + 0.87194 x_3}$$

の $e^{0.69531} = 2.00$ 倍である．この値，つまり，「肥満の男性の，肥満でない男性に対する高血圧のオッズ比」は，肥満の男性の「高血圧の推定リスク」と考えることができる (28 章も参照のこと)．

〔3〕推定量 $\hat{\beta}_2$ の標準誤差は 0.285 であるから，推定量が近似的に標準正規分布に従って分布するとすれば，β_2 の近似的な 95 % 信頼区間は $0.695 \pm 1.96 \times 0.285$，すなわち $[0.136, 1.25]$ となる．したがって，オッズ比の近似的な 95 % 信頼区間は $[e^{0.136}, e^{1.25}] = [1.14, 3.49]$ と計算できる．(つまり，肥満でない男性に比べて，肥満の男性の高血圧リスクは 1.1 倍から 3.5 倍の範囲にあると信頼度 95 % で判断できる．これは，1 を含まないから，z 値を用いた近似的な検定結果の P-値が 0.05 未満であることに対応する．)

問 18.3

〔1〕喫煙，肥満，いびきに対応する説明変数を順に $x_1, x_2, x_3 \in \{0, 1\}$ とする．推定された回帰式は

$$\hat{\pi} = \Phi(\hat{\beta}_0 + \hat{\beta}_1 x_1 + \hat{\beta}_2 x_2 + \hat{\beta}_3 x_3)$$

$$= \Phi(-1.37312 - 0.03865 x_1 + 0.39996 x_2 + 0.46508 x_3)$$

であるから，$x_1 = x_2 = x_3 = 1$ を代入すれば標準正規分布表より

$$\hat{\pi} = \Phi(-0.5467) \approx \Phi(-0.55) = 0.291$$

を得る．つまり，喫煙，肥満，いびきがすべて「あり」の男性が高血圧である確率の推定値はおよそ 0.29 であり，ロジスティック回帰モデルから求めたのと同じ結果となる．

〔2〕肥満に対する限界効果は定義より

$$\frac{\partial \pi}{\partial x_2} = \frac{\partial \Phi(\beta_0 + \beta_1 x_1 + \beta_2 x_2 + \beta_3 x_3)}{\partial x_2} = \varphi(\beta_0 + \beta_1 x_1 + \beta_2 x_2 + \beta_3 x_3)\beta_2$$

である．求めたいのは，喫煙といびきがいずれも「なし」の男性についての限界効果であるから，$x_1 = x_3 = 0$ を代入したものを $x_2 = 0$ で評価する．推定値は

$$\left.\frac{\partial \Phi(\hat{\beta}_0 + \hat{\beta}_2 x_2)}{\partial x_2}\right|_{x_2=0} = \varphi(\hat{\beta}_0)\hat{\beta}_2 = \varphi(-1.373) \times 0.39996 = 0.06199 \approx 0.062$$

となる．つまり，喫煙といびきがいずれも「なし」の男性について，肥満の変数 x_2 が 0 から 1 に増加すると，高血圧の確率はおよそ 0.062 増加すると推定できる．

この問題では，説明変数はいずれも 2 値のダミー変数であるので，$(x_1, x_2, x_3) = (0,0,0)$ のときの確率の推定値と $(x_1, x_2, x_3) = (0,1,0)$ のときの確率の推定値の差を求めれば

$$\Phi(-1.37312 + 0.39996) - \Phi(-1.37312) \approx \Phi(-0.97) - \Phi(-1.37)$$
$$= 0.16602 - 0.085343 \approx 0.08$$

となる．本問のようなダミー変数については，限界効果よりも上のような確率の差に注目することが多い．2018 年論述問 2 のような，説明変数が実数値の場合には，限界効果が意味のある指標となる．

問 18.4

〔1〕推定された対数線形モデルは，試合ごとの平均得点数を π としたとき

$$\log \pi = 6.34 - 0.0813 \times \mathrm{Dist} + 0.0196 \times \mathrm{Sprint}$$

である．したがって，ポアソン回帰モデルが正しいと仮定すれば，チーム走行距離合計が 1 km 増えると得点数は $e^{-0.0813} \approx 0.92$ 倍になり，スプリント回数が 1 回増えると得点数は $e^{0.0196} \approx 1.02$ 倍になると推定される．

〔2〕回帰係数の有意性検定の結果は，スプリント回数については有意だが，チーム走行距離合計については有意でない．したがって，上記の「チーム走行距離合計が増えると得点数は減る」という考察に，統計的な意味があるかどうかは疑わしい．一方で，スプリント回数については，ポアソン回帰モデルが正しいと仮定すれば，得点数に対する説明力は統計的に意味があると判断できる．

19 回帰分析その他

//キーワード// 打ち切り，トービットモデル，比例ハザードモデル，ニューラルネットワークモデル

■**トービットモデル**■　被説明変数がある限られた範囲の値しかとらない状況や，一定の条件が満たされるとき，データが観測できないなどの状況がしばしばある．被説明変数に**左打ち切り** (left-censoring) または**右打ち切り** (right-censoring) が発生する場合の線形モデル (linear model) は，**トービットモデル** (tobit model)，または**打ち切り回帰モデル** (censored regression model) ともよばれる．

> **例 1**　車の速度計の読み取り上限が決められている．アクセルの踏み具合とエンジンサイズで車両の最高速度を予測しようとする問題で，被説明変数にどのタイプの打ち切りが発生しているか．
>
> 答　車両の実際の速度に関係なく，上限以下の読み取り値しか得られない．したがって，被説明変数の車の速度に右打ち切りが発生してる．

> **例 2**　所得が一定額以上でなければ資産形成はされないと考えられる．所得から資産額を予測する問題を考えるとき，被説明変数にどのタイプの打ち切りが発生しているか．
>
> 答　所得が一定額以上でなければ資産形成にまわる余裕がないので，資産額は 0 である．したがって，被説明変数の資産額に左打ち切りが発生してる．

> **例 3**　大学の入学時の英語と数学の得点を用いて，入学後の GPA を予測する問題を考える．このとき，被説明変数にどのタイプの打ち切りが発生しているか．
>
> 答　GPA の最低値は 0 で，最高値は (通常) 4 である．GPA の最高値をとっている学生同士や，最低値をとっている学生同士は区別がつかない．この場合，被説明変数である GPA に関して両側打ち切りが発生してる．

■**タイプ I トービットモデル**■　本章で解説しているトービットモデルはすべてタイプ I トービットモデル (Type I tobit model) である．y_i を実際の観測値，y_i^* を**潜在変数** (latent variable) とする．潜在変数 y_i^* に打ち切りが伴うが，説明変数 x_i は常に観測 (測定) 可能である．タイプ I トービットモデルにおいて，観測値 y_i と潜在変

数 y_i^* の関係は以下の 3 つのケースに分けられる.

- 左打ち切りが伴う場合：$y_i = \begin{cases} y_i^* & (y_i^* > L) \\ L & (y_i^* \leq L) \end{cases}$

- 右打ち切りが伴う場合：$y_i = \begin{cases} y_i^* & (y_i^* < U) \\ U & (y_i^* \geq U) \end{cases}$

- 両側打ち切りが伴う場合：$y_i = \begin{cases} y_i^* & (L < y_i^* < U) \\ L & (y_i^* \leq L) \\ U & (y_i^* \geq U) \end{cases}$

ただし，L, U は定数である.

■**尤度関数**■　次のタイプ I トービットモデルを考える.

$$y_i^* = \boldsymbol{x}_i^\top \boldsymbol{\beta} + \varepsilon_i, \quad i = 1, \ldots, n$$

ただし，$\boldsymbol{\beta}$ はパラメータからなるベクトルで，ε_i は互いに独立に正規分布 $N(0, \sigma^2)$ に従うとする. この場合の左打ち切りの場合の尤度関数を求めてみよう. まず，次のように定義関数を定める.

$$I(y_i) = \begin{cases} 0 & (y_i \leq L) \\ 1 & (y_i > L) \end{cases}$$

次に $\varphi(\cdot), \Phi(\cdot)$ をそれぞれ標準正規分布の確率密度関数，累積分布関数とする. 打ち切られる確率 $P(y_i* \leq L)$ を考慮すると，$\boldsymbol{\beta}, \sigma$ に関する尤度関数は次のようになる.

$$L(\boldsymbol{\beta}, \sigma) = \prod_{i=1}^{n} \left[\frac{1}{\sigma} \varphi\left(\frac{y_i - \boldsymbol{x}_i^\top \boldsymbol{\beta}}{\sigma} \right) \right]^{I(y_i)} \left[1 - \Phi\left(\frac{\boldsymbol{x}_i^\top \boldsymbol{\beta} - L}{\sigma} \right) \right]^{1 - I(y_i)}$$

$$= \prod_{i: y_i > L} \frac{1}{\sigma} \varphi\left(\frac{y_i - \boldsymbol{x}_i^\top \boldsymbol{\beta}}{\sigma} \right) \prod_{i: y_i \leq L} \Phi\left(\frac{L - \boldsymbol{x}_i^\top \boldsymbol{\beta}}{\sigma} \right)$$

■**生存時間解析**■　ある時点から，興味のあるイベント (病気の転移，完治，死亡) が観察されるまでの時間 $T \, (\geq 0)$ を**生存時間** (survival time) という. 生存時間解析の目的は，生存時間と関連情報 (共変量) を用いて，生存率の推定や比較，さらに生存率と共変量の関係を解明することである. 生存時間解析の主要な目的は，次の**生存関数**

$$S(t) = P(T > t) = \int_t^\infty f(x \mid \boldsymbol{\theta}) \, dx \tag{19.1}$$

の推定である. ただし, $f(x \mid \boldsymbol{\theta})$ は T の確率密度関数で, $\boldsymbol{\theta}$ は未知のパラメータである. 生存関数 $S(t)$ はイベントが発生するまでの時間が t を超える確率を表している.

　生存時間解析のモデル構築は生存関数モデルの構築であるが, そのために 2 章で定義した**ハザード関数**からアプローチするのが一般的である.

▓**ハザード関数の例**▓　典型的なハザード関数の例をいくつか紹介する.

　生存時間 T が指数分布に従い, 確率密度関数を $f(t) = \lambda e^{-\lambda t}$ とする. このときの生存関数は $S(t) = e^{-\lambda t}$ で, ハザード関数は $h(t) = \lambda$ となる. 定常なハザードは健康状態が安定な人に対する適切なモデルといえよう.

　生存時間 T がワイブル分布に従い, 確率密度関数を $f(t) = \lambda p(\lambda t)^{p-1} e^{-(\lambda t)^p}$ とする. ワイブル分布は指数分布を一般化したモデルである. このときのハザード関数は $h(t) = \lambda p(\lambda t)^{p-1}$ となる. $p = 1$ のとき, $h(t)$ は定数, $p > 1$ のとき $h(t)$ は単調増加, $p < 1$ のとき $h(t)$ は単調減少である. たとえば, ある病気に対して, まったく治療を受けてない患者の死亡するハザードは時間と共に増加し, また手術などを受けた患者に対してはハザードが単調減少すると考えられる. このときの生存関数は $S(t) = e^{-(\lambda t)^p}$ となる.

　生存時間 T が対数正規分布に従い, $\log T \sim N(\mu, \sigma^2)$ とする. T の確率密度関数は $f(t) = (\sqrt{2\pi}\sigma t)^{-1} e^{-(\log t - \mu)^2/(2\sigma^2)}$ となる. このときの生存関数は $S(t) = 1 - \Phi[(\log t - \mu)/\sigma]$ となる. ただし, $\Phi(\cdot)$ は標準正規分布の分布関数である. ハザード関数は $h(t) = -S'(t)/S(t)$ により求められるが, 式は省略する. この場合は, 増加から減少に転じるハザード関数で, 肺結核などの慢性疾患をもつ患者に対して適切なモデルである.

▓**比例ハザードモデル**▓　たとえば, 白血病患者の死亡をイベントとした場合, 治療効果のほか, **予後因子** (prognostic indicator) である患者の白血球数 (の対数) などの複数の共変量 $\boldsymbol{x}$ を考慮する必要がある. 一般化線形モデル (詳しくは 18 章を参照) においては, 連結関数 $g(\cdot)$ を用いて, $E(T \mid \boldsymbol{x}) = g(\boldsymbol{x}^\top \boldsymbol{\beta})$ の仮定をおき, 反復重み付き最小二乗法を用いて $\boldsymbol{\beta}$ の推定を行う. 生存時間解析において, $E(T \mid \boldsymbol{x})$ の代わりに, ハザード関数を用いて,

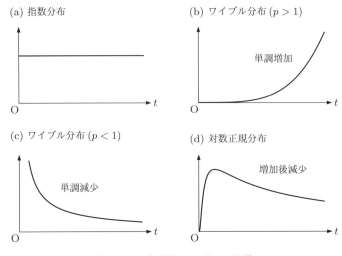

図 19.1 典型的なハザード関数

$$h(t; \boldsymbol{x}) = \exp\left(\alpha + \boldsymbol{x}^\top \boldsymbol{\beta}\right) = h_0\, e^{\boldsymbol{x}^\top \boldsymbol{\beta}}, \quad (h_0 = e^\alpha > 0) \tag{19.2}$$

を仮定する．モデル (19.2) におけるハザードは時間に依存せず，生存時間 T の分布は指数分布に限られる．確率密度関数 $f(t) = \lambda \exp(-\lambda t)$ をもつ指数分布のハザードは λ なので，$\lambda = h_0\, e^{\boldsymbol{x}^\top \boldsymbol{\beta}}$ として，最尤法で $\alpha, \boldsymbol{\beta}$ を推定できる．

指数分布を仮定した回帰モデル (19.2) における h_0 を $h_0(t)$ で置き換えて得られたのが，**Cox 比例ハザードモデル** (proportional hazard model) である．

$$h(t; \boldsymbol{x}) = h_0(t)\, e^{\boldsymbol{x}^\top \boldsymbol{\beta}} \quad (h_0(t) > 0) \tag{19.3}$$

$h_0(t) = h(t; \boldsymbol{x} = 0)$ なので，$h_0(t)$ は**基準ハザード** (baseline hazard) とよばれる．$h_0(t)$ は t の関数であるが，その形をまったく指定しないため，比例ハザードモデルはセミ・パラメトリック・モデルの一種である．比例ハザードモデルが広く使われている理由は，基準ハザード関数 $h_0(t)$ における制約をおいていないことである．したがって，生存時間 T の分布がどんな分布であっても，比例ハザードモデル (19.3) に基づく解析は頑健的な結果を保証する．

比例ハザードモデル (19.3) のもとで，

$$\frac{h(t; \boldsymbol{x})}{h(t; \boldsymbol{x}^*)} = \exp\left[(\boldsymbol{x} - \boldsymbol{x}^*)^\top \boldsymbol{\beta}\right] \tag{19.4}$$

となるので，ハザードの比は時間に依存しないことがわかる．この性質を比例ハザー

ド性といい，比例ハザードモデルを適用するときに，比例ハザード性のチェックが必要である．比例ハザードモデル (19.3) のもとで，

$$\log\left(-\log S(t; \boldsymbol{x})\right) = \boldsymbol{x}^\top \boldsymbol{\beta} + \log H_0(t) \tag{19.5}$$

と導ける．ただし，$H_0(t) = \displaystyle\int_0^t h_0(u)\,du$ は基準累積ハザードである．式 (19.5) を利用して比例ハザード性を検証できる．

■**カプラン・マイヤー推定量**■　パラメトリック・モデルの適用が難しい場合，生存関数の推定量を次のように構成できる．大きさ n の無作為標本 $t_1, \ldots, t_n$ に対して，まず打ち切りがない場合を考える．$S(t) = 1 - F(t)$ により，経験分布 $F_n(t)$ を用いて

$$\hat{S}(t) = 1 - F_n(t) = \frac{1}{n}\sum_{i=1}^n I(t_i > t)$$

で推定できる．ただし，$I(\cdot)$ は定義関数である．推定量 $\hat{S}(t)$ は**カプラン・マイヤー推定量** (積極限推定量，Kaplan-Meier estimator) の特殊な場合である．タイがなければ，$\hat{S}(t)$ は死亡時刻ごとに $1/n$ ずつ減少する階段関数である．

次に右打ち切りが伴う場合を考える．たとえばある病気の手術を行ったあと死亡するまでの生存時間を分析する場合，患者の転院などの理由で，それらの患者については生存時間が打ち切られて観測できないことがある．n 人の患者を観察しはじめたとして，時刻 $t > 0$ までに時刻 $0 < t_1 < t_2 < \cdots < t_k < t$ で死亡が観測されたとする．時刻 t_i での死亡数を d_i とする．また「時刻 t_i より前までは生存していたことがわかっている人数」を n_i とする．つまり n_i は，最初の n 人から時刻 t_i より前に死亡した人数および右打ち切りされた人数を引いた人数を表す．このときカプラン・マイヤー推定量は

$$\hat{S}(t) = \begin{cases} 1 & (t < t_1) \\ \displaystyle\prod_{i\,:\,t_i \leq t} \frac{n_i - d_i}{n_i} & (t \geq t_1) \end{cases} \tag{19.6}$$

で与えられる．

時刻 t_j におけるカプラン・マイヤー推定量は，直前の時刻 t_{j-1} における推定量と，t_j まで生きていた条件のもとでの t_j を乗り越える条件付き確率の推定量との積

で表すことができる.すなわち $\hat{S}(t_j) = \hat{S}(t_{j-1}) \times \hat{P}[T > t_j | T \geq t_j]$ が成立する.これにより,カプラン・マイヤー推定量は

$$\hat{S}(t_j) = \prod_{i=1}^{j} \hat{P}[T > t_i | T \geq t_i]$$

と条件付き生存確率の積で表現できることがわかる.

▌ニューラルネットワークモデル▐　　非線形回帰分析の1つの手法として,最近人工知能分野で多用される**ニューラルネットワークモデル** (neural network model) がある.説明変数ベクトル $\boldsymbol{x} = (x_1, \ldots, x_p)^\top$ を入力,被説明変数ベクトル $\boldsymbol{y} = (y_1, \ldots, y_q)^\top$ を出力とよぶ.ここでは被説明変数もベクトルとする.入力層と出力層のみからなるニューラルネットワークモデルでは $\boldsymbol{y}$ の第 i 要素 y_i が,$\boldsymbol{x}$ の要素の線形結合 $\boldsymbol{w}_i^\top \boldsymbol{x}$ を**活性化関数** (activation function) とよばれる関数 f で変換して得られるとする:

$$y_i = f(\boldsymbol{w}_i^\top \boldsymbol{x})$$

活性化関数としては18章のロジスティック関数 $f(x) = 1/(1+e^{-x})$ や **ReLU** (Rectified Linear Unit) 関数 $f(x) = \max\{0, x\}$ が用いられる.ロジスティック関数はニューラルネットワークの分野では**シグモイド関数** (sigmoid function) とよばれる.$\boldsymbol{w}_i$ を重みベクトルとよぶ.また $\boldsymbol{w}_i^\top \boldsymbol{x}$ に定数項 w_{i0} を付け加えて $w_{i0} + \boldsymbol{w}_i^\top \boldsymbol{x}$ とすることもよく行われており,w_{i0} をバイアス項とよぶ.以上の関係をまとめて $\boldsymbol{y} = f_{\boldsymbol{\theta}}(\boldsymbol{x})$ と表す.ここで $\boldsymbol{\theta}$ は重みベクトルやバイアス項からなるパラメータベクトルである.

　以上は入力層と出力層のみからなるニューラルネットワークモデルであったが,通常は $f_{\boldsymbol{\theta}}$ の形の関数を何回か合成し,合成の途中の段階を**中間層**あるいは**隠れ層** (hidden layer) とよぶ.たとえば中間層が2つのニューラルネットワークモデルは

$$\boldsymbol{y} = h_{\boldsymbol{\theta}''}(g_{\boldsymbol{\theta}'}(f_{\boldsymbol{\theta}}(\boldsymbol{x})))$$

のように表される.これは入力 $\boldsymbol{x}$ が $f_{\boldsymbol{\theta}}$ により最初の中間層に出力され,さらにそれが $g_{\boldsymbol{\theta}'}$ によって第2の中間層に出力され,最後に $h_{\boldsymbol{\theta}''}$ によって出力 $\boldsymbol{y}$ に変換されることを示す.特に中間層の数の多いニューラルネットワークを**深層ニューラルネットワーク** (deep neural network) とよぶ.

例題

問 19.1　次の図は気象庁からとった，2018 年 12 月，2019 年 1 月の 62 日間における，新潟県越後湯沢地域の積雪量 (cm) と平均気温 (℃)，日照時間 (h) の関係をプロットしたものである．

　平均気温 (x_1) と日照時間 (x_2) から積雪量 (y) を予測する問題を考える．観測できる積雪量は 0 以下になることはないから，次のタイプ I のトービットモデル

$$y_i^* = \beta_0 + \beta_1 x_{i1} + \beta_2 x_{i2} + \varepsilon_i \quad (i = 1, \ldots, 62)$$

を用いるべきである．ここで，y_i^* は潜在変数で，ε_i は独立に同一の正規分布 $N(0, \sigma^2)$ に従うとする．以下の問いに答えよ．

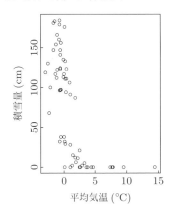 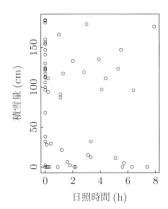

〔1〕このトービットモデルに基づいて，パラメータ $\beta_0, \beta_1, \beta_2, \sigma$ の尤度関数を書け．

〔2〕上のトービットモデルと，最低気温，最高気温も説明変数に用いた他のいくつかのトービットモデルを推定したところ，最大対数尤度は次の表のようになった．

説明変数	最大対数尤度
日照時間 ＋ 平均気温	-262.3469
日照時間 ＋ 平均気温 ＋ 最高気温	-261.9037
日照時間 ＋ 平均気温 ＋ 最低気温	-261.9764
日照時間 ＋ 平均気温 ＋ 最低気温 ＋ 最高気温	-261.8608

　この結果から，どの変数の組合せを説明変数に用いたモデルが最もよいか，AIC を用いて説明せよ (AIC については 30 章を参照のこと)．

問 19.2　生存時間 T は指数分布に従い，確率密度関数は $f(t) = \lambda e^{-\lambda t}$ であるとする．$h(t)$ をハザード関数とすると，$h(t) = \lambda$ となることを示せ．

問 19.3　$S(t; \boldsymbol{x})$ を生存関数とし，$H_0(t) = \displaystyle\int_0^t h_0(u)\, du$ を基準累積ハザード関数とする．比例ハザードモデル (19.3) のもとで，

$$\log\left(-\log S(t;\boldsymbol{x})\right) = \boldsymbol{x}^{\top}\boldsymbol{\beta} + \log H_0(t)$$

となることを示せ.

問 19.4 ある治療法とプラシーボを,それぞれ 21 人の白血病患者に対して行い,治療開始から死亡するまでの時間 (生存週数) を記録したデータが Kleinbaum and Klein (1996, p.75) に与えられている. このデータには打ち切りが発生している. このような打ち切りが伴うデータに対して,生存関数のノンパラメトリック推定量としてカプラン・マイヤー推定量がよく用いられる. 時間の対数を横軸にとり,治療群と対照群における生存関数のカプラン・マイヤー推定量に対する 2 重対数プロットを以下の図で示している. 太線は治療群を細線は対照群を表している.

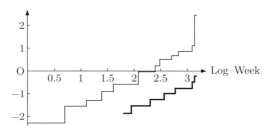

〔1〕 この図に基づいて,比例ハザードモデルをこのデータセットに適用するときに妥当かどうかを理由とともに述べよ.

〔2〕 2 つのカプラン・マイヤー推定量の間の距離が何を表しているかを説明せよ.

答および解説

問 19.1

〔1〕 $L = 0$ に注意すると,尤度関数は次のようになる.

$$L(\boldsymbol{\beta}, \sigma) = \prod_{i:y_i > L} \frac{1}{\sigma} \varphi\left(\frac{y_i - \boldsymbol{x}_i^{\top}\boldsymbol{\beta}}{\sigma}\right) \prod_{i:y_i \leq L} \Phi\left(\frac{L - \boldsymbol{x}_i^{\top}\boldsymbol{\beta}}{\sigma}\right)$$

$$= \prod_{i:y_i > 0} \frac{1}{\sigma} \varphi\left(\frac{y_i - \beta_0 - \beta_1 x_{i1} - \beta_2 x_{i2}}{\sigma}\right) \times$$

$$\prod_{i:y_i \leq 0} \Phi\left(\frac{-\beta_0 - \beta_1 x_{i1} - \beta_2 x_{i2}}{\sigma}\right)$$

〔2〕 k をパラメータ数とすると,

$$\mathrm{AIC} = -2 \times \text{最大対数尤度} + 2k$$

となるので,AIC を求めると,次のようになる.

説明変数	パラメータ数	AIC
日照時間 ＋ 平均気温	4	532.6938
日照時間 ＋ 平均気温 ＋ 最高気温	5	533.8074
日照時間 ＋ 平均気温 ＋ 最低気温	5	533.9528
日照時間 ＋ 平均気温 ＋ 最低気温 ＋ 最高気温	6	535.7216

AIC はモデルと真の分布の乖離を計るものであり，小さいほうがよい．したがって，上の計算から AIC の意味では「日照時間 ＋ 平均気温」のモデルが最適といえる．

問 19.2　定義に従って生存関数を計算すると

$$S(t) = P(T > t) = \int_t^\infty \lambda e^{-\lambda t}\, dt = \left[-e^{-\lambda t} \right]_t^\infty = e^{-\lambda t}$$

となる．よって，

$$h(t) = -\frac{S'(t)}{S(t)} = \frac{\lambda e^{-\lambda t}}{e^{-\lambda t}} = \lambda$$

となる．

問 19.3　比例ハザードモデル (19.3) のもとで，生存関数は次のように表現できる．

$$S(t; \boldsymbol{x}) = \exp\left(-\int_0^t h(u; \boldsymbol{x})\, du \right) = \exp\left(-\int_0^t h_0(u) \exp(\boldsymbol{x}^\top \boldsymbol{\beta})\, du \right)$$

$$= \exp\left(-\exp(\boldsymbol{x}^\top \boldsymbol{\beta}) \int_0^t h_0(u)\, du \right)$$

したがって，$H_0(t) = \displaystyle\int_0^t h_0(u)\, du$ を基準累積ハザードとすると，

$$\log\left(-\log S(t; \boldsymbol{x}) \right) = \boldsymbol{x}^\top \boldsymbol{\beta} + \log H_0(t)$$

となる．

問 19.4

〔1〕白血病の例において，$x = x_1$ のみを考える．x_1 はダミー変数で 0 (対照群) と 1 (治療群) の値をとる．比例ハザード性のもとでは，2 群における生存関数の間には，

$$\log\left(-\log S(t; 1) \right) = \beta + \log\left(-\log S(t; 0) \right) \tag{19.7}$$

という関係が成立する．すなわち，2 群の生存関数の 2 重対数 $\log(-\log S)$ は平行となる．生存関数の推定量であるカプラン・マイヤー曲線がほぼ並行していることから，このデータセットに対して比例ハザードの仮定が妥当であるといえる．

〔2〕式 (19.7) より，

$$\beta = \log\left(-\log S(t; 1) \right) - \log\left(-\log S(t; 0) \right)$$

となることがわかる．すなわち，生存関数の 2 重対数間の距離は治療効果の大きさを表している．

20 分散分析と実験計画法

⫸キーワード⫷ フィッシャーの三原則，ブロック因子，1元配置，2元配置，一部実施要因計画，直交表

▐▐ **フィッシャーの三原則** ▐▐ **実験計画法** (experimental design) とは，取り上げる対象についての結果とそれに影響しそうな要因との関係を調べるために，時間面，経済面などの制約を考慮しながら計画的な実験によりデータを得て，それらを解析し有益な情報を見出す一連の方法である．また，分散分析はデータから実験で取り上げた変数の効果の有無の検定に用いる．物理，化学などの科学的な精密さを求める実験では結果のばらつきの低減を目指すのに対し，実験計画法では誤差の存在を認めたうえで，数理統計学の力により種々の推論を行う．

結果とその要因の関係を定量的に推定するために，まず，結果を表現する指標を**応答** (response) として設定する．これを，**特性** (characteristics) とよぶこともある．応答に影響を及ぼすと思われる変数のなかで，実験で取り上げるものを**因子** (factor)，因子についての具体的な条件を**水準** (level) とよぶ．さらに，複数因子の水準によって決まるそれぞれの実験を**処理** (treatment) とよぶこともある．焼成工程における生産量改善を例に考える．収率を応答，収率に影響を及ぼしそうな焼成温度を因子，焼成温度の条件である 1000, 1100, 1200 (℃) を水準として取り上げる．

実験計画法の起源は，フィッシャー (Fisher, R. A.) による農事試験への適用である．農事試験では，天候，圃場，温度，水分など結果に影響を与える変数が複数存在する．また，これらの条件を一定に保つことは現実的に不可能であり，実験結果にばらつきが生じるので，このばらつきのなかで，品種，育成方法など複数の条件のなかからよいものを見出す必要がある．これらを背景に，フィッシャーは次の実験の三原則を示している．

(1) replication : **反復，繰り返し**

(2) randomization : **ランダム化，無作為化**

(3) local control : **局所管理，小分けの原理**

(1) の反復，繰り返しは，誤差による変動の評価を可能にする．これにより，実験結果の変動が，偶然的なばらつきなのか，あるいは，処理の違いによる系統的なばらつきなのかの評価が可能になる．

(2) の実験のランダム化は，処理による変動以外を確率的な誤差に転化する．処理による変動と，実験で取り上げていない要因による変動が混じることを防ぐため，処理の空間的，時間的順序をランダム化する．そして，実験により得たデータを確率的な誤差を含むものとして統計解析する．

(3) の局所管理では，実験の場全体をランダム化することが経済的，空間的制約により困難な場合に，局所的に均一な場に管理し，そのなかで処理の一揃いを実施する．処理による効果を正確に求めるには，均一な実験の場が理想であるが，一般には困難である．そこで，実験の場を局所的に均一な場に分け，処理以外の影響を取り除く．このために取り上げる因子を，**ブロック因子** (blocking factor) とよぶ．

■1 元配置■　　ある化学繊維の開発では，応答 y として値が大きいほど好ましい繊維強度指数を，因子 A として副原料を，その水準として A_1 から A_5 の 5 種類を取り上げている．それぞれの水準での繰り返し数は 6 であり，$5 \times 6 = 30$ 回の実験をランダムな順序で実施している．これを表 20.1 に示す．

表 **20.1**　化学繊維合成の例 (1 元配置)

水準	繰り返し					
A_1	9.7	8.7	10.2	11.3	11.2	11.7
A_2	9.8	11.8	13.1	10.9	11.3	10.3
A_3	9.2	10.0	10.2	8.9	10.4	10.6
A_4	13.1	12.6	12.7	12.6	14.3	12.9
A_5	10.8	10.5	13.0	11.9	13.4	10.3

データ解析に際し，第 i 水準，第 j 繰り返しでのデータ y_{ij} について，

$$y_{ij} \sim N\left(\mu\left(A_i\right), \sigma^2\right) \tag{20.1}$$

とする $(i = 1, \ldots, a; j = 1, \ldots, n)$．このモデルは，因子 A の水準 i によって平均 $\mu\left(A_i\right)$ が決まり，A_i によらず共通の分散をもつ誤差を伴い測定していることを表す．

平均 $\mu(A_i)$ を水準について平均化した $\mu = \sum_{i=1}^{a} \mu(A_i)/a$ を一般平均とよぶ．因子の効果を $\alpha_i = \mu(A_i) - \mu$ のとおり一般平均との差とすると，式 (20.1) のモデルは次式となる．

$$y_{ij} = \mu + \alpha_i + \varepsilon_{ij}, \quad \varepsilon_{ij} \sim N(0, \sigma^2) \tag{20.2}$$

効果に関する帰無仮説，対立仮説は

$H_0 : \alpha_1 = \cdots = \alpha_a = 0$ vs. $H_1 :$ 等号 "$=$" が少なくとも 1 つは成り立たない

であり，この検定には**分散分析** (analysis of variance) を用いる．応答 y について，全体の平均値 $\overline{y} = \sum_{i=1}^{a} \sum_{j=1}^{n} y_{ij}/(an)$ からの偏差について二乗和をとり，**総平方和** (total sum of squares) S_{T} を

$$S_{\mathrm{T}} = \sum_{i=1}^{a} \sum_{j=1}^{n} (y_{ij} - \overline{y})^2$$

とする．なお，この自由度 ϕ_{T} は $an - 1$ である．

次に 因子 A の**水準間平方和** (between sum of squares) S_A を

$$S_A = \sum_{i=1}^{a} \sum_{j=1}^{n} (\overline{y}_{A_i} - \overline{y})^2 = n \sum_{i=1}^{a} (\overline{y}_{A_i} - \overline{y})^2$$

とする．水準ごとの平均 $\overline{y}_{A_1}, \ldots, \overline{y}_{A_a}$ のばらつきが大きいほど S_A が大きくなる．また，この平方和の自由度 ϕ_A は $a - 1$ となる．

さらに**誤差平方和** (sum of squared errors) S_{E} は，第 i 水準での誤差平方和 $\sum_{j=1}^{n} (y_{ij} - \overline{y}_{A_i})^2$ をすべての水準で合計した次式とする．

$$S_{\mathrm{E}} = \sum_{i=1}^{a} \sum_{j=1}^{n} (y_{ij} - \overline{y}_{A_i})^2$$

この自由度 ϕ_{E} は $a(n-1)$ である．なお誤差平方和 S_{E} を，モデルで表現できない残りという意味で，**残差平方和** (sum of squared residuals) とよぶ場合もある．

平方和 S_A, S_{E} を自由度 $\phi_A, \phi_{\mathrm{E}}$ で除し，水準間の変動 $V_A = S_A/\phi_A$，誤差による変動 $V_{\mathrm{E}} = S_{\mathrm{E}}/\phi_{\mathrm{E}}$ を求める．これらを分散，あるいは，**平均平方** (mean square) とよぶ．

帰無仮説 $H_0 : \alpha_1 = \cdots = \alpha_a = 0$ が成り立つ場合には,

$$F = \frac{V_A}{V_E} = \frac{S_A/\phi_A}{S_E/\phi_E} \tag{20.3}$$

が, 自由度 (ϕ_A, ϕ_E) の F 分布に従う. これから, 表 20.2 の分散分析表のとおり F 値を求め, パーセント点と比較する, あるいは, P-値を求め H_0 を検定する.

表 20.2　1 元配置の分散分析表の基本構造

要因	S	ϕ	V	F	p
A	S_A	$\phi_A = a - 1$	$V_A = S_A/\phi_A$	V_A/V_E	
誤差	S_E	$\phi_E = a(n-1)$	$V_E = S_E/\phi_E$		
合計	S_T	$\phi_T = an - 1$			

平均 $\mu(A_i) = \mu + \alpha_i$ の点推定は, 次式の A_i での平均値を用いる.

$$\hat{\mu}(A_i) = \overline{y}_{A_i}$$

また $\mu + \alpha_i$ の信頼率 95 % の信頼区間は, 誤差分散 V_E, 自由度 ϕ_E の t 分布で両外側確率の合計が 0.05 になる点 $\pm t_{0.025}(\phi_E)$ を用い, 次式となる.

$$\overline{y}_{A_i} \pm t_{0.025}(\phi_E)\sqrt{V_E/n}$$

表 20.3 に, 前述のデータの分散分析表を示す. これは, 副原料の効果を示している. 副原料 $A_1, \ldots, A_5$ を用いたときの平均値は A_4 のときが最も大きく 13.03 である. 平均 $\mu + \alpha_4$ の 95 % 信頼区間は (12.17, 13.90) である.

表 20.3　化学繊維合成データの分散分析結果

要因	S	ϕ	V	F	p
A (副原料)	34.945	4	8.736	8.201	< 0.001
誤差	26.630	25	1.065		
合計	61.575	29			

なお, 水準により繰り返し数が異なる場合には, S_T, S_A, S_E を求める際に n の代わりに第 i 水準の繰り返し数 n_i を用いる.

■2 元配置■　因子 A, B について, 水準 A_i $(i = 1, \ldots, a)$ と B_j $(j = 1, \ldots, b)$ による組合せのそれぞれで n 回, 全部で abn 回の実験をランダムに実施する計画を **2 元配置** (two-way layout), 2 因子要因計画とよぶ. この例として, 開発中の切削機械

$A_1, \ldots, A_6$ と，切削工法 B_1, B_2 について，それぞれの組合せで $n = 3$ 回，計 36 回の実験をランダムな順序で実施した単位時間当たりの切削量データを表 20.4 に示す．なお，切削量が多いほど生産性が高く好ましい．

表 20.4 単位当たり時間の切削量

切削 機械	切削工法 B_1 繰り返し			切削工法 B_2 繰り返し		
A_1	339	419	289	132	178	202
A_2	138	142	206	173	192	166
A_3	190	201	120	59	77	25
A_4	197	126	204	157	168	194
A_5	423	384	312	381	283	247
A_6	368	383	345	235	230	171

因子 A, B の**主効果** (main effect) α_i, β_j と**交互作用** (interaction) $(\alpha\beta)_{ij}$ を含む次のモデルを用いる．

$$y_{ijk} = \mu + \alpha_i + \beta_j + (\alpha\beta)_{ij} + \varepsilon_{ijk} \tag{20.4}$$

交互作用とは複数因子の相乗的な効果を表し，1 つの因子の効果が他の因子の水準によって異なる度合いを示す．主効果，交互作用の有無は，分散分析により検定する．

総平方和 S_{T}，A 間平方和 S_A，B 間平方和 S_B，誤差平方和 S_{E} と，それらの自由度について，1 元配置と同様の考え方により次式で求める．

$$S_{\mathrm{T}} = \sum_i \sum_j \sum_k \left(y_{ijk} - \overline{y}\right)^2, \ \phi_{\mathrm{T}} = abn - 1$$

$$S_A = \sum_i \sum_j \sum_k \left(\overline{y}_{A_i} - \overline{y}\right)^2 = bn \sum_i \left(\overline{y}_{A_i} - \overline{y}\right)^2, \ \phi_A = a - 1$$

$$S_B = \sum_i \sum_j \sum_k \left(\overline{y}_{B_j} - \overline{y}\right)^2 = an \sum_j \left(\overline{y}_{B_j} - \overline{y}\right)^2, \ \phi_B = b - 1$$

$$S_{\mathrm{E}} = \sum_i \sum_j \sum_k \left(y_{ijk} - \overline{y}_{A_i B_j}\right)^2, \ \phi_{\mathrm{E}} = ab(n - 1)$$

なお，$\overline{y}_{A_i B_j}$ は A_i, B_j での応答 y の平均値を表す．

因子 A と B の 2 因子交互作用 $A \times B$ による平方和 $S_{A \times B}$ を

$$S_{A \times B} = \sum_i \sum_j \sum_k \left(\overline{y}_{A_i B_j} - \overline{y}_{A_i} - \overline{y}_{B_j} + \overline{y} \right)^2$$

$$= n \sum_i \sum_j \left(\overline{y}_{A_i B_j} - \overline{y}_{A_i} - \overline{y}_{B_j} + \overline{y} \right)^2$$

で定義する．この平方和を構成する $\left(\overline{y}_{A_i B_j} - \overline{y} \right) - \left(\overline{y}_{A_i} - \overline{y} \right) - \left(\overline{y}_{B_j} - \overline{y} \right)$ は，処理 (A_i, B_j) での平均が全体の平均 $\overline{y}$ に比べて大きい部分から A, B の主効果を取り除いてあり，交互作用になる．また，この自由度は $\phi_{A \times B} = (a-1)(b-1)$ となる．これらの平方和，自由度をもとに，1 元配置と同様に分散分析表により効果の検定を行う．

さらに，$\mu(A_i, B_j)$ などの推定について，基本的には 1 元配置と同様に行う．ただし $A \times B$ がある場合には，A_i, B_j の効果を個別に推定して組み合わせるのではなく，(A_i, B_j) のときの平均 $\overline{y}_{A_i, B_j}$ を用いて推定をする．

前述の印刷の例について，分散分析表を表 20.5 に示す．機械 A，工法 B，交互作用 $A \times B$ が有意水準 5% で有意である．最も生産量が大きく好ましいのは，A_5, B_1 であり，$\overline{y}_{A_5, B_1} = 373.0$ である．これを手掛かりに，技術開発を進めるとよい．

表 20.5　単位当たり時間の切削量データの分散分析表

要因	S	ϕ	V	F
機械 A	219111.89	5	43822.38	24.27
工法 B	63840.44	1	63840.44	35.36
$A \times B$	47105.89	5	9421.18	5.22
誤差	43334.00	24	1805.58	
計	373392.22	35		

▓**乱塊法：ブロック因子の導入**▓　たとえば 4 種類の小麦 $A_1, \ldots, A_4$ について，5 つの農事試験場 $B_1, \ldots, B_5$ のそれぞれで収穫量 y を測定する．この例を表 20.6 に示す．前述の 2 元配置では，実験すべてをランダムな順序で実施するのに対し，この例の場合には 5 つの試験場のそれぞれで，水準 $A_1, \ldots, A_4$ の一揃いをランダムな順序で実験する．この農事試験場のように，応答に影響を与えるがその効果に興味がないものをブロック因子とよぶ．また，ブロック因子を導入する実験計画を**乱塊法** (randomized block design) とよぶ．フィッシャーの局所管理の原則に基づきブロック因子の影響を取り除くと，他の因子の効果が検出されやすくなる．

解析においては，A_i, B_j の効果をそれぞれ α_i, β_j で表現し，モデル

表 20.6　ブロック因子を導入した乱塊法の例

種 ＼ 試験場	B_1	B_2	B_3	B_4	B_5
A_1	5.2	12.3	7.1	20.5	9.4
A_2	3.8	11.3	7.2	18.5	9.0
A_3	7.2	15.3	10.6	25.3	11.1
A_4	3.5	10.2	8.5	20.2	10.7

$$y_{ij} = \mu + \alpha_i + \beta_j + \varepsilon_{ij} \tag{20.5}$$

を考える. なお取り上げる因子, 交互作用により, 適宜, 効果を追加してモデルを改訂する.

効果の有無の検定には, まず, 総平方和 S_T, A, B の平方和 S_A, S_B を求める. 次に, 誤差平方和を $S_E = S_T - S_A - S_B$ により求め分散分析を行う. 表 20.6 のデータについて, 分散分析を行った結果を表 20.7 に示す. この表から, 因子 A, 因子 B ともに効果があることがわかる.

表 20.7　ブロック因子を導入した分散分析表の例

要因	S	ϕ	V	F	p
A	45.850	3	15.283	13.394	< 0.001
B	593.507	4	148.377	130.031	< 0.001
誤差	13.693	12	1.141		
合計	653.050	19			

一方, このデータについて, ブロック因子を導入せずに 1 元配置の分散分析をすると, B による変動を誤差平方和に含めることになり, 誤差分散は $(593.507+13.693)/(4+12) = 37.950$ と大きな値になり, 因子の効果が見出せなくなる. このように, ブロック因子による変動が大きい場合には, これを誤差平方和から分離したほうが他の因子の効果の検出がしやすくなる.

ブロック因子による変動がほとんどない場合に, これを誤差平方和から分離すると, 誤差平方和の自由度が小さくなり, 他の因子の効果の検出がしにくくなる. しかしながら, 誤差の自由度がある程度, たとえば 10, 確保できれば, 効果の検出力における自由度の減少による低下は実質的に少ないので, ある程度の誤差の自由度がある場合には積極的にブロック因子を導入するとよい.

■**直交表による一部実施要因計画**■　複数因子のすべての水準組合せを実施する計画を要因計画と，また，その一部分を実施する計画を**一部実施要因計画** (fractional factorial design) とよぶ．一部実施要因計画を構成するためのテンプレートが，**直交表** (orthogonal table) である．表 20.8 に直交表 $L_8(2^7)$ を示す．

表 20.8　$L_8(2^7)$ 直交表

No	[1]	[2]	[3]	[4]	[5]	[6]	[7]
1	1	1	1	1	1	1	1
2	1	1	1	2	2	2	2
3	1	2	2	1	1	2	2
4	1	2	2	2	2	1	1
5	2	1	2	1	2	1	2
6	2	1	2	2	1	2	1
7	2	2	1	1	2	2	1
8	2	2	1	2	1	1	2
成分	a		a		a		a
		b	b			b	b
				c	c	c	c

これ以外にも，16 行からなる直交表 $L_{16}(2^{15})$，32 行からなる $L_{32}(2^{31})$ や，アダマール行列を利用した $L_{12}(2^{11})$ などがある．直交表という名のとおり，これらの表から任意の 2 列を選ぶと直交する．因子の水準を表す 2 列が直交するとは，すべての水準組合せが同数回出現することである．表 20.8 の任意の 2 列を選ぶと，$(1,1)$, $(1,2)$, $(2,1)$, $(2,2)$ がそれぞれ 2 回ずつ出現する．因子を割付けた 2 列間に直交性があれば，一方の因子の主効果を推定するのに，他因子の主効果の影響を取り除ける．

表 20.8 は 8 行からなり，それぞれの行が 1 回の実験 (処理) に対応する．その場合の条件は，因子を対応付けた列が示す水準を用いる．直交表を用いて実験を行うには，直交表の列に因子を対応させて実験の水準組合せを決める必要がある．このことを，直交表の列に対する因子の**割付け** (assignment) とよぶ．たとえば表 20.8 において，A, B, C, D を，それぞれ，第 [1], [2], [4], [7] 列に割付ける場合には，第 3 行は，A_1, B_2, C_1, D_2 という条件を意味する．

因子 A, B の交互作用は，表 20.9 に基づいて新たに列を構成し，その列に基づいて平方和を求めればよい．因子 A, B を $L_8(2^7)$ 直交表における第 [1] 列，第 [2] 列に

それぞれ割付けた場合には，表20.9の関係より，$(1,1,2,2,2,2,1,1)^{\top}$ という列に基づいて交互作用を求める．この列は，第 [3] 列に等しい．ただし $\top$ は転置を表す．

表 20.9　交互作用列の構成

A	B	交互作用 $A \times B$
1	1	1
1	2	2
2	1	2
2	2	1

　したがって，第 [1] 列，第 [2] 列に因子 A, B を割付けた場合には，第 [3] 列に交互作用 $A \times B$ が現れる．また，因子 A と 因子 C を第 [1] 列と第 [4] 列に割付けた場合，第 [5] 列に交互作用 $A \times C$ が現れる．この交互作用の列に，他の因子を割付けると，その効果は交互作用によるものか，他の因子によるものかがわからなくなる．このように，ある効果と他の効果が入り込んで分離できなくなることを**交絡** (confounding)，あるいは，**別名** (alias) 関係にあるという．

　なお $L_8(2^7), L_{16}(2^{15})$ など，実験数が 2 のべき乗の直交表の場合には，任意の 2 列の交互作用の列は直交表中のどこかの 1 列に等しい．一方，実験数が 4 の倍数であるが 2 のべき乗ではない場合，一般には，交互作用が他の列に分散して出現する．

　以上は 2 因子交互作用の説明であるが，3 因子交互作用についても同様である．たとえば 3 因子交互作用 $A \times B \times C$ の列は，2 因子交互作用 $A \times B$ の列を求め，その列と C との交互作用の列を求めればよい．因子 A, B, C をそれぞれ第 [1], [2], [4] 列に割付けた場合について，交互作用が現れる列をまとめたものを表 20.10 に示す．

　表 20.8，直交表の下部には成分記号がある．2 列間の交互作用が出現する列は，それらの成分記号の積をもつ列として求められる．ただし，成分記号の 2 乗は 1 とする．たとえば，表 20.8 に示す $L_8 (2^7)$ 直交表において，第 [5] 列と第 [6] 列の成分記号はそれぞれ ac, bc であり，これらの積は abc^2 である．成分記号の 2 乗は 1 なので，この積は $abc^2 = ab$ となり，この成分記号をもつ第 [3] 列に交互作用が出現する．

　直交表による実験においても，主効果，交互作用毎に平方和を求め，分散分析表を作成し効果を検定する．実験回数 N の直交表による実験で，応答 y_i $(i = 1, \ldots, N)$ を測定したとき，総平方和 S_{T} をいままでと同様に定義する．また，第 [k] 列に主効果，あるいは，交互作用を割付けたとき，その平方和 $S_{[k]}$ は，第 [k] 列が 1 の平均

20

表 **20.10**　交互作用の出現例

No	[1] A	[2] B	[3] $A \times B$	[4] C	[5] $A \times C$	[6] $B \times C$	[7] $A \times B \times C$
1	1	1	1	1	1	1	1
2	1	1	1	2	2	2	2
3	1	2	2	1	1	2	2
4	1	2	2	2	2	1	1
5	2	1	2	1	2	1	2
6	2	1	2	2	1	2	1
7	2	2	1	1	2	2	1
8	2	2	1	2	1	1	2
成分	a		a		a		a
		b	b			b	b
				c	c	c	c

$\overline{y}_{[k]1}$ と第 $[k]$ 列が 2 の平均 $\overline{y}_{[k]2}$ を用いて，

$$S_{[k]} = \sum_{i=1}^{N/2} \sum_{j=1}^{2} \left(\overline{y}_{[k]j} - \overline{y} \right)^2 = \frac{N}{4} \left(\overline{y}_{[k]1} - \overline{y}_{[k]2} \right)^2 \tag{20.6}$$

となる．2 水準直交表の場合には，平方和 $S_{[k]}$ の自由度は 1 となる．さらに，

$$S_{\mathrm{T}} = S_{[1]} + S_{[2]} + \cdots + S_{[N-1]} \tag{20.7}$$

という関係が成立する．そこで誤差平方和 S_{E} は，因子，交互作用を割り付けていない列の平方和を合計して求める．その自由度 ϕ_{E} は，この割り付けていない列の数となる．

　要因効果，母平均の推定は，多因子要因計画と同様に行う．たとえば，A_i に固定したときの母平均 $\mu(A_i)$ について

$$\hat{\mu}(A_i) = \overline{y}_{A_i}$$

で推定する．また，95％信頼区間は次式となる．

$$\overline{y}_{A_i} \pm t_{0.025}(\phi_{\mathrm{E}}) \sqrt{\frac{2}{N} V_{\mathrm{E}}}$$

━━ **例 題** ━━

問 20.1 ある植物の苗からの成長が 2 種の肥料 A_1, A_2 によって異なるかどうかを検討するため，フィッシャーの三原則に基づき実験を計画する．適切なものには○をつけ，適切でないものには×をつけ理由を述べよ．

〔1〕 植物の苗の大きさにばらつきがあり，その影響を取り除くために，大きいものには肥料 A_1 を，小さいものには A_2 を与える．

〔2〕 農事試験場には日当たり，水はけに違いがある．そこで，区画内が均一となるように 8 つの区画を設定し，ランダムに選んだ 4 つの区画に肥料 A_1 を，残りに A_2 を与える．

〔3〕 広い面積のほうが多数の苗による肥料の評価ができるので，農事試験場を 2 つの区画に分割し，ランダムに選んだ一方に肥料 A_1 を，他方に肥料 A_2 を与える．

問 20.2 研磨機械 A_1, A_2, A_3, A_4 について，単位時間あたりの生産量に違いがあるかどうかを調べるため，下記に示す 1 時間あたりの生産個数データ y_{ij} を収集した．なお，n_i は A_i での繰り返し数，$S_{\mathrm{E}i} = \sum_{j=1}^{n_i} (y_{ij} - \overline{y}_i)^2$ である．

機械	y_{ij}					n_i	$\overline{y}_{i\bullet}$	$S_{\mathrm{E}i}$
A_1	15	13	15	16	14	5	14.6	5.20
A_2	18	17	16	15	18	5	16.8	6.80
A_3	19	16	17	18		4	17.5	5.00
A_4	17	15	16			3	16.0	2.00

〔1〕 データのモデルを説明し，分散分析の H_0, H_1 を述べよ．

〔2〕 分散分析表を作成し，有意水準 5 ％で機械の効果を検定せよ．なお，$S_{\mathrm{T}} = 40.47$ である．

〔3〕 A_3 での平均 $\mu(A_3)$ の点推定値，95 ％信頼区間を求めよ．

問 20.3 3 種類の小麦 A_1, A_2, A_3 のうち，最も収量が多いものを調べるため，日当たり，肥沃さなどが異なる 4 カ所の農事試験場 B_1, B_2, B_3, B_4 のそれぞれで，A_1, A_2, A_3 一揃いの収量を測定した．これは，農事試験場をブロック因子とする乱塊法となる．適切なものには○をつけ，適切でないものには×をつけ理由を述べよ．

〔1〕 A の 1 元配置分散分析と，A, B の 2 元配置分散分析では，誤差分散は等しくなり，A の F 値は変わらない．

〔2〕 A の 1 元配置分散分析に比べ A, B の 2 元配置分散分析では，A の平方和が大きくなり効果が検出しやすい．

〔3〕 A, B の 2 元配置分散分析では，誤差分散に B の影響が含まれず，それにより A の F 値を求めるので，B による変動が大きい場合には A の効果の検出がしやすくなる．

問 20.4　ゴム重合工程の生産量 y を高くするために，触媒種類を因子 A (水準 A_1, A_2)，原料種類を因子 B (水準 B_1, B_2, B_3)，繰り返し数 2 の実験をランダムな順序で実施した．その結果と，水準組合せでの平均値を次に示す．

生産個数データ

	B_1		B_2		B_3	
A_1	8	9	8	8	8	7
A_2	3	4	6	8	11	10

平均値

	B_1	B_2	B_3	平均
A_1	8.5	8.0	7.5	8.0
A_2	3.5	7.0	10.5	7.0
平均	6.0	7.5	9.0	

〔1〕分散分析表を作成し，A, B の主効果，交互作用について，有意水準 5 ％で検定せよ．なお，$S_T = 57.00, S_A = 3.00, S_B = 18.00, S_E = 4.00$ である．

〔2〕分散分析結果を考慮し，生産量 y を大きくする水準を述べよ．

問 20.5　耐摩耗性が高い自動車用タイヤ開発のため，A_1, A_2 のゴム種類と，B_1, B_2 のタイヤ接地面の形状 (トレッドパターン) を取り上げる．組合せ $(A_1, B_1), (A_1, B_2), (A_2, B_1),$ (A_2, B_2) で，5 本ずつタイヤを製造する．摩耗測定用車両 5 台：$V_1, \ldots, V_5$ を用意し，それぞれの車両に $(A_1, B_1), (A_1, B_2), (A_2, B_1), (A_2, B_2)$ で製造したタイヤを 1 本ずつランダムに決めた個所に装着し，一定期間走行している．下記はその摩耗指数値であり，値が小さいほど好ましい．

	V_1		V_2		V_3		V_4		V_5	
	B_1	B_2	B_1	B_2	B_1	B_2	B_1	B_2	B_1	B_2
A_1	132	116	100	86	95	84	114	103	110	97
A_2	112	117	87	86	78	84	100	102	94	97

形式的に 3 元配置とみなし，平方和を求めると次のとおりとなる．

$$S_A = 320.0, \quad S_{A \times B} = 320.0, \quad S_{A \times B \times V} = 11.0$$
$$S_B = 125.0, \quad S_{A \times V} = 5.0, \quad S_T = 3656.2$$
$$S_V = 2862.2, \quad S_{B \times V} = 13.00$$

〔1〕A_i, B_j, V_k でのデータを y_{ijk} とし，V を繰り返しとするときのモデルを示せ．また，分散分析表を作成し，A, B の主効果，交互作用を，有意水準 5 ％で検定せよ．

〔2〕V をブロック因子とする乱塊法について，データ y_{ijk} のモデルを示せ．また，分散分析表を作成し，A, B, V の主効果，交互作用 $A \times B$ を有意水準 5 ％で検定せよ．

〔3〕2 つの分散分析を比較し，乱塊法の利点，欠点を説明せよ．

問 20.6　2 水準因子 A, B, C, D を取り上げる．

〔1〕A, B, C による 2^3 要因計画について，$D = A \times B \times C$ とし 2^{4-1} 一部実施要因計画を構成し，次を埋めよ．その際，A_1, A_2 などではなく単に 1, 2 と記載すればよい．また，D と A, B, C のそれぞれが直交することを確認せよ．

No.	A	B	C	D
1				
2				
3				
4				
5				
6				
7				
8				

〔2〕 〔1〕の計画について，(i) 交絡する主効果と 2 因子交互作用の組合せ，(ii) 交絡する 2 因子交互作用同士の組合せをすべて述べよ．

〔3〕 A, B, C により 2^3 要因計画を構成し，$D = A \times B$ として 2^{4-1} 一部実施要因計画を構成し，次を埋めよ．また，D と A, B, C のそれぞれが直交することを確認せよ．

No.	A	B	C	D
1				
2				
3				
4				
5				
6				
7				
8				

〔4〕 〔3〕の計画について，(i) 交絡する主効果と 2 因子交互作用の組合せ，(ii) 交絡する 2 因子交互作用同士の組合せをすべて述べよ．

〔5〕 上記の $D = A \times B \times C$ の計画と $D = A \times B$ の計画をどのように使い分ければよいかを述べよ．

問 20.7 ある自動車用クランクシャフトの製造工程では，表面の粗さを向上させるため下記の因子を取り上げている．

因子	第 1 水準	第 2 水準
A：研磨機回転数	A_1：高速	A_2：低速
B：研磨紙押付圧	B_1：低	B_2：高
C：加工時間	C_1：短	C_2：長
D：研磨剤粒度	D_1：大	D_2：小

実験回数を $2^{4-1} = 8$ 回にするため，$L_8(2^7)$ 直交表において，第 [1], [2], [4], [7] 列に

因子 A, B, C, D をそれぞれ割り付けた．それぞれの水準組合せで製造し，応答 y である表面粗さの指数を測定した結果を次に示す．この値は，小さいほどなめらかで好ましい．

No	A [1]	B [2]	[3]	C [4]	[5]	[6]	D [7]	y
1	1	1	1	1	1	1	1	48
2	1	1	1	2	2	2	2	40
3	1	2	2	1	1	2	2	46
4	1	2	2	2	2	1	1	49
5	2	1	2	1	2	1	2	46
6	2	1	2	2	1	2	1	58
7	2	2	1	1	2	2	1	50
8	2	2	1	2	1	1	2	66
成	a		a		a		a	
		b	b			b	b	
分				c	c	c	c	

また，列ごとの平方和を次に示す．

列	平方和	列	平方和
[1]	171.125	[5]	136.125
[2]	45.125	[6]	28.125
[3]	3.125	[7]	6.125
[4]	66.125		

〔1〕交互作用 $A \times B$，$A \times C$ が現れる列を示せ．

〔2〕A, B, C, D の主効果とこれらの 2 因子交互作用が交絡しないことを，成分記号から確認せよ．

〔3〕A, B, C, D の主効果，$A \times B$，$A \times C$ 以外を誤差とみなし，分散分析表を作成せよ．

〔4〕分散分析結果から，考慮すべき主効果，交互作用を求めよ．その際，誤差の自由度が小さく検出力が低いことを考慮し $F = 2$ を目安にせよ．また，水準ごと，水準組合せでの平均をもとに，表面粗さを好ましくする因子の水準を求めよ．

	A	B	C	D
第 1 水準	45.75	48.00	47.50	51.25
第 2 水準	55.00	52.75	53.25	49.50

	B_1	B_2	C_1	C_2
A_1	44.00	47.50	47.00	44.50
A_2	52.00	58.00	48.00	62.00

答および解説

問 20.1

〔1〕 ×. ランダム化の原則を適用し，苗の大小の影響を取り除くためランダムに肥料 A_1, A_2 を割り当てる.

〔2〕 ×. 局所管理の原則を適用し，均一とみなしうる 8 つの区画それぞれで，A_1, A_2 の一揃いを実験する.

〔3〕 ×. 反復，繰り返しの原則と局所管理の原則を適用し，A_1, A_2 のそれぞれで複数回の収量値が得られるように区画をいくつかに分け，それぞれの区画で A_1, A_2 の一揃いをランダムに実施する.

問 20.2

〔1〕 モデルは次のとおりとなる.

$$y_{ij} = \mu + \alpha_i + \varepsilon_{ij} \quad (i = 1, \ldots, 4; j = 1, \ldots, n_i)$$

帰無仮説 H_0 は，$\alpha_1 = \cdots = \alpha_4 = 0$. 対立仮説 H_1 は効果がある状態であり，$\alpha_1, \ldots, \alpha_4$ のうち少なくとも 1 つが他と異なることとなる.

〔2〕 分散分析の結果は次のとおりとなる. 自由度 $(3, 13)$ の F 分布における上側 5％点は 3.41 なので，帰無仮説 H_0 を棄却し対立仮説 H_1 を採択する. すなわち，有意水準 5％で機械により生産個数の母平均が異なるといえる.

機械	S	ϕ	V	F
A	21.47	3	7.157	4.897
誤差	19.00	13	1.462	
計	40.47	16		

〔3〕 点推定値は $\overline{y}_{3\bullet} = 17.5$，95％信頼区間は $17.5 \pm 2.16 \times \sqrt{1.462/4}$ より，$(16.194, 18.806)$ となる.

問 20.3

〔1〕 ×. B の平方和は，1 元配置分散分析では誤差平方和に含まれ，2 元配置分散分析では誤差平方和に含まれないので，両者の誤差分散は異なる.

〔2〕 ×. どちらの解析法でも A の平方和の大きさは変わらない.

〔3〕 ○.

問 20.4

〔1〕 分散分析表は次のとおりとなり，B の主効果と $A \times B$ の交互作用が有意水準 5％で効果がある.

	S	ϕ	V	F
A	3.00	1	3.00	4.50
B	18.00	2	9.00	13.50
$A \times B$	32.00	2	16.00	24.00
誤差	4.00	6	0.67	
計	57.00	11		

〔2〕交互作用 $A \times B$ が存在するので，A, B を組み合わせた 2 元表から y を大きくする A, B の水準を選ぶ．これらの組合せのなかで，A_2, B_3 が平均値が大きく最も好ましい．

問 20.5

〔1〕モデル，分散分析表は次のとおりとなる．A, B の主効果，$A \times B$ は 5 ％で有意とならない．

$$y_{ijk} = \mu + \alpha_i + \beta_j + (\alpha\beta)_{ij} + \varepsilon_{ijk}$$

	S	ϕ	V	F
A	320.0	1	320.0	1.77
B	125.0	1	125.0	0.69
$A \times B$	320.0	1	320.0	1.77
誤差	2891.2	16	180.7	
計	3656.2	19		

〔2〕モデル，分散分析表は次のとおりとなる．A, B, V の主効果，$A \times B$ は 5 ％で有意となる．

$$y_{ijk} = \mu + \alpha_i + \beta_j + (\alpha\beta)_{ij} + \gamma_k + \varepsilon_{ijk}$$

	S	ϕ	V	F
A	320.0	1	320.0	132.41
B	125.0	1	125.0	51.72
$A \times B$	320.0	1	320.0	132.41
V	2862.2	4	715.6	296.09
誤差	29.0	12	2.42	
計	3656.2	19		

〔3〕ブロック因子による変動が大きい場合には，〔2〕のように，誤差から分離したほうが A, B などの効果の検出がしやすくなる．一方，ブロック因子による変動がほとんどない場合にブロック因子を導入すると，誤差の自由度が小さくなり，A, B などの効果の検出がしにくくなる．

問 20.6

〔1〕下記となる．D と A, B, C の水準組合せは同数回出現し直交する．

No.	A	B	C	D
1	1	1	1	1
2	1	1	2	2
3	1	2	1	2
4	1	2	2	1
5	2	1	1	2
6	2	1	2	1
7	2	2	1	1
8	2	2	2	2

〔2〕(i) 交絡する主効果と 2 因子交互作用の組合せはない. (ii) $A \times B$ は $C \times D$ と交絡するというように, 2 因子交互作用は残りの因子からなる 2 因子交互作用と交絡する.

〔3〕下記となる. D と A, B, C の水準組合せは同数回出現し直交する.

No.	A	B	C	D
1	1	1	1	1
2	1	1	2	1
3	1	2	1	2
4	1	2	2	2
5	2	1	1	2
6	2	1	2	2
7	2	2	1	1
8	2	2	2	1

〔4〕(i) A の主効果と $B \times D$, B の主効果と $A \times D$, D の主効果と $A \times B$ が交絡する. (ii) 交絡する 2 因子交互作用の組合せはない.

〔5〕特に C に興味があり, C の主効果, C に関連する 2 因子交互作用を求めたい場合には, この主効果, $A \times C, B \times C, C \times D$ が他の効果と交絡しない〔3〕の計画がよい. 一方, 特定の因子に興味はなく, まんべんなく交絡を避けたい場合には〔1〕の計画がよい.

問 20.7

〔1〕第 [3] 列に $A \times B$, 第 [5] 列に $A \times C$ が現れる.

〔2〕4 つの因子から 2 つ選び, それらの成分記号について積を求めると, [3], [5], [6] いずれかの列の成分記号に等しくなる. これは, A, B, C, D の 2 因子交互作用同士は交絡する組合せがあるが, 主効果と 2 因子交互作用は直交することを意味する.

〔3〕分散分析表は次のとおりとなる.

	S	ϕ	V	F
A	171.125	1	171.125	6.084
B	45.125	1	45.125	1.604
C	66.125	1	66.125	2.351
D	6.125	1	6.125	0.218
$A \times B$	3.125	1	3.125	0.111
$A \times C$	136.125	1	136.125	4.840
誤差	28.125	1	28.125	
計	455.875	7		

〔4〕F 検定統計量の値として 2.0 を目安とすると (30 章の AIC と F 検定統計量の関係の項を参照) $A, C, A \times C$ を考慮する必要がある．また応答 y の値を小さくするには A, C は2 元表から A_1, C_2 の組合せがよい．

21 標本調査法

／／キーワード／／ 単純無作為抽出法, 非復元抽出, 復元抽出, 有限母集団, 有限修正, 層化抽出法, 二段抽出法, 集落抽出法, 比例配分法, ネイマン配分法

▮単純無作為抽出法▮ 母集団 (population) からその一部である**標本** (sample) をとり出すことを**標本抽出** (sampling) あるいは**サンプリング**, そのような調査を**標本調査** (sample survey) とよぶ. また, 母集団を構成する最小構成単位 (個人や世帯など) を調査単位, 標本としてとり出される単位を抽出単位とよぶ.

無作為抽出法 (random sampling) は母集団のすべての抽出単位に対して, それが標本に選ばれる確率をあらかじめ定めてから標本抽出する方法である. どの抽出単位をとるかを決める場合には乱数を用いる場合が多い. 特に調査単位そのものが抽出単位で, しかも抽出全体を通じて母集団の各抽出単位の選ばれる確率が等しい抽出方法を**単純無作為抽出法** (simple random sampling) という.

なお, 調査を行う側の主観や意図が入る方法を, 無作為抽出法と対比させて**有意抽出法** (purposive sampling) または**有意選出法** (purposive selection) とよぶ. たとえばある地区のコンビニエンスストアから数店を抽出する場合, 平均的な売り上げがあると思われる店を選ぶ方法がある.

大きさ N の母集団から大きさ n の標本を非復元単純無作為抽出する. **非復元抽出** (sampling without replacement) は, 同じ抽出単位を 2 回以上抽出しない方法である. その変量の値を x_i $(i = 1, 2, \ldots, n)$ として, 母平均 μ の推定を例にして考える. 推定量として標本平均

$$\overline{x} = \frac{1}{n} \sum_{i=1}^{n} x_i$$

を用いるとき, その期待値は $E[\overline{x}] = \mu$, 分散は

$$V[\overline{x}] = \frac{N-n}{N-1} \cdot \frac{1}{n} \sigma^2 \tag{21.1}$$

である. ここで σ^2 は母分散であり, $(N-n)/(N-1)$ は**有限修正** (finite correction)

項とよばれる．母集団が無限母集団の場合や，有限母集団でも標本が**復元抽出** (sampling with replacement) される場合には，標本平均の分散は有限修正項を除いて $V[\overline{x}] = \sigma^2/n$ となる．

推定量の分散を一定の値以下に抑えるような標本設計をすることがある．たとえば，式 (21.1) の値を c 以下に抑えようとする場合，標本の大きさは

$$n \geq \frac{N\sigma^2}{\sigma^2 + (N-1)c} \tag{21.2}$$

を満たす必要がある．

> **例 1**　1600 人の母集団から何人かを標本として単純無作為抽出して英語のテストを受験してもらい，それらの点数の標本平均によって母平均を推定する．点数の母分散が 120 と仮定する．100 人を抽出するとき標本平均の分散を求めよ．また標本平均の分散を 0.5 以下に抑えたいとき，何人以上を抽出しなければならないか．
>
> **答**　100 人を抽出するとき，標本平均の分散を式 (21.1) より小数第 4 位まで求めると
>
> $$V[\overline{x}] = \frac{1600 - 100}{1600 - 1} \times \frac{1}{100} \times 120 = 1.1257$$
>
> となる．また標本平均の分散を 0.5 以下に抑えるためには式 (21.2) より
>
> $$n \geq \frac{1600 \times 120}{120 + (1600 - 1) \times 0.5} = 208.81 \cdots$$
>
> となるため，209 人以上を抽出する必要がある．

さまざまな標本抽出法　　母集団が大きい場合には単純無作為抽出法よりも調査がしやすい抽出法を用いることがある．また推定の精度をより高めるためにも，さまざまな抽出法が用いられることがある．

図 21.1 の左のように，母集団をあらかじめ**集落**または**クラスター** (cluster) とよばれるグループに分けておき，そのなかからいくつかの集落を抽出単位としてとり出し，集落に含まれるすべての調査単位を調査する方法を**集落抽出法** (cluster sampling) とよぶ．たとえば，ある学校のすべての生徒が母集団のとき，各クラスを集落とする

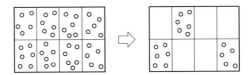

図 21.1

と，調査する生徒がまとまっているため調査しやすい．ただし，どのクラスが標本として選ばれるかによって結果が大きく変わってしまう欠点もある．

図 21.2 のように，母集団をあらかじめ**第 1 次抽出単位** (first-stage sampling unit) とよばれるグループに分けておき，そのなかからいくつかを抽出する．抽出された第 1 次抽出単位それぞれから，より小さい単位の**第 2 次抽出単位** (second-stage sampling unit) である調査単位を抽出する．このような方法は**二段抽出法** (two-stage sampling) とよばれる．たとえば，ある市のすべての世帯が母集団のとき，いくつかの町丁を第 1 次抽出単位として抽出し，それらのなかから一部の世帯を抽出する方法がある．

抽出された第 2 次抽出単位からさらに第 3 次抽出単位，第 4 次抽出単位，⋯ と抽出する方法もあり**多段抽出法**とよばれる．

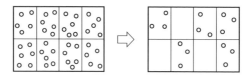

図 21.2

図 21.3 のように，母集団をあらかじめ**層** (stratum) とよばれるグループに分けておき，すべての層から決められた大きさの調査単位を抽出する方法は**層化抽出法** (stratified sampling) とよばれる．たとえば，ある県の有権者が母集団のとき，小選挙区を層と考え，各小選挙区から決められた人数を抽出する方法が考えられる．集落抽出法，二段抽出法と比べると，母集団全体から偏りなく抽出することができる．

母集団の平均や比率を推定する場合には，層内はできるだけ均質に，異なる層はできるだけ異質にするのがよい層の作り方とされる．

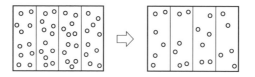

図 21.3

母集団の調査単位がまとめられたリストがある場合，リスト上で等間隔に選んでいくような方法は**系統的抽出法** (systematic sampling) あるいは**系統抽出法**とよばれ

る．1 万人の個人が掲載された名簿を使って 100 人を系統的抽出しようとするとき，たとえば 1 人目として 51 番目の人が抽出されれば，その後 151 番目，251 番目，$\cdots$ と 100 番おきに抽出する方法が代表的である．無作為抽出法のように乱数を用いる必要がなく，母集団全体からある程度偏りなく標本を抽出することが可能である．

これらのさまざまな抽出法を組み合わせて使うこともある．たとえば，母集団をあらかじめ層に分け，各層から二段抽出を行う層化二段抽出法などが，公的統計などの大規模な調査で用いられる．

■層化抽出法■　前に述べた層化抽出法についてもう少し詳しく説明する．大きさ N の母集団があらかじめ L 個の層に分けられており，各層の大きさが N_h $(h = 1, 2, \ldots, L)$ とする．層 h から他の層とは独立に大きさ n_h の標本を非復元無作為抽出して，得られた変量の値を x_{hi} $(i = 1, 2, \ldots, n_h)$ とする．このような標本抽出法は**層化 (非復元) 無作為抽出法**とよばれる．

母平均 μ の推定量として

$$\overline{x}_{\mathrm{st}} = \sum_{h=1}^{L} \frac{N_h}{N} \cdot \frac{1}{n_h} \sum_{i=1}^{n_h} x_{hi}$$

を用いると，n_h の決め方にかかわらずその期待値は $E[\overline{x}_{\mathrm{st}}] = \mu$ となる．また推定量の分散は

$$V[\overline{x}_{\mathrm{st}}] = \sum_{h=1}^{L} \left(\frac{N_h}{N} \right)^2 \cdot \frac{N_h - n_h}{N_h - 1} \cdot \frac{1}{n_h} \sigma_h{}^2$$

である．ここで $\sigma_h{}^2$ は第 h 層の母分散であり，$(N_h - n_h)/(N_h - 1)$ は有限修正項である．母集団が無限母集団の場合や，有限母集団でも標本が各層から復元抽出される場合には，推定量の分散は有限修正項を除いて

$$V[\overline{x}_{\mathrm{st}}] = \sum_{h=1}^{L} \left(\frac{N_h}{N} \right)^2 \cdot \frac{1}{n_h} \sigma_h{}^2$$

となる．

各層から抽出する標本の大きさの決め方を**標本配分法** (sample allocation) という．ここでは代表的な 3 つの標本配分法について説明する．なお，各層から抽出する標本の大きさの合計を n とする．

各層の標本の大きさ n_h が母集団の大きさ N_h に比例する標本配分法を**比例配分法** (proportional allocation) とよぶ. 層 h から抽出する標本の大きさは $n_h = (N_h/N) \times n$ となる. 標本の大きさの決め方としては自然で, 有限修正を無視すると $V[\overline{x}_{\mathrm{st}}] \leq V[\overline{x}]$ となり, 推定量の精度は単純無作為抽出の場合よりも悪くなることはない.

各層の標本の大きさがすべて等しい, すなわち $n_1 = \cdots = n_L = n/L$ とする標本配分法を**等配分法** (equal allocation) とよぶ. 母集団の各層の大きさが大きく異なる場合には, 推定量の分散が単純無作為抽出の標本平均の分散よりも大きくなることもあるが, たとえば各層の母平均の推定においても精度を保ちたい場合などには有効な配分法である.

推定量の分散を最小にするような標本配分法を**ネイマン配分法** (Neyman allocation) または**最適配分法** (optimal allocation) とよび, 層 h の標本の大きさは

$$n_h = \frac{N_h \cdot \sigma_h \cdot \sqrt{\frac{N_h}{N_h - 1}}}{\sum_{h=1}^{L} N_h \cdot \sigma_h \cdot \sqrt{\frac{N_h}{N_h - 1}}} \times n \tag{21.3}$$

によって決められる. 有限修正を無視すると

$$n_h = \frac{N_h \cdot \sigma_h}{\sum_{h=1}^{L} N_h \cdot \sigma_h} \times n \tag{21.4}$$

となるが, 有限母集団の場合でも式 (21.4) をネイマン配分法とする場合も多い.

母集団において大きい層から大きい標本を抽出するのが比例配分法であるが, それに加えて, 散らばりの大きい層からも大きい標本を抽出するのがネイマン配分法である.

例2 2つの層があり, $N_1 = 500, N_2 = 500, \sigma_1 = 6, \sigma_2 = 18$ であるとき, 2層から合計で大きさ 20 の標本を抽出したい. 比例配分法とネイマン配分法を用いる場合それぞれについて, 各層から抽出する標本の大きさを求めよ.

答 比例配分法を用いるとき, $n_1 = n_2 = (500/1000) \times 20 = 10$ となる. ネイマン配分法を用いるとき, 式 (21.3) より

$$n_1 = \frac{500 \times 6 \times \sqrt{\frac{500}{500-1}}}{500 \times 6 \times \sqrt{\frac{500}{500-1}} + 500 \times 18 \times \sqrt{\frac{500}{500-1}}} \times 20 = 5$$

$n_2 = n - n_1 = 20 - 5 = 15$ となる.

調査において, 層 h の母集団の大きさ N_h はあらかじめわかっている場合が多いが, 母集団の標準偏差 σ_h は未知である場合が多い. そのため, ネイマン配分法を用いるときには, 標準偏差を過去の調査で得られた値などで置き換える必要がある.

例題

問 21.1　ある都市で, いくつかの世帯を抽出し, 世帯主を調査する計画を立てた. 調査にあたった機関は「集落抽出法」を用いることとした.

「集落抽出法」を説明している記述はどれか. 次の ① 〜 ⑤ のうちから最も適切なものを 1 つ選べ.

① 市内の世帯に一連番号を付け, コンピュータなどでランダムに数値を発生させ, その数値と同じ番号の世帯を抽出する.

② 市内をいくつかのグループにまとめ, 第一段階としてグループを抽出し, 選ばれたグループに含まれる世帯をすべて調査する.

③ 属性 (住んでいる地域, 家族構成, 職業など) により各世帯をグループに分け, それぞれのグループから世帯を無作為に抽出する.

④ 市内の世帯のなかで, 役員などを行った経験のある世帯を抽出する.

⑤ 市内をいくつかのグループにまとめ, 第一段階としてグループを抽出し, 選ばれたグループのなかからさらに世帯を抽出する.

問 21.2　ある年の A 県における 40 市町村の大豆の作付面積 (ha) の小さい順に市町村を 4 つ (I, II, III, IV) に層別した.

各層から市町村を独立に非復元無作為抽出して, 大豆収穫量 (t) を調査して, 以下の式で A 県全体の収穫量 (総計値) Y を推定する.

$$\hat{Y} = \sum_{h=1}^{4} \frac{N_h}{n_h} \sum_{i=1}^{n_h} y_{hi}$$

ここで, h は層 I, II, III, IV に数値 1, 2, 3, 4 を対応させたもので, N_h は層 h の母集団の大きさ, n_h (≥ 1) は層 h における標本の大きさ, y_{hi} $(i = 1, \ldots, n_h)$ は層 h において標本に含まれる市町村 i の大豆収穫量を表す.

下の表は, 層の大きさ (市町村の数), 各層内の大豆収穫量の平均と標準偏差を示したものである.

層	層の大きさ	層内平均 (t)	層内標準偏差 (t)
I	20	15	20
II	10	150	70
III	5	510	290
IV	5	1010	80

〔1〕この年のデータに対して $n_1 = n_2 = n_3 = n_4 = 2$ という標本配分法を用いた場合, 母平均の推定量 $\hat{Y}/40$ の期待値を求めよ.

〔2〕この年のデータに対して下の表の 3 通りの標本配分方法を用いた場合，推定量 $\hat{Y}$ の分散が最も小さいものはどれか.

配分方法	n_1	n_2	n_3	n_4
A	2	2	2	2
B	4	2	1	1
C	1	2	4	1

問 21.3 母集団の大きさを N，変量 x の母平均と母分散をそれぞれ μ, σ^2 とする. 大きさ n $(n \leq N)$ の標本を非復元単純無作為抽出する場合に，変量 x の標本平均 $\overline{x}$ を μ の推定量とするとき，この推定量の分散は

$$V[\overline{x}] = \frac{N - n}{N - 1} \cdot \frac{1}{n} \sigma^2$$

となる.

〔1〕上の標本平均の分散や，他の抽出法による標本平均の分散などに関して，次の記述 ① 〜 ③ がある. これらの記述のうち正しいものをすべて選べ.
   ① 有限母集団から母集団の半分の大きさの標本を非復元単純無作為抽出すると，母集団の大きさによらず標本平均の分散はほぼ等しくなる.
   ② 有限母集団から非復元単純無作為抽出された標本の平均の分散は，母集団を無限母集団とみなした場合よりも大きくなることはない.
   ③ 有限母集団から復元単純無作為抽出された標本の平均の分散は，母集団を無限母集団とみなした場合と等しくなる.

〔2〕就業者 9585 人の通勤時間 (単位：分) の分散が 420 である. この母集団から 600 人を非復元単純無作為抽出した場合の標本平均の分散を V_1，同じ抽出をするものの母集団を無限母集団とみなした場合の標本平均の分散を V_2 とする. このとき，V_1, V_2 を求めよ.

答および解説

問 21.1 ②.

問題の抽出法は，① 単純無作為抽出法，② 集落抽出法，③ 層化抽出法，④ 有意抽出法 (有意選出法)，⑤ 二段抽出法，である. なお②と⑤は，第一段階として抽出されたグループについて，すべての世帯を調査するか，世帯を抽出するかが異なる.

問 21.2

〔1〕235.

標本配分法によらず，推定量 $\hat{Y}$ は母集団総計値 Y の不偏推定量である. そのため推定量 $\hat{Y}$ の期待値は母集団総計値と等しく，推定量 $\hat{Y}/40$ の期待値は母平均と等しくなる. 母平均は 235 と求められる.

〔2〕C.

3 つの標本配分方法 A, B, C は，すべて標本の大きさの合計 n が 8 である．n が固定された場合，推定量 $\hat{Y}$ の分散を最小にする標本配分法はネイマン配分法で，各層の標本の大きさは

$$
n_h = \frac{N_h \cdot \sigma_h \cdot \sqrt{\frac{N_h}{N_h - 1}}}{\sum_{h=1}^{4} N_h \cdot \sigma_h \cdot \sqrt{\frac{N_h}{N_h - 1}}} \times n
$$

によって求められる．各層の標本の大きさを小数第 2 位まで計算すると $n_1 = 1.02$, $n_2 = 1.84$, $n_3 = 4.03$, $n_4 = 1.11$ (有限修正を行わない場合は $\sqrt{N_h/(N_h - 1)}$ を無視して $n_1 = 1.08$, $n_2 = 1.90$, $n_3 = 3.93$, $n_4 = 1.08$) となるため，これに最も近い C の標本配分方法を用いた場合，3 通りのなかで推定量の分散が最も小さくなる．

実際，推定量 $\hat{Y}$ の分散は

$$
V\big[\hat{Y}\big] = \sum_{h=1}^{4} N_h{}^2 \cdot \frac{N_h - n_h}{N_h - 1} \cdot \frac{1}{n_h} \sigma_h{}^2
$$

によって求められる．A, B, C はそれぞれ等配分法，比例配分法，ネイマン配分法とよばれる標本配分法で，推定量の分散は小数第 2 位までそれぞれ

A : $V\big[\hat{Y}\big] = 1142004.75$, B : $V\big[\hat{Y}\big] = 2513961.99$, C : $V\big[\hat{Y}\big] = 669184.03$

と求められ，C が最も小さい．

問 21.3

〔1〕② ③.

① 誤り．$n = N/2$ のとき，

$$
V[\overline{x}] = \frac{N - \frac{N}{2}}{N - 1} \times \frac{1}{\frac{N}{2}}\sigma^2 = \frac{1}{N - 1}\sigma^2
$$

となり，N により $V[\overline{x}]$ は変化する．

② 正しい．母集団を無限母集団とみなした場合の標本平均の分散は $V[\overline{x}]$ の式から有限修正項 $(N - n)/(N - 1)$ を除いた σ^2/n となり，$n \geq 1$ より $V[\overline{x}] \leq \sigma^2/n$ となる．

③ 正しい．復元単純無作為抽出の場合の標本平均の分散も σ^2/n となる．

〔2〕$V_1 = 0.65625$, $V_2 = 0.7$.

$V[\overline{x}]$ の式に値を代入すると

$$
V_1 = \frac{9585 - 600}{9585 - 1} \times \frac{1}{600} \times 420 = 0.65625
$$

と求められる．また $V[\overline{x}]$ から有限修正項を除いた式に値を代入すると

$$
V_2 = \frac{1}{600} \times 420 = 0.7
$$

と求められる．

22 主成分分析

キーワード 標本共分散行列, 標本相関行列, 主成分, 寄与率, 主成分得点, 特異値分解, 自己符号化器

■主成分分析の概説■ **主成分分析** (principal component analysis) とは, 多変量の情報を少数個の**主成分** (principal component) とよばれる合成変数で記述する方法であり, 情報の縮約, 次元削減を目的とした手法である. 高次元に配置されたデータについて, これらのばらつきが, 少数個の主成分からなる低次元空間内でできるだけ再現できるようにする. したがって, 合成変数がつくる主成分の分散最大化と, 主成分間の無相関化 (直交化) が必要な手続きである. この手続きは, 固有値と固有ベクトルを求めること, より正確には, (実) 対称行列の直交行列による対角化の原理により実現できる.

100 点満点の複数の試験のようにデータの単位が揃っている場合には, 分散共分散行列と相関行列のどちらを使って主成分分析をしてもよい. しかし, 単位が揃っていない場合は分析結果が単位に依存するため, 相関行列を使って無単位化を行った主成分分析が望ましい.

■標本の分散共分散行列と相関行列■ いま, p 個の変数について n 個の個体のデータをとり, これらを $n \times p$ 行列としてまとめたものを X とする.

$$X = (x_{i,j})_{1 \leq i \leq n, 1 \leq j \leq p} = \begin{pmatrix} x_{1,1} & \cdots & x_{1,p} \\ \vdots & \ddots & \vdots \\ x_{n,1} & \cdots & x_{n,p} \end{pmatrix}$$

行列 X の行と列の和を明確にするために, ドット (·) の記号をつかって

$$x_{\cdot j} = \sum_{i=1}^{n} x_{i,j} \quad (j = 1, \ldots, p), \qquad x_{i\cdot} = \sum_{j=1}^{p} x_{i,j} \quad (i = 1, \ldots, n)$$

と書く. 変数 j に対する n 個の平均 $\overline{x}_{\cdot j}$ は, $\overline{x}_{\cdot j} = x_{\cdot j}/n$ となる. 変数 j の分散 $s_{j,j}$,

および変数 j と変数 k の共分散 $s_{j,k}$ $(j \neq k)$ はそれぞれ

$$s_{j,j} = \frac{1}{n-1} \sum_{i=1}^{n} (x_{i,j} - \overline{x}_{\bullet j})^2$$

$$s_{j,k} = \frac{1}{n-1} \sum_{i=1}^{n} (x_{i,j} - \overline{x}_{\bullet j})(x_{i,k} - \overline{x}_{\bullet k})$$

(22.1)

となる．ここでは，$(n-1)$ で割った不偏分散を用いる．また，変数 j と変数 k の標本相関係数 $r_{j,k}$ は

$$r_{j,k} = \frac{s_{j,k}}{\sqrt{s_{j,j} s_{k,k}}} = \frac{\sum_{i=1}^{n} (x_{i,j} - \overline{x}_{\bullet j})(x_{i,k} - \overline{x}_{\bullet k})}{\sqrt{[\sum_{i=1}^{n} (x_{i,j} - \overline{x}_{\bullet j})^2][\sum_{i=1}^{n} (x_{i,k} - \overline{x}_{\bullet k})^2]}}$$

(22.2)

となる．標本の分散と共分散 (22.1) を並べた $p \times p$ 行列を**標本分散共分散行列** (sample variance-covariance matrix) といい S で表す．標本相関係数 (22.2) を並べた $p \times p$ 行列を**標本相関行列** (sample correlation matrix) といい R で表す．

$$S = \begin{pmatrix} s_{1,1} & \cdots & s_{1,p} \\ \vdots & \ddots & \vdots \\ s_{p,1} & \cdots & s_{p,p} \end{pmatrix}, \quad R = \begin{pmatrix} 1 & r_{1,2} & \cdots & r_{1,p} \\ r_{2,1} & 1 & \cdots & r_{2,p} \\ \vdots & \vdots & \ddots & \vdots \\ r_{p,1} & r_{p,2} & \cdots & 1 \end{pmatrix}$$

異なる変数 j と k について，$s_{j,k} = s_{k,j}$, $r_{j,k} = r_{k,j}$ であることから，S と R は対称行列であることがわかる．また，$r_{j,j} = 1$ なので，R の対角成分は 1 であることもわかる．

　平均からの偏差の行列 (平均偏差行列) を X_C と書くとき，n 次単位行列 I_n とすべての成分が 1 である n 次の行列 J_n を用いて X_C は

$$X_C = (x_{i,j} - \overline{x}_{\bullet j})_{1 \leq i \leq n, 1 \leq j \leq p} = \left(I_n - \frac{1}{n} J_n \right) X$$

と表すことができる．この X_C を用いると分散共分散行列は

$$S = \frac{1}{n-1} X_C^\top X_C$$

(22.3)

と簡潔に表現できる．標本相関行列 R についても，標準化あるいは Z-スコアとよばれる変換 (平均をゼロ，分散を 1 にする) を使って $z_{i,j}$ を

$$z_{i,j} = (x_{i,j} - \overline{x}_{\bullet j}) / \sqrt{s_{j,j}} \quad (1 \leq i \leq n, 1 \leq j \leq p)$$

とし，これらを並べた行列を $Z = (z_{i,j})_{1 \leq i \leq n, 1 \leq j \leq p}$ とすることで

$$R = \frac{1}{n-1} Z^\top Z \qquad (22.4)$$

となる．データ行列 Z の平均偏差行列 $Z_C = (I_n - J_n/n)Z$ は $Z_C = Z$ であるので，$z_{i,j}$ の標本分散共分散行列は

$$\frac{1}{n-1} Z_C^\top Z_C = \frac{1}{n-1} Z^\top Z = R$$

となって X の標本相関行列に等しい．

例1 表 22.1 は，あるクラスの 6 人の生徒の国語 (x_1)，数学 (x_2)，理科 (x_3)，社会 (x_4) の小テストの結果である．各科目は 10 点満点である．国語の分散，国語と数学の共分散を求めよ．また，標本分散共分散行列と標本相関行列を求めよ．

表 22.1 小テストの結果

	x_1	x_2	x_3	x_4
No.1	2	2	3	1
No.2	9	8	10	9
No.3	8	3	2	7
No.4	7	1	3	8
No.5	2	9	8	2
No.6	5	4	5	5

答 国語の平均の値 $\overline{x}_{\cdot 1}$ は $\overline{x}_{\cdot 1} = (2+9+8+7+2+5)/6 = 5.5$ であり，分散 $s_{1,1}$ は

$$s_{1,1} = \frac{(2-5.5)^2 + (9-5.5)^2 + \cdots + (5-5.5)^2}{6-1} = 9.1$$

である．数学の平均は $\overline{x}_{\cdot 2} = 4.50$，分散 $s_{2,2} = 10.7$ である．国語と数学の共分散 $s_{1,2}$ は，

$$s_{1,2} = \frac{(2-5.5)(2-4.5) + (9-5.5)(8-4.5) + \cdots + (5-5.5)(5-4.5)}{6-1} = -0.7$$

である．標本相関係数 $r_{1,2} = -0.7/\sqrt{9.1 \times 10.7} = -0.071$ であり，国語と数学の小テストには弱い相関がある．以下，同様にして標本分散共分散行列 S と標本相関行列 R は次のようになる．

$$S = \begin{pmatrix} 9.1 & -0.7 & 0.7 & 9.6 \\ -0.7 & 10.7 & 9.5 & -0.6 \\ 0.7 & 9.5 & 10.2 & 1.3 \\ 9.6 & -0.6 & 1.3 & 10.7 \end{pmatrix}, \quad R = \begin{pmatrix} 1.00 & -0.07 & 0.07 & 0.97 \\ -0.07 & 1.00 & 0.91 & -0.06 \\ 0.07 & 0.91 & 1.00 & 0.13 \\ 0.97 & -0.06 & 0.13 & 1.00 \end{pmatrix}$$

■主成分，寄与率，実対称行列の固有値問題■ まず，ベクトル $\boldsymbol{x} = (x_1, \ldots, x_p)$，$\boldsymbol{y} = (y_1, \ldots, y_p) \in \mathbb{R}^p$ に内積 $\langle \boldsymbol{x}, \boldsymbol{y} \rangle$ を

$$\langle \boldsymbol{x}, \boldsymbol{y} \rangle = \boldsymbol{x}^\top \boldsymbol{y} = \sum_{i=1}^{p} x_i y_i$$

で定義する．$\langle \boldsymbol{x}, \boldsymbol{y} \rangle = 0$ のとき，$\boldsymbol{x}$ と $\boldsymbol{y}$ は直交するという．また，ベクトル $\boldsymbol{x}$ の長さ $\|\boldsymbol{x}\|$ は $\|\boldsymbol{x}\| = \sqrt{\langle \boldsymbol{x}, \boldsymbol{x} \rangle}$ である．

実数を要素とする対称行列 (実対称行列) では，その行列の固有値は実数であり，異なる固有値に対応する固有ベクトル達は互いに直交するという性質がある．さらに，実対称行列は直交行列で対角化可能である．直交行列とは $U^\top U = U U^\top = I_p$ となる p 次正方行列である．p 次行列 A を実対称行列とするとき，適当な直交行列 $U = (\boldsymbol{u}_1, \ldots, \boldsymbol{u}_p)$ をとれば，

$$U^\top A U = \mathrm{diag}(\lambda_1, \ldots, \lambda_p) \tag{22.5}$$

となる．ただし $\mathrm{diag}(\lambda_1, \ldots, \lambda_p)$ は対角成分が上から順に $\lambda_1, \ldots, \lambda_p$ である対角行列である．式 (22.5) に U を左から掛けると $A U = U \mathrm{diag}(\lambda_1, \ldots, \lambda_p)$ となり，次の固有値問題に帰着できることがわかる．

$$A \boldsymbol{u}_j = \lambda_j \boldsymbol{u}_j, \quad \langle \boldsymbol{u}_j, \boldsymbol{u}_k \rangle = \delta_{j,k} \tag{22.6}$$

ただし $\delta_{j,k}$ はクロネッカーデルタの記号であり，$j, k = 1, \ldots, p$ である．もし A が標本分散共分散行列 S や標本相関行列 R のように，B を $n \times p$ 行列として $A = B^\top B$ となっている場合には A の固有値は非負である．このことは式 (22.6) の両辺に $\boldsymbol{u}_j^\top$ を掛けることで

$$\lambda_j = \|B \boldsymbol{u}_j\|^2 \geq 0$$

となるからである．したがって S や R での固有値はすべてゼロ以上であり，対角行列 $\mathrm{diag}(\lambda_1, \ldots, \lambda_p)$ は $\lambda_1 \geq \lambda_2 \geq \cdots \geq \lambda_p \geq 0$ と降順に並んでいると仮定してよい．いま，分散共分散行列 S を直交行列 $U = (\boldsymbol{u}_1, \ldots, \boldsymbol{u}_p)$ で対角化する．

$$U^\top S U = \mathrm{diag}(\lambda_1, \ldots, \lambda_p), \quad \lambda_1 \geq \lambda_2 \geq \cdots \geq \lambda_p \geq 0 \tag{22.7}$$

両辺のトレースをとると $\mathrm{tr}(U^\top S U) = \mathrm{tr}(S U U^\top) = \mathrm{tr}(S) = \sum_{j=1}^{p} s_{j,j}$ と固有値の和 $\sum_{j=1}^{p} \lambda_j$ が等しくなるので，各固有値 λ_j がどの程度元のデータ行列の分散を反映できるかを示す情報量となる．このことを利用して次元削減した際の情報量や寄与率

を定めることができる．j 番目の固有値 λ_j に対応する固有ベクトル $\boldsymbol{u}_j$ と元の変数 $\boldsymbol{x} = (x_1, \ldots, x_p)^\top$ との内積を変数 y_j で表し，第 j **主成分** (principal component) という．

$$y_j = \langle \boldsymbol{u}_j, \boldsymbol{x} \rangle = x_1 u_{1,j} + \cdots + x_p u_{p,j}$$

また，$c_j = \lambda_j/(\lambda_1 + \cdots + \lambda_p)$ を第 j 主成分の**寄与率** (contribution ratio) という．

$\boldsymbol{x}_i = (x_{i,1}, \ldots, x_{i,p})^\top$ あるいは，中心化された $\boldsymbol{x}_i = (x_{i,1} - \overline{x}_{\bullet 1}, \ldots, x_{i,p} - \overline{x}_{\bullet p})^\top$ について主成分に代入した

$$\{ y_{i,j} = \langle \boldsymbol{x}_i, \boldsymbol{u}_j \rangle \mid i = 1, \ldots, n, j = 1, \ldots, p \}$$

を**主成分得点** (principal component score) という．第 1 と第 2 主成分の主成分得点をとると，

$$\{ (y_{1,1}, y_{1,2}), \ldots, (y_{n,1}, y_{n,2}) \}$$

で n 個の個体が 2 次元に図示できる．

中心化された $\boldsymbol{x}_i$ $(i = 1, \ldots, n)$ を利用して，第 j 主成分 y_j のサイズ n のデータを

$$\boldsymbol{y}_j = (y_{1,j}, \ldots, y_{n,j})^\top = (\langle \boldsymbol{x}_1, \boldsymbol{u}_j \rangle, \ldots, \langle \boldsymbol{x}_n, \boldsymbol{u}_j \rangle)^\top$$

とおくとき y_j の n 個の平均はゼロであり，$\boldsymbol{y}_j = X_C \boldsymbol{u}_j$ に注意すれば分散 $V[\boldsymbol{y}_j]$ は λ_j となる．

$$V[\boldsymbol{y}_j] = \frac{1}{n-1} \|\boldsymbol{y}_j\|^2 = \boldsymbol{u}_j^\top S \boldsymbol{u}_j = \lambda_j$$

同様の計算で，主成分 y_j と y_k $(j \neq k)$ の共分散はゼロとなり，$j = k$ の場合とあわせ

$$\mathrm{Cov}[y_j, y_k] = \sqrt{\lambda_j \lambda_k}\, \delta_{j,k}$$

となる．したがって，異なる主成分間の相関もゼロである．

主成分 (y_j) のもつ意味は，固有ベクトル $(\boldsymbol{u}_j)$ の成分の大きさや符号からある程度把握できるが，定量的な指標として主成分ともとの変数 (x_k) との相関係数 r_{y_j, x_k} を求めると，主成分に影響する変数の特定に有用である．そこで

$$\lambda_j \boldsymbol{u}_j = S \boldsymbol{u}_j = \frac{1}{n-1} X_C^\top (X_C \boldsymbol{u}_j) = \frac{1}{n-1} X_C^\top \boldsymbol{y}_j = \begin{pmatrix} \mathrm{Cov}[x_1, y_j] \\ \vdots \\ \mathrm{Cov}[x_p, y_j] \end{pmatrix}$$

の第 k 行に着目すると $\mathrm{Cov}[x_k, y_j] = \lambda_j u_{k,j}$ となることがわかる．したがって相関係数 r_{y_j, x_k} は次のとおりである．

$$r_{y_j, x_k} = \frac{\mathrm{Cov}[x_k, y_j]}{\sqrt{V[y_j]}\, s_{k,k}} = \frac{\sqrt{\lambda_j}\, u_{k,j}}{\sqrt{s_{k,k}}}$$

もとの変数と主成分との相関係数を**主成分負荷量** (principal component loading) という．分散共分散行列 S の代わりに相関行列 R を用いた場合では，R で固有値問題を解くことで得られる固有値 λ_j と固有ベクトル $\boldsymbol{u}_j$ $(j = 1, \ldots, p)$ を使うことにより，主成分負荷量の値は $\sqrt{\lambda_j}\, u_{k,j}$ となる．

例 2　表 22.1 の共分散行列について，固有値と固有ベクトルを求めたところ，次のとおりであった．固有値は大きい順に，20.2, 19.4, 0.85, 0.18 である．

表 22.2　固有ベクトル

	国語 (x_1)	数学 (x_2)	理科 (x_3)	社会 (x_4)
第 1 主成分	0.370	0.557	0.611	0.424
第 2 主成分	0.564	−0.457	−0.340	0.598
第 3 主成分	−0.293	−0.661	0.674	0.154
第 4 主成分	0.678	−0.210	0.240	−0.663

また，平均偏差の値を使って，第 1, 第 2 主成分得点をプロットしたものが図 22.1 であり，第 2 主成分までの主成分負荷量を求めたものが表 22.3 である．

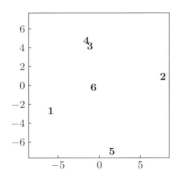

図 22.1　第 1, 第 2 主成分得点のプロット

表 22.3 主成分負荷量

	国語 (x_1)	数学 (x_2)	理科 (x_3)	社会 (x_4)
第 1 主成分	0.551	0.765	0.860	0.582
第 2 主成分	ア	-0.616	-0.469	0.806

〔1〕小テストの結果を第 1, 第 2 主成分で表すことの利点を, 寄与率を考慮して答えよ.

〔2〕第 2 主成分の国語に対する主成分負荷量 ア を答えよ.

答

〔1〕第 1 寄与率が $20.2/(20.2 + 19.4 + 0.85 + 0.18) \times 100$ で約 50％, 第 2 寄与率が $19.4/(20.2 + 19.4 + 0.85 + 0.18) \times 100$ で約 48％あるので, 第 2 寄与率までで元のデータの情報 (分散) の 98％が説明できている.

〔2〕$\lambda_2 = 19.4$, $s_{1,1} = 9.1$, 第 2 主成分ベクトルの国語の値 $u_{1,2}$ が 0.564 より, 主成分負荷量は次のようになる.

$$\frac{\sqrt{\lambda_2}u_{1,2}}{\sqrt{s_{1,1}}} = \frac{\sqrt{19.4 \times 0.564}}{\sqrt{9.1}} = 0.823$$

本来, 主成分分析は元の変数 $\boldsymbol{x} = (x_1, \ldots, x_p)^\top$ についてその合成変数 $y = u_1 x_1 + \cdots + u_p x_p$ の分散の最大化問題として定式化される. 第 1 主成分 y_1 を求めるためには $\max_{\|\boldsymbol{u}\|=1} V[y] = \max_{\|\boldsymbol{u}\|=1} \boldsymbol{u}^\top S \boldsymbol{u}$ となる $\boldsymbol{u} = (u_1, \ldots, u_p)^\top$ を求めればよく, ラグランジュ未定乗数法と $\boldsymbol{u}$ で微分することで固有値問題 $S\boldsymbol{u} = \lambda\boldsymbol{u}$ に帰着できる. したがって, S の第 1 固有値 λ_1 と第 1 固有ベクトル $\boldsymbol{u} = \boldsymbol{u}_1$ が解となる. 第 j 主成分も同様に, 正規直交系 $\boldsymbol{u}_1, \ldots, \boldsymbol{u}_{j-1}$ が与えらえているもとで, これらと直交し, 長さ 1 の固有ベクトル $\boldsymbol{u}_j$ と固有値 λ_j を求めることで第 j 主成分が求められる.

▌平均偏差行列の特異値分解▐ S の対角化 (22.7) から, S の**スペクトル分解** (spectral decomposition) および, $S = \left(\frac{1}{\sqrt{n-1}}X_C\right)^\top \left(\frac{1}{\sqrt{n-1}}X_C\right)$ の関係から X_C の**特異値分解** (sigular value decomposition) がそれぞれ次のように得られる.

$$S = \sum_{j=1}^{r} \lambda_j\, \boldsymbol{u}_j \boldsymbol{u}_j^\top, \quad X_C^\top = \sum_{j=1}^{r} \sqrt{\xi_j}\, \boldsymbol{u}_j \boldsymbol{v}_j^\top \tag{22.8}$$

ただし r は X の階数であり, $j, k = 1, \ldots, r$ に対して $\xi_j = (n-1)\lambda_j > 0$,

$$\boldsymbol{v}_j = \frac{1}{\sqrt{\xi_j}} X_C \, \boldsymbol{u}_j, \tag{22.9}$$

$\langle \boldsymbol{v}_j, \boldsymbol{v}_k \rangle = \delta_{j,k}$ である．さらに，$\boldsymbol{x}_i = (x_{i,1}, \ldots, x_{i,p})^\top$ $(i = 1, \ldots, n)$ とし，$\overline{\boldsymbol{x}}$ を平均ベクトルとすれば，$X_C{}^\top = (\boldsymbol{x}_1 - \overline{\boldsymbol{x}}, \ldots, \boldsymbol{x}_n - \overline{\boldsymbol{x}})$ であり，式 (22.8), (22.9) と中心化された主成分得点 $y_{i,j}$ により，$\boldsymbol{x}_i = \overline{\boldsymbol{x}} + \sum_{j=1}^{r} \langle \boldsymbol{x}_i - \overline{\boldsymbol{x}}, \boldsymbol{u}_j \rangle \boldsymbol{u}_j = \overline{\boldsymbol{x}} + \sum_{j=1}^{r} y_{i,j} \boldsymbol{u}_j$ となる．したがって r よりも小さい r_0 をとったとき，$\widetilde{\boldsymbol{x}}_i = \overline{\boldsymbol{x}} + \sum_{j=1}^{r_0} y_{i,j} \boldsymbol{u}_j$ を元のデータ $\boldsymbol{x}_i$ の近似とみることができる．以上のことから，主成分分析における主成分の打ち切りと，X もしくは X_C での特異値分解による打ち切りは同じ情報をもつことがわかる．

■自己符号化器■　自己符号化器 (autoencoder) は 19 章で述べたニューラルネットワークモデルを用いて主成分分析と同様の分析を非線形関数によって行う手法である．$\boldsymbol{x} = (x_1, \ldots, x_p)^\top$ を入力として $\boldsymbol{z} = (z_1, \ldots, z_q)^\top$ $(q < p)$ を $\boldsymbol{x}$ の特徴を保存するような次元の低いベクトルとする．19 章のように，中間層を含むニューラルネットワークによって $\boldsymbol{z} = F_{\boldsymbol{\theta}}(\boldsymbol{x})$ と表す．さらに $\boldsymbol{z}$ から $\boldsymbol{x}$ を近似的に復元するニューラルネットワークを $\widetilde{\boldsymbol{x}} = G_{\boldsymbol{\theta}'}(\boldsymbol{z})$ と表すと

$$\widetilde{\boldsymbol{x}} = G_{\boldsymbol{\theta}'}(F_{\boldsymbol{\theta}}(\boldsymbol{x}))$$

と書ける．$\boldsymbol{x}$ から $\boldsymbol{z}$ を求める操作を**符号化** (encode) といい，$\boldsymbol{z}$ から $\widetilde{\boldsymbol{x}}$ を求める操作を**復号化** (decode) という．自己符号化器の目的は $\widetilde{\boldsymbol{x}}$ が $\boldsymbol{x}$ と近くなるような $F_{\boldsymbol{\theta}}$ および $G_{\boldsymbol{\theta}'}$ を求めることである．

■ 例 題 ■

問 22.1　2012 年ロンドンオリンピック，女子 7 種競技の 7 種の得点について，主成分分析を行った結果が表 22.4, 表 22.5, 表 22.6 と図 22.2 である．対象アスリートは，棄権やドーピングで失格となったものを除く 31 名である．分析には相関行列を用いた．なお，データは Athletics at the 2012 Summer Olympics — Women's heptathlon. In *Wikipedia : The Free Encyclopedia.* から引用した．

　図 22.2 は，各アスリートの主成分得点を，第 1 主成分 (PC1) と第 2 主成分 (PC2) を軸として布置し，7 つの変数の主成分負荷量を Gabriel, K. R. (1971) の方法で規格化した値 (ほぼ主成分負荷量に同じ) を矢印で表している．また，図中の数字は最終順位を表す．

表 22.4　固有値と寄与率

	固有値	寄与率	累積寄与率
第 1 主成分	2.26	32.3 %	32.3 %
第 2 主成分	1.50	21.4 %	53.7 %
第 3 主成分	1.14	16.3 %	70.0 %
第 4 主成分	0.90	12.9 %	83.0 %
第 5 主成分	0.77	11.0 %	94.0 %
第 6 主成分	0.28	3.9 %	97.9 %
第 7 主成分	0.15	2.1 %	100.0 %

表 22.5　固有ベクトル (第 1, 2 主成分)

変数		第 1 主成分	第 2 主成分
100 m ハードル	X.100 h	−0.497	0.217
走り高跳	HJ	−0.364	0.169
砲丸投	SP	0.004	0.624
200 m 走	200 m	−0.516	−0.247
走り幅跳	LJ	−0.539	0.043
槍投げ	JT	0.050	0.677
800 m 走	800 m	−0.247	−0.116

表 22.6　主成分負荷量 (第 1, 2 主成分)

変数		第 1 主成分	第 2 主成分
100 m ハードル	X.100 h	ア	イ
走り高跳	HJ	−0.55	0.21
砲丸投	SP	0.01	0.76
200 m 走	200 m	−0.78	−0.30
走り幅跳	LJ	−0.81	0.05
槍投げ	JT	0.08	0.83
800 m 走	800 m	−0.37	−0.14

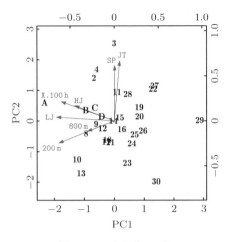

図 22.2　バイプロット

〔1〕表 22.6 の $\boxed{\textbf{ア}}$, $\boxed{\textbf{イ}}$ の値を求めよ.

〔2〕表 22.4, 表 22.5, 表 22.6 と図 22.2 の結果よりどのようなことがいえるか考察せよ. その際, 固有値, 寄与率, 累積寄与率, 主成分, 主成分負荷量などの値を適宜含めること.

〔3〕図 22.2 の A, B, C, D の 4 名のなかに優勝したアスリートがいる. 上問〔2〕の考察をふまえて A, B, C, D のうちどの点が優勝したアスリートのものか, 理由を述べて答えよ.

答および解説

問 22.1

〔1〕**ア**：-0.75, **イ**：0.27.

相関行列による主成分分析なので, 固有値のルートと主成分の値を掛けたものが主成分負荷量となる.

$$\sqrt{2.26} \times (-0.497) = -0.75, \quad \sqrt{1.50} \times 0.217 = 0.27$$

〔2〕累積寄与率をみると第 1, 2 主成分で全体の約 54 ％の情報量をもっていることがわかり, 第 3, 4 主成分まででは, 7, 8 割の情報量がとれることがわかる.

第 1 主成分は, 100 m ハードル, 走り高跳, 200 m 走, 走り幅跳, 800 m 走の 5 種の符号が負であり, 砲丸投げと槍投げの値がゼロに近い. 一方で, 第 2 主成分では, 砲丸投げと槍投げの値が他の 5 種よりも高い値をとっている. したがって, 第 1 主成分は走力と跳力に関する指標であり, 第 2 主成分は投てきの能力に関する指標とみることができる.

もとの変数と主成分との相関係数である主成分負荷量をみても，100 m ハードル，200 m 走，走り幅跳は第 1 主成分との負の相関が 0.75 を超えていて強くなっており，投てき 2 種は第 2 主成分と正の相関が強い．

〔3〕第 1 主成分は左側ほど能力が高いので，A, B, C, D の 4 人では最も左に位置する A の能力が一番が高いと考えられる．第 2 主成分の投てき力をみても 4 人のうちでは A が最も上にあり，この点でも 4 人のうちでは A が一番能力が高い．したがって，いずれの観点でも A の能力が 4 人のうちで一番高く，A が優勝者である．

23

判別分析

キーワード フィッシャーの判別関数, 2 次判別, SVM, 正準判別, ROC, AUC, 混同行列

■**判別分析**■ **判別分析** (discriminant analysis) とは一般に, 入力されたデータの**特徴量** (feature) の情報を用いて対応するクラスラベルを定めるための方法である. たとえば犬か猫をデジタルカメラで撮影した画像をデータとするとき, 特徴量は画像のピクセルを一列に並べたベクトル, クラスラベルは「犬」か「猫」のいずれかに対応する. まず, 最も基本的な問題として 2 値ラベルの判別問題を考える. 観測するデータは群 $G_j, j = 1, 2$ に属する p 次元ベクトル $\{\boldsymbol{x}_i^{(j)}\}_{i=1}^{n_j}$ とする. 観測データを用いて判別関数とよばれる $\boldsymbol{x}$ の関数 $f : \mathbb{R}^p \to \mathbb{R}$ をモデル化し, $f(\boldsymbol{x})$ の値をもとにして何らかのルールに基づいて新たに観測したサンプル $\boldsymbol{x}$ が属する群を決定する. さまざまな手法が提案されているが, ここでは線形な判別モデルの代表としてフィッシャーの判別分析とその多群への拡張として正準判別分析 (重判別分析), およびサポートベクターマシン (SVM) を説明する.

■**フィッシャーの判別分析**■ フィッシャーの判別分析は主成分分析と同様に, 特徴量を低次元空間に射影する手法であり, 次元削減の方法としてよく用いられる. 主成分分析と同様に観測データの情報を標本平均, 標本分散共分散行列に集約して変数の線形結合で判別関数を構成する. 主成分分析との違いは, サンプルが属する群の情報を利用して判別に適した射影軸を選択する点である. ベクトル $\boldsymbol{w} \in \mathbb{R}^p$ による射影を考え, 射影後のサンプルを

$$y_i^{(j)} = \boldsymbol{w}^\top \boldsymbol{x}_i^{(j)}, \quad j = 1, 2, \ i = 1, \ldots, n_j$$

とする. この 1 次元のサンプル $y_i^{(j)}$ から求めた群 G_1, G_2 の標本平均は, 群 $1, 2$ に属するサンプル $\{\boldsymbol{x}_i^{(j)}\}_{i=1}^{n_j}$ の平均ベクトルを $\overline{\boldsymbol{x}}^{(j)} = \dfrac{1}{n_j} \displaystyle\sum_{i=1}^{n_j} \boldsymbol{x}_i^{(j)}$ として,

$$\overline{y}^{(j)} = \frac{1}{n_j} \sum_{i=1}^{n_j} y_i^{(j)} = \boldsymbol{w}^\top \overline{\boldsymbol{x}}^{(j)}, \quad j = 1, 2$$

である．2 つの群の平均は離れていたほうがよく，一方で，各群のなかでの分散は小さいほうがよい．そこで，以下の基準を最大にする射影方向 $\boldsymbol{w}$ を求める：

$$\lambda(\boldsymbol{w}) = \frac{群間分散}{群内分散}$$

ここで，群間分散は

$$(\overline{y}^{(1)} - \overline{y}^{(2)})^2 = \left(\boldsymbol{w}^\top (\overline{\boldsymbol{x}}^{(1)} - \overline{\boldsymbol{x}}^{(2)}) \right)^2$$

で定義する．群 $G_j, j = 1, 2$ 内での分散は

$$\frac{1}{n_j - 1} \sum_{i=1}^{n_j} (y_i^{(j)} - \overline{y}^{(j)})^2 = \boldsymbol{w}^\top S_j \boldsymbol{w}$$

で定義する．ただし S_j は群 G_j に含まれるサンプル $\{\boldsymbol{x}_i^{(j)}\}_{i=1}^{n_j}$ の標本分散共分散行列である．群内分散は，共通の標本分散共分散行列

$$S = \frac{1}{n_1 + n_2 - 2} \left((n_1 - 1)S_1 + (n_2 - 1)S_2 \right)$$

を用いて $\boldsymbol{w}^\top S \boldsymbol{w}$ で定義する．すなわち，

$$\lambda(\boldsymbol{w}) = \frac{\left(\boldsymbol{w}^\top (\overline{\boldsymbol{x}}^{(1)} - \overline{\boldsymbol{x}}^{(2)}) \right)^2}{\boldsymbol{w}^\top S \boldsymbol{w}}$$

を最大にする射影方向 $\boldsymbol{w}$ を求めればよく，最適な射影方向は $\hat{\boldsymbol{w}} = S^{-1}(\overline{\boldsymbol{x}}^{(1)} - \overline{\boldsymbol{x}}^{(2)})$ で与えられる．

新しいサンプル $\boldsymbol{x}$ は $y = \hat{\boldsymbol{w}}^\top \boldsymbol{x}$ のように射影される．このサンプルがどちらの群に属するかを定めるには，射影後の各群に属するサンプルの標本平均を求め，その中点 $(\hat{\boldsymbol{w}}^\top \overline{\boldsymbol{x}}^{(1)} + \hat{\boldsymbol{w}}^\top \overline{\boldsymbol{x}}^{(2)})/2 = (\overline{\boldsymbol{x}}^{(1)} - \overline{\boldsymbol{x}}^{(2)})^\top S^{-1} (\overline{\boldsymbol{x}}^{(1)} + \overline{\boldsymbol{x}}^{(2)})/2$ と y を比較すればよい．すなわち，

$$f(\boldsymbol{x}) = \hat{\boldsymbol{w}}^\top \boldsymbol{x} - \frac{1}{2} (\overline{\boldsymbol{x}}^{(1)} - \overline{\boldsymbol{x}}^{(2)})^\top S^{-1} (\overline{\boldsymbol{x}}^{(1)} + \overline{\boldsymbol{x}}^{(2)})$$

の値が正ならば $\boldsymbol{x}$ を群 G_1，負ならば群 G_2 に分類すればよい．この関数 $f(\boldsymbol{x})$ を**フィッシャーの線形判別関数** (Fisher's linear discriminant function) とよぶ．なお，$D^2 := \lambda(\hat{\boldsymbol{w}}) = (\overline{\boldsymbol{x}}^{(1)} - \overline{\boldsymbol{x}}^{(2)})^\top S^{-1} (\overline{\boldsymbol{x}}^{(1)} - \overline{\boldsymbol{x}}^{(2)})$ を，$\overline{\boldsymbol{x}}^{(1)}$ と $\overline{\boldsymbol{x}}^{(2)}$ の**マハラノビス平方距離** (squared Mahalanobis distance) とよぶ．

　群 G_1, G_2 に対応する事象の生起確率が異なるときは，各群に属するデータが生じる事前確率 $\pi_1 = 1 - \pi_2$ を導入して $f(\boldsymbol{x}) - \log(\pi_2/\pi_1)$ の正負を利用して判別を行うことができる．

　線形判別は共通の標本分散共分散行列 S を用いて新しいサンプル $\boldsymbol{x}$ から群 G_j の標本平均ベクトル $\overline{\boldsymbol{x}}^{(j)}$ までのマハラノビス平方距離 $D_j^2 := (\boldsymbol{x} - \overline{\boldsymbol{x}}^{(j)})^\top S^{-1}(\boldsymbol{x} - \overline{\boldsymbol{x}}^{(j)})$ を計算すると，$D_2^2 - D_1^2 = 2f(\boldsymbol{x})$ なので，$D_2^2 \geq D_1^2$ なら G_1 に，$D_2^2 < D_1^2$ なら G_2 にサンプルを分類することと等価である．ここで，共通の分散共分散行列ではなく，各群の分散構造が異なることを仮定し，$D_j^2 = (\boldsymbol{x} - \overline{\boldsymbol{x}}^{(j)})^\top S_j^{-1}(\boldsymbol{x} - \overline{\boldsymbol{x}}^{(j)})$ を用いて 2 次式

$$q(\boldsymbol{x}) = D_2^2 - D_1^2 = (\boldsymbol{x} - \overline{\boldsymbol{x}}^{(2)})^\top S_2^{-1}(\boldsymbol{x} - \overline{\boldsymbol{x}}^{(2)}) - (\boldsymbol{x} - \overline{\boldsymbol{x}}^{(1)})^\top S_1^{-1}(\boldsymbol{x} - \overline{\boldsymbol{x}}^{(1)})$$

の正負で判別を行うことを，**2 次判別分析** (quadratic discriminant analysis) とよび，関数 $q(\boldsymbol{x})$ を **2 次判別関数** (quadratic discriminant function) とよぶ．1 次関数による線形判別分析と比較して柔軟な判別境界を表現することができる一方で，各クラスで異なる分散共分散行列を推定するため，サンプルサイズが小さい場合には数値的な不安定性が問題となったり，データへの過適合が生じる可能性が高くなることに注意が必要である．

■**正準判別分析**■　サンプルが属する群が 2 より多い場合の多群の判別においても，各群の平均 (重心) とサンプル $\boldsymbol{x}$ とのマハラノビス平方距離を求め，それが最小となる群にサンプル $\boldsymbol{x}$ を分類することで，多群の判別が実現できる．ここでは g 群の p 次元データを判別性が高くなるように低次元に射影する方法として**正準判別分析** (canonical discriminant analysis) を紹介する．群 $G_j, j = 1, \ldots, g$ に属するサンプル $\{\boldsymbol{x}_i^{(j)}\}_{i=1}^{n_j}, j = 1, \ldots, g$ の平均ベクトルを $\overline{\boldsymbol{x}}^{(j)} = \dfrac{1}{n_j} \displaystyle\sum_{i=1}^{n_j} \boldsymbol{x}_i^{(j)}$，分散共分散行列を

$$S_j = \frac{1}{n_j - 1} \sum_{i=1}^{n_j} (\boldsymbol{x}_i^{(j)} - \overline{\boldsymbol{x}}^{(j)})(\boldsymbol{x}_i^{(j)} - \overline{\boldsymbol{x}}^{(j)})^\top$$

全サンプルの平均ベクトルを

$$\overline{\boldsymbol{x}} = \left(\sum_{j=1}^{g} n_j\right)^{-1} \sum_{j=1}^{g} \sum_{i=1}^{n_j} \boldsymbol{x}_i^{(j)}$$

として, $\overline{y} = \boldsymbol{w}^\top \overline{\boldsymbol{x}}$ とする. 群間変動行列と群内変動行列をそれぞれ

$$S_{\mathrm{B}} = \sum_{j=1}^{g} n_j (\overline{\boldsymbol{x}}^{(j)} - \overline{\boldsymbol{x}})(\overline{\boldsymbol{x}}^{(j)} - \overline{\boldsymbol{x}})^\top$$

および

$$S_{\mathrm{W}} = \sum_{j=1}^{g} (n_j - 1) S_j$$

として, フィッシャーの判別分析と同様に群間, 群内の分散比を最大にする射影ベクトル $\boldsymbol{w} \in \mathbb{R}^p$ を求めれば射影軸が 1 つ得られる. フィッシャーの判別分析では単一の射影方向を求めたが, 正準判別分析においては一般に群の数が 2 より多い状況を考えており, 複数の射影軸が得られる. 行列 $S_{\mathrm{W}}^{-1} S_{\mathrm{B}}$ の d 個の固有値, 固有ベクトルを $(\lambda_k, \boldsymbol{w}_k), k = 1, \ldots, d,$ (ただし $\lambda_1 \geq \lambda_2 \geq \cdots \geq \lambda_d$) とする. S_{B} と $\overline{\boldsymbol{x}}$ の定義から行列 S_{B} のランクはたかだか $g-1$ であり, $d \leq \min\{p, g-1\}$ であることに注意する. こうして得られた固有ベクトルが射影ベクトルに対応する. たとえば $(\boldsymbol{w}_1^\top \boldsymbol{x}, \boldsymbol{w}_2^\top \boldsymbol{x})$ のようにサンプルを 2 次元へ射影し, 2 次元平面にサンプルをプロットすることで各群に属するサンプルの散らばりを可視化したり, あるいは射影したサンプルをもとのサンプルから抽出した特徴量とみなしてクラスタリングを行うなどといった利用方法が考えられる.

■サポートベクターマシン■ サポートベクターマシン (Support Vector Machine, **SVM**) は, 判別平面と最も近いデータ点の距離 (**マージン**, margin) が最大になるように判別平面 (判別軸) を定めることで, 未知のデータに対しても高い予測性能を有する線形判別器である. 判別軸を求める最適化問題は凸最適化問題として定式化され, 大域的な解が定まること, そしてカーネル法を利用することで柔軟な非線形判別への拡張が容易であることから, 機械学習における代表的な 2 クラス判別手法として広く用いられている.

クラス G_1, G_2 のいずれかに属するサンプル $\boldsymbol{x} \in \mathcal{X} \subseteq \mathbb{R}^p$ があり, これがクラス G_1 に属する場合には対応するクラスラベル y が $+1$, クラス G_2 に属する場合には y が -1 という値をとるものとする. こうしたサンプルが n 個観測されたとして, サンプル $\{(\boldsymbol{x}_i, y_i)\}_{i=1}^n$ を用いて新たに観測したサンプルが属するクラスを予測する予測器を構成する問題を考える.

元のデータ空間 $\mathcal{X}$ における超平面 (線形判別面) ではうまく 2 クラスの分離ができな

い場合でも，適切な高次元空間 $\mathcal{H}$ を考えてもとのサンプル $\boldsymbol{x}$ を変換した $\phi(\boldsymbol{x}) \in \mathcal{H}$ ならば分離がうまくいくことがある．そこで，高次元空間 $\mathcal{H}$ において $f(\boldsymbol{x}) = \boldsymbol{w}^{\top}\phi(\boldsymbol{x}) + b$ なる判別関数を考え，$f(\boldsymbol{x}) \geq 0 \Rightarrow y = +1$，$f(\boldsymbol{x}) < 0 \Rightarrow y = -1$ という判別ルールを考える．2 クラスのデータを完全に分ける超平面は一般にはいくらでもありえる．そこで，各クラスの学習データから超平面までの最短距離 (マージン) を最大にするという基準で分離超平面を一意に指定する．サンプル $\phi(\boldsymbol{x}_i)$ から超平面 $f(\boldsymbol{x}) = 0$ までの距離は $|\boldsymbol{w}^{\top}\phi(\boldsymbol{x}_i) + b| / \|\boldsymbol{w}\|$ なので，マージンは学習データにおけるこの距離の最小値である．マージンを最大化する問題を最適化問題として定式化する．

サンプル $(\boldsymbol{x}_i, y_i)$ が $f(\boldsymbol{x}) = 0$ によって正しく判別されていれば，$y_i(\boldsymbol{w}^{\top}\phi(\boldsymbol{x}_i) + b) > 0$ が成り立つ．そこで，最適化問題

$$\max_{\boldsymbol{w}, b} \min_{i=1,\ldots,n} |\boldsymbol{w}^{\top}\phi(\boldsymbol{x}_i) + b| / \|\boldsymbol{w}\|$$

$$\text{s.t.} \quad y_i(\boldsymbol{w}^{\top}\phi(\boldsymbol{x}_i) + b) > 0, \quad i = 1,\ldots,n$$

を解けばよいことがわかる．なお，記号 s.t. は，s.t. 以下に記述する制約条件のもとで最適化問題を考えることを意味する．ここで超平面のパラメータ $\boldsymbol{w}, b$ を同じだけ定数倍しても最適化の目的関数の分母と分子で定数倍は打ち消し合い，また，最適化の制約条件の正負も変わらないため，判別境界は不変である．そこで，$\min_i |\boldsymbol{w}^{\top}\phi(\boldsymbol{x}_i) + b| = 1$ なる条件を加えると，上記の最適化問題は凸 2 次関数の最適化問題

$$\min_{\boldsymbol{w}, b} \|\boldsymbol{w}\|^2 \quad \text{s.t.} \quad y_i(\boldsymbol{w}^{\top}\phi(\boldsymbol{x}_i) + b) \geq 1, \ \forall i$$

と等価である．

いま，空間 $\mathcal{H}$ の超平面を考えているので，パラメータ $\boldsymbol{w}$ も $\mathcal{H}$ の要素である．上記の最適化問題の解として得られる $\boldsymbol{w}$ は $\boldsymbol{w} = \sum_{i=1}^{n} \alpha_i \phi(\boldsymbol{x}_i)$ のように学習データ $\phi(\boldsymbol{x}_i), i = 1,\ldots,n$ の線形結合で書けることが示せて，これを用いると解くべき最適化問題は

$$\min_{\alpha_1,\ldots,\alpha_n, b} \sum_{i,j=1}^{n} \alpha_i \alpha_j \phi(\boldsymbol{x}_i)^{\top}\phi(\boldsymbol{x}_j)$$

$$\text{s.t.} \quad y_i\left(\sum_{j=1}^{n} \alpha_j \phi(\boldsymbol{x}_j)^{\top}\phi(\boldsymbol{x}_i) + b\right) \geq 1, \quad i = 1,\ldots,n$$

となる.ここで関数 ϕ が常に内積の形で現れていることに着目し,内積値を与える 2 変数関数 $k(\boldsymbol{x}_i, \boldsymbol{x}_j) = \phi(\boldsymbol{x}_i)^\top \phi(\boldsymbol{x}_j)$ を定義する.これを**カーネル関数** (kernel function) とよぶ.カーネル関数としては線形カーネル $k(\boldsymbol{x}_i, \boldsymbol{x}_j) = \boldsymbol{x}_i^\top \boldsymbol{x}_j$,多項式カーネル $k(\boldsymbol{x}_i, \boldsymbol{x}_j) = (c_1 \boldsymbol{x}_i^\top \boldsymbol{x}_j + c_0)^d$,ガウシアンカーネル $k(\boldsymbol{x}_i, \boldsymbol{x}_j) = \exp(-\sigma \|\boldsymbol{x}_i - \boldsymbol{x}_j\|_2^2)$ などがよく用いられる.学習データの各対に対する**グラム行列** (Gram matrix) $K = [K]_{ij}$ を $K_{ij} = k(\boldsymbol{x}_i, \boldsymbol{x}_j)$ で定義すると,解くべき最適化問題は

$$\min_{\boldsymbol{\alpha}, b} \boldsymbol{\alpha}^\top K \boldsymbol{\alpha} \quad \text{s.t.} \quad y_i \left(\sum_{j=1}^n \alpha_j K_{ji} + b \right) \geq 1, \quad i = 1, \dots, n$$

であり,この解 $\hat{\boldsymbol{\alpha}}, \hat{b}$ を用いて判別境界は $\displaystyle\sum_{i=1}^n \hat{\alpha}_i k(\boldsymbol{x}_i, \boldsymbol{x}) + \hat{b} = 0$ と書ける.係数 $\hat{\alpha}_i$ がゼロでないサンプル $\boldsymbol{x}_i$ を**サポートベクター** (support vector) とよぶ.サポートベクターの数が少ないほど判別関数値の計算が効率的に行える.

SVM のマージン最大化という定式化では,すべての学習データが誤りなく線形分離可能であるという仮定をおいていた.この仮定を緩和して,線形分離でなくても定義できる**ソフトマージン** (soft margin) 最大化によって判別関数を求めることにする.線形分離ができているときは $y_i(\boldsymbol{w}^\top \phi(\boldsymbol{x}_i) + b) \geq 1$ が成り立っていたが,できるだけこの関係が満たされるよう,**スラック変数** (slack variable) $\xi_i = \max\{1 - y_i(\boldsymbol{w}^\top \phi(\boldsymbol{x}_i) + b), 0\}$ を導入し,分離ができているときはゼロ,そうでないときは ξ_i の値をペナルティとしてできるだけ小さくなるように,最適化問題

$$\min_{\boldsymbol{\alpha}, b, \boldsymbol{\xi}} \boldsymbol{\alpha}^\top K \boldsymbol{\alpha} + C \sum_{i=1}^n \xi_i,$$

$$\text{s.t.} \quad \xi_i \geq 0, \ \xi_i \geq 1 - y_i \left(\sum_{j=1}^n \alpha_j K_{ji} + b \right), \quad i = 1, \dots, n$$

を解く.ここで $C \geq 0$ は線形分離ができないことへのペナルティの強さをコントロールするパラメータであり,**ソフトマージンパラメータ**とよぶ.マージンを大きくするために第 1 項を小さくしようとすると第 2 項のペナルティの総和 $\displaystyle\sum_{i=1}^n \xi_i$ は大きくなるため,この最適化問題は相反する項をソフトマージンパラメータ C でバランスをとって最小化する方法であるといえる.カーネル関数に含まれるパラメータとソフトマージンパラメータの設定によって SVM の性能は大きく変化する.何らかの基準に

基づいて最適なパラメータの値を決定することが望ましい．クロスバリデーションが用いられることが多い (30 章を参照のこと) が，計算コストが高くなる傾向があるため，さまざまなヒューリスティックが提案されている．

　線形判別分析，2 次判別分析，線形カーネルを用いたサポートベクターマシンを用いて求めた 2 次元データの判別直線・曲線の例を図 23.1 に示す．対象としたデータは 2 クラスで分散が大きく異なる分布をしているため，線形判別分析と比べて 2 次判別分析による判別曲線が 2 クラスをよく分離できていることがわかる．また，サポートベクターマシンによって，判別直線に最も近い各クラスのサンプルからの距離が等しいような判別直線が得られていることがわかる．

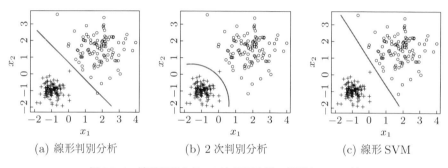

(a) 線形判別分析　　　　　(b) 2 次判別分析　　　　　(c) 線形 SVM

図 23.1　線形判別分析，2 次判別分析，線形 SVM の例

▌混同行列と ROC 解析▐

判別分析において，一般にはクラスラベルごとに判別を誤った際に被る損失は異なる．たとえば，病気に罹っているか否かを健康診断結果から判別する問題を考えたとき，病気に罹っていない人を罹っていると判断するよりも，罹っている人を罹ってないと判断することで病気を見逃すほうが大きな問題となりうる．また，各クラスのサンプルの比率が大きく偏っている状況では，誤り率を判別性能の指標として用いることは適切でないことがある．病気の例でいえば，病気に罹患していない人が全体の 99 ％以上を占めるとすると，すべてのサンプルに対して病気でないと判断することで誤り率が 1 ％以下の判別器が実現できるが，本来検出したい病気の人をすべて見逃してしまうことになり，明らかにこれは有用な判別器ではない．

　クラス数が 2 の場合に限定して，より詳細に判別の正解と誤りを考察する．関心があるクラスとそうでないクラスがあるということを明示するため，2 つのクラスを正例と負例と名付け，関心があるクラス (たとえば病気である人) は正例として扱う．

ここまで説明した線形判別, 2 次判別, サポートベクターマシンなどは, 実数値関数 $f(\boldsymbol{x})$ の符号 $\mathrm{sgn}(f(\boldsymbol{x}))$ の正負によりサンプル $\boldsymbol{x}$ を正例か負例かに分類する方法であるが, クラスラベルに偏りがある場合に対応するため, t を閾値として $\mathrm{sgn}(f(\boldsymbol{x})+t)$ を用いた判別を考える. 判別器による判別結果としては以下の 4 パターンが考えられる.

True Positive 正例を正しく正例として判別できるケース
False Positive 負例を誤って正例と判別してしまうケース
True Negative 負例を正しく負例として判別できるケース
False Negative 正例を誤って負例と判別してしまうケース

実際にサンプルを判別してみたときに, 上記の 4 つのケースそれぞれにいくつのサンプルが該当するかをそれぞれ TP, FP, TN, FN と記す. これらの値を表の形にまとめたものを, **混同行列** (confusion matrix) とよぶ (表 23.1).

表 23.1 混同行列

		予測結果	
		正例	負例
実際のクラス	正例	TP	FN
	負例	FP	TN

TP, FP, TN, FN を用いて, 判別性能を評価するさまざまな尺度が定義されている. 以下, 代表的な指標を紹介する. **正解率** (accuracy) は, 全サンプルのなかでラベルを正しく判別できたサンプルの割合であり,

$$\frac{TP + TN}{TP + TN + FP + FN}$$

で定義される. **適合率** (precision) は, 正例と分類されたサンプル数 $TP + FP$ のうち, 実際に正例であるサンプルの割合であり,

$$\frac{TP}{TP + FP}$$

で定義される. **真陽性率** (true positive rate), **感度** (sensitivity) あるいは**再現率** (recall) は, 本来は正例と判別すべきサンプル $TP + FN$ のうち, 正しく正例であると判別できたサンプルの割合であり,

$$\frac{TP}{TP + FN}$$

で定義される. **真陰性率** (true negative rate) あるいは**特異度** (specificity) は, 本来は負例と判別すべきサンプル $TN + FP$ のうち, 正しく負例であると判別できたサンプルの割合であり,

$$\frac{TN}{TN + FP}$$

で定義される. $1 -$ 特異度 を, **偽陽性率** (false positive rate) とよぶ. たとえば真陽性率に着目すると, すべてのサンプルを正例であると判別するような判別規則は真陽性率を 1 にするが, $TN = 0$ となるため真陰性率は 0 になってしまう. ある指標に関して所望の性能を達成するように閾値 t を定めた上で, トレードオフの関係にある別な指標を評価することができる.

一方, 閾値の決め方によらない全体的な判別器の性能を評価する方法として, **ROC 曲線** (受信者動作特性, receiver operating characteristic curve) がある. ROC 曲線は閾値 t を $-\infty$ から ∞ まで変化させたときの真陽性率と偽陽性率を 2 次元にプロットしたものである (真陽性率と特異度を用いることもある). 図 23.2 に例を示す. ROC 曲線は直観的に判別性能を把握するのに適している. 定量的に全体的な判別性能を表す指標として, ROC 曲線の下側の面積で定義される **AUC** (area under the ROC curve) がある. これはランダムに正例, 負例を出力するような判別方法の場合には 0.5 になるため, AUC は $[0.5, 1]$ の範囲をとる数値であり, 1 に近いほど判別性

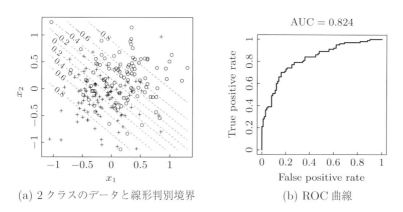

(a) 2 クラスのデータと線形判別境界　　　　(b) ROC 曲線

図 **23.2**　ROC 曲線の例. (a) には線形判別による判別関数 $f(\boldsymbol{x}) - t$ の閾値 t を少しずつ変えたときの判別境界を点線で示している. (b) 対応する判別器の ROC 曲線. 曲線より下の部分の面積が AUC の値であり, この場合 0.824 となっている.

能がよいと解釈できる.

例 題

問 23.1 2群 (クラス) の2次元データを, フィッシャーの線形判別分析と, ガウシアンカーネルを用いたソフトマージン SVM によって判別する. それぞれの方法で得られた判別境界を図 23.3 (a) と (b) に示す. 図に示したものと同じ分布に従うテストデータを判別したときの判別の正答率は, 線形判別分析では 0.845, SVM では 0.815 であった.

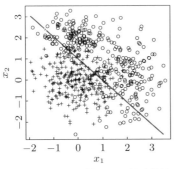
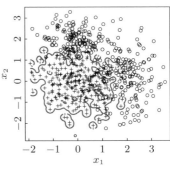

(a) 線形判別分析による判別境界   (b) SVM による判別境界

図 23.3

〔1〕 通常, 図 23.3 のようなデータに対してよりよい判別精度が期待できるのはフィッシャーの線形判別分析とガウシアンカーネルを用いたソフトマージン SVM のどちらであるか, 理由とともに答えよ.

〔2〕 問題に示した正答率や図 23.3 (a), (b) のような結果になった理由と, ガウシアンカーネルを用いたソフトマージン SVM の精度を高くするための方法を議論せよ.

問 23.2 さまざまなフォントで表示された文字の画像にノイズを加えたものから, 16 種類の画像特徴量を用いて, 記された文字が英語アルファベット E, F, Q のどれであるかを正準判別分析によって分類する[※1]. 簡単のため, 16 種類の特徴量から 5 種類を選び, 個々のサンプルを 5 次元ベクトルとして扱う. 各群のデータはすべて 50 点である. あらかじめ各群で共分散行列を単位行列に白色化して, 正準判別分析により射影軸 LD_1, LD_2 を求め, (LD_1, LD_2) 軸に射影したデータをプロットした (図 23.4).

[※1] 出典:P. W. Frey and D. J. Slate (Machine Learning Vol 6/2 March 91): *Letter Recognition Using Holland-style Adaptive Classifiers.*

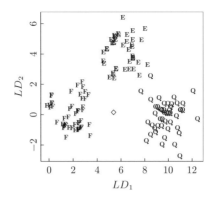

図 23.4　正準判別分析によるアルファベット E, F, Q の 2 次元平面への射影

LD_1, LD_2 に対応する射影軸はそれぞれ

$$
\boldsymbol{w}_1 = \begin{pmatrix} -0.1 \\ -0.1 \\ 0.2 \\ 0.4 \\ 0.9 \end{pmatrix}, \ \boldsymbol{w}_2 = \begin{pmatrix} 0.0 \\ 0.2 \\ -0.2 \\ 0.9 \\ -0.3 \end{pmatrix}
$$

であった．また，クラス E, F, Q それぞれに属する 5 次元データの平均はそれぞれ

$$
\overline{\boldsymbol{x}}_1 = \begin{pmatrix} 1.2 \\ 1.4 \\ 0.3 \\ 6.0 \\ 4.6 \end{pmatrix}, \ \overline{\boldsymbol{x}}_2 = \begin{pmatrix} 1.4 \\ 1.4 \\ 0.3 \\ 0.7 \\ 2.1 \end{pmatrix}, \ \overline{\boldsymbol{x}}_3 = \begin{pmatrix} 0.8 \\ 0.3 \\ 1.6 \\ 3.6 \\ 9.2 \end{pmatrix}
$$

であった．ここで，アルファベット A を表すサンプル $\boldsymbol{x}_{\mathrm{A}} = (0.9, 0.7, 0.8, 2.1, 5.2)^{\top}$ を軸 LD_1, LD_2 に射影したものを図 23.4 に ◇ で示した．

　新しい観測サンプルを，LD_1, LD_2 平面における重心が最も近いような群に分類するとすると，この新しく観測した $\boldsymbol{x}_{\mathrm{A}}$ に対応するサンプルは E, F, Q のどの群に分類されるか．

問 23.3　それぞれ平均が $\boldsymbol{\mu}_1 = (2, 2)^{\top}, \boldsymbol{\mu}_2 = (0, 0)^{\top}$，分散共分散行列が

$$
\Sigma_1 = \begin{pmatrix} 0.8 & 0 \\ 0 & 0.5 \end{pmatrix}, \quad \Sigma_2 = \begin{pmatrix} 0.4 & 0 \\ 0 & 0.25 \end{pmatrix}
$$

で与えられる 2 次元正規分布に従う 2 クラスの 2 次元データを考える．クラス 1 のサンプルサイズは 100，クラス 2 のサンプルサイズは 200 とする．

〔1〕 2 次判別分析を用いて，入力 $\boldsymbol{x}$ からクラスラベルを予測するとする．クラスラベル y で条件付けた $\boldsymbol{x}$ の分布の対数比

$$f_q(\boldsymbol{x}) = \log \frac{P(y=1\,|\,\boldsymbol{x})}{P(y=-1\,|\,\boldsymbol{x})}$$

で 2 クラス判別のための判別関数を構成する. $P(\boldsymbol{x}\,|\,y=1)$ および $P(\boldsymbol{x}\,|\,y=-1)$ をそれぞれ正規分布 $N(\boldsymbol{\mu}_1,\Sigma_1), N(\boldsymbol{\mu}_2,\Sigma_2)$ の確率密度関数に基づいて表されるとしたとき, この判別器は $\boldsymbol{x}$ の 2 次関数

$$f(\boldsymbol{x}) = \boldsymbol{x}^\top A\boldsymbol{x} + \boldsymbol{b}^\top \boldsymbol{x} + c, \quad A \in \mathbb{R}^{2\times 2}, \boldsymbol{b} \in \mathbb{R}^2$$

として表すことができる. $y = 1, -1$ それぞれの事前分布を π_1, π_2 として, 行列 A, ベクトル $\boldsymbol{b}$ および実数値 c を, $\Sigma_j, \boldsymbol{\mu}_j, \pi_j, j = 1, 2$ を用いて表せ.

〔2〕 正規分布の母数と事前分布 π_j は観測データを用いた標本平均などで置き換えて実際の判別関数を構成する. つまり, $\boldsymbol{\mu}_j$ をクラス j の標本平均 $\overline{\boldsymbol{x}}^{(j)}$ で, Σ_j をクラス j の標本分散共分散行列 S_j で, クラス j のサンプルサイズを n_j として π_j を $n_j/(n_1 + n_2)$ で置き換える. 簡単のため, 標本平均, 標本分散共分散行列がすべて母集団のものと一致するとき, 点 $(1,1)$ と点 $(0,1)$ はそれぞれクラス 1, クラス 2 のどちらに分類されるかを, 判別関数の正負を計算して答えよ.

答および解説

問 23.1

〔1〕 2 群が線形な判別直線 (平面) で分離できないことが明らかなので, 非線形判別曲面を当てはめることが可能なガウシアンカーネルを用いた SVM がよりよい判別精度を実現できると考えられる.

〔2〕 線形判別分析による判別のほうが精度が高くなっていることから, ガウシアンカーネルのパラメータやソフトマージンパラメータが適切に設定されていないため, 学習データに過学習してしまい, テストデータに対する予測精度が低くなってしまっていると考えられる. ガウシアンカーネルを用いたソフトマージン SVM の性能を向上させるためには, たとえばクロスバリデーションを用いてカーネルのパラメータやソフトマージンのパラメータを適切な値に設定する方法が考えられる.

問 23.2 群 F に分類される.

群 E, F, Q の重心を射影した点はそれぞれ

$$(\boldsymbol{w}_1^\top \overline{\boldsymbol{x}}_1, \boldsymbol{w}_2^\top \overline{\boldsymbol{x}}_1) = (6.34, 4.24),$$
$$(\boldsymbol{w}_1^\top \overline{\boldsymbol{x}}_2, \boldsymbol{w}_2^\top \overline{\boldsymbol{x}}_2) = (1.95, 0.22),$$
$$(\boldsymbol{w}_1^\top \overline{\boldsymbol{x}}_3, \boldsymbol{w}_2^\top \overline{\boldsymbol{x}}_3) = (9.93, 0.22)$$

であり, A に対応する新しいサンプルを射影した点 $(\boldsymbol{w}_1^\top \boldsymbol{x}_A, \boldsymbol{w}_2^\top \boldsymbol{x}_A) = (5.52, 0.31)$ からの距離はそれぞれ $4.01, 3.57, 4.41$ である. よって, 最も近い群 F に分類される.

問 23.3

〔1〕 $A = (-\Sigma_1^{-1} + \Sigma_2^{-1})/2$, $\boldsymbol{b} = \Sigma_1^{-1}\boldsymbol{\mu}_1 - \Sigma_2^{-1}\boldsymbol{\mu}_2$, $c = \dfrac{1}{2}(\boldsymbol{\mu}_2^\top \Sigma_2^{-1}\boldsymbol{\mu}_2 - \boldsymbol{\mu}_1^\top \Sigma_1^{-1}\boldsymbol{\mu}_1) +$ $\log\dfrac{|\Sigma_2|^{1/2}}{|\Sigma_1|^{1/2}} + \log\dfrac{\pi_1}{\pi_2}$.

判別関数を展開すると，

$$
\begin{aligned}
f_q(\boldsymbol{x}) &= \log\frac{P(\boldsymbol{x}\,|\,y=1)\pi_1}{P(\boldsymbol{x}\,|\,y=-1)\pi_2} = \log\frac{\pi_1}{\pi_2} + \log\frac{|\Sigma_2|^{1/2}}{|\Sigma_1|^{1/2}} \\
&\quad + \log\exp\left(-\frac{1}{2}(\boldsymbol{x}-\boldsymbol{\mu}_1)^\top\Sigma_1^{-1}(\boldsymbol{x}-\boldsymbol{\mu}_1) + \frac{1}{2}(\boldsymbol{x}-\boldsymbol{\mu}_2)^\top\Sigma_2^{-1}(\boldsymbol{x}-\boldsymbol{\mu}_2)\right) \\
&= \boldsymbol{x}^\top\frac{1}{2}(-\Sigma_1^{-1}+\Sigma_2^{-1})\boldsymbol{x} + (\boldsymbol{\mu}_1^\top\Sigma_1^{-1} - \boldsymbol{\mu}_2^\top\Sigma_2^{-1})\boldsymbol{x} + \log\frac{\pi_1}{\pi_2} \\
&\quad + \frac{1}{2}(\boldsymbol{\mu}_2^\top\Sigma_2^{-1}\boldsymbol{\mu}_2 - \boldsymbol{\mu}_1^\top\Sigma_1^{-1}\boldsymbol{\mu}_1) + \log\frac{|\Sigma_2|^{1/2}}{|\Sigma_1|^{1/2}}
\end{aligned}
$$

〔2〕 それぞれクラス 1，クラス 2 に分類される．

与えられた $\Sigma_j, \boldsymbol{\mu}_j, j = 1,2$ と $\pi_1 = 1/3, \pi_2 = 2/3$ を判別関数に代入する．$\Sigma_1^{-1} = \mathrm{diag}(1.25, 2), \Sigma_2^{-1} = \mathrm{diag}(2.5, 4)$ であり，これを用いると $A = \mathrm{diag}(0.625, 1), \boldsymbol{b} = (2.5, 4)^\top$ がわかる．また，$|\Sigma_2|/|\Sigma_1| = |\Sigma_2\Sigma_1^{-1}| = |\mathrm{diag}(0.5, 0.5)| = 0.25$ を用いると，$c \approx -8$ となる．

$$
f(\boldsymbol{x}) = \boldsymbol{x}^\top \begin{pmatrix} 0.625 & 0 \\ 0 & 1 \end{pmatrix}\boldsymbol{x} + \begin{pmatrix} 2.5 \\ 4 \end{pmatrix}^\top \boldsymbol{x} - 8
$$

であり，問題の 2 点を代入するとそれぞれ $f((1,1)) = 0.125 > 0$, $f((0,1)) = -3 < 0$.

24

クラスター分析

//**キーワード**// 階層型，デンドログラム，K-means，混合分布

■**クラスター分析**■ 判別分析ではあらかじめクラスラベル (群) が付与されたデータを元に，ラベルが未知の新たに取得したデータを分類するのに適した次元削減を行った．**クラスター分析** (cluster analysis) はクラスラベルの情報が与えられない状況で，特徴量の類似度や距離に基づきデータをいくつかのグループに分類する方法であり，個体間の関係を理解するのに有用な手法である．クラスタリング手法は，階層的手法と非階層的手法に大別される．

　クラスター分析の結果は用いるアルゴリズムのみならず，採用するデータ同士の距離に大きく影響を受けるため，データの性質に応じた距離を採用することが重要である．さまざまな距離尺度が考えられるが，代表的なものは**ミンコフスキー距離** (Minkowski distance) の特殊な場合と**マハラノビス距離** (Mahalanobis distance) があげられる．ここではデータが p 次元ベクトル $\boldsymbol{x}, \boldsymbol{y} \in \mathbb{R}^p$ として表現されているとする．ミンコフスキー距離は

$$d_m(\boldsymbol{x}, \boldsymbol{y}) = \left(\sum_{i=1}^{p} |x_i - y_i|^m \right)^{1/m}$$

で定義され，$m = 2$ のときを**ユークリッド距離** (Euclidean distance)，$m = 1$ のときを L_1 **距離**あるいは**マンハッタン距離** (Manhattan distance) とよぶ．マハラノビス距離は，2 つのベクトル $\boldsymbol{x}, \boldsymbol{y} \in \mathbb{R}^p$ が同一の共分散行列 Σ をもつ確率分布に従うとして，

$$d_{\mathrm{M}}(\boldsymbol{x}, \boldsymbol{y}) = \sqrt{(\boldsymbol{x} - \boldsymbol{y})^\top \Sigma^{-1} (\boldsymbol{x} - \boldsymbol{y})}$$

で定義される．ここで Σ としては通常は現在暫定的に求めてあるクラスター内のデータや，あるいはデータ全体を用いて推定した経験 (あるいは標本) 分散共分散行列を代入して用いることが多い．なお，n 個のサンプル $\{\boldsymbol{x}_i\}_{i=1}^n$ に関する経験分散共分散行列は

$$\hat{\Sigma} = \frac{1}{n} \sum_{i=1}^{n} (\boldsymbol{x}_i - \overline{\boldsymbol{x}})(\boldsymbol{x}_i - \overline{\boldsymbol{x}})^{\top}, \quad \overline{\boldsymbol{x}} = \frac{1}{n} \sum_{i=1}^{n} \boldsymbol{x}_i$$

で定義される．分散共分散行列については 3 章も参照のこと．

■**階層的手法**■　　**階層的クラスタリング** (hierarchical clustering) は，はじめに一つ
ひとつのサンプル $\boldsymbol{x}_i$ が 1 つのクラスターを構成するとみなし，距離が近いあるいは類
似性の高いサンプル同士 $\boldsymbol{x}_i, \boldsymbol{x}_j$ $(i \neq j)$ を順次グループ化していき，最後に大きな 1
つのクラスターにまとめ上げていく．階層的手法は**デンドログラム** (dendrogram)(樹
状図：各終端ノードが各データを表し，併合されてできたクラスターを非終端ノード
で表した二分木) を通してクラスター形成のプロセスを視覚的に把握できるという利
点がある．

　　階層的手法では，個々のサンプルの間に距離あるいは類似度を定義する必要がある
だけではなく，クラスター同士にも距離や類似度を定義する必要がある．クラスタリ
ングは探索的データ分析の手法であり，サンプル間，クラスター間の距離尺度はデー
タの性質を鑑みて検討することになる．

　　サンプル全体を D として，部分集合 $C_1, C_2 \subset D$ でクラスターを指定するものと
する．記号 $|S|$ で集合 S の要素数を表すものとする．以下ではサンプル間に何らか
の距離 $d(\boldsymbol{x}, \boldsymbol{y})$ が定義されていることを仮定し，その距離に基づいた代表的なクラス
ターの併合方法 (クラスター間の距離尺度 $d(C_1, C_2)$) を説明する．

- **最近隣法** (**単リンク法**，**最短距離法**，nearest neighbor method)：

$$d(C_1, C_2) = \min_{\boldsymbol{x} \in C_1, \boldsymbol{y} \in C_2} d(\boldsymbol{x}, \boldsymbol{y})$$

　2 つのクラスターのそれぞれのなかから 1 点ずつ選びサンプル間の距離を求め，
　すべての組合せの内で最も近い距離をクラスター間の距離として用いる．

- **最遠隣法** (**最長距離法**，furthest neighbor method)：

$$d(C_1, C_2) = \max_{\boldsymbol{x} \in C_1, \boldsymbol{y} \in C_2} d(\boldsymbol{x}, \boldsymbol{y})$$

　2 つのクラスターのそれぞれのなかから 1 点ずつ選びサンプル間の距離を求め，
　すべての組合せの内で最も遠い距離をクラスター間の距離として用いる．

- **重心法** (**セントロイド法**，centroid method)：

$$d(C_1, C_2) = d(\overline{\boldsymbol{x}}, \overline{\boldsymbol{y}}), \qquad \overline{\boldsymbol{x}} = \frac{1}{|C_1|} \sum_{\boldsymbol{x} \in C_1} \boldsymbol{x}, \ \overline{\boldsymbol{y}} = \frac{1}{|C_2|} \sum_{\boldsymbol{y} \in C_2} \boldsymbol{y}$$

それぞれのクラスターの重心の間の距離をクラスター間の距離として用いる．クラスター内のデータの重心を計算する必要があるが，サンプル間の距離の定義によっては重心が自明でない事がある．

- **群平均法** (group average method)：

$$d(C_1, C_2) = \frac{1}{|C_1||C_2|} \sum_{\boldsymbol{x} \in C_1} \sum_{\boldsymbol{y} \in C_2} d(\boldsymbol{x}, \boldsymbol{y})$$

2つのクラスターのそれぞれのなかから1点ずつ選びサンプル間の距離を求め，すべての組合せの平均をクラスター間の距離として用いる．

- **ウォード法** (Ward method)：

$$d(C_1, C_2) = \sum_{\boldsymbol{z} \in C_1 \cup C_2} d(\boldsymbol{z}, \overline{\boldsymbol{z}})^2 - \sum_{\boldsymbol{x} \in C_1} d(\boldsymbol{x}, \overline{\boldsymbol{x}})^2 - \sum_{\boldsymbol{y} \in C_2} d(\boldsymbol{y}, \overline{\boldsymbol{y}})^2$$

ただし

$$\overline{\boldsymbol{z}} = \frac{|C_1|}{|C_1| + |C_2|} \overline{\boldsymbol{x}} + \frac{|C_2|}{|C_1| + |C_2|} \overline{\boldsymbol{y}}$$

であり，$C_1 \cup C_2$ の元を $\boldsymbol{z}$ で表す．ある2つのクラスターを合併すると仮定し，合併後のクラスター内のサンプルの重心からの距離の二乗和から，併合前の2つのクラスター内のサンプルの重心からの距離の二乗和を引いた値が最小となるクラスター同士を合併する．すなわち，合併することでクラスター内のサンプルのばらつきは増加するが，その増加量が最も小さくなるように合併するクラスター対を選択する．

なお，階層的クラスタリングにおけるクラスター・サンプルの合併の途中での，クラスターあるいは個体間の距離行列のことを特に**コーフェン行列** (Cophenetic matrix) とよぶことがある．

▮非階層的手法▮　　非階層的クラスタリング (non-hierarchical clustering) では，すべてのサンプルをあらかじめ指定したクラスター数に分類する．クラスターを階層的に捉える必要がないときには有用な方法である．多くの場合，各サンプルのクラスター割当の悪さを表す何らかの指標 (損失関数) を定義し，その指標の最小化問題として定式化する．非階層的クラスタリングの代表的手法は **K-means 法** (K-means method) であり，K 個のあらかじめ指定したクラスター数に各サンプルを分類する．k 番目のクラスターに属するサンプル集合を C_k として，次の目的関数

$$J(\{C_k\}) = \sum_{k=1}^{K} \sum_{\boldsymbol{x}_i \in C_k} d(\boldsymbol{x}_i, \overline{\boldsymbol{x}}_k)$$

を最小化するクラスター割当を探す. ここで, $\overline{\boldsymbol{x}}_k$ は k 番目のクラスターに属するサンプルの平均ベクトルである. この問題は組合せ最適化問題であり, 厳密な解を得ることは難しい. そこで, K-means 法ではすべてのサンプルを K 個のクラスターのいずれかに適当に分類して K 個の部分集合 $C_k^{(0)}$, $k = 1, \ldots, K$ を作ったうえで, 各サンプルが割り当てられるクラスターが変化しなくなるまで次の 2 つのステップを繰り返す.

1. **クラスター中心の更新**　現在のクラスターに割り当てられている対象の中心を計算する

$$\overline{\boldsymbol{x}}_k^{(t+1)} = \frac{1}{|C_k^{(t)}|} \sum_{\boldsymbol{x}_i \in C_k^{(t)}} \boldsymbol{x}_i$$

2. **クラスター割当の更新**　すべてのサンプルに対して, 中心 $\overline{\boldsymbol{x}}_k^{(t+1)}$, $k = 1, \ldots, K$ との距離が最も近いクラスターに再割当てを行う

$$C_k^{(t+1)} = \left\{ \boldsymbol{x}_i \;\middle|\; \arg\min_{l \in \{1,\ldots,K\}} d(\overline{\boldsymbol{x}}_l^{(t+1)}, \boldsymbol{x}_i) = k \right\}$$

　K-means 法の結果は初期クラスター中心の選び方に依存する. k 個の点をランダムに選んで K-means 法を実行することを何度か繰り返し, 目的関数が最小になる結果を選択する方法や, 初期中心点を 1 つ選んでからすでに選ばれた点からの平均距離が最も遠い点を次の初期中心点として選んで k 個の初期点を得る方法などがある. また, K-means 法では何らかの根拠や必要性からクラスター数が定まっている場合以外は, 適切なクラスター数を自分で定める必要があり, その選択はクラスタリング結果に大きく影響する.

■混合分布と EM アルゴリズムによる非階層的クラスタリング■　データの生成モデルとして**混合分布** (mixture distribution) を仮定することによりクラスタリングを行うこともできる. 混合要素となる分布はさまざまなものが考えられる. パラメータ $\theta_k, k = 1, \ldots, K$ で特徴づけられる確率分布の確率密度関数 (離散的データを扱う場合には確率関数) を $f_k(\boldsymbol{x}; \theta_k)$ として, 混合比 $\pi_k \geq 0, k = 1, \ldots, K, \sum_{k=1}^{K} \pi_k = 1$ によ

る混合分布

$$f(\boldsymbol{x}; \{\pi_k, \theta_k\}_{k=1}^K) = \sum_{k=1}^K \pi_k f_k(\boldsymbol{x}; \theta_k)$$

を考え，サンプルをこの混合分布に代入して得られる尤度関数を π_k, θ_k に関して最大化する．個々のサンプル $\boldsymbol{x}$ は $\pi_k f_k(\boldsymbol{x}; \theta_k)$ に比例する確率で k 番目のクラスターに属すると考える．具体的に 1 つのクラスターにサンプルを割り当てたい場合には $\pi_k f_k(\boldsymbol{x}; \theta_k)$ を最大にするような k を選択すればよい．また，得られたパラメータ θ_k が f_k の位置パラメータを含んでいれば，その位置パラメータを k 番目のクラスター中心として採用するか，$f_k(\boldsymbol{x}; \theta_k)$ を利用して平均値や中央値などの統計量を用いる．一般には上記の尤度最大化は困難であるため，EM アルゴリズムが用いられることが多い．詳しくは 29 章を参照のこと．

■**計算量についての補足**■　K-means 法の実行に必要な計算量は，n 個のサンプルがある場合に $O(nK)$ である．一方，階層的クラスタリング手法の場合は $O(n^2)$ の計算量が必要となるため，サンプルサイズが多い場合には実行が困難となることがある．

― **例 題** ―

問 24.1　表 24.1 は，トリップアドバイザー (TripAdvisor) という旅行に関する口コミ・価格比較を中心とするウェブサイトの 6 人の利用者が，旅行先のレストラン・劇場・ビーチに対して与えた評価の平均評価点である (ただし，数値は以後の計算を簡単にするために定数倍してある)[※1]．これらの点数データを 3 次元ベクトルとして扱って計算した，ユーザ間のユークリッド距離行列を表 24.2 に示す．このデータに対して，最近隣法と最遠隣法を用いて階層的クラスター分析を行い作成したデンドログラムを図 24.1 (a) および (b) に示す．記号 A ~ F はユーザの番号のいずれかに対応する．

表 **24.1**　6 人のユーザによる平均評価点

	1	2	3	4	5	6
レストラン	7.7	10.1	4.9	4.8	6.4	4.0
劇場	5.8	5.9	4.1	5.0	3.7	5.2
ビーチ	7.7	7.3	7.9	9.0	8.0	11.6

[※1] 出典：https://archive.ics.uci.edu/ml/datasets/Travel+Reviews

表 24.2　6 人のユーザ間のユークリッド距離

	1	2	3	4	5	6
1	0.0	2.4	3.3	3.3	2.5	5.4
2	2.4	0.0	5.5	5.6	4.4	7.5
3	3.3	5.5	0.0	1.4	1.6	4.0
4	3.3	5.6	1.4	0.0	2.3	2.7
5	2.5	4.4	1.6	2.3	0.0	4.6
6	5.4	7.5	4.0	2.7	4.6	0.0

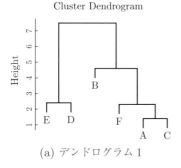

(a) デンドログラム 1

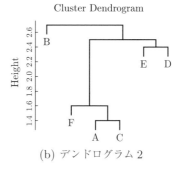

(b) デンドログラム 2

図 24.1

〔1〕図 24.1(a) および (b) はどちらの分析法に対応するか，理由を付して答えよ．また，記号 A〜F が対応するユーザの番号を，理由を付して答えよ．

〔2〕このデータに対して，初期クラスター中心ベクトルを $\overline{\boldsymbol{x}}_1^{(0)} = (9, 6, 7)$，$\overline{\boldsymbol{x}}_2^{(0)} = (5, 5, 10)$ として $K = 2$ の K-means 法でクラスタリングを行ったところ，一回の繰り返しでアルゴリズムは停止した．得られた 2 つのクラスターの中心座標を小数点以下 1 位までで答えよ．

答および解説

問 24.1

〔1〕(a) が最遠隣法で，(b) が最近隣法．$A = 3, B = 6, C = 4, D = 2, E = 1, F = 5$．A と C，D と E はそれぞれ入れ替えてもよい．

まず，距離行列の非対角成分で最も小さい値をもつユーザ 3 と 4 が，どちらの分析方法でも最初に結合されているデータ A, C に対応することがわかる．これを $\{A, C\} = \{3, 4\}$ と表す．次に，最遠隣法と最近隣法のいずれで考えても，(a), (b) のデンドログラムからクラスター $\{3, 4\}$ と F が結合されるので，$\min\{d(3, F), d(4, F)\} = 1.6$ から，$F = 5$

がわかる．すでに定まった $3, 4, 5$ は除いて考えて，データ間の距離が最も短いのは $d(\mathrm{E}, \mathrm{D}) = 2.4$ なので $\{\mathrm{E}, \mathrm{D}\} = \{1, 2\}$ であり，残った 1 つのデータから $\mathrm{B} = 6$ がわかる．最後に，$d(\{3, 4, 5\}, \{1, 2\})$ と $d(\{3, 4, 5\}, 6)$ の大小関係に着目すると，どちらの分析法を用いたかがわかる．最近隣法で計算してみると，

$$d(\{3, 4, 5\}, \{1, 2\}) = \min\{d(3, 1), d(3, 2), d(4, 1), d(4, 2), d(5, 1), d(5, 2)\} = 2.5$$
$$d(\{3, 4, 5\}, 6) = \min\{d(3, 6), d(4, 6), d(5, 6)\} = 2.7$$

であり，先に $\{\mathrm{A}, \mathrm{C}, \mathrm{F}\} = \{3, 4, 5\}$ と $\{\mathrm{E}, \mathrm{D}\} = \{1, 2\}$ が結合されている (b) のデンドログラムが最近隣法に対応することがわかる．

〔2〕 $\overline{\boldsymbol{x}}_1^{(1)} = (8.9, 5.9, 7.5)$ および $\overline{\boldsymbol{x}}_2^{(1)} = (5.0, 4.5, 9.1)$.

各ユーザのデータと初期中心点 $\overline{\boldsymbol{x}}_1^{(0)}, \overline{\boldsymbol{x}}_2^{(0)}$ とのユークリッド距離

$$d(\overline{\boldsymbol{x}}_k^{(0)}, \boldsymbol{x}_i), \ k = 1, 2, \ i = 1, \ldots, 6$$

は，

$$d(\overline{\boldsymbol{x}}_1^{(0)}, \boldsymbol{x}_1) = 1.49, \quad d(\overline{\boldsymbol{x}}_2^{(0)}, \boldsymbol{x}_1) = 3.64,$$
$$d(\overline{\boldsymbol{x}}_1^{(0)}, \boldsymbol{x}_2) = 1.14, \quad d(\overline{\boldsymbol{x}}_2^{(0)}, \boldsymbol{x}_2) = 5.84,$$
$$d(\overline{\boldsymbol{x}}_1^{(0)}, \boldsymbol{x}_3) = 4.61, \quad d(\overline{\boldsymbol{x}}_2^{(0)}, \boldsymbol{x}_3) = 2.29,$$
$$d(\overline{\boldsymbol{x}}_1^{(0)}, \boldsymbol{x}_4) = 4.76, \quad d(\overline{\boldsymbol{x}}_2^{(0)}, \boldsymbol{x}_4) = 1.02,$$
$$d(\overline{\boldsymbol{x}}_1^{(0)}, \boldsymbol{x}_5) = 3.61, \quad d(\overline{\boldsymbol{x}}_2^{(0)}, \boldsymbol{x}_5) = 2.77,$$
$$d(\overline{\boldsymbol{x}}_1^{(0)}, \boldsymbol{x}_6) = 6.84, \quad d(\overline{\boldsymbol{x}}_2^{(0)}, \boldsymbol{x}_6) = 1.90$$

である．したがって $\boldsymbol{x}_1, \boldsymbol{x}_2 \in C_1$，$\boldsymbol{x}_3, \boldsymbol{x}_4, \boldsymbol{x}_5, \boldsymbol{x}_6 \in C_2$ がわかる．この C_1, C_2 を用いると

$$\overline{\boldsymbol{x}}_1^{(1)} = \frac{1}{2}(\boldsymbol{x}_1 + \boldsymbol{x}_2) = (8.9, 5.9, 7.5),$$
$$\overline{\boldsymbol{x}}_2^{(1)} = \frac{1}{4}(\boldsymbol{x}_3 + \boldsymbol{x}_4 + \boldsymbol{x}_5 + \boldsymbol{x}_6) = (5.0, 4.5, 9.1)$$

となる．

25 因子分析・グラフィカルモデル

／キーワード／ 共通因子，因子負荷量，因子スコア，構造方程式，条件付き独立

■1 因子モデルの因子分析■

p 問からなる数学の試験を n 人の生徒が受験したとして，n 人の生徒の各問の得点がどのように決まるかを考えてみよう．各問の得点は独立に決定されるわけではなく，数学が得意な人はどの問も得点が高く，逆に，数学が苦手な人はどの問も得点が低い傾向にありそうだ．つまり，各生徒の「数学の能力」のような直接は観測できない共通の要因が背後に存在し，その影響で各問の得点が決定されると考えることができる．**因子分析** (factor analysis) とは，この例のように，p 個の変数の変動メカニズムを，少数の共通の要因によって単純化 (縮約) するための分析手法である．共通の要因は**共通因子** (common factor) とよばれる．

x_{ij} を生徒 i の問 j の得点とする．ここでは，変数間の分布を調整するために，x_{ij} は問ごとに平均 0，標準偏差 1 に標準化されているものとする．生徒 i の共通因子の値を f_i と書くことにする．f_i は生徒 i の**因子スコア** (factor score) という．共通因子は各問の得点の情報を縮約したものなので，「数学の能力」と予想できるが，分析前の段階ではまだ何かはわからない．共通因子は分析の過程で解釈を与えられる．

いま，$f_1, \dots, f_n \sim N(0,1), i.i.d.$ を仮定する．つまり，$E[f_i] = 0, V[f_i] = 1$ である．x_{ij} が 1 つの共通因子 f_i の関数として

$$x_{ij} = a_j f_i + d_j u_{ij} \tag{25.1}$$

のように定まることを想定したモデルを **1 因子モデル** (single factor model) という．a_j は**因子負荷量** (factor loading) といい，共通因子と各問の関係を表す係数である．因子負荷量は問ごとには異なるが，各生徒間では共通である．$d_j u_{ij}$ は x_{ij} の変動のうち共通因子では説明できなかった部分である．u_{ij} は**独自性因子** (unique factor) という変数で，各 i について $u_{i1}, \dots, u_{ip} \sim N(0,1), i.i.d.$ を仮定する．また，f_i と u_{ij} は互いに独立であると仮定する．$d_j > 0$ は**独自係数** (coefficient for unique factor) というパラメータで，$d_j u_{ij}$ の標準偏差である．以上の仮定のもとで

$V[x_{ij}] = a_j{}^2 + d_j{}^2 = 1$ となることがわかる. $a_j{}^2$ は x_{ij} の変動のうちで共通因子で説明できた部分で, 問 j の**共通性** (communality) という. $d_j{}^2$ は x_{ij} の変動のうちで共通因子で説明できなかった部分で, 問 j の**独自性** (uniqueness) という.

このモデルで, 観測可能なのは x_{ij} だけで, a_j, d_j は未知パラメータ, f_i, u_{ij} は観測不能な変数であるが, 最尤推定法を用いることによってすべて推定が可能である. a_j, f_i, d_j, u_{ij} の推定値を $\hat{a}_j, \hat{f}_i, \hat{d}_j, \hat{u}_{ij}$ と書く. 共通性, 独自性は $\hat{a}_j{}^2, \hat{d}_j{}^2$ によって推定する.

例1 「方程式」「微積分」「複素数」「三角関数」「平面図形」の5問からなる数学の試験を10人の生徒が受験し, その得点のデータを用いて, 1因子モデルを推定したところ, 各問の因子負荷量の推定値は次の表のようになった.

方程式	微積分	複素数	三角関数	平面図形
0.92	0.84	0.89	0.48	0.37

〔1〕因子負荷量の推定値から共通因子の解釈を与えよ.

〔2〕「方程式」の共通性と独自性の推定値はいくらか. 小数点以下第4位を四捨五入して, 小数点以下第3位まで求めよ.

〔3〕A君, Bさん, Cさんの3人はこの試験を受験し, 5問の得点の合計はそれぞれ55点, 80点, 72点であった. また, 10人の合計得点の平均は70点であった. この3人の因子スコアは1.462, 0.193, −1.613のいずれかであるという. A君, Bさん, Cさんの因子スコアはこの3つのうちのどれであると考えるのが最も適切か答えよ.

答

〔1〕すべての因子負荷量が正であるので, どの問も因子スコアが大きければ得点は高く, 因子スコアが小さければ得点は低くなる. つまり, 共通因子は「数学の能力の高さ」と考えることができる.

〔2〕共通性は $0.92^2 = 0.846$, 独自性は $1 − 0.846 = 0.154$.

〔3〕Bさん, Cさん, A君の順に成績がよいので, A君, Bさん, Cさんの因子スコアは $−1.613, 1.462, 0.193$ と考えられる.

例1のモデルを図示すると図25.1のようになる. この図は, 各問の得点が共通因子から影響を受けていることを表している. このような図を**パス図** (path diagram) という.

ところで, 1因子モデル (25.1) は

$$x_{ij} = (-a_j)(-f_i) + d_j u_{ij}$$

図 25.1　例 1 のモデルのパス図

と書き換えることもできることに注意する．このことは，1 因子モデルの場合，因子負荷量と因子スコアは一意的に定まらず，符号の正負の不定性をもつことを意味する．このとき，$-\hat{a}_j, -\hat{f}_i$ が $-a_j, -f_i$ の推定値ということになる．パッケージプログラムで最尤推定をすると，$(\hat{a}_j, \hat{f}_i), (-\hat{a}_j, -\hat{f}_i)$ のいずれかが出力される．例 1 で，因子負荷量の推定値を $-\hat{a}_j$ とした場合，因子スコアが大きいほど得点は低くなるので，共通因子の解釈は「数学の能力の低さ」となる．符号が変わるだけなので，分析結果は本質的には変わらない．

■**多因子モデルの因子分析**■　これまでは共通因子は 1 つと仮定してきたが，共通要因が 2 つ以上存在するモデルを考えることも可能である．たとえば，例 1 の数学の試験のデータでも，「解析の能力」「幾何の能力」のような 2 つの共通因子を想定するのも 1 つの可能性である．

　一般に共通因子が K 個のモデルは K **因子モデル** (K-factor model) とよばれ，

$$x_{ij} = a_{j1}f_{i1} + \cdots + a_{jK}f_{iK} + d_j u_{ij}$$

と表される．k 番目の因子を第 k 因子という．いま，X, F, A, U, D を

$$X = (x_{ij})_{1 \leq i \leq n, 1 \leq j \leq p}, \quad F = (f_{ik})_{1 \leq i \leq n, 1 \leq k \leq K}, \quad A = (a_{jk})_{1 \leq j \leq p, 1 \leq k \leq K}$$

$$U = (u_{ij})_{1 \leq i \leq n, 1 \leq j \leq p}, \quad D = \mathrm{diag}(d_1, \ldots, d_p)$$

とするとき[1]，K 因子モデルは，

$$X = FA^\top + UD$$

と書くことができる．

　ここで，T を $TT^\top$ の対角成分がすべて 1 であるような $K \times K$ の正則行列とする．このとき，

---

[1] $\mathrm{diag}(d_1, \ldots, d_p)$ は，$d_1, \ldots, d_p$ を対角成分にもつ $p \times p$ 対角行列とする．

$$X = FA^\top + UD = (FT)(T^{-1}A^\top) + UD$$

が成立することがわかる. このことは, 上の条件を満たす任意の T を用いて, $\widetilde{F} = FT$ を因子スコア, $\widetilde{A} = A(T^\top)^{-1}$ を因子負荷行列としてもよいことを表している. つまり, $K \geq 2$ のときは, 因子スコアと因子負荷行列のとり方は無数に存在する. いま,

$$f_{ik} \sim N(0,1),\ i = 1,\ldots,n,\ k = 1,\ldots,K,$$

$$u_{ij} \sim N(0,1),\ i = 1,\ldots,n,\ j = 1,\ldots,p$$

と仮定をすれば, 最尤推定法を用いることによって, ある T における $\widetilde{A}, \widetilde{F}$ と D, U の推定が可能である. このときの $\widetilde{A}, \widetilde{F}$ の推定値を**初期解** (initial solution) という. K 因子モデルの推定では, 初期解から T を変化させて, 分析結果の解釈を容易にするような $\widetilde{A}, \widetilde{F}$ の推定値を探索する.

例 1 の数学の試験のデータを用いて 2 因子モデルを推定したときに, 因子負荷行列の初期解が表 25.1 左のようになったとしよう. 座標平面上に $(\hat{a}_{j1}, \hat{a}_{j2}),\ j = 1,\ldots,5$ をプロットしたのが図 25.2 左である. これだけみても, 第 1 因子, 第 2 因子の意味はとらえにくい.

表 25.1 因子負荷行列の初期解 (左) と回転解 (右)

問	$\hat{a}_{j1}$	$\hat{a}_{j2}$	問	$\hat{a}_{j1}$	$\hat{a}_{j2}$
方程式	0.19	0.11	方程式	0.23	0.02
微積分	0.31	0.18	微積分	0.38	0.03
複素数	0.42	0.19	複素数	0.45	−0.02
三角関数	−0.29	0.11	三角関数	−0.03	0.29
平面図形	−0.38	0.17	平面図形	−0.01	0.31

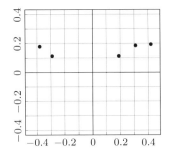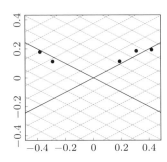

図 25.2 因子負荷量の初期解 (左) と回転解 (右)

　T を変化させるということは, 図 25.2 のプロットはそのままに, 座標軸だけを回転させることに対応する. いま, 図 25.2 左の座標軸を回転させて, 図 25.2 右のような座標軸でプロットの座標をみると, 表 25.1 右のようになる. これをみると, 第 1 因子は「方程式」「微積分」「複素数」に正の影響を与えている一方, 「三角関数」「平面図形」にはほとんど影響を与えていない. 逆に, 第 2 因子は「三角関数」「平面図形」に正の影響を与えている一方, 「方程式」「微積分」「複素数」にはほとんど影響を与えていない. つまり, この座標でみると第 1 因子は「解析の能力」, 第 2 因子は「幾何の能力」と解釈ができそうである.

　このように, 因子の解釈を容易にするような座標軸を探索する手続きを**回転** (rotation) という. T を直交行列に限る場合の回転を**直交回転** (orthogonal rotation) という. 直交回転の場合, 各座標軸は互いに直交したままの回転となる. $f_{i1}, \ldots, f_{iK}$ が互いに独立と仮定できる場合は直交回転を用いる. 直交回転以外の回転を**斜交回転** (oblique rotation) という. いまの例のように, 各因子がどの変数に影響を及ぼすかがわかりやすいように軸を選ぶことができれば, 因子の解釈も容易になる.

　回転法にはさまざまなものが存在する. **バリマックス回転** (varimax rotation) は代表的な直交回転法で, 因子負荷行列の各要素を 2 乗してできた $p \times K$ 行列の各列の分散を最大にするような直交回転と定義される.

　K 因子モデルの場合も, $d_j{}^2$ を変数 j の独自性という. 一方, 共通性は $1 - d_j{}^2$ によって定義される. $f_{i1}, \ldots, f_{iK}$ が互いに独立と仮定できる場合 (直交回転を用いる場合), 共通性は $a_{j1}{}^2 + \cdots + a_{jK}{}^2$ となる.

▨構造方程式▨　因子分析のパス図のように, 頂点と辺 (矢線) からなる図を**グラフ** (graph) という. V を頂点の集合, E を辺の集合とするときに, グラフ G は $G = (V, E)$ のように表される. すべての辺が矢線のグラフを**有向グラフ** (directed graph) という. 一般に有向グラフが定義するモデルを**構造方程式モデル** (structural equation model) という. 因子分析モデルは構造方程式モデルの一種と考えることができる.

　変数 X_1, X_2, X_3 は平均 0, 標準偏差 1 に標準化されているものとする. この 3 変数間の関係が図 25.3 左の有向グラフで表される構造方程式を以下のように定義する.

$$X_2 = aX_1 + u, \quad X_3 = bX_2 + v \tag{25.2}$$

ここで，u, v は誤差項で，u は X_1 と，v は X_1, X_2 とそれぞれ無相関と仮定する．矢線が向いている変数を目的変数，目的変数に向かって矢線が出ている変数を説明変数とした線形回帰モデルの集まりと考えればよい．

図 25.3 有向グラフ，無向グラフの例

回帰係数 a, b は**パス係数** (path coefficient) ともよばれる．これらは未知パラメータなので推定をする必要がある．ρ_{12} を X_1, X_2 の共分散，ρ_{23} を X_2, X_3 の共分散とする．式 (25.2) の第 1 式に X_1，第 2 式に X_2 を掛けて期待値をとれば，$a = \rho_{12}$，$b = \rho_{23}$ を得る．したがって，a は X_1 と X_2 の標本共分散で，b は X_2 と X_3 の標本共分散でそれぞれ推定が可能である．この手続きは実は最小二乗推定と等価である．

このように，構造方程式の両辺に変数を掛けて期待値をとることによってパラメータ推定を行う方法を**操作変数法** (instrumental variable method) といい，さまざまな構造方程式に適用可能である．両辺に掛ける変数を**操作変数**という．

> **例 2** 構造方程式 (25.2) に関し，ρ_{31} を X_3 と X_1 の共分散とする．式 (25.2) の第 2 式に対して，X_1 を操作変数として用いることで b の値を求めよ．
>
> **答** 式 (25.2) の第 2 式の両辺に X_1 を掛けて，両辺の期待値をとると $\rho_{31} = b\rho_{12}$ となるので，$b = \rho_{31}/\rho_{12}$．

例 2 より，b は ρ_{23} と ρ_{31}/ρ_{12} という 2 通りの解をもつことがわかる．このような状況を**過剰識別** (over-identification) という．後述するように，このモデルでは X_2 を条件付けたときに，X_1 と X_3 は条件付き独立になるので，$\rho_{31} = \rho_{12}\rho_{23}$，すなわち，$\rho_{23} = \rho_{31}/\rho_{12}$ が成立する．b を推定するには ρ_{23} の推定値を求めても，ρ_{31}/ρ_{12} を推定値を求めてもどちらでもよい．

▓グラフィカルモデル▓ すべての辺が無向辺であるようなグラフを**無向グラフ** (undirected graph) という．$(X_1, \ldots, X_d)$ を多変量正規分布 $N(\mathbf{0}, \Sigma)$ に従う確率ベクトル，$G = (V, E)$ を頂点集合 $V = \{X_1, \ldots, X_d\}$ をもつ無向グラフとする．グラフ G 上で，X_i, X_j 間に辺がなければ，X_i と X_j がそれ以外の確率変数で条件付けたときに条件付き独立とするモデルを**グラフィカルモデル** (graphical model) という．つまり，グラフィカルモデルとは変数間の条件付き独立の関係を無向グラフで表現し

たモデルであるといえる.

$\Sigma^{-1} = (\sigma^{ij})_{1 \le i \le d, 1 \le j \le d}$ とするとグラフ G 上で辺のない 2 頂点 v_i と v_j に対し, $\sigma^{ij} = 0$ を満たすモデルと言い換えることもできる. 図 25.3 右の無向グラフの場合, v_1 と v_3 の間に辺がないので, X_1 と X_3 は X_2 を条件付けたときに条件付き独立になる. Σ^{-1} は次のように表される.

$$\Sigma^{-1} = \begin{pmatrix} \sigma^{11} & \sigma^{12} & 0 \\ \sigma^{21} & \sigma^{22} & \sigma^{23} \\ 0 & \sigma^{32} & \sigma^{33} \end{pmatrix}$$

前節の構造方程式は有向グラフによって定義されるモデルであったが, 条件付き独立関係を無向グラフで表すこともできる. 構造方程式を定義する有向グラフ $G = (V, E)$ に対して, 次のような無向グラフ $\widetilde{G}$ を考える.

- G と同じ頂点集合をもつ.
- G 上のある $v_k \in V$ に $v_i, v_j \in V$ から矢線が引かれている場合, $\widetilde{G}$ 上で v_i, v_j 間に無向辺がある.
- G 上で矢線の引かれている頂点間には無向辺がある.

このような $\widetilde{G}$ は G の**モラルグラフ** (moral graph) とよばれる. この定義を用いると, 図 25.3 左の有向グラフのモラルグラフは図 25.3 右の無向グラフになることがわかる. したがって, 構造方程式 (25.2) においても, X_1 と X_3 は X_2 の条件のもとで条件付き独立であることがわかる. また, 図 25.4 左の有向グラフの場合, 図 25.4 右の無向グラフがモラルグラフになることも容易に確認することができる. 実は, G が定義する構造方程式では, モラルグラフ $\widetilde{G}$ が表す条件付き独立関係が成立することが知られている.

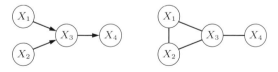

図 25.4　有向グラフ (左) とそのモラルグラフ (右)

ここでは多変量正規分布のグラフィカルモデルについて述べたが, 分割表のグラフィカルモデルについては 28 章を参照のこと.

例 題

問 25.1 コーヒー豆の種類によるコーヒーの味の違いを可視化するために，100 人の消費者を対象に，A から J までの 10 種類のコーヒーの味について「苦味」「酸味」「すっきり感」「コク」「香りのよさ」の 5 項目についてアンケート調査を行った．100 人のデータからコーヒー豆ごとに各項目の平均を求め，その 10 行 5 列の集計結果に 2 因子モデルを適用して 5 項目間の関連を考察することにした．推定には最尤法，回転にはバリマックス回転を用いた．各因子に対する因子負荷量と共通性は次の表のようになった．この結果から，第 1 因子を「酸味 or 苦味」，第 2 因子を「味の濃さ」と名付けることにした．下図はコーヒー豆の因子得点を横軸を第 1 因子，縦軸を第 2 因子としてプロットしたものである．

	第 1 因子	第 2 因子	共通性
苦み	−0.92	ア	0.8545
酸味	0.83	−0.08	0.6953
すっきり感	−0.09	−0.84	0.7137
コク	0.02	0.90	0.8104
香りのよさ	−0.35	0.45	0.3250

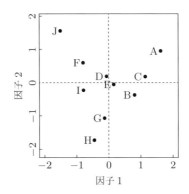

〔1〕 ア の因子負荷量の値の絶対値を求めよ．

〔2〕 「酸味は強くないが苦味が強いコクのある味わいのコーヒーがほしい」という人がいた場合，A から J のどのコーヒーを勧めるのが最も適切と思うか答えよ．

問 25.2 変数 X, Y, Z, W の関係を下図のグラフが定義する構造方程式を考える．

$$Y = aX + bW + u, \quad Z = cX + dY + v \tag{25.3}$$

ここで，X, Y, Z, W は標準化されているとし，X と W は独立と仮定する．u, v は誤差項で，u は X, W と，v は X, Y と独立であるとする．X と Y の共分散を ρ_{xy}，X と Z の共分散を ρ_{xz}，Y と Z の共分散を ρ_{yz}，Y と W の共分散を ρ_{yw}，Z と W の共分散を ρ_{zw} とする．

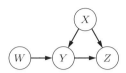

〔1〕 パス係数 a, b, c, d を $\rho_{xy}, \rho_{xz}, \rho_{yz}, \rho_{yw}, \rho_{zw}$ を用いて表せ.

〔2〕 $\rho_{xz} = c + ad$ となっていることを示せ.

〔3〕 上の有向グラフのモラルグラフを描け.

答および解説

問 25.1

〔1〕 $\sqrt{0.8545 - 0.92^2} = 0.09$.

〔2〕 因子 1 の因子スコアが最も小さく, 因子 2 の因子スコアが最も大きい J を勧めるのがよい.

問 25.2

〔1〕 式 (25.3) の第 1 式の両辺に X を掛けて期待値をとれば $a = \rho_{xy}$, W を掛けて期待値をとれば $b = \rho_{yw}$ をそれぞれ得る. 次に, 式 (25.3) の第 2 式の両辺に X を掛けて期待値をとれば $c = \rho_{xz} - d\rho_{xy}$, Y を掛けて期待値をとれば $d = \rho_{yz} - c\rho_{xy}$ をそれぞれ得る. この連立方程式を解くことにより,

$$c = \frac{\rho_{xz} - \rho_{xy}\rho_{yz}}{1 - \rho_{xy}^2}, \quad d = \frac{\rho_{yz} - \rho_{xy}\rho_{xz}}{1 - \rho_{xy}^2}$$

を得る.

〔2〕 〔1〕の結果より,

$$c + ad = \frac{\rho_{xz} - \rho_{xy}\rho_{yz} + \rho_{xy}\rho_{yz} - \rho_{xy}^2\rho_{xz}}{1 - \rho_{xy}^2} = \rho_{xz}$$

c は上のグラフの $X \to Z$ の矢線に対応するパス係数で**直接効果** (direct effect) という. ad は $X \to Y \to Z$ の 2 本の矢線に対応するパス係数の積で**間接効果** (indirect effect) という. これは, X と W が独立であれば, Z が X から受ける影響は X から直接受ける直接効果と, Y を経由して受ける間接効果に分離できることを表している.

〔3〕 モラルグラフは以下のグラフになる. このグラフから, W と Z は, X と Y を条件付けたときに条件付き独立になることがわかる.

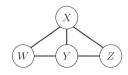

26

その他の多変量解析手法

//キーワード// 多次元尺度法, ユークリッド距離行列, 正準相関分析, 数量化法, 対応分析

▓**多次元尺度法**▓ n 個体間の非類似度あるいは距離が与えられているとき, それら n 個体の位置関係を (低次元の) 座標で表現する手法として, **多次元尺度法** (多次元尺度構成法) が知られている. 英語名である Multi-dimensional scaling の頭文字から, MDS と略されることも多い. 多次元尺度法には, 大きく分けて計量 MDS と非計量 MDS がある. 本項では, 主に計量 MDS について説明する.

n 個体間の非類似度あるいは距離データ $d_{ij} \geq 0$, $i \neq j$ $(i, j = 1, 2, \ldots, n)$ (ただし, $d_{ij} = d_{ji}$) が与えられているとする. 類似度データが与えられている場合は, ある値から引き算を行う, または逆数をとるなど, 非類似度データに変換してから分析する. また, 三角不等式 $d_{ij} + d_{il} \geq d_{jl}$ が満たされないような i, j, l の組合せが存在するなど, 明らかに座標上の距離として表すことができない場合は, たとえば, ある定数をすべての d_{ij}, $i \neq j$ に足すなどのことを行い, 少なくとも三角不等式は成立するように変換してから分析することが多い.

d_{ij} の 2 乗を並べた行列 (対角要素はすべて 0 とおく) を

$$
D = \begin{pmatrix}
0 & d_{12}{}^2 & d_{13}{}^2 & \cdots & d_{1n}{}^2 \\
d_{21}{}^2 & 0 & d_{23}{}^2 & \cdots & d_{2n}{}^2 \\
d_{31}{}^2 & d_{32}{}^2 & 0 & \cdots & d_{3n}{}^2 \\
\vdots & \vdots & \vdots & \ddots & \vdots \\
d_{n1}{}^2 & d_{n2}{}^2 & d_{n3}{}^2 & \cdots & 0
\end{pmatrix}
$$

とおく (以下, これを単に距離行列とよぶ). この距離行列 D をなるべく少ない次元数 k の座標で表すことを考える. 各個体の座標を表すベクトルを $\boldsymbol{x}_i = (x_{i1}, x_{i2}, \ldots, x_{ik})^\top$, $i = 1, 2, \ldots, n$ とおく. ただし, 一般性を失うことなく, 各座標の平均値は 0, すなわち $\sum_{i=1}^{n} \boldsymbol{x}_i = \boldsymbol{0}$ とおく. このとき, $a = \sum_{i=1}^{n} \|\boldsymbol{x}_i\|^2$ とおくと,

$$d_{ij}{}^2 = \|\boldsymbol{x}_i - \boldsymbol{x}_j\|^2 = \|\boldsymbol{x}_i\|^2 + \|\boldsymbol{x}_j\|^2 - 2\boldsymbol{x}_i^\top \boldsymbol{x}_j$$

$$\sum_{i=1}^n d_{ij}{}^2 = \sum_{i=1}^n \|\boldsymbol{x}_i - \boldsymbol{x}_j\|^2 = \sum_{i=1}^n \left(\|\boldsymbol{x}_i\|^2 + \|\boldsymbol{x}_j\|^2 - 2\boldsymbol{x}_i^\top \boldsymbol{x}_j \right) = a + n\|\boldsymbol{x}_j\|^2$$

$$\sum_{j=1}^n d_{ij}{}^2 = \sum_{j=1}^n \|\boldsymbol{x}_i - \boldsymbol{x}_j\|^2 = \sum_{j=1}^n \left(\|\boldsymbol{x}_i\|^2 + \|\boldsymbol{x}_j\|^2 - 2\boldsymbol{x}_i^\top \boldsymbol{x}_j \right) = n\|\boldsymbol{x}_i\|^2 + a$$

$$\sum_{i=1}^n \sum_{j=1}^n d_{ij}{}^2 = \sum_{i=1}^n \sum_{j=1}^n \|\boldsymbol{x}_i - \boldsymbol{x}_j\|^2 = \sum_{i=1}^n \sum_{j=1}^n \left(\|\boldsymbol{x}_i\|^2 + \|\boldsymbol{x}_j\|^2 - 2\boldsymbol{x}_i^\top \boldsymbol{x}_j \right) = 2na$$

となることから,

$$\boldsymbol{x}_i^\top \boldsymbol{x}_j = -\frac{1}{2} \left(d_{ij}{}^2 - \frac{1}{n} \sum_{i=1}^n d_{ij}{}^2 - \frac{1}{n} \sum_{j=1}^n d_{ij}{}^2 + \frac{1}{n^2} \sum_{i=1}^n \sum_{j=1}^n d_{ij}{}^2 \right)$$

が成り立つ. したがって, $X = (\boldsymbol{x}_1, \boldsymbol{x}_2, \ldots, \boldsymbol{x}_n)^\top (n \times k$ 行列) とおくと, 個体間の座標ベクトルの内積を並べた行列 $XX^\top$ は,

$$XX^\top = -\frac{1}{2} \left(I_n - \frac{1}{n} J_n \right) D \left(I_n - \frac{1}{n} J_n \right) \tag{26.1}$$

となることがわかる. ここで, I_n は $n \times n$ の単位行列であり, J_n はすべての要素が 1 の $n \times n$ 行列を表している. $\left(I_n - \frac{1}{n} J_n \right)$ を左および右から掛けるということは, 行列 D の各行各列の平均を 0 に変換していることになるため, これはしばしば**二重中心化** (double centering) とよばれる.

以上より, $B = -\frac{1}{2} \left(I_n - \frac{1}{n} J_n \right) D \left(I_n - \frac{1}{n} J_n \right)$ とおくと, B が非負定符号行列であれば, B の正の固有値 $\lambda_1 \geq \lambda_2 \geq \cdots \geq \lambda_r > 0$ (r ($\leq n-1$) は B のランクを表す) を並べた対角行列を Λ とし, 各固有値に対応するノルム 1 に基準化された互いに直交する固有ベクトル $\boldsymbol{u}_1, \boldsymbol{u}_2, \ldots, \boldsymbol{u}_r$ を並べた $n \times r$ 行列を U とすれば, $B = U\Lambda U^\top$ となるから, 次元数を $k = r$ として $X = U\Lambda^{\frac{1}{2}}$ とおくことで, $XX^\top = B$ すなわち式 (26.1) が成立することがわかる (これは**エッカート・ヤング分解** (Eckart–Young decomposition) とよばれる).

一方, B が非負定符号行列ではない場合 (すなわち, 負の固有値がある場合), どんなに次元数 k を増やしてもユークリッド距離の 2 乗に基づいて距離行列 D に一致する座標を求めることはできない. 距離行列 D がある次元の空間における n 個の点間のユークリッド距離の 2 乗で構成されるとき, 距離行列 D を特に**ユークリッド距離**

行列 (Euclidean distance matrix) とよぶ. $B = -\dfrac{1}{2}\left(I_n - \dfrac{1}{n}J_n\right)D\left(I_n - \dfrac{1}{n}J_n\right)$ が非負定符号行列であることは, 距離行列 D がユークリッド距離行列であるための必要十分条件であることが知られている (三角不等式 $d_{ij} + d_{il} \geq d_{jl}$ がすべての i, j, l の組合せで成り立つことは, ユークリッド距離行列であるための必要条件ではあるが, 十分条件ではない).

上記のように, B が非負定符号行列である場合は, 次元数を $k = r$ とすれば, 距離行列 D を完全に再現する座標行列 X を求めることができるが, ランク r の値によっては, 次元数が大きすぎてしまい, 結果を解釈するのは簡単ではなくなる. また, B が非負定符号行列ではない場合, 固有値が正のところまでを用いて座標を計算することができる (距離行列 D を完全に再現することはできない) が, これも次元数が大きすぎる場合がある. 多次元尺度法の主な目的は, 可視化できるような低次元の座標に落とし込んで, 個体間の関係を幾何学的に把握することであるから, 実際には次元数は 2 や 3 程度にしたいことが多い.

その場合, 大きいほうの固有値およびその固有ベクトルを用いる. たとえば, 次元数が $k = 2$ であれば, $\Lambda = \begin{pmatrix} \lambda_1 & 0 \\ 0 & \lambda_2 \end{pmatrix}$, $U = (\boldsymbol{u}_1, \boldsymbol{u}_2)$ とおいて, $X = U\Lambda^{\frac{1}{2}}$ とする. この場合, 寄与率は $\dfrac{\lambda_1 + \lambda_2}{\lambda_1 + \lambda_2 + \cdots + \lambda_r}$ と計算される. このような計算で得られた 2 次元の座標 ($n \times 2$ 行列) X を散布図などに布置することで, 個体間の相対的な位置を俯瞰することができるようになる. 次元数を $k = 3$ にした場合は, 座標軸 1 と座標軸 2, 座標軸 1 と座標軸 3, 座標軸 2 と座標軸 3 の組合せの散布図を作成し, 考察することが多い.

一方, 非計量 MDS について, 本項では多くを触れないが, 与えられた非類似度データ $s_{ij} \geq 0$, $i \neq j$ $(i, j = 1, 2, \ldots, n)$ を非計量値とみなし, なんらかの単調変換を行うことを前提とする. 各個体の座標は, **ストレス値** (stress value) とよばれる指標

$$S = \sqrt{\frac{\sum_{i \neq j}\left(\widetilde{d}_{ij} - d_{ij}\right)^2}{\sum_{i \neq j}d_{ij}^{\,2}}}$$

が最小になるように繰り返しアルゴリズムを用いて計算するクラスカルの方法などによって求められる (ここでの $\widetilde{d}_{ij}$ は単調変換後の距離, d_{ij} は得られた各個体の座標に基づいて計算された距離を表す).

なお，本項では，ユークリッド距離に基づく場合を紹介したが，より一般にはミンコフスキー距離 $d_{ij} = \left(\sum_{l=1}^{k} |x_{il} - x_{jl}|^q \right)^{\frac{1}{q}}$ における $q = 1$ の場合 (マンハッタン距離) や $q = \infty$ の場合 (最大値ノルム) などを用いる場合もある.

▋正準相関分析▋　2 つの変数群 $x_1, x_2, \ldots, x_p$ および $y_1, y_2, \ldots, y_q$ があるとする. このとき，$x_1, x_2, \ldots, x_p$ の線形結合 $a_1 x_1 + a_2 x_2 + \cdots + a_p x_p$ と $y_1, y_2, \ldots, y_q$ の線形結合 $b_1 y_1 + b_2 y_2 + \cdots + b_q y_q$ が最も高い相関をもつように係数 $a_1, a_2, \ldots, a_p,\ b_1, b_2, \ldots, b_q$ を定め，得られた係数の値や相関係数 (正準相関係数とよぶ) の大きさなどから両変数群の関係を解釈していく手法を**正準相関分析** (canonical correlation analysis) とよぶ. 得られた線形結合の変数 $a_1 x_1 + a_2 x_2 + \cdots + a_p x_p$ および $b_1 y_1 + b_2 y_2 + \cdots + b_q y_q$ を**正準変数** (canonical variable) とよぶ.

主成分分析は変数群が 1 つの場合であり，正準相関分析をこれを変数群が 2 つある場合に拡張したものと考えることができる. 主成分分析と同様に，第 1 正準相関係数・第 1 正準変数，第 2 正準相関係数・第 2 正準変数，$\ldots$ のように複数の正準相関係数・正準変数を求めることができる. また，別の見方として，2 つの変数群のうちの片方が変数 1 つだけであるときが重回帰分析に相当しており，正準相関分析は重回帰分析の一般化と考えることもできる.

変数群 $x_1, x_2, \ldots, x_p$ および $y_1, y_2, \ldots, y_q$ それぞれの標本分散共分散行列を S_{xx} および S_{yy} とおき，変数群 $x_1, x_2, \ldots, x_p$ と $y_1, y_2, \ldots, y_q$ 間の標本共分散行列を S_{xy} とおくと，$a_1 x_1 + a_2 x_2 + \cdots + a_p x_p = \boldsymbol{a}^\top \boldsymbol{x}$ $(\boldsymbol{a} = (a_1, a_2, \ldots, a_p)^\top, \boldsymbol{x} = (x_1, x_2, \ldots, x_p)^\top)$ および $b_1 y_1 + b_2 y_2 + \cdots + b_q y_q = \boldsymbol{b}^\top \boldsymbol{y}$ $(\boldsymbol{b} = (b_1, b_2, \ldots, b_q)^\top, \boldsymbol{y} = (y_1, y_2, \ldots, y_q)^\top)$ の分散はそれぞれ $\boldsymbol{a}^\top S_{xx} \boldsymbol{a}$ および $\boldsymbol{b}^\top S_{yy} \boldsymbol{b}$ と表され，$\boldsymbol{a}^\top \boldsymbol{x}$ と $\boldsymbol{b}^\top \boldsymbol{y}$ の共分散は $\boldsymbol{a}^\top S_{xy} \boldsymbol{b}$ と表される. したがって，相関係数 $\dfrac{\boldsymbol{a}^\top S_{xy} \boldsymbol{b}}{\sqrt{\boldsymbol{a}^\top S_{xx} \boldsymbol{a} \boldsymbol{b}^\top S_{yy} \boldsymbol{b}}}$ を最大にするような $\boldsymbol{a}, \boldsymbol{b}$ を求めればよい. ただし，これは $\boldsymbol{a}, \boldsymbol{b}$ いずれの定数倍に対しても不変性があるため，解を定めるために

$$\text{maximize } \boldsymbol{a}^\top S_{xy} \boldsymbol{b} \quad \text{s.t.} \quad \boldsymbol{a}^\top S_{xx} \boldsymbol{a} = 1,\ \boldsymbol{b}^\top S_{yy} \boldsymbol{b} = 1$$

を解くことにする.

ラグランジュ未定乗数法を用いると，

$$f(\boldsymbol{a}, \boldsymbol{b}, \lambda_1, \lambda_2) = \boldsymbol{a}^\top S_{xy} \boldsymbol{b} - \frac{\lambda_1}{2}(\boldsymbol{a}^\top S_{xx}\boldsymbol{a} - 1) - \frac{\lambda_2}{2}(\boldsymbol{b}^\top S_{yy}\boldsymbol{b} - 1)$$

を $\boldsymbol{a}, \boldsymbol{b}$ それぞれで偏微分して 0 とおくことで,

$$\frac{\partial f}{\partial \boldsymbol{a}} = S_{xy}\boldsymbol{b} - \lambda_1 S_{xx}\boldsymbol{a} = \boldsymbol{0} \tag{26.2}$$

$$\frac{\partial f}{\partial \boldsymbol{b}} = S_{xy}^\top \boldsymbol{a} - \lambda_2 S_{yy}\boldsymbol{b} = \boldsymbol{0} \tag{26.3}$$

が得られる. 式 (26.2) に左から $\boldsymbol{a}^\top$ を掛けたものと, 式 (26.3) に左から $\boldsymbol{b}^\top$ を掛けたものから $\lambda_1 = \lambda_2 = \boldsymbol{a}^\top S_{xy}\boldsymbol{b}$ が導かれるため, $\lambda = \lambda_1 = \lambda_2$ と置き, 式 (26.2), (26.3) を連立して, $\boldsymbol{b}$ を消去すると,

$$S_{xy}S_{yy}^{-1}S_{xy}^\top \boldsymbol{a} = \lambda^2 S_{xx}\boldsymbol{a}$$

となる. ここで, $\boldsymbol{c} = S_{xx}^{\frac{1}{2}}\boldsymbol{a}$ とおくと,

$$S_{xx}^{-\frac{1}{2}}S_{xy}S_{yy}^{-1}S_{xy}^\top S_{xx}^{-\frac{1}{2}}\boldsymbol{c} = \lambda^2 \boldsymbol{c}$$

となることから, $S_{xx}^{-\frac{1}{2}}S_{xy}S_{yy}^{-1}S_{xy}^\top S_{xx}^{-\frac{1}{2}}$ の第 1 固有値 η_1 に対応するノルム 1 に基準化された固有ベクトルを $\boldsymbol{c}$ として用いて, $\boldsymbol{a} = S_{xx}^{-\frac{1}{2}}\boldsymbol{c}, \boldsymbol{b} = \frac{1}{\sqrt{\eta_1}}S_{yy}^{-1}S_{xy}^\top \boldsymbol{a}$ とすることで, 制約条件 $\boldsymbol{a}^\top S_{xx}\boldsymbol{a} = \boldsymbol{b}^\top S_{yy}\boldsymbol{b} = 1$ が満たされ, $\lambda = \boldsymbol{a}^\top S_{xy}\boldsymbol{b}$ が最大値 $\sqrt{\eta_1}$ となることがわかる. 以上のようにして, 第 1 正準相関係数 λ, 第 1 正準変数 $\boldsymbol{a}^\top \boldsymbol{x}, \boldsymbol{b}^\top \boldsymbol{y}$ が得られる. 第 2 正準相関係数・第 2 正準変数以降は, $S_{xx}^{-\frac{1}{2}}S_{xy}S_{yy}^{-1}S_{xy}^\top S_{xx}^{-\frac{1}{2}}$ の第 2 固有値以降を用いることで同様に求めることができる.

以上の議論では, 各変数を標準化せずに標本分散共分散行列 S_{xx}, S_{yy}, 標本共分散行列 S_{xy} を用いて進めたが, 得られた係数 $\boldsymbol{a}, \boldsymbol{b}$ を解釈しやすくするため, 事前に各変数を標準化してから正準相関分析を行うことも多い. その場合は, 標本相関係数行列 R_{xx}, R_{yy}, R_{xy} を用いて同様の議論を行うことができる. ただし, (主成分分析とは異なり) 標準化しても得られる正準変数自体は変わらない結果となる.

■**数量化法, 対応分析**■　質的データ, カテゴリー化されたデータを扱う多変量解析手法として, 数量化法や対応分析が知られている.

重回帰分析は主に説明変数が連続データの場合を想定しているが, すべての説明変数が質的データの場合を**数量化 I 類** (quantification method I) とよぶ. 実質的には, ダミー変数のみを説明変数とした重回帰分析と考えて差し支えないが, 説明変数のことを項目またはアイテムとよぶなど, 言い回しに違いがあったりする. 同様に説明変

数がすべて質的データの場合の判別分析に相当するのが**数量化 II 類** (quantification method II) である.

また, すべて質的データの変数が観測されているとき, それらの変数の関係や個体間の関係を低次元の座標軸によって表す目的で用いられるものとして**数量化 III 類** (quantification method III) が知られている. 数量化 III 類は質的データに対する主成分分析とみることができる. 各個体がそれぞれの変数のどのカテゴリーに属するかどうかを 0, 1 で表した (そのカテゴリーに属していれば 1, 属していなければ 0 とする) 行列をもとに分析を行う. 一方, 分割表で表されるデータの分析手法として, **対応分析** (correspondence analysis) が知られている. 対応分析は, データ行列が 1 より大きいカウント数を含むことができるという意味で, 数量化 III 類の一般化とみなすこともできる.

例 題

問 26.1　個体 1, 2, 3, 4 間の非類似度の 2 乗が以下のように与えられているとする.

$$D = \begin{pmatrix} 0 & 5 & 5 & 16 \\ 5 & 0 & 4 & 5 \\ 5 & 4 & 0 & 5 \\ 16 & 5 & 5 & 0 \end{pmatrix}$$

〔1〕 $B = -\dfrac{1}{2}\left(I_n - \dfrac{1}{n}J_n\right) D \left(I_n - \dfrac{1}{n}J_n\right)$ を計算し, B の固有値およびノルム 1 に基準化された固有ベクトルを求めよ.

〔2〕 次元数を 1 としたときの計量 MDS による各個体の座標を求めよ. また, 得られた座標に基づいて個体間の距離の 2 乗を要素とする行列を計算し, D をどの程度再現できているかを確認せよ.

〔3〕 次元数を 2 としたときの計量 MDS による各個体の座標を求めよ. また, 得られた座標に基づいて個体間の距離の 2 乗を要素とする行列を計算し, D をどの程度再現できているかを確認せよ.

答および解説

問 26.1

〔1〕 $n = 4$ より

$$B = -\frac{1}{2}\left(I_4 - \frac{1}{4}J_4\right) D \left(I_4 - \frac{1}{4}J_4\right) = \begin{pmatrix} 4 & 0 & 0 & -4 \\ 0 & 1 & -1 & 0 \\ 0 & -1 & 1 & 0 \\ -4 & 0 & 0 & 4 \end{pmatrix}$$

となる. B のノルム 1 に基準化された固有ベクトルは $\left(\dfrac{1}{\sqrt{2}},0,0,-\dfrac{1}{\sqrt{2}}\right)^{\top}$, $\left(0,\dfrac{1}{\sqrt{2}},-\dfrac{1}{\sqrt{2}},0\right)^{\top}$, $\left(\dfrac{1}{\sqrt{2}},0,0,\dfrac{1}{\sqrt{2}}\right)^{\top}$, $\left(0,\dfrac{1}{\sqrt{2}},\dfrac{1}{\sqrt{2}},0\right)^{\top}$ であり, それぞれの固有値は順に $8,2,0,0$ である (固有値 0 に対応する 2 つの固有ベクトルについては, 張る線形部分空間を変えなければ自由にとることができる).

〔2〕 B の第 1 固有値およびその固有ベクトルを用いて $\left(\dfrac{1}{\sqrt{2}},0,0,-\dfrac{1}{\sqrt{2}}\right)^{\top}\times 8^{\frac{1}{2}} = (2,0,0,-2)^{\top}$ となるから, 個体 1~4 の順に, その座標は $2,0,0,-2$ となる. ここから計算される距離行列は $\widetilde{D}=\begin{pmatrix} 0 & 4 & 4 & 16 \\ 4 & 0 & 0 & 4 \\ 4 & 0 & 0 & 4 \\ 16 & 4 & 4 & 0 \end{pmatrix}$ となるから, 元の距離行列 D を完全に再現できてはいない.

〔3〕 B の第 1, 2 固有値およびそれらの固有ベクトルを用いて

$$\frac{1}{\sqrt{2}}\begin{pmatrix} 1 & 0 \\ 0 & 1 \\ 0 & -1 \\ -1 & 0 \end{pmatrix}\begin{pmatrix} 8^{\frac{1}{2}} & 0 \\ 0 & 2^{\frac{1}{2}} \end{pmatrix} = \begin{pmatrix} 2 & 0 \\ 0 & 1 \\ 0 & -1 \\ -2 & 0 \end{pmatrix}$$

となるから, 個体 1~4 の順に, その座標は $(2,0)^{\top},(0,1)^{\top},(0,-1)^{\top},(-2,0)^{\top}$ となる (図 26.1). ここから計算される距離行列は $\widetilde{D}=\begin{pmatrix} 0 & 5 & 5 & 16 \\ 5 & 0 & 4 & 5 \\ 5 & 4 & 0 & 5 \\ 16 & 5 & 5 & 0 \end{pmatrix}$ となるから, 元の距離行列 D を完全に再現できている.

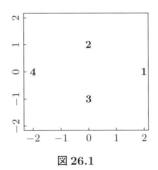

図 26.1

時系列解析

27

╱╱キーワード╱╱ 自己共分散，自己相関，偏自己相関，系列相関，定常性，自己回帰，移動平均，スペクトラム，ペリオドグラム，状態空間モデル，ダービン・ワトソン検定

▌時系列データ▌ 一般に，時間の経過とともに観測されたデータを**時系列データ** (time-series data) という．たとえば，毎月の消費者物価指数，毎日の最高気温などを一定期間，観測したものは時系列データである．時系列データは，年，四半期，月など一定間隔で観測されるものもあれば，株式の日中の取引などは，取引が成立した時点で価格が決まるので，不規則な間隔で観測されるものもある．以下では，一定間隔で観測される時系列データを扱うことにする．

▌平均・分散・自己共分散▌ 期間 $t = 1, 2, \ldots, T$ で観測される時系列データを $Y_1, Y_2, \ldots, Y_T$ とする（$\{Y_t\}_{t=1}^{T}$ などと表記されることもある）．観測時点を固定した Y_t は各々，確率変数となり，平均や分散を求めることができる．一般に，平均や分散は観測時点 t に依存するので，

$$E[Y_t] = \mu_t, \quad V[Y_t] = \sigma_t^2$$

のように表記される．また，時系列データは，同一変数の異なる時点（Y_t と Y_{t-1} など）の共分散や相関係数で特徴づけられることがしばしばある．たとえば，サラリーマン家庭の所得は，残業代などで毎月変動するものの，前月と今月で所得額を比較すると，似た金額であることが多い．このような場合は，Y_t と Y_{t-1} の相関係数は正の値となる．同一データの異なる時点の共分散を**自己共分散** (autocovariance)，相関係数を**自己相関係数** (autocorrelation coefficient) とよぶ．

$$\mathrm{Cov}[Y_t, Y_{t-h}] = \gamma_{t,h}, \quad \rho[Y_t, Y_{t-h}] = \frac{\mathrm{Cov}[Y_t, Y_{t-h}]}{\sqrt{V[Y_t]\,V[Y_{t-h}]}} = \rho_{t,h}$$

はそれぞれ，時点 t における h 次の自己共分散，時点 t における h 次の自己相関係数である．また，時間差 h は**ラグ** (lag) とよばれる．なお，コーシー・シュワルツの不

等式より,

$$(\text{Cov}[Y_t, Y_{t-h}])^2 \leq (V[Y_t])^2 \, (V[Y_{t-h}])^2$$

となるので, t 時点と $t-h$ 時点の分散が有限ならば, h 次の自己共分散も有限である.

■**定常性**■　時系列データの平均と分散が有限で, 平均が観測時点 t には依存せず, また, 自己共分散 (したがって自己相関係数) も観測時点 t には依存せずに時間差 h のみに依存する場合, その系列は**共分散定常過程** (covariance stationary process) もしくは**弱定常過程** (weak stationary process) とよばれる. すなわち, $\{Y_t\}$ が共分散定常過程であるとは,

$$E[Y_t] = \mu \quad (-\infty < \mu < \infty)$$
$$\text{Cov}[Y_t, Y_{t-h}] = \gamma_{|h|} \quad (0 < V[Y_t] = \gamma_0 < \infty) \tag{27.1}$$

を満たしていることをいう. h 次の自己共分散の表記に絶対値がついているのは,

$$\gamma_{-h} = \text{Cov}[Y_t, Y_{t+h}] = \text{Cov}[Y_{t+h}, Y_t] = \text{Cov}[Y_t, Y_{t-h}] = \gamma_h$$

が成り立つためである. 上の最初と最後の等号は自己共分散の定義によるものであり, 2 番目の等号は共分散の性質より成り立ち, 3 番目の等号は共分散定常過程の自己共分散は時点には依存しないために成り立つ. ただし, 表記を簡便なものにするため, $h \geq 0$ を想定して, 絶対値を付けないで表記することも多い. なお, 定常性の条件 (27.1) は自己相関係数を用いて

$$E[Y_t] = \mu, \quad \text{Corr}[Y_t, Y_{t-h}] = \rho_{|h|} \tag{27.2}$$

と表現されることもある.

　一方, 任意の整数 $h_1, h_2, \ldots, h_n$ に対して, $\{Y_t, Y_{t-h_1}, Y_{t-h_2}, \ldots, Y_{t-h_n}\}$ の同時分布が時点 t には依存せず, 時間差 $h_1, h_2, \ldots, h_n$ にのみ依存する場合, $\{Y_t\}$ は**強定常過程** (strong stationary process) とよばれる. 平均と分散が有限な強定常過程は, 弱定常過程でもあるが, 逆は必ずしも成り立たない.

■**ホワイトノイズ**■　共分散定常過程の平均が 0, $h \neq 0$ のすべての自己共分散が 0 である場合, その系列を**ホワイトノイズ** (white noise) という. たとえば, $Y_1, Y_2, \ldots, Y_T$ が互いに独立で平均 0, 分散 1 の同一分布に従う場合 (*i.i.d.*), $\{Y_t\}$ はホワイトノイズである. ホワイトノイズは, 時系列データを用いた回帰分析では, しばしば誤差項

が満たすべき仮定として想定される. たとえば, 重回帰モデル

$$Y_t = \beta_0 + \beta_1 X_{1t} + \beta_2 X_{2t} + \cdots + \beta_K X_{Kt} + U_t \quad (t = 1, 2, \ldots, T)$$

において, $\{U_t\}$ は平均 0, 分散 σ^2 のホワイトノイズと仮定されることが多い (より仮定を強めて, 独立同一分布を想定することもある). また, 以下で説明する時系列モデルにおいて, ショックとよばれる要素にもホワイトノイズが仮定される.

■**自己回帰過程**■　ホワイトノイズは共分散定常過程の代表的なものの 1 つであるが, たとえば家計の年間消費支出をホワイトノイズで説明できるだろうか. 多くの家計では, 年々の所得はそれほど大きくは変化せず, そのため, 消費行動も比較的似たものになる傾向があり, 過去の消費額と現在の消費額は, 比較的似た金額になりがちである. このような場合, 自己相関係数は正の値をとりやすくなる. このような時系列データを表現する代表的なものの 1 つとして, **自己回帰過程** (autoregressive process) がある.

　最もシンプルなものは, 1 次の自己回帰過程 (AR(1) 過程) であり, 以下のように表現される.

$$Y_t = \phi_1 Y_{t-1} + U_t \quad (t = 1, 2, \ldots, T) \tag{27.3}$$

ここで, $\{U_t\}$ は系列 $\{Y_t\}$ を生成するショックとよばれ, ホワイトノイズと仮定される (統計的推測を行う場合は, 独立同一分布など, より強い仮定が想定される). ϕ_1 は未知パラメータであり, ϕ_1 の値により, $\{Y_t\}$ の性質が変わってくる. ϕ_1 の役割を理解するために, 式 (27.3) を逐次的に過去へ向かって解くと, 次のように表現できる.

$$
\begin{aligned}
Y_t &= \phi_1 Y_{t-1} + U_t \\
&= \phi_1 (\phi_1 Y_{t-2} + U_{t-1}) + U_t \\
&= \phi_1{}^2 Y_{t-2} + \phi_1 U_{t-1} + U_t \\
&\ \ \vdots \\
&= \phi_1{}^t Y_0 + \sum_{j=1}^{t} \phi_1{}^{t-j} U_j
\end{aligned}
$$

最後の表現より, Y_0 から Y_t への影響は $\phi_1{}^t$ であることがわかる. したがって, $|\phi_1| < 1$ であれば, 過去から現在への影響は, 時間差が開くほど弱くなることになる. 一方, $\phi_1 = 1\ (-1)$ であれば過去からの影響は時間差に関係なく一定 (符号を変えながら一

定) であり，$|\phi_1| > 1$ ならば，過去に遡れば遡るほど，現在への影響力は大きくなる．$|\phi_1| < 1$ の場合，AR(1) 過程は共分散定常となる．

より一般には式 (27.3) に定数項を含め，AR(1) 過程は次のように表現される．

$$Y_t = c + \phi_1 Y_{t-1} + U_t \quad (t = 1, 2, \ldots, T) \tag{27.4}$$

ここで，AR(1) 過程が共分散定常の条件を満たすときの平均 μ と自己共分散 γ_h を求めてみる．$\{U_t\}$ が平均 0，分散 σ^2 のホワイトノイズである場合，式 (27.4) の両辺の期待値をとると，

$$E[Y_t] = c + \phi_1 E[Y_{t-1}] + 0$$

となる．$\{Y_t\}$ は共分散定常であるので，$E[Y_t] = E[Y_{t-1}] = \mu$ であるから，上式より，$\mu = c/(1 - \phi_1)$ となる．この結果を式 (27.4) に代入して整理すると，

$$(Y_t - \mu) = \phi_1(Y_{t-1} - \mu) + U_t \tag{27.5}$$

となる．両辺を 2 乗して期待値をとると，

$$E[(Y_t - \mu)^2] = \phi_1{}^2 E[(Y_{t-1} - \mu)^2] + E\left[U_t{}^2\right] + 2\phi_1 E[(Y_{t-1} - \mu)U_t]$$

となるが，$\{Y_t\}$ が共分散定常であることから $E[(Y_t - \mu)^2] = E[(Y_{t-1} - \mu)^2] = \gamma_0$，また，$Y_{t-1} - \mu$ は過去の U_t にのみ依存するので，右辺第 3 項の期待値は 0 となるため，

$$\gamma_0 = \phi_1{}^2 \gamma_0 + \sigma^2$$

が成り立ち，分散は $\gamma_0 = \sigma^2/(1 - \phi_1{}^2)$ と求められる．1 次の自己共分散は，式 (27.5) の両辺に $(Y_{t-1} - \mu)$ を掛けて期待値をとれば，$\gamma_1 = \phi_1 \gamma_0$ となるので，

$$\gamma_1 = \phi_1 \frac{\sigma^2}{1 - \phi_1{}^2}$$

が得られる．一般に，h 次 $(h > 0)$ の自己共分散については，式 (27.5) の両辺に $(Y_{t-h} - \mu)$ を掛けて期待値をとれば，$\gamma_h = \phi_1 \gamma_{h-1}$ という関係式が得られるので，$h = 0, 1, 2, \ldots$ と逐次的に解くことにより，

$$\gamma_h = \phi_1{}^h \frac{\sigma^2}{1 - \phi_1{}^2}$$

となる．また，h 次 $(h > 0)$ の自己相関係数 ρ_h は，$\gamma_h = \phi_1 \gamma_{h-1} = \phi_1{}^2 \gamma_{h-2} = \cdots = \phi_1{}^h \gamma_0$ より，$\rho_h = \phi_1{}^h$ となる．

　図 27.1 は，擬似乱数を発生させて生成した $\phi_1 = -0.6, 0, 0.4, 0.9$ の場合の AR(1) 過程である．(ii) のホワイトノイズの場合は不規則に原点周りを変動するが，$\phi_1 = -0.6$ の場合は，データの符号が交互に変わり，上下に激しく変動している．一方，$\phi_1 > 0$ の場合は，隣接するデータが似た値をとるようになるため，データの変動が滑らかになることがわかる．

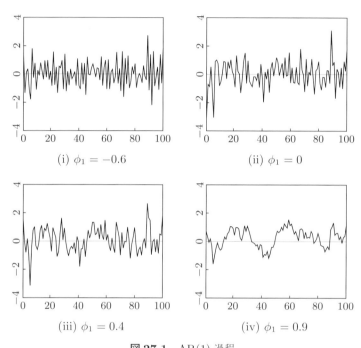

(i) $\phi_1 = -0.6$　　　　　　　(ii) $\phi_1 = 0$

(iii) $\phi_1 = 0.4$　　　　　　　(iv) $\phi_1 = 0.9$

図 27.1　AR(1) 過程

　AR(1) 過程は，Y_t が 1 期前の Y_{t-1} で説明されるように表現されていたが，より一般には，

$$Y_t = c + \phi_1 Y_{t-1} + \phi_2 Y_{t-2} + \cdots + \phi_p Y_{t-p} + U_t \tag{27.6}$$

という p 次の自己回帰過程 (AR(p) 過程) を考えることもできる．AR(p) 過程が共分散定常である条件は，z の p 次多項式

$$1 - \phi_1 z - \phi_2 z^2 - \cdots - \phi_p z^p = 0$$

のすべての解 (複素解を含む) が複素平面上で単位円外の値である，ということが知られている．この場合，Y_t の平均は先ほどと同様にすれば，$\mu = c/(1 - \phi_1 - \cdots - \phi_p)$

となることがわかる．実際，$p = 1$ の場合，$1 - \phi_1 z = 0$ の解は $z = 1/\phi_1$ なので，共分散定常性の条件は $|\phi_1| < 1$ となる．

■**移動平均過程**■　AR 過程と異なり，Y_t が現在と過去のショックの加重和で生成されている系列を，**移動平均過程** (moving average process) という．1 次の移動平均過程 (MA(1) 過程) は，$\{U_t\}$ をホワイトノイズとして，

$$Y_t = \mu + U_t + \theta_1 U_{t-1}$$

と表現される．両辺の期待値をとると，$E[Y_t] = \mu$ となり，分散と 1 次の自己共分散は，

$$\begin{aligned}
\gamma_0 &= E\big[(U_t + \theta_1 U_{t-1})^2\big] \\
&= E\big[U_t^2 + \theta_1{}^2 U_{t-1}{}^2 + 2\theta_1 U_t U_{t-1}\big] = (1 + \theta_1{}^2)\sigma^2 \\
\gamma_1 &= E\big[(U_t + \theta_1 U_{t-1})(U_{t-1} + \theta_1 U_{t-2})\big] = \theta_1 \sigma^2
\end{aligned}$$

となる．一方，2 次以上の自己共分散は，$h > 1$ として

$$E\big[(U_t + \theta_1 U_{t-1})(U_{t-h} + \theta_1 U_{t-h-1})\big] = 0$$

となる．したがって，MA(1) 過程の自己共分散は，

$$\gamma_h = \begin{cases}
(1 + \theta_1{}^2)\sigma^2 & (h = 0) \\
\theta_1 \sigma^2 & (h = 1) \\
0 & (h > 1)
\end{cases}$$

とまとめられ，MA(1) 過程は共分散定常であることがわかる．

　AR 過程の場合と同様に，MA 過程も，より一般には次のような q 次の移動平均過程 (MA(q) 過程) を考えることができる．

$$Y_t = \mu + U_t + \theta_1 U_{t-1} + \theta_2 U_{t-2} + \cdots + \theta_q U_{t-q}$$

1 次の場合と同様に，$E[Y_t] = \mu$，また，自己共分散は

$$\gamma_h = \begin{cases}
(1 + \theta_1{}^2 + \cdots + \theta_q{}^2)\sigma^2 & (h = 0) \\
(\theta_h + \theta_1 \theta_{h+1} + \cdots + \theta_{q-h}\theta_q)\sigma^2 & (1 \le h \le q) \\
0 & (h > q)
\end{cases}$$

となり，MA(q) 過程は共分散定常であることがわかる．

■**自己回帰移動平均過程**■　上で説明した AR 過程と MA 過程を組み合わせれば，より複雑な (p, q) 次の **(混合) 自己回帰移動平均過程** ((mixed) autoregressive-moving average process) を考えることができる.

$$Y_t = c + \phi_1 Y_{t-1} + \cdots + \phi_p Y_{t-p} + U_t + \theta_1 U_{t-1} + \cdots + \theta_q U_{t-q} \qquad (27.7)$$

(p, q) 次の自己回帰移動平均過程は $\text{ARMA}(p, q)$ 過程とよばれ，定常性の条件は $\text{AR}(p)$ 過程の場合と同様に，z の p 次多項式 $1 - \phi_1 z - \phi_2 z^2 - \cdots - \phi_p z^p = 0$ のすべての解 (複素解を含む) が単位円外の値であることである.

　比較的低次の $\text{ARMA}(p, q)$ 過程でも複雑な自己共分散構造を表現できるので，ARMA モデルはこれまでにさまざまな実証研究で用いられている. 一方，時系列データによっては，$\{Y_t\}$ が共分散定常ではなく，**階差 (差分：difference)** をとった $\{\Delta Y_t\}$ が共分散定常であるとみなされる場合もある. ここで，Δ は階差 (差分) オペレーターとよばれる作用素で，$\Delta Y_t = Y_t - Y_{t-1}$ と定義される. たとえば，$Y_t = \log X_t$ を金融資産価格 X_t の対数値とすると，その収益率 ΔY_t が共分散定常過程であるとみなされることがある. このような場合，ΔY_t が $\text{ARMA}(p, q)$ 過程

$$\Delta Y_t = \phi_1 \Delta Y_{t-1} + \cdots + \phi_p \Delta Y_{t-p} + U_t + \theta_1 U_{t-1} + \cdots + \theta_q U_{t-q} \qquad (27.8)$$

に従っていると想定して分析が進められる. 式 (27.8) は $(p, 1, q)$ 次の**自己回帰和分移動平均過程** ($\text{ARIMA}(p, 1, q)$ 過程) とよばれる.

　図 27.2 は，正規擬似乱数を発生させて生成した $\text{ARIMA}(1, 1, 0)$ 過程

$$\Delta Y_t = 0.2 \Delta Y_{t-1} + U_t$$

である. 図 27.2(i) からわかるように，Y_t の平均は一定ではなく，$\{Y_t\}$ の定常性については疑わしい. そこで階差をとったグラフが (ii) である. 図から判断すれば，この時系列データについては ARMA 過程よりも ARIMA 過程を当てはめたほうがよいことがわかる.

　このように，階差をとるかどうかは，原データと階差データをプロットして比較して決められることもあるが，実際の分析では，本当に階差をとってよいのか，判断が難しいことも多い. AR(1) 過程の共分散定常性の条件は $|\phi_1| < 1$ であったが，階差をとる必要があるのは，$\phi_1 = 1$ の場合である. したがって，$\phi_1 = 1$ を帰無仮説，$|\phi_1| < 1$ を対立仮説として仮説検定を行い，階差をとるかどうかの判断を行うことができる. このような検定は**単位根検定** (unit root test) とよばれ，特に，$\phi_1 = 1$

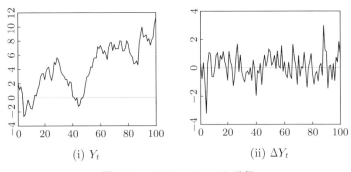

(i) Y_t (ii) ΔY_t

図 27.2 ARIMA$(1, 1, 0)$ 過程

の t 検定は実証研究で広く用いられており，**ディッキー・フラー検定** (Dickey-Fuller test) とよばれる．ただし，t 検定統計量の分布は漸近的に正規分布に従わないことが知られており，特別な分布表を用いる必要がある．

より一般の AR(p) 過程 (27.6) については，まず式 (27.6) を次のように変形する．

$$\Delta Y_t = c + \rho Y_{t-1} + \psi_1 \Delta Y_{t-1} + \cdots + \psi_{p-1} \Delta Y_{t-p+1} + U_t \tag{27.9}$$

ただし，$\rho = \phi_1 + \cdots + \phi_p - 1$，$\psi_j = -\displaystyle\sum_{k=j+1}^{p} \phi_k$ $(j = 1, 2, \ldots, p-1)$ である．階差をとると共分散定常になる場合は，$\rho = 0$ であるので，AR(p) 過程に対して単位根検定を行う場合は，$\rho = 0$ を帰無仮説，$\rho < 0$ を対立仮説とおけばよい．AR(p) 過程での $\rho = 0$ の t 検定 (単位根検定) は，**拡張ディッキー・フラー検定** (augmented Dickey-Fuller test) とよばれる．この場合も，検定を行うためには，特別な分布表を用いる必要がある．

■**ラグ多項式**■　ARMA 過程を表現する場合，**ラグオペレーター** (lag operator) もしくは**バックシフトオペレーター** (back-shift operator) を用いると便利なことがある．ラグオペレーター L は，$LY_t = Y_{t-1}$ と定義されるので，ARMA(p, q) 過程 (27.7) は，**ラグ多項式** (lag polynomial)

$$\phi(L) = 1 - \phi_1 L - \phi_2 L^2 - \cdots - \phi_p L^p, \quad \theta(L) = 1 + \theta_1 L + \theta_2 L^2 + \cdots + \theta_q L^q$$

を用いて，$\phi(L)Y_t = c + \theta(L)U_t$ と表現できる．L は B と書くこともあり，この場合も $BY_t = Y_{t-1}$ と定義されるので，$\phi(B)Y_t = c + \theta(B)U_t$ という表現もできる．また，AR(p) 過程の定常性の条件は，$\phi(z) = 0$ のすべての解が単位円外の値である，

ということができる.

■推定と統計的推測■　AR(p) 過程 (27.6) の推定方法は，主に，最小二乗法と最尤法の 2 通りである．得られたデータの観測点を $t = 1, 2, \ldots, T$ とした場合，最小二乗法では，式 (27.6) を $t = p + 1, p + 2, \ldots, T$ の範囲で推定すると考えればよい．もしくは，$\{U_t\}$ に正規分布を仮定して最尤法で推定する．MA(q) 過程や ARMA(p, q) 過程の場合も，多くの場合は正規性を仮定して最尤法で推定する．

　得られた最小二乗推定量や最尤推定量は，AR や MA の次数が正しければ，$T \to \infty$ のもとで一致推定量である．また，漸近正規性も成り立ち，t 検定やワルド検定など，漸近論に基づく標準的な統計的推測を行うことができる.

■次数の決定■　ARMA 過程の次数の選択は推定量の一致性に影響を与えるため，非常に重要である．例として，得られた時系列データに AR(1), AR(2), MA(1), MA(2), ARMA(1, 1) 過程のいずれかを当てはめて推定することを考える．自己相関係数を考えると，AR(1), AR(2), ARMA(1, 1) 過程の場合，自己相関係数は幾何級数的に減衰して 0 に近づいてゆくが，MA(1) もしくは MA(2) 過程の場合は，2 次以上もしくは 3 次以上の自己相関係数は 0 となる．したがって，得られたデータから標本自己相関係数を求めて 2 次もしくは 3 次以上で有意に 0 と異なるかどうかで，MA 過程を選択するか判断できる．図 27.3 は AR(1) 過程 ($\phi_1 = 0.8$) と MA(1) 過程 ($\theta_1 = 0.8$) の真の自己相関係数である．なお，実際のデータから求められた標本自己相関係数の図を**コレログラム** (correlogram) という (例題の図 27.7 (a) を参照).

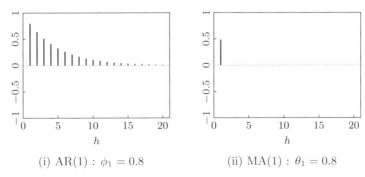

(i) AR(1)：$\phi_1 = 0.8$　　　　(ii) MA(1)：$\theta_1 = 0.8$

図 27.3　自己相関係数

一方，**偏自己相関係数** (partial autocorrelation coefficient) は，AR 過程の次数選択に有用である．h 次の偏自己相関係数とは，Y_t から $Y_{t-1}, \ldots, Y_{t-h+1}$ の影響を取り除いたもの (回帰の残差) と，Y_{t-h} から $Y_{t-1}, \ldots, Y_{t-h+1}$ の影響を取り除いたもの (回帰の残差) との間の相関係数である．AR(p) 過程の偏自己相関係数は，$p+1$ 次以上はすべて 0 であるが，MA(q) 過程や ARMA(p, q) 過程の偏自己相関係数は幾何級数的に減衰することがわかっている．図 27.4 は先ほどと同じ AR(1) 過程と MA(1) 過程の偏自己相関係数である．

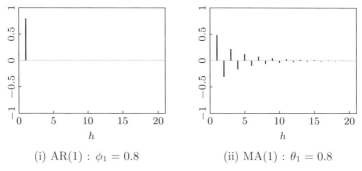

(i) AR(1) : $\phi_1 = 0.8$ (ii) MA(1) : $\theta_1 = 0.8$

図 27.4　偏自己相関係数

したがって，標本偏自己相関係数を求めて 2 次もしくは 3 次以上で有意に 0 と異なるかどうかで，AR 過程かどうかを選択する判断ができる．以上をまとめると，次の表のようになる．

表 27.1　次数選択と自己相関・偏自己相関係数の関係

自己相関係数	偏自己相関係数	選択モデル
2 次以降 0	ゆっくりと減衰	MA(1)
3 次以降 0	ゆっくりと減衰	MA(2)
ゆっくりと減衰	2 次以降 0	AR(1)
ゆっくりと減衰	3 次以降 0	AR(2)
ゆっくりと減衰	ゆっくりと減衰	ARMA(1, 1)

ただし，実際のデータを用いて標本自己相関係数や標本偏自己相関係数を求めても，さまざまな次数で 0 から有意に離れたり離れなかったりするため，これだけで次数の選択を行うのは難しい場合もある．そのような場合は，AIC や BIC といった情報量規準を用いて次数を選択すればよい．この場合，AR の最高次数と MA の最高

次数をあらかじめ設定して，それぞれの最高次数を上回らない範囲でのすべての次数の組合せでモデルを推定して，最小の情報量規準を与える次数を選択すればよい．

■**スペクトラム**■　ARMA モデルのように Y_t を過去の Y_{t-h} や現在と過去のショック U_{t-h} でモデル化して分析する手法は，時間領域での分析といわれる．一方，Y_t の変動を $\sin(\lambda t)$ や $\cos(\lambda t)$ などの周期関数を用いて分析する手法を，周波数領域での分析という．ここでは，$\{Y_t\}$ の自己共分散 γ_h について，$\sum_{h=-\infty}^{\infty} |\gamma_h| < \infty$ を満たすと仮定する．有限次元の共分散定常 ARMA 過程は，この仮定を満している．このとき，$\{Y_t\}$ の**スペクトラム** (spectrum) または**スペクトル密度関数** (spectral density function) は，

$$f(\lambda) = \frac{1}{2\pi} \sum_{h=-\infty}^{\infty} \gamma_h e^{-i\lambda h}$$

で定義される．ここで，$i = \sqrt{-1}$ である．スペクトラムの定義には虚数が含まれるが，ド・モアブルの定理より $e^{-i\lambda h} = \cos(\lambda h) - i\sin(\lambda h)$ となるので，$\gamma_h = \gamma_{-h}$，$\sin(-\lambda h) = -\sin(\lambda h)$，$\cos(-\lambda h) = \cos(\lambda h)$ という性質を用いれば，

$$
\begin{aligned}
f(\lambda) &= \frac{1}{2\pi} \sum_{h=-\infty}^{\infty} \gamma_h \left(\cos(\lambda h) - i\sin(\lambda h) \right) \\
&= \frac{1}{2\pi} \Bigg[\gamma_0 \left(\cos(0) - i\sin(0) \right) \\
&\qquad + \sum_{h=1}^{\infty} \gamma_h \left(\cos(\lambda h) + \cos(-\lambda h) - i\sin(\lambda h) - i\sin(-\lambda h) \right) \Bigg] \\
&= \frac{1}{2\pi} \left(\gamma_0 + 2 \sum_{h=1}^{\infty} \gamma_h \cos(\lambda h) \right)
\end{aligned}
$$

と表現できる．これより，スペクトラムは非負，原点対称，周期 2π の関数である．
　ARMA(p,q) 過程 $\phi(L)Y_t = c + \theta(L)U_t$ のスペクトラムは，

$$f(\lambda) = \frac{\sigma^2}{2\pi} \frac{|\theta(e^{i\lambda})|^2}{|\phi(e^{i\lambda})|^2} = \frac{\sigma^2}{2\pi} \frac{\theta(e^{-i\lambda})\theta(e^{i\lambda})}{\phi(e^{-i\lambda})\phi(e^{i\lambda})}$$

となる．したがって，$\{Y_t\}$ がホワイトノイズならば $f(\lambda) = \sigma^2/(2\pi)$ であり，AR(1)

過程ならば,

$$f(\lambda) = \frac{1}{2\pi} \frac{\sigma^2}{(1 - \phi_1 e^{-i\lambda})(1 - \phi_1 e^{i\lambda})}$$

$$= \frac{1}{2\pi} \frac{\sigma^2}{1 + \phi_1^2 - 2\phi_1 \cos(\lambda)}$$

となる. 図 27.5 は $\phi_1 = 0.5$ と $\phi_1 = -0.5$ の場合の AR(1) 過程のスペクトラムである (周期性の性質より, $0 \le \lambda \le \pi$ の範囲でのグラフである). この場合, ϕ_1 が正の値ならば, スペクトラムは単調減少関数となり, ϕ_1 が負の値ならば, 単調増加関数となる.

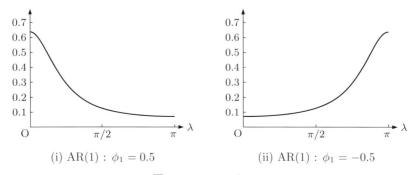

(i) AR(1) : $\phi_1 = 0.5$ (ii) AR(1) : $\phi_1 = -0.5$

図 27.5 スペクトラム

スペクトラムの重要な性質の 1 つとして, 次の関係式が成り立つことがあげられる.

$$\int_{-\pi}^{\pi} f(\lambda)\,d\lambda = 2\int_{0}^{\pi} f(\lambda)\,d\lambda = \gamma_0.$$

なお, 最初の等式はスペクトラムの対称性により成り立つ. したがって, スペクトラムと $0 \le \lambda \le \pi$ で囲まれた領域の面積は, 共分散定常過程の分散に比例することになる. これより, $0 \le \lambda_1 \le \lambda \le \lambda_2 \le \pi$ で囲まれた領域の面積

$$2\int_{\lambda_1}^{\lambda_2} f(\lambda)\,d\lambda$$

は, 共分散定常過程の変動のうち, 周波数 λ_1 から λ_2 に帰着する変動であると解釈できる. たとえば, 図 27.5(i) では, $0 \le \lambda \le \pi/2$ の領域の面積が占める割合が多いので, 比較的周波数の低い (周期の長い) 変動が大きいことがわかる. これは, 図 27.1(iv) でみられるように, $\phi_1 > 0$ の AR(1) 過程は比較的に緩やかに変動する (= 周期が長い) ことに対応している. 一方, 図 27.5(ii) では, 周波数の高い (周期の短い) 変動要因の割合が大きいが, これは $\phi_1 < 0$ の AR(1) 過程が激しく上下に変動することに対応している.

■**ペリオドグラム**■ スペクトラムは真の自己共分散を用いて定義されたが，実際の観測値 $y_1, y_2, \ldots, y_T$ を用いて作成された

$$\hat{f}(\lambda) = \frac{1}{2\pi} \sum_{h=-T+1}^{T-1} \hat{\gamma}_h e^{-i\lambda h}$$

を**ペリオドグラム** (periodogram) という．ここで，

$$\hat{\gamma}_h = \begin{cases} \dfrac{1}{T} \sum_{t=h+1}^{T} (y_t - \overline{y})(y_{t-h} - \overline{y}) & (h = 0, 1, \ldots, T-1) \\ \hat{\gamma}_{-h} & (h = -1, -2, \ldots, -T+1) \end{cases}$$

で，$\overline{y}$ は標本平均である．

ペリオドグラムの性質を理解するために，y_t を周期関数からなる説明変数へ回帰してみる．まず，T は奇数で $T = 2M + 1$ とし，$\lambda_h = 2\pi h/T (h = 1, 2, \ldots, M)$ とする．y_t を説明変数 1, $\cos(\lambda_h(t-1))$, $\sin(\lambda_h(t-1)) (h = 1, 2, \ldots, M)$ に回帰したときの推定結果を

$$y_t = \hat{\mu} + \sum_{h=1}^{M} \left[\hat{\alpha}_h \cos(\lambda_h(t-1)) + \hat{\beta}_h \sin(\lambda_h(t-1)) \right]$$

とすると，次の関係式が成り立つことが知られている．

$$\frac{1}{T} \sum_{t=1}^{T} (y_t - \overline{y})^2 = \frac{1}{2} \sum_{h=1}^{M} \left(\hat{\alpha}_h{}^2 + \hat{\beta}_h{}^2 \right) \tag{27.10}$$

左辺は $\{y_t\}$ の標本分散を表しており，右辺は周期関数の係数の二乗和であるので，式 (27.10) は，$\{y_t\}$ の変動が周波数 $\lambda_h(h = 1, 2, \ldots, M)$ に依存した M 個の要因に分解されていることになる．さらに，

$$\frac{1}{2} \left(\hat{\alpha}_h{}^2 + \hat{\beta}_h{}^2 \right) = \frac{4\pi}{T} \hat{f}(\lambda_h)$$

という関係が成り立つため，ペリオドグラムは $\{y_t\}$ の変動を周期要因に分解することに用いることができる．T が偶数の場合も同様である．

なお，ペリオドグラムの平均は，T が十分大きければスペクトラムに近づくが (漸近不偏性)，ペリオドグラムはスペクトラムの一致推定量ではない．しかし，異なる周波数間のペリオドグラムが漸近的に無相関となる性質をもつことから，λ_h のまわりで (加重) 平均をとることにより，一致推定量を作ることができる．

▨状態空間モデル▨　ARIMA 過程よりも複雑な時系列モデルの例として，**状態空間モデル** (state-space model) がある．たとえば，回帰モデルの回帰係数が変動するような可変パラメータモデルは，次のように記述できる．

$$Y_t = \boldsymbol{X}_t^\top \boldsymbol{\beta}_t + U_t \tag{27.11}$$

$$\boldsymbol{\beta}_t = \Phi \boldsymbol{\beta}_{t-1} + \boldsymbol{V}_t \tag{27.12}$$

ただし，$\boldsymbol{X}_t$ は K 次元の説明変数であり，$\boldsymbol{\beta}_t$ は K 次元回帰係数で，時点 t に依存する．式 (27.11) は**観測方程式** (observation equation)，式 (27.12) は**状態方程式** (state equation) もしくは**遷移方程式** (transition equation) とよばれる．式 (27.11) と (27.12) をあわせて，**状態空間モデル** (state-space model) という．$\{Y_t\}$ は観測される系列であるが，$\boldsymbol{\beta}_t$ は観測されずに時点 t に依存するため，最小二乗法では未知パラメータの推定はできない．$\boldsymbol{\beta}_t$ の推定には，カルマンフィルターという手法が用いられる．

　状態空間モデルを用いれば，さまざまな時系列モデルの表現が可能となる．可変パラメータモデル以外にも，観測されない潜在変数を織り込んだ次のようなモデルを考えることもできる．

$$Y_t = \alpha + \beta Z_t + U_t \qquad \text{(観測方程式)}$$

$$Z_t = \phi Z_{t-1} + V_t \qquad \text{(状態方程式)}$$

たとえば，Y_t は観測される経済変数で，Z_t は観測されない「国内の景気変動」と解釈して，景気変動と経済変数の関係を分析することも考えられる．

▨ダービン・ワトソン検定▨　時系列データを用いた，以下の回帰モデルを考える．

$$Y_t = \beta_1 + \beta_2 X_{2t} + \cdots + \beta_K X_{Kt} + U_t \tag{27.13}$$

式 (27.13) は線形回帰モデルであるため，最小二乗法で推定できる．ただし，最小二乗推定量の最小分散性が成り立つためには，$\{U_t\}$ がホワイトノイズでなければならない．$\{U_t\}$ がホワイトノイズではなく，自己共分散が 0 ではない場合は，最小二乗推定量は用いず，$\{U_t\}$ の自己相関構造を考慮した最尤法や一般化最小二乗法を用いたほうが効率的な推定ができる．一般に，回帰モデル (27.13) の誤差項 $\{U_t\}$ がホワイトノイズではなく，自己共分散が 0 ではない場合，誤差項には**自己相関** (autocorrelation) もしくは**系列相関** (serial correlation) があるといわれる．誤差項に自己相関がある

かどうかの仮説検定としては，**ダービン・ワトソン検定** (Durbin-Watson test) が行われることがある．

ダービン・ワトソン検定では，誤差項に AR(1) モデルを想定する．

$$U_t = \rho U_{t-1} + \varepsilon_t \tag{27.14}$$

ただし，$\{\varepsilon_t\}$ はホワイトノイズである．$\{U_t\}$ は共分散定常であると想定するが，まずは $0 \leq \rho < 1$ の場合を考える（$-1 < \rho \leq 0$ の場合は後述）．この場合，$\{U_t\}$ は $\rho = 0$ の場合にホワイトノイズとなるので，ダービン・ワトソン検定では帰無仮説と対立仮説を

$$H_0 : \rho = 0 \quad \text{vs.} \quad H_1 : \rho > 0 \tag{27.15}$$

と想定する．まず，式 (27.13) を最小二乗法で推定し，得られた残差を $\hat{U}_t$ とする．この残差を用いて，**ダービン・ワトソン比** (**DW 比**) を検定統計量として用いる．

$$DW = \frac{\sum_{t=2}^{T} \left(\hat{U}_t - \hat{U}_{t-1}\right)^2}{\sum_{t=1}^{T} \hat{U}_t^2}$$

DW 比は以下のように考えると理解しやすい．いま，T がある程度大きければ，$\sum_{t=2}^{T} \hat{U}_t^2 \big/ \sum_{t=1}^{T} \hat{U}_t^2 \approx 1$, $\sum_{t=2}^{T} \hat{U}_{t-1}^2 \big/ \sum_{t=1}^{T} \hat{U}_t^2 \approx 1$ となるので，

$$DW = \frac{\sum_{t=2}^{T} \left(\hat{U}_t - \hat{U}_{t-1}\right)^2}{\sum_{t=1}^{T} \hat{U}_t^2} = \frac{\sum_{t=2}^{T} \hat{U}_t^2 + \sum_{t=2}^{T} \hat{U}_{t-1}^2 - 2\sum_{t=2}^{T} \hat{U}_t \hat{U}_{t-1}}{\sum_{t=1}^{T} \hat{U}_t^2}$$

$$\approx 2 \left(1 - \frac{\sum_{t=2}^{T} \hat{U}_t \hat{U}_{t-1}}{\sum_{t=1}^{T} \hat{U}_t^2}\right) = 2(1 - \hat{\gamma}_1)$$

ただし，$\hat{\gamma}_1 = \sum_{t=2}^{T} \hat{U}_t \hat{U}_{t-1} \big/ \sum_{t=1}^{T} \hat{U}_t^2$ とする．$\hat{\gamma}_1$ は 1 次の自己相関係数の推定量とみなすことができるので，帰無仮説のもとでは 0 に近く，対立仮説のもとでは正の値をとると予想され，以下のような関係性がみえてくる．

$$\rho = 0 \quad \Longleftrightarrow \quad \hat{\gamma}_1 \approx 0 \quad \Longleftrightarrow \quad DW \approx 2$$

$$\rho > 0 \quad \Longleftrightarrow \quad \hat{\gamma}_1 > 0 \quad \Longleftrightarrow \quad DW < 2$$

したがって，DW 比の値が 2 に近い場合に帰無仮説を受容し，2 より十分小さな場合に帰無仮説を棄却すればよいことになる．なお，DW 比の臨界値はさまざまな統計

学や計量経済学の教科書に掲載されているので，本書では割愛する．

式 (27.14) の ρ が負の場合，

$$H_0 : \rho = 0 \quad \text{vs.} \quad H_1 : \rho < 0 \tag{27.16}$$

という仮説が想定される．この場合，DW は対立仮説のもとでは 2 より大きな値となると予想されるため，式 (27.16) に対しては $4 - DW$ を検定統計量として，$4 - DW$ が 2 に近い場合に帰無仮説を受容し，2 より十分小さな場合に帰無仮説を棄却すればよい．

DW 比は計算が単純であり，多くの統計ソフトウエアで自動的に求められるが，帰無仮説を受容も棄却もできない検定不能領域があることと，被説明変数 (従属変数) の過去の値を説明変数として含むようなモデル，たとえば，$Y_t = \alpha + \beta X_t + \gamma Y_{t-1} + U_t$ のようなモデルの残差には，DW 比を用いることができない点に注意が必要である．

■ 例 題 ■

問 27.1　次の時系列データのグラフ (a)〜(d) は，1 次の自己回帰過程
$$Y_t = 2(1 - \phi_1) + \phi_1 Y_{t-1} + U_t$$
から生成されている．ただし，$\{U_t\}$ は $N(0,1)$ に従う擬似乱数より生成されている．

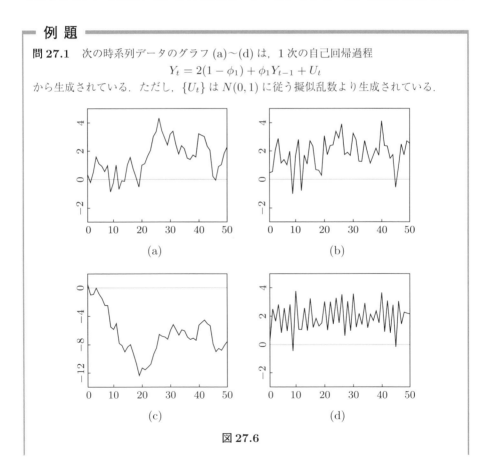

図 **27.6**

〔1〕　図 27.6 (a)〜(d) は，$\phi_1 = -0.8, 0, 0.7, 1$ のどの場合に対応するグラフか．

〔2〕　回帰モデル $Y_t = \alpha + \beta X_t + U_t$ の誤差項に AR(1) 過程 $(0 < \phi_1 < 1)$ が想定される場合，回帰モデルの最小二乗推定量の性質について説明せよ．また，その場合のDW 比がどのような値になると思われるかを説明せよ．

問 27.2　MA(2) 過程 $Y_t = U_t + \theta_1 U_{t-1} + \theta_2 U_{t-2}$ の共分散を求めよ．

問 27.3　次の図は，ある回帰モデルの推定残差から作成した標本自己相関係数と標本偏自己相関係数のグラフである．

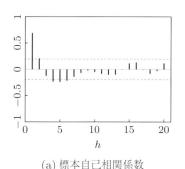 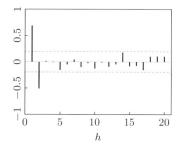

(a) 標本自己相関係数　　　　　　　(b) 標本偏自己相関係数

図 27.7

〔1〕　残差系列に AR(p) モデルを当てはめる場合，適切な次数はいくつか，説明せよ．

〔2〕　図 27.7 (a) の 1 次と 2 次の標本自己相関係数は，0.691 と 0.211 である．この結果をもとに，DW 比の近似値を求めよ．

問 27.4　ある一定期間の円／ドル為替レートを対数変換したデータに，AR(p) モデル $(p = 0, 1, \ldots, 4)$ を当てはめたところ，AIC は次のようになった．選択するモデルを述べよ．

モデル	AR(0)	AR(1)	AR(2)	AR(3)	AR(4)
AIC の値	-1.171	-4.720	-4.764	-4.771	-4.766

答および解説

問 27.1

〔1〕　(a)：0.7，　(b)：0，　(c)：1，　(d)：-0.8．

　　　共分散定常な AR(1) 過程は平均が一定であるので，共分散定常となる $\phi_1 = -0.8, 0,$ 0.7 の場合，平均は 2 であるが，$\phi_1 = 1$ の場合は共分散定常とはならない．図 (c) は平均 2 のグラフとはいいがたいので，(c) が $\phi_1 = 1$ の場合となる．一方，共分散定常となる AR(1) 過程は，ϕ_1 が負であれば平均より大きな値と小さな値を交互にとり，上下の変

動が激しくなるので，(d) が $\phi_1 = -0.8$ の場合となる．自己回帰係数が正に大きな値をとる場合は，グラフの変化が穏やかになるので，(a) が $\phi_1 = 0.7$ の場合，(b) が $\phi_1 = 0$ (ホワイトノイズ) の場合となる．

〔2〕回帰モデルの誤差項に自己相関がある場合も，最小二乗推定量は不偏推定量である．ただし，線形不偏推定量のクラスで最小分散をとることはないので，有効な推定量ではなくなる．正の自己相関がある場合，DW 比は 0 に近い値をとるようになる．

問 27.2　$\gamma_h = \begin{cases} (1 + \theta_1^2 + \theta_2^2)\sigma^2 & (h = 0) \\ (\theta_1 + \theta_1\theta_2)\sigma^2 & (h = 1) \\ \theta_2\sigma^2 & (h = 2) \\ 0 & (h > 2) \end{cases}$

h 次の自己共分散は次のように計算できる．

$$\gamma_0 = E\left[(U_t + \theta_1 U_{t-1} + \theta_2 U_{t-2})^2\right] = (1 + \theta_1^2 + \theta_2^2)\sigma^2$$

$$\gamma_1 = E[(U_t + \theta_1 U_{t-1} + \theta_2 U_{t-2})(U_{t-1} + \theta_1 U_{t-2} + \theta_2 U_{t-3})] = (\theta_1 + \theta_1\theta_2)\sigma^2$$

$$\gamma_2 = E[(U_t + \theta_1 U_{t-1} + \theta_2 U_{t-2})(U_{t-2} + \theta_1 U_{t-3} + \theta_2 U_{t-4})] = \theta_2\sigma^2$$

$$\gamma_h = 0 \quad (h > 2)$$

問 27.3

〔1〕AR(2) モデル.

AR(p) 過程の自己相関係数は次数 h とともに減衰していく一方，$p + 1$ 次以上の偏自己相関係数はすべて 0 となる．図 27.7 の標本偏自己相関係数は 2 次までは有意に 0 と異なるが，3 次以上については有意に 0 とは異ならない．したがって，AR(2) モデルを当てはめるのが適切である．

〔2〕0.618.

DW 比の近似値は，$DW \approx 2(1 - \hat{\gamma}_1) = 0.618$ で求められる．なお，実際の DW 比の値は 0.568 である．

問 27.4　AR(3) モデル.

AIC の値が最小となるモデルを選べばよいので，AR(3) モデルが選択される．

28 分割表

//キーワード// 分割表，オッズ比，適合度カイ二乗検定，尤度比検定，フィッシャー正確検定，条件付き独立，対数線形モデル，階層モデル，グラフィカルモデル

■**分割表**■ 複数の質的な変量に関する多変量データから，変量の値の組合せごとの頻度を集計して表にしたものを**分割表** (contingency table) という．たとえば表 28.1 は，ある疾病の治療のために開発された新薬の効果を調べるための架空の調査結果を分割表としてまとめたものである．この調査は，疾病の患者 40 人をランダムに 20 人ずつの 2 群に分け，一方の群の患者には新薬を，もう一方の群の患者には従来薬を処方し，一定期間後に改善の度合いを { 効果あり，効果なし } の 2 水準で観測した．このようにデータを分割表に集約することで，処方の種類と改善度の関連が読み取りやすくなる．

表 **28.1** 分割表の例 (新薬と従来薬の改善度調査データ，数値は架空のもの)

	効果あり	効果なし	計
新薬	16	4	20
従来薬	12	8	20
計	28	12	40

分割表における変量を**因子** (factor) とよび，因子のとりうる値を**水準** (level) とよぶ．表 28.1 では，「処方薬」と「改善度」が因子であり，処方薬の水準は { 新薬，従来薬 }，改善度の水準は { あり，なし } である．表 28.1 は因子の数が 2 なので 2 元分割表とよぶ．また，因子の水準がいずれも 2 水準であるので 2 × 2 分割表とよぶこともある．もし，改善度が { 大きな効果あり，やや効果あり，効果なし } のような 3 水準で観測されていれば，データは 2 × 3 分割表となり，さらに新たな因子として患者の年齢が { 20 代以下，30 代，40 代，50 代以上 } の 4 水準で観測されていれば，データは 3 元分割表 (2 × 3 × 4 分割表) となる．本章では，各因子が 2 水準の場合，または 3 水準以上であっても水準に順序のない場合 (名義尺度) の分割表に対する基本的

な分析手法を説明する．分割表の分析手法には他にもさまざまなものがあり，特に，3 水準以上で水準に順序がある場合 (順序尺度や間隔尺度) には，水準の順序を考慮した適切な分析手法を用いるのが望ましい．

■**2 群の比較**■　まず，最も単純な 2×2 分割表の例として，冒頭の例のような 2 群の比較を考える．表 28.1 に対して，処方薬が新薬，従来薬であるという事象を A_1, A_2 と，改善度が効果あり，効果なしであるという事象を B_1, B_2 と，それぞれ一般化する．各群 A_i $(i = 1, 2)$ の事象 B_1 の頻度を x_i，標本サイズを n_i と書けば，独立な二項分布

$$X_i \sim Bin(n_i, \theta_i), \quad i = 1, 2, \quad X_1 \text{ と } X_2 \text{ は独立} \tag{28.1}$$

が自然な統計モデルとなる．ここで，二項分布の生起確率 θ_1, θ_2 は，各群で改善度が「効果あり」となる確率を表す母数，つまり $\theta_i = P(B_1 | A_i)$，$i = 1, 2$ である．本章では簡単のため，$0 < \theta_1, \theta_2 < 1$ を仮定する．表 28.1 では，それぞれの処方薬の水準ごとの標本サイズが所与 $(n_1 = n_2 = 20)$ であることに注意する．2 群比較の分割表の観測値と対応する生起確率を表 28.2 にまとめる．

表 28.2 2 群の比較の観測値 (左) と確率構造 (右)

観測値	B_1	B_2	計	確率	B_1	B_2	計
A_1	x_1	$n_1 - x_1$	n_1	A_1	θ_1	$1 - \theta_1$	1
A_2	x_2	$n_2 - x_2$	n_2	A_2	θ_2	$1 - \theta_2$	1

2 群比較では，群ごとの二項分布の生起確率の違い (上の調査では，処方薬の違いによる改善度の違い) に興味がある．この違いを両側検定で検証する場合，帰無仮説と対立仮説はそれぞれ

$$H_0 : \theta_1 = \theta_2 \quad \text{vs.} \quad H_1 : \theta_1 \neq \theta_2 \tag{28.2}$$

となる．この帰無仮説は 2 群の一様性の仮説とよばれる．それぞれの仮説のもとでの母数の推定と実際の検定の方法については後述する．

■**オッズ比**■　仮説 (28.2) は，$\psi = (\theta_1/(1-\theta_1))/(\theta_2/(1-\theta_2))$ と定めることにより

$$H_0 : \psi = 1 \quad \text{vs.} \quad H_1 : \psi \neq 1 \tag{28.3}$$

と表すことができる. 2つの二項確率 θ_1, θ_2 について, $\theta_1/(1-\theta_1)$ と $\theta_2/(1-\theta_2)$ をそれらのオッズとよび, それらの比 ψ を**オッズ比** (odds ratio) という. さらに, その対数 $\log\psi$ を**対数オッズ比** (log odds ratio) という. オッズ比は正の値をとり, 対数オッズ比はすべての実数値をとる. 表 28.1 から計算される改善度のオッズは, 新薬は $16/4 = 4$, 従来薬は $12/8 = 1.5$ であり, これらはそれぞれの処方薬の効果の程度を測る推定値である. これらから計算されるオッズ比 $OR = 4/1.5 = 2.67$ から「新薬の効果は従来薬の効果の約 2.67 倍」と解釈することができる. OR は**標本オッズ比** (sample odds ratio) とよばれ, オッズ比の自然な推定量である.

　2 群の比較の 2×2 分割表に対する統計モデル (28.1) では, 2つの二項確率 θ_1, θ_2 の違いを測るための量として, オッズ比 ψ の他にもさまざまなもの (たとえば, θ_1, θ_2 の差 $\theta_1 - \theta_2$ や比 θ_1/θ_2, あるいは $|\theta_1 - \theta_2|/\theta_2$ など) が考えられる. しかしオッズ比 ψ には, 以下に示すような便利な性質がある.

■**前向き研究と後向き研究**■　いま, 喫煙習慣が肺がんの罹患に与える影響の大きさを調べる, という 2 群比較の問題を考える. この場合, 2つの 2 水準因子を $(A_1, A_2) = (喫煙歴あり, 喫煙歴なし)$, $(B_1, B_2) = (肺がん患者, 健常者)$ とすれば, 観測値と確率構造は表 28.2 となる. つまり, あらかじめ喫煙者 n_1 人と非喫煙者 n_2 人を用意し, 一定期間後にそれらのうち肺がんに罹患した人数を調べることができれば, 表 28.1 とまったく同じ状況が得られることになる. このような研究デザインを, **前向き研究** (prospective study, あるいは, 予見研究, コホート研究, など) とよぶ. しかし現実的には, 標本サイズ n_1, n_2 をかなり大きくしないと, がんのような稀な疾患を観測するのは難しい. そこで実際には, 肺がん患者と健常者を一定数 $(m_1 人, m_2 人)$ 用意して, 過去の喫煙歴を調査する, という方法がとられることが多い. この場合の観測値と確率構造は, 表 28.2 の代わりに

観測値	B_1	B_2		確率	B_1	B_2
A_1	y_1	y_2		A_1	η_1	η_2
A_2	$m_1 - y_1$	$m_2 - y_2$		A_2	$1 - \eta_1$	$1 - \eta_2$
計	m_1	m_2		計	1	1

となる. ここでの母数 $\eta_i = P(A_1 | B_i)$ $(i = 1, 2)$ は, 肺がん患者, 健常者のそれぞれの群の個体について, 「過去に喫煙習慣があった」という事象の確率となる. このような研究デザインを, **後向き研究** (retrospective study, あるいは, 回顧研究, 患

者対照研究，など）とよぶ．

　後向き研究は，前向き研究が実施困難な場合の代用であって，興味があるのはあくまで，前向き研究における表 28.2 確率の θ_1, θ_2 である．θ_1, θ_2 と η_1, η_2 には，ベイズの定理より

$$\theta_1 = P(B_1 \mid A_1) = \frac{P(A_1 \mid B_1)P(B_1)}{P(A_1)} = \eta_1 \times \frac{P(B_1)}{P(A_1)},$$

$$\theta_2 = P(B_1 \mid A_2) = \frac{P(A_2 \mid B_1)P(B_1)}{P(A_2)} = (1 - \eta_1) \times \frac{P(B_1)}{P(A_2)}$$

の関係がある．ここで，$P(B_i), P(A_i)$ は未知であるので，η_i の推定値から θ_i の推定を行うことはできないことがわかる．たとえば，m_1, m_2 は，研究において設定する所与の値であるので，$m_1/(m_1 + m_2)$ を $P(B_1)$ の推定値とすることはできない．一方で，後向き研究におけるオッズ比をベイズの定理を用いて変形すると

$$\frac{\eta_1/(1 - \eta_1)}{\eta_2/(1 - \eta_2)} = \frac{P(A_1 \mid B_1)/P(A_2 \mid B_1)}{P(A_1 \mid B_2)/P(A_2 \mid B_2)} = \frac{P(B_1 \mid A_1)/P(B_2 \mid A_1)}{P(B_1 \mid A_2)/P(B_2 \mid A_2)}$$
$$= \frac{\theta_1/(1 - \theta_1)}{\theta_2/(1 - \theta_2)} = \psi \tag{28.4}$$

となり，前向き研究におけるオッズ比と一致する．つまり，オッズ比には，後向き研究で得られる観測データから，本当に知りたい前向き研究のオッズ比を推定することができるという便利な性質がある．

　さらに，上の例のがん研究のように，二項確率 θ_1, θ_2 が非常に小さい場合には，2 群のオッズをそれぞれ $\theta_1/(1 - \theta_1) \approx \theta_1, \theta_2/(1 - \theta_2) \approx \theta_2$ と近似することにより，オッズ比について

$$\psi = (\theta_1/(1 - \theta_1))/(\theta_2/(1 - \theta_2)) \approx \theta_1/\theta_2 \tag{28.5}$$

の近似を得る．二項確率の比 θ_1/θ_2 は，注目している事象 B_1 が（疾病の罹患などの）有害事象であれば，**相対リスク** (relative risk, RR) あるいはリスク比とよばれる．つまりオッズ比は，希少な事象に対する相対リスクの推定値として利用することができる．

■**母数の推定**■　表 28.2 で表される，2 群比較の 2×2 分割表の統計モデル (28.1) では，母数 θ_i の「自然な」点推定値は

$$\hat{\theta}_i = \frac{x_i}{n_i}, \quad i = 1, 2 \tag{28.6}$$

である. $\hat{\theta}_i$ は最尤推定量であり, また不偏推定量でもある. この結果と二項分布の性質から, さまざまな推定量と信頼区間が導出できる. たとえば, 2 群の生起確率の差 $\delta = \theta_1 - \theta_2$ の不偏推定量は式 (28.6) を使って $\hat{\delta} = \hat{\theta}_1 - \hat{\theta}_2$ で与えられる. $\hat{\delta}$ の分散は二項分布の性質から $V[\hat{\delta}] = \theta_1(1 - \theta_1)/n_1 + \theta_2(1 - \theta_2)/n_2$ となり, その平方根が $\hat{\delta}$ の標準誤差となる. 実用上は, 母数 θ_i をその推定量 $\hat{\theta}_i$ で置き換えたものが, 標準誤差として使われる.

オッズ比 ψ の推定値としては, 前述したように, 標本オッズ比

$$OR = \frac{x_1(n_2 - x_2)}{x_2(n_1 - x_1)} \tag{28.7}$$

が自然な推定量である. 標本サイズが十分大きければ, 標本オッズ比の対数 (標本対数オッズ比) の推定誤差 (分散の正の平方根) は

$$\sqrt{\frac{1}{x_1} + \frac{1}{n_1 - x_1} + \frac{1}{x_2} + \frac{1}{n_2 - x_2}} \tag{28.8}$$

と近似される.

▐ 適合度カイ二乗検定と尤度比検定 ▐　2 群の一様性の仮説 (28.2) の代表的な検定手法には, **適合度カイ二乗検定** (goodness-of-fit χ^2 test, ピアソンカイ二乗検定とよぶこともある), 尤度比検定, フィッシャーの正確検定などがある.

適合度カイ二乗検定と尤度比検定では, まず, 帰無仮説と対立仮説のそれぞれのもとで, 母数の最尤推定量を求め, そこから, それぞれの仮説のもとでの **当てはめ値** (fitted value) を求める. 当てはめ値は, 各セル頻度の期待値, あるいは理論値などとよばれることもあり, 各セルの頻度に対応する確率変数の期待値の最尤推定値として定義される. 以下, 2 つの仮説のそれぞれのもとでの当てはめ値を計算する.

まず, 対立仮説のもとでの当てはめ値は, 表 28.2 の頻度の値そのものとなる. 一方, 帰無仮説のもとでの母数の最尤推定値は, 対数尤度に $\theta_1 = \theta_2 = \theta$ を代入したものを θ で微分してゼロとおいた式を解くことにより

$$\hat{\theta} = \frac{x_1 + x_2}{n_1 + n_2} \tag{28.9}$$

となる. これより帰無仮説のもとでの当てはめ値は表 28.3 のようにまとめられる.

表 28.3 は一見すると複雑にみえるが, 以下のように一般的な表記で書き直すことにより, 見通しのよい表現が得られる. まず, 2×2 分割表の観測値と対応する母数の表 28.2 を一般化して, 表 28.4 のように変数を定める. ここで, 添え字における

表 28.3 一様性の帰無仮説のもとでの当てはめ値

	B_1	B_2	計
A_1	$\dfrac{n_1(x_1 + x_2)}{n_1 + n_2}$	$\dfrac{n_1(n_1 + n_2 - x_1 - x_2)}{n_1 + n_2}$	n_1
A_2	$\dfrac{n_2(x_1 + x_2)}{n_1 + n_2}$	$\dfrac{n_2(n_1 + n_2 - x_1 - x_2)}{n_1 + n_2}$	n_2

表 28.4 2×2 分割表の観測値 (左) と母数 (右)

観測値	B_1	B_2	計	母数	B_1	B_2	計
A_1	x_{11}	x_{12}	$x_{1\cdot}$	A_1	θ_{11}	θ_{12}	$\theta_{1\cdot}$
A_2	x_{21}	x_{22}	$x_{2\cdot}$	A_2	θ_{21}	θ_{22}	$\theta_{2\cdot}$
計	$x_{\cdot 1}$	$x_{\cdot 2}$	$x_{\cdot\cdot}$	計	$\theta_{\cdot 1}$	$\theta_{\cdot 2}$	$\theta_{\cdot\cdot}$

$\cdot$ は, その添え字について和をとったことを表す. この一般的な表記を使えば, 一様性の帰無仮説のもとでの母数の最尤推定値 (28.9) は $\hat{\theta}_{ij} = x_{\cdot j}/x_{\cdot\cdot}$ となり, 当てはめ値 $m = (m_{ij})$ は

$$m_{ij} = \frac{x_{i\cdot} x_{\cdot j}}{x_{\cdot\cdot}} \tag{28.10}$$

と簡明な形で書くことができる. 同様に, 標本オッズ比 (28.7), 標本対数オッズ比の標準誤差の近似値 (28.8) はそれぞれ

$$OR = \frac{x_{11} x_{22}}{x_{12} x_{21}}, \quad \sqrt{V[\log OR]} \approx \sqrt{\frac{1}{x_{11}} + \frac{1}{x_{12}} + \frac{1}{x_{21}} + \frac{1}{x_{22}}}$$

と簡明な (憶えやすい) 形となる.

以上の一般的な表記を使って, 適合度カイ二乗検定と尤度比検定を与える. 適合度カイ二乗検定の検定統計量は, 帰無仮説のもとでの当てはめ値 $m = (m_{ij})$ と対立仮説のもとでの当てはめ値 $x = (x_{ij})$ から

$$\chi^2 = \sum_i \sum_j \frac{(x_{ij} - m_{ij})^2}{m_{ij}} \tag{28.11}$$

で定義される. また, 2×2 分割表では, これを式変形した

$$\chi^2 = \frac{x_{\cdot\cdot}(x_{11} x_{22} - x_{12} x_{21})^2}{x_{1\cdot} x_{2\cdot} x_{\cdot 1} x_{\cdot 2}}$$

という表現もよく知られている. 帰無仮説が正しいとき, χ^2 は漸近的に自由度 1 のカイ二乗分布に従う.

　尤度比検定統計量 Λ は，尤度関数にそれぞれの仮説のもとでの母数の最尤推定量を代入したものの比をとることで得られる．特に，帰無仮説のもとで，対数尤度比の 2 倍が漸近的にカイ二乗分布に従うことを利用して検定を行うので，これを検定統計量として使うことが多い (12 章を参照)．この値 $G^2 = 2 \log \Lambda$ は**逸脱度** (deviance) とよばれる．逸脱度の自由度は，χ^2 の自由度と等しい．対数尤度関数にそれぞれの仮説のもとでの母数の最尤推定量を代入して逸脱度を計算すれば次のようになる．

$$G^2 = 2 \log \Lambda = 2 \sum_i \sum_j x_{ij} \log \frac{x_{ij}}{m_{ij}} \tag{28.12}$$

■フィッシャーの正確検定■　　適合度カイ二乗検定と尤度比検定では，いずれも，帰無仮説のもとでの検定統計量の分布を標本サイズを十分大きくしたときの漸近分布に基づき評価している．これに対し，漸近分布論を使わない検定手法として広く利用されているのが，**フィッシャーの正確検定** (Fisher's exact test) である．フィッシャーの正確検定は，条件付き分布に基づく条件付き検定の手法である．そのため，ここまで考えてきたような 2 群の比較だけでなく，次項に示す 2×2 分割表のさまざまな統計モデルに対しても，(条件付き分布を考えることにより) すべて同じ形で検定が記述できるという特徴がある．以下，2×2 分割表の観測値と確率母数を表 28.4 とし，考える仮説はオッズ比 $\psi = (\theta_{11}\theta_{22})/(\theta_{12}\theta_{21})$ についての片側検定

$$H_0 : \psi = 1 \quad \text{vs.} \quad H_1 : \psi > 1 \tag{28.13}$$

とする．

　いま，表 28.4 において，2×2 分割表の行和 $x_{1\cdot}, x_{2\cdot}$ と列和 $x_{\cdot 1}, x_{\cdot 2}$ をすべて固定して考える．このとき，2×2 分割表の 4 つの観測値 $\{x_{ij}\}$ のうち，任意の 1 つの値を定めれば残りの 3 つの値はすべて定まる．そこで，ここでは x_{11} に注目し，式 (28.13) の帰無仮説のもとでの x_{11} の条件付き分布を考える．これは，超幾何分布となり，確率関数は

$$P(X_{11} = x_{11}) = \frac{x_{\cdot 1}\mathrm{C}_{x_{11}} \times x_{\cdot 2}\mathrm{C}_{x_{1\cdot} - x_{11}}}{x_{\cdot\cdot}\mathrm{C}_{x_{1\cdot}}},$$
$$\max\{0, x_{1\cdot} + x_{\cdot 1} - x_{\cdot\cdot}\} \le x_{11} \le \min\{x_{1\cdot}, x_{\cdot 1}\} \tag{28.14}$$

で与えられる．式 (28.14) は x_{11} の 1 変数関数の形で書いているが，$x_{12} = x_{1\cdot} - x_{11}$ などと置き換えれば，より見やすい表現

$$P(X_{11} = x_{11}) = \frac{x_{1\cdot}!\,x_{2\cdot}!\,x_{\cdot 1}!\,x_{\cdot 2}!}{x_{\cdot\cdot}!}\,\frac{1}{x_{11}!\,x_{12}!\,x_{21}!\,x_{22}!}, \quad x_{11}, x_{12}, x_{21}, x_{22} \geq 0$$

を得る. 組合せ論的な超幾何分布の解釈は, 「B_1 と書かれた球が $x_{\cdot 1}$ 個, B_2 と書かれた球が $x_{\cdot 2}$ 個入っている壺のなかから, ランダムに $x_{1\cdot}$ 個の球をとり出したとき, B_1 と書かれた球の個数の分布」である. この超幾何分布の確率関数を用いて, 式 (28.13) の片側検定の有意確率 (P-値) を

$$P\text{-値} = P(X_{11} \geq x_{11}) = \sum_{x \geq x_{11}} P(X_{11} = x)$$

と定めるのが, フィッシャーの正確検定である. 対立仮説が逆向き $H_1 : \psi < 1$ であれば, P-値 $= P(X_{11} \leq x_{11})$ と定める. この検定では P-値を, 「観測された分割表と同等以上に, 対立仮説の方向に偏った分割表に対する, 出現確率の和」として定義している. この考え方を最初に提唱したのが英国の統計学者 R. A. Fisher である.

例 1 新薬の効果を従来薬の効果と比較するために実行した調査結果

	効果あり	効果なし	計
新薬	6	1	7
従来薬	3	4	7
計	9	5	14

について, 帰無仮説:「新薬と従来薬の効果は同等」, 対立仮説:「新薬は従来薬よりも効果あり」のフィッシャーの正確検定を, 有意水準 5 ％で実行せよ.

答 行和, 列和を固定した表

x_{11}	$7 - x_{11}$	7
$9 - x_{11}$	$x_{11} - 2$	7
9	5	14

において, x_{11} は $\max\{0, 7 + 9 - 14\} = 2 \leq x_{11} \leq 7 = \min\{7, 9\}$ の値をとり, 超幾何分布の確率関数の値は

x_{11}	2	3	4	5	6	7	計
$P(X_{11} = x_{11})$	0.01049	0.1224	0.3671	0.3671	0.1224	0.01049	1

となる. したがって P-値 $= P(X_{11} \geq 6) = 0.1224 + 0.01049 = 0.133$ であり, 有意水準 5 ％で有意でない.

■2 × 2 分割表■ ここまで, 2 × 2 分割表に対する推定, 検定手法を, 2 群比較の統計モデル (28.1) で説明してきた. しかし, 観測値が 2 × 2 分割表に集約されるような状況は, 他にも考えられる.

　たとえば，あるクラスの学生 n 人について，「自宅生か下宿生か」「サークルに所属するか」を調査して，それぞれ「A_1：自宅生, A_2：下宿生」「B_1：所属している, B_2：所属していない」の 2 水準で集計したとする．この場合の観測値と母数を表 28.4 のように表したとすると，自然な**飽和モデル** (saturated model) は，$(X_{11}, X_{12}, X_{21}, X_{22})$ が多項分布 (四項分布) に従う，というものであり，確率関数は

$$P(X_{ij} = x_{ij}, i, j, = 1, 2) = \frac{n!}{x_{11}!\, x_{12}!\, x_{21}!\, x_{22}!} \theta_{11}{}^{x_{11}} \theta_{12}{}^{x_{12}} \theta_{21}{}^{x_{21}} \theta_{22}{}^{x_{22}},$$
$$\theta_{\bullet\bullet} = 1, \ x_{\bullet\bullet} = n$$

となる．行和 $x_{1\bullet}, x_{2\bullet}$ が所与であった 2 群比較と違い，多項分布モデルでは総和 $x_{\bullet\bullet} = n$ が所与であり，母数の次元は 3 である．この場合に興味がある代表的な統計モデルは，2 つの調査項目「自宅生か下宿生か」「サークルに所属するか」が独立である，というものである．これは 2 つの因子の**独立性の仮説** (test of independence) とよばれる．独立性の仮説は，

$$H_0: \ \theta_{ij} = \theta_{i\bullet}\theta_{\bullet j}, \ \ \forall i, j \tag{28.15}$$

という表現が最もよく用いられる．特に，2×2 分割表の場合には，オッズ比 $\psi = (\theta_{11}\theta_{22})/(\theta_{12}\theta_{21})$ を導入して $H_0: \ \psi = 1$ と表現することもできる．

　別の例として，ある製造工程において，2 つの 2 水準の制御因子 A, B があり，4 通りの水準組合せのそれぞれにおける不良品個数を測定する，という状況を考える．この場合，水準 (A_i, B_j) における不良品個数を x_{ij} とすれば，やはり観測値は表 28.4 の 2×2 分割表に集約される．この設定での自然な飽和モデルは，X_{ij} が独立に，期待値母数 $E[X_{ij}] = \theta_{ij}$ のポアソン分布に従う，というものであり，確率関数

$$P(X_{ij} = x_{ij}) = \prod_{i=1}^{2} \prod_{j=1}^{2} e^{-\theta_{ij}} \frac{\theta_{ij}{}^{x_{ij}}}{x_{ij}!}, \ \ x_{ij} \geq 0$$

となる．この設定では，2×2 分割表のいずれの周辺和も所与ではなく，母数の次元は 4 である．また，この設定の飽和モデルは，

$$\log \theta_{ij} = \mu + \alpha_i + \beta_j + \gamma_{ij}, \ \forall i, j \tag{28.16}$$

と表現することが多い．これは**対数線形モデル** (log-linear model) とよばれる．ただし母数には適当な線形制約，通常は

$$\sum_i \alpha_i = \sum_j \beta_j = \sum_i \gamma_{ij} = \sum_j \gamma_{ij} = 0$$

という制約を課す. 2×2 分割表の場合は, 上記の制約のもとで母数の次元は 4 である. 対数線形モデルでは, 母数 α_i を因子 A の主効果, β_j を因子 B の主効果, γ_{ij} を因子 A, B の交互作用 (2 因子交互作用) とよぶ. この設定における, 興味がある代表的な統計モデルは, 2 つの制御因子の間に交互作用が存在しない, つまり

$$H_0: \ \gamma_{ij} = 0, \quad \forall i, j \tag{28.17}$$

と表現されるモデルである. これは**主効果モデル** (main effect model) とよばれる. この主効果モデルも, 期待母数のオッズ比 $\psi = (\theta_{11}\theta_{22})/(\theta_{12}\theta_{21})$ を導入すれば $H_0: \psi = 1$ と同値であることが示される.

以上, 2×2 分割表における代表的な統計モデルを確認した. いずれの設定においても, 対数尤度関数をもとに仮説のもとでの母数の最尤推定値 (当てはめ値), 適合度カイ二乗検定, 尤度比検定を構成することができる. 結論を先にまとめると, いずれの設定においても, 対立仮説 (飽和モデル) のもとでの当てはめ値は観測値に一致し, $H_0: \psi = 1$ で表される帰無仮説のもとでの当てはめ値は式 (28.10) となる. 適合度カイ二乗検定統計量の自由度は, 多項分布モデルの場合は飽和モデルの自由度が 3, 独立性の仮説のもとでの自由度は 2 であるので, 差は 1 であり, 独立なポアソン分布モデルの場合も飽和モデルの自由度は 4, 主効果モデルの自由度は 3 であるので, やはり差は 1 である. したがって, 適合度カイ二乗検定は, 設定の違いにかかわらずまったく同じ形となる. 尤度比検定についても同様で, すべて式 (28.12) に一致する. これらの事実は, 一般の $I \times J$ 分割表について, 一般的に示すことができる.

■**2 元分割表**■ 2 つの因子の水準数が I, J である一般の 2 元分割表 ($I \times J$ 分割表) を考える. 観測値と母数は表 28.5 となる.

表 28.5 $I \times J$ 分割表の観測値 (左) と母数 (右)

観測値	B_1	$\cdots$	B_J	計		母数	B_1	$\cdots$	B_J	計
A_1	x_{11}	$\cdots$	x_{1J}	$x_{1\cdot}$		A_1	θ_{11}	$\cdots$	θ_{1J}	$\theta_{1\cdot}$
$\vdots$	$\vdots$		$\vdots$	$\vdots$		$\vdots$	$\vdots$		$\vdots$	$\vdots$
A_I	x_{I1}	$\cdots$	x_{IJ}	$x_{I\cdot}$		A_I	θ_{I1}	$\cdots$	θ_{IJ}	$\theta_{I\cdot}$
計	$x_{\cdot 1}$	$\cdots$	$x_{\cdot J}$	$x_{\cdot\cdot}$		計	$\theta_{\cdot 1}$	$\cdots$	$\theta_{\cdot J}$	$\theta_{\cdot\cdot}$

まず，多項分布モデル，つまり，IJ 個の頻度全体が，1 つの多項分布 (IJ 項分布) に従う，というモデルを考える．対数尤度関数は

$$\ell = \text{const.} + \sum_{i=1}^{I} \sum_{j=1}^{J} x_{ij} \log \theta_{ij}$$

である．飽和モデルのもとでの母数 θ_{ij} の最尤推定量は $\hat{\theta}_{ij} = x_{ij}/x_{..}$ となり，当てはめ値 $m_{ij} = x_{..}\hat{\theta}_{ij} = x_{ij}$ を得る．独立性の仮説 (28.15) のもとでは，$\theta_{ij} = \theta_{i.}\theta_{.j}$ を代入した対数尤度関数を $\sum_{i=1}^{I} \theta_{i.} = \sum_{j=1}^{J} \theta_{.j} = 1$ のもとで最大化すればよいから，ラグランジュ未定乗数法により

$$\sum_{i=1}^{I} x_{i.} \log \theta_{i.} + \sum_{j=1}^{J} x_{.j} \log \theta_{.j} - \lambda_1 \left(\sum_{i=1}^{I} \theta_{i.} - 1 \right) - \lambda_2 \left(\sum_{j=1}^{J} \theta_{.j} - 1 \right)$$

を $\theta_{i.}, \theta_{.j}, \lambda_1, \lambda_2$ で偏微分してゼロとおいた連立方程式を解いて，$\lambda_1 = \lambda_2 = x_{..}$ と最尤推定量 $\hat{\theta}_{i.} = x_{i.}/x_{..}, \hat{\theta}_{.j} = x_{.j}/x_{..}, \hat{\theta}_{ij} = \hat{\theta}_{i.}\hat{\theta}_{.j} = x_{i.}x_{.j}/x_{..}^2$，当てはめ値 $m_{ij} = x_{..}\hat{\theta}_{ij} = x_{i.}x_{.j}/x_{..}$ を得る．これらを代入すれば尤度比検定統計量が式 (28.12) に一致することが確認できる．また，独立なポアソン分布モデル，つまり，IJ 個の X_{ij} が互いに独立に，それぞれ母数 $E[X_{ij}] = \theta_{ij}$ のポアソン分布に従うというモデルにおいても，主効果モデル (28.17) のもとでの最尤推定量 (当てはめ値) が $m_{ij} = \hat{\theta}_{ij} = x_{i.}x_{.j}/x_{..}$ となり，尤度比検定統計量が式 (28.12) に一致することが確認できる．

最後に，2×2 分割表における 2 群比較のモデル (28.1) の $I \times J$ 分割表への拡張として，分割表の第 i 行 $(X_{i1}, \ldots, X_{iJ})$ が，互いに独立に，サイズ $x_{i.}$，母数 $(\theta_{i1}, \ldots, \theta_{iJ})$ の多項分布 (J 項分布) に従う，という I 群比較のモデルを考える．この設定において興味のある代表的な統計モデルは，2×2 分割表に対する一様性の仮説 (28.2) を拡張した，「各行の従う多項分布の母数がすべて等しい」というモデル，つまり

$$H_0 : \theta_{ij} = \theta_{0j}, \ \forall i, j$$

であり，この場合も，当てはめ値が $m_{ij} = x_{i.}x_{.j}/x_{..}$ となること，また尤度比検定統計量が式 (28.12) に一致することが確認できる．

以上の 3 つの設定におけるそれぞれの対立仮説 (飽和モデル) と帰無仮説のもとでの母数の自由度は表 28.6 にまとめられ，その差は，すべて $(I-1)(J-1)$ となる．

表 28.6　$I \times J$ 分割表の 3 つのモデルの仮説と自由度

飽和モデル	自由度	帰無仮説	自由度
行ごとに独立な多項分布	$I(J-1)$	一様性の仮説	$J-1$
全体が 1 つの多項分布	$IJ-1$	独立性の仮説	$(I-1)+(J-1)$
独立なポアソン分布	IJ	主効果モデル	$1+(I-1)+(J-1)$

これで，3 つの設定における当てはめ値，適合度カイ二乗検定，尤度比検定が，すべて同じ形で書けることが確認できた．

■**3 元分割表**■　3 元分割表に集約されるデータについても，2 元分割表と同様，いくつかのサンプリング方式が考えられ，それにより，因子や固定される周辺和の性質も変化する．しかし，2 元分割表と同様，推定や検定を行う際の数学的な扱いは，サンプリング方式によらないことを示すことができる．そこで以下では，総度数が固定された多項分布モデルの場合で説明する．

　質的な 3 つの因子 A, B, C があり，水準数を順に I, J, K とする．水準組合せ (A_i, B_j, C_k) の頻度を x_{ijk} とする $I \times J \times K$ 分割表を考え，周辺和を

$$x_{ij\cdot} = \sum_{k=1}^{K} x_{ijk}, \quad x_{i\cdot\cdot} = \sum_{j=1}^{J}\sum_{k=1}^{K} x_{ijk}, \quad x_{\cdots} = n = \sum_{i=1}^{I}\sum_{j=1}^{J}\sum_{k=1}^{K} x_{ijk}$$

などと表す．多項分布 $(IJK$ 項分布$)$ の母数を $\theta_{ijk} = P(A_i, B_j, C_k)$, $\displaystyle\sum_{i=1}^{I}\sum_{j=1}^{J}\sum_{k=1}^{K} \theta_{ijk} = 1$ とし，$\theta_{ij\cdot}, \theta_{i\cdot\cdot}$ なども同様に定める．

　3 つの因子については，以下のような統計モデルが考えられる．

1. すべての i, j, k について $\theta_{ijk} = \theta_{i\cdot\cdot}\theta_{\cdot j\cdot}\theta_{\cdot\cdot k}$ が成立する．これを**完全独立モデル** (complete independence model) とよび，$A \perp\!\!\!\perp B \perp\!\!\!\perp C$ と書く．

2. すべての i, j, k について $\theta_{ijk} = \theta_{i\cdot\cdot}\theta_{\cdot jk}$ が成立する．これを A と (B, C) の**周辺独立モデル** (marginal independence model) とよび，$A \perp\!\!\!\perp (B, C)$ と書く．

3. すべての i, j, k について $\theta_{ijk} = \dfrac{\theta_{i\cdot k}\theta_{\cdot jk}}{\theta_{\cdot\cdot k}}$ が成立する．これを C を与えたもとでの A と B の**条件付き独立モデル** (conditional independence model) とよび，$A \perp\!\!\!\perp B \mid C$ と書く．

周辺独立モデル $A \perp\!\!\!\perp (B, C)$ は，因子 B, C を，それらの水準の組合せを新たな水準

とするような JK 水準の 1 つの因子に置き換えてできる 2 元分割表についての独立モデル (28.15) にほかならない. また, 条件付き独立モデル $A \perp\!\!\!\perp B \mid C$ は, 因子 C の K 個の水準のそれぞれについて, 因子 A, B の 2 元分割表を考えたとき, K 個の $I \times J$ 分割表のすべてで独立モデル (28.15) が成り立つ, と解釈することができる. さらに完全独立モデルが成立することと, A, B, C についての 3 通りの条件付き独立性がすべて成立することは同値である.

このように考えれば, 3 通りのモデルのもとでの母数の最尤推定量と当てはめ値 $m_{ijk} = E[X_{ijk}]$ を容易に求めることができる (もちろん, 2 元表のときと同様, 対数尤度関数の微分から求めても同じ結果を得る). まとめると以下のようになる.

1. 完全独立モデル $A \perp\!\!\!\perp B \perp\!\!\!\perp C$ のもとで, 最尤推定量は $\hat{\theta}_{ijk} = x_{i..} x_{.j.} x_{..k}/n^3$, 当てはめ値は $m_{ijk} = x_{i..} x_{.j.} x_{..k}/n^2$.

2. 周辺独立モデル $A \perp\!\!\!\perp (B, C)$ のもとで, 最尤推定量は $\hat{\theta}_{ijk} = x_{i..} x_{.jk}/n^2$, 当てはめ値は $m_{ijk} = x_{i..} x_{.jk}/n$.

3. 条件付き独立モデル $A \perp\!\!\!\perp B \mid C$ のもとで, 最尤推定量は $\hat{\theta}_{ijk} = x_{i.k} x_{.jk}/nx_{..k}$, 当てはめ値は $m_{ijk} = x_{i.k} x_{.jk}/x_{..k}$.

これらの結果と, 飽和モデルのもとでの最尤推定量 $\hat{\theta}_{ijk} = x_{ijk}/n$, 当てはめ値 $m_{ijk} = x_{ijk}$ から, 式 (28.11), (28.12) の和を 3 重和 $\sum_i \sum_j \sum_k$ に置き換えて, 適合度カイ二乗検定, 適合度検定を構成することができる.

さらに, 高次の分割表への拡張を考えるために, 上記の 3 通りの独立モデルを対数線形モデルとして特徴づける. 3 元分割表の母数 θ_{ijk} についての対数線形モデル (飽和モデル) を

$$\log \theta_{ijk} = \mu + \alpha_i + \beta_j + \gamma_k + (\alpha\beta)_{ij} + (\alpha\gamma)_{ik} + (\beta\gamma)_{jk} + (\alpha\beta\gamma)_{ijk} \quad (28.18)$$

と書く. ただし右辺の母数については

$$0 = \sum_{i=1}^{I} \alpha_i = \sum_{i=1}^{I} (\alpha\beta)_{ij} = \sum_{j=1}^{J} (\alpha\beta)_{ij} = \sum_{i=1}^{I} (\alpha\beta\gamma)_{ijk} = \sum_{j=1}^{J} (\alpha\beta\gamma)_{ijk} = \sum_{k=1}^{K} (\alpha\beta\gamma)_{ijk}$$

などの, 「添え字についての和はすべてゼロ」という制約をおき, μ は $\sum_{i,j,k} \theta_{ijk} = 1$ から定められる基準化定数である. この制約のもとで, 飽和モデルの母数の自由度は

$$(I-1) + (J-1) + (K-1) + (I-1)(J-1)$$
$$+ (I-1)(K-1) + (J-1)(K-1) + (I-1)(J-1)(K-1)$$

であるから確かに $IJK - 1$ となる.

母数 $\{\theta_{ijk}\}$ についてのさまざまな統計モデルを,対数線形モデル (28.18) のいくつかの項を削る (0 とおく) という方法で特徴づけることを考える.その際,「交互作用を含むモデルには,それに含まれる低次の交互作用と主効果がすべて含まれる」という約束をする.この条件を満たすモデルを**階層モデル** (hierarchical model) あるいは階層的対数線形モデルとよぶ.前述した3通りのモデルは,それぞれ以下のような階層モデルに対応する.

- 完全独立モデル $A \perp\!\!\!\perp B \perp\!\!\!\perp C$: $\log \theta_{ijk} = \mu + \alpha_i + \beta_j + \gamma_k$
- 周辺独立モデル $A \perp\!\!\!\perp (B, C)$: $\log \theta_{ijk} = \mu + \alpha_i + \beta_j + \gamma_k + (\beta\gamma)_{jk}$
- 条件付き独立モデル $A \perp\!\!\!\perp B \mid C$: $\log \theta_{ijk} = \mu + \alpha_i + \beta_j + \gamma_k + (\alpha\gamma)_{ik} + (\beta\gamma)_{jk}$

考えるモデルを階層モデルに限定する理由の1つには,階層的でないモデルの解釈の難しさがある.たとえば A と B の2因子交互作用は,「A と B のそれぞれの主効果では説明できない,組合せの効果」と解釈するのが自然であり,このような解釈のもとでは,階層モデルは自然なモデルのクラスとなる.

階層モデルは,右辺に現れる極大な交互作用の項により表すことができる.たとえば,完全独立モデルの極大項は $\{\alpha_i, \beta_j, \gamma_k\}$,周辺独立モデル $A \perp\!\!\!\perp (B, C)$ の極大項は $\{\alpha_i, (\beta\gamma)_{jk}\}$,条件付き独立モデル $A \perp\!\!\!\perp B \mid C$ の極大項は $\{(\alpha\gamma)_{ik}, (\beta\gamma)_{jk}\}$ である.また,飽和モデル (これも階層モデルである) の極大項は $(\alpha\beta\gamma)_{ijk}$ である.これらの極大項は生成集合とよぶこともあり,生成集合に対応する因子のアルファベットを用いて,完全独立モデルを $A/B/C$,周辺独立モデル $A \perp\!\!\!\perp (B, C)$ を A/BC,条件付き独立モデル $A \perp\!\!\!\perp B \mid C$ を AC/BC,飽和モデルを ABC のように表す表記もよく用いられる.

▐ グラフィカルモデル ▐ 階層モデルは,対数線形モデルの最も基本的な部分モデルである.しかし,因子の数が増えるに従い階層モデルの数は急増するので,実際のデータ解析において,すべての階層モデルの当てはまりを順に検討する,というようなモデル選択は難しくなる.そこで,階層モデルのサブクラスとして,**グラフィカルモデル** (graphical model) を考える.グラフィカルモデルに属するモデルは,変数間

の条件付き独立性を視覚的に読み取ることができるという特長がある.

　グラフィカルモデルは，以下のように，無向グラフから特徴づけられるモデルの クラスである. いま，因子の集合を頂点集合 $V = \{A, B, C, \ldots\}$, E を枝集合とする 無向グラフ $G = (V, E)$ を与える. $G' = (V', E')$ が G の**部分グラフ** (subgraph, あ るいは誘導部分グラフ) であるとは $V' \subset V$, $E' = \{(x, y) \mid x, y \in V', (x, y) \in E\}$ であることをいい，特に $x, y \in V' \implies (x, y) \in E'$ のとき G' を**完全部分グラフ** (complete subgraph) という. 完全部分グラフ $G' = (V', E')$ が極大であるとは， $V' \subsetneq V'' \subset V$ となる任意の V'' について，V'' から定められる (誘導される) 部分グ ラフ $G'' = (V'', E'')$ が完全部分グラフにならないことをいう. 極大な完全部分グラ フを**クリーク** (clique) という. 与えられた無向グラフのクリークの集合が生成集合 となる階層的対数線形モデルを，グラフィカルモデルという. たとえば，頂点集合を $\{A, B, C, D\}$ とする図 28.1 の無向グラフを考える.

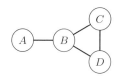

図 28.1　4 頂点の無向グラフの例

この無向グラフのクリークは，$\{A, B\}, \{B, C, D\}$ である. したがって，対応するグ ラフィカルモデルは，生成集合が AB/BCD となる階層モデルであり，

$$\log \theta_{ijk\ell} = \mu + \alpha_i + \beta_j + \gamma_k + \delta_\ell + (\alpha\beta)_{ij} + (\beta\gamma)_{jk} + (\beta\delta)_{j\ell} + (\gamma\delta)_{k\ell} + (\beta\gamma\delta)_{jk\ell}$$

である.

　以上の定義では，任意に与えた無向グラフについて，それに対応するグラフィカル モデルを一意的に定めている. 逆に，与えられた階層モデルがグラフィカルモデルか どうかを判定するには，階層モデルの生成集合をクリークとする無向グラフが存在す るかを確認すればよい. たとえば，3 元分割表の階層モデル

$$\log \theta_{ijk} = \mu + \alpha_i + \beta_j + \gamma_k + (\alpha\beta)_{ij} + (\alpha\gamma)_{ik} + (\beta\gamma)_{jk}$$

について考える (これは，飽和モデルから 3 因子交互作用の項のみを取り除いたモ デルであるので，無 3 因子交互作用モデルとよばれる). このモデルの生成集合は $AB/AC/BC$ である. したがって，対応する $\{A, B\}, \{A, C\}, \{B, C\}$ を完全部分グ

ラフとしてもつ無向グラフを描けば,

となる.しかしこのグラフのクリークは $\{A, B, C\}$ である.したがって,無3因子交互作用モデルはグラフィカルモデルではない.完全グラフに対応するグラフィカルモデルは飽和モデルである.

考えているモデルがグラフィカルであるとき,その性質は,対応する無向グラフ(これを無向独立グラフとよぶ)の性質として特徴づけることができる.特に,因子間の独立性を,対応する無向独立グラフから読み取ることができる.この説明のために,グラフの用語を定義する.無向グラフ $G = (V, E)$ について,$x, y \in V$ が連結しているとは,x と y を結ぶ道 (E の元の列) があることをいう.$S \subset V$ が x, y を分離するとは,x と y を結ぶ任意の道が,S の元を通ることをいう.たとえば図 28.1 では,すべての頂点は互いに連結している.また,A と C は $\{B\}$ で分離される.以上の用語を用いると,無向独立グラフ $G = (V, E)$ をもつグラフィカルモデルの因子の独立性を以下のようにまとめることができる.

性質1　$A, B \in V$ が連結でないことと,因子 A, B が独立であることは同値である.

性質2　$A, B \in V, (A, B) \notin E$ なら,因子 A, B は他のすべての因子を条件付けたときに条件付き独立,つまり $A \perp\!\!\!\perp B \mid V \setminus \{A, B\}$ である.

性質3　$A, B \in V$ が $S \subset V$ で分離されるなら,因子 A, B は S に対応する因子を条件付けたときに条件付き独立,つまり $A \perp\!\!\!\perp B \mid S$ である.

以上,分割表に関するグラフィカルモデルの考え方を説明した.多変量正規分布のグラフィカルモデルについては,25 章を参照のこと.

例題

問 28.1 ある産婦人科では,出産における低出生体重児の原因として母親の喫煙習慣の影響を調べるために,以下のような調査を行った.まず,この産婦人科で過去に低出生体重児を出産した母親 12 名について,出産当時の喫煙習慣の有無を調査した.次に,過去にこの産婦人科で通常の出産を行った母親のなかから,低出生体重児を出産した母親 12 名のそれぞれと,年齢,体重が比較的近い母親を 3 名ずつ選んだ.選ばれた 36 名をコントロール群とよび,コントロール群に対しても出産当時の喫煙習慣の有無を調査した.調査

結果をまとめたのが次の表である (数値は架空).

	低体重児	コントロール	計
喫煙習慣あり	4	6	10
喫煙習慣なし	8	30	38
計	12	36	48

　この調査から読み取れる, 出産における低体重児の発生の確率の解釈について, 次の①〜③のうちから最も適切なものを 1 つ選べ.

① 喫煙習慣がある母親に関する低出生体重児の割合は $4/10 = 0.40$ であり, 喫煙習慣のない母親に関する低出生体重児の割合は $8/38 = 0.21$ である. これらはそれぞれ, 喫煙習慣がある母親とない母親のそれぞれに対する, 低体重児の出生率の妥当な推定値である.

② 喫煙習慣がある母親に関する低出生体重児の割合は $4/10 = 0.40$ であり, 喫煙習慣のない母親に関する低出生体重児の割合は $8/38 = 0.21$ であり, その差はおよそ 0.19 である. このことから, 喫煙習慣があると, 喫煙習慣がない場合に比べて, 低体重児の出生率が 19 ％増えると推定できる.

③ 低体重児を出生した母親に関する喫煙歴ありのオッズ $(4/8 = 0.5)$ はコントロール群に関する喫煙歴ありのオッズ $(6/30 = 0.2)$ の 2.5 倍である. 低体重児の出生率は小さい値であると知られているので, 喫煙習慣がある母親とない母親のそれぞれに対する低体重児の出生率の比 (相対リスク) は, およそ 2.5 であると推定できる.

問 28.2　問 28.1 の分割表データに対して, 一様性の帰無仮説のもとでの当てはめ値, 適合度カイ二乗 χ^2, 逸脱度 G^2 を計算し, 有意水準 5 ％で両側検定せよ. また, 標本オッズ比に基づく母集団のオッズ比 ψ の信頼係数 95 ％の近似的な信頼区間を構成せよ.

問 28.3　無向独立グラフが図 28.1 で与えられるグラフィカルモデルについて, 以下の問いに答えよ.

〔1〕独立な因子は存在するか.

〔2〕因子 A と因子 C にはどのような条件付き独立性が成り立つか.

答および解説

問 28.1　③.

① 誤り. 低体重児を出産した母親とコントロール群の標本サイズの比 1 : 3 は, 研究デザインで定めたものであるので, 意味がない. したがって, 各行についても, 低体重児とコントロールの比に意味はない.

② 誤り. ① と同じ理由で誤りである. 後向き研究では, 曝露要因ごとの罹患率や, その差を推定することはできない.

③ 正しい. 式 (28.4) でみたように, 後向き研究のオッズ比の推定値 2.5 は, 前向き研究のオッズ比の推定値として使うことができる. さらに, 希少事象に対する式 (28.5) の近似から, これを相対リスクの推定値として使うことができる.

問 28.2 帰無仮説のもとでの当てはめ値は式 (28.10) より

	低体重児	コントロール	計
喫煙習慣あり	2.5	7.5	10
喫煙習慣なし	9.5	28.5	38
計	12	36	48

となる. 適合度カイ二乗と逸脱度はそれぞれ

$$\chi^2 = \frac{48(4 \times 30 - 6 \times 8)^2}{10 \times 38 \times 12 \times 36} = 1.516$$

$$G^2 = 2\left(4\log\frac{4}{2.5} + 6\log\frac{6}{7.5} + 8\log\frac{8}{9.5} + 30\log\frac{30}{28.5}\right) = 1.4103$$

となり, これらはいずれも自由度 1 のカイ二乗分布の上側 5%点 $\chi^2_{0.05}(1) = 3.84$ より小さいため, 検定は有意ではない. 標本オッズ比は $OR = (4 \times 30)/(6 \times 8) = 2.5$ であり, 対数オッズ比の標準誤差の推定値は $\sqrt{1/4 + 1/6 + 1/8 + 1/30} = 0.758$ となる. 標本対数オッズ比は $\log(OR) = \log(2.5) = 0.916$ であるので, 対数オッズ比の近似的な 95%信頼区間は $0.916 \pm 1.96 \times 0.758 = (-0.570, 2.402)$ となる. したがってオッズ比の信頼区間は $(\exp(-0.570), \exp(2.402)) = (0.566, 11.04)$ である. 信頼区間に 1 が含まれることは, 上の仮説検定が有意にならなかったことに対応する.

問 28.3

〔1〕 4 つの頂点はすべて互いに連結なので, 独立な因子は存在しない (性質 1).

〔2〕 頂点 A と頂点 C の間には枝がないので, 因子 A と因子 C は, 他のすべての因子を条件付けたときに条件付き独立, つまり $A \perp\!\!\!\perp C \mid \{B, D\}$ である (性質 2). さらに, A, C は $\{B\}$ で分離されるので, $A \perp\!\!\!\perp C \mid B$ である (性質 3).

29 不完全データの統計処理

／キーワード／ 欠測，打ち切り，トランケーション，欠測メカニズム，削除法，補完法

■**はじめに**■ 実際のデータ解析では，何らかの理由でデータが不完全な形でしか得られないことがよくある．たとえば，アンケート調査で回答拒否や一部の質問項目に無回答だったり，あるいは測定器具の不具合で測定値が得られなかったりする．ここでは，その種の不完全データの扱い方を学ぶ．データが観測されないことを，データは**欠測** (missing) もしくは欠損，欠落などというが，ここでは統一的に欠測とよぶことにする．

最初に不完全データの一般論を概論した後，欠測への対処法である削除法と補完法について述べる．その後，応用上重要な正規分布について考察し，最後に簡単なまとめを行うとともに例題を示す．

全部で p 種類の変量 (測定項目) に対して n 個体分のデータを観測するとし，x_{ij} を第 i 番目の個体の第 j 変量の値とする．そして，それらを第 (i, j) 要素とする $n \times p$ 行列 (データ行列) $X = \{x_{ij}\}$ の各要素の値がすべて得られているとき，データは**完全** (complete) であるという．それに対し，X のいくつかの要素の値が得られていないとき，データは**不完全** (incomplete) であるという．そして，不完全データを何らかの方策によって擬似的に完全な形としたものを**擬似完全** (pseudo complete) データという．

不完全データへの対処法は，データ行列 X に対しどのような分析を行うのかに依存する．データ行列に対してさまざまな分析法を適用するのであれば，多くの統計分析ソフトウェアはデータが完全であることを前提としているので，擬似完全データを構築する必要がある．それに対し，X の各変量の平均ベクトルおよび変量同士の分散共分散行列や相関行列のような統計量がわかればいい場合もある．種々の多変量解析技法は，データ行列 X そのものではなく，標本平均と分散共分散行列がわかれば適用可能である．したがって，それらの統計量を偏りなく推定することが必要となる．

不完全データへの対処では，欠測のメカニズムを知ることが重要である．**欠測メカニズム** (missing mechanism) は，次のように分類される．

(a) MCAR (Missing Completely At Random)：欠測は，欠測データおよび観測データの両方に依存せず，ランダムに生じる

(b) MAR (Missing At Random)：欠測は，観測データに依存して生じるが，欠測データの値にはよらない．

(c) MNAR (Missing Not At Random)：欠測は，欠測データそのものの値に依存して生じる．

ここでは，2変量データでこれらの欠測メカニズムの違いを例示する．

表29.1は10個体分の2変量データ (x, y) で，x はすべてのデータが得られているが，y については，すべてのデータがそろった Complete，および MCAR，MAR，MNAR の3種類の欠測メカニズムで3箇所ずつ欠測したと想定したものである．また，それぞれの欠測での (x, y) の散布図とそれに回帰直線を加えたのが図29.1である．MCAR では，欠測は x にも y にもよらずランダムに生じている．MAR では，欠測は x の値が大きい3つにつき生じている．MNAR では y の値が大きい3つにつき欠測となっている．表29.1にはまた，それぞれの変量の平均と標準偏差，および x とそれぞれの y の間の相関係数，ならびに (x, y) が両方とも観測された7組のデータから求めた回帰直線 $y = a + bx$ の定数項 a と回帰直線の傾き b が示してある．

表29.1および図29.1から次のことがみてとれる．これらは，表29.1に限ったものではなく概ね一般に成り立つ事柄でもある．欠測メカニズムが MCAR の場合は，表中のすべての統計量が Complete での値とほぼ同じになっている．それに対し MAR では，(x, y) 間の相関が正で，x の値の大きな組での y が欠測となっているため，y の欠測も比較的大きな値に生じていて，その結果，平均は complete に比べて過小評価になり，標準偏差も小さくなっている．しかし，相関係数と回帰直線のパラメータはほとんど変わらない．MNAR では，y の大きな値が欠測となっているため，y の平均も標準偏差もさらに小さくなっていて，回帰直線のパラメータも欠測の影響を受けている．次節以降でこれらの欠測への対処法を述べる．

表 **29.1**　完全データと 3 種類の欠測メカニズムの図示

ID	X	Complete	MCAR	MAR	MNAR
1	35	40	40	40	40
2	37	38	38	38	38
3	40	48	?	48	48
4	45	41	41	41	41
5	47	60	60	60	?
6	54	46	?	46	46
7	57	57	57	57	57
8	60	62	?	?	?
9	62	47	47	?	47
10	63	61	61	?	?
平均	50.00	50.00	49.14	47.14	45.29
標準偏差	10.57	9.24	9.99	8.53	6.42
相関係数		0.684	0.690	0.641	0.672
定数項		20.13	19.43	17.65	26.05
傾き		0.60	0.60	0.66	0.41

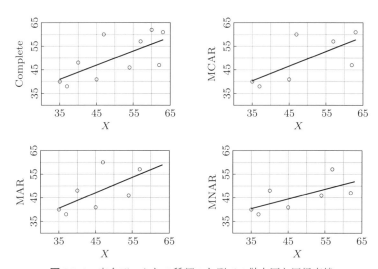

図 **29.1**　完全データと 3 種類の欠測での散布図と回帰直線

▌**削除法と補完法**▌　不完全データから擬似的な完全データを作成するには，欠測のある個体を削除する**削除法** (deletion method) と，欠測箇所に何らかの値を代入する**補完法** (**代入法**，imputation method) とがある．

削除法のなかで，多変量データで1箇所でも欠測のある個体は個体ごと削除し (これを case deletion ともいう)，すべての変量が観測されている個体のみを用いる解析法を **CC** (Complete Case) **解析**という．表 29.1 で欠測が MAR である列では，ID8，ID9，ID10 では y が欠測となっていることから，それらの個体を削除し，ID1 からID7 までのデータのみで推測を行う．このとき，x に関しては ID1 から ID10 までの10 個の観測値が得られているにもかかわらず，ID1 から ID7 までの 7 個のデータから平均と標準偏差を計算することになる．表 29.1 では x の値が大きな組に対応するy が欠測となっていることから，ID1 から ID7 までの 7 個のデータでは x の平均および標準偏差が過小評価となる．実際計算すると，x の平均は 45.0，標準偏差は 8.35となる．

それに対し，たとえばある変量の平均値の計算では別の変量の観測・欠測は無関係であり，相関係数の計算では 2 つの変量さえ両方とも観測されていればよいことから，当該変量の使えるデータは全部使うという **AC** (Available Case) **解析**がある．表 29.1 の y が MAR で欠測したとした (x, y) では，x の平均と標準偏差を ID1 からID10 の 10 個の全データから計算することに対応する．

変量数の多い多変量データ解析では，1 箇所でも欠測のある個体を個体ごと削除する CC 解析では，解析に使えるデータがかなり少なくなる可能性がある．そのため，各変量の平均や標準偏差あるいは相関係数の値の吟味では，AC 解析が妥当性をもつ．しかし，分散あるいは共分散をまとめて分散共分散行列 (あるいは相関行列) として解析する場合には，変量ごとに使った個体数が異なることで自由度の計算に支障があったり，あるいは極端な場合には分散共分散行列の正定値性が崩れたりすることもありうる．そのため，欠測数があまり多くない場合には，CC 解析が妥当なものとなることが多い．

欠測箇所に何らかの値を代入する補完法では，どのような値を欠測箇所に代入するかの選択があり，

 (i) 平均値代入：当該変量の観測データのみから求めた平均値を代入

 (ii) 回帰代入：回帰式によって欠測部分を予測して代入

 (iii) Hot Deck 法：欠測のある個体と類似の個体を同じデータセットから探し出し，その観測データを欠測部分に代入

などがよく用いられる．

　これらの削除法と代入法が平均や分散などの統計量に与える影響には，前項で述べた欠測メカニズムが深くかかわってくる．例をもとに議論しよう．

　表 29.1 における MAR につき，平均値代入と回帰代入をした結果を表 29.2 および図 29.2 に示す．

表 29.2　欠測が MAR のときの補完の結果表示

ID	X	MAR	平均値代入	回帰代入
1	35	40	40	40
2	37	38	38	38
3	40	48	48	48
4	45	41	41	41
5	47	60	60	60
6	54	46	46	46
7	57	57	57	57
8	60		47.14	56.98
9	62		47.14	58.29
10	63		47.14	58.94
平均	50.00	47.14	47.14	50.42
標準偏差	10.57	8.53	6.97	8.75
相関係数		0.641	0.413	0.792
定数項		17.65	33.52	17.65
傾き		0.66	0.27	0.66

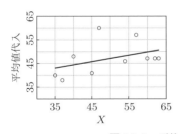 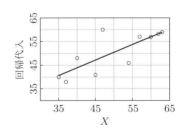

図 29.2　平均値代入と回帰代入

　平均値代入では，y が観測された 7 個のデータの平均 47.14 を欠測箇所に代入する．これにより擬似的な完全データセットが得られるが，10 個のデータの平均は観測された 7 個の平均と同じで，この場合は平均の過小評価は解消されないのみならず，標準偏差がさらに過小評価となっている．また，相関係数および回帰パラメータの値も

適切なものとは言い難い．それに対し回帰代入では，観測された 7 組のデータから求めた回帰式 $y = 17.65 + 0.66x$ の x に ID8 から ID10 の値を代入して得られた値をそれぞれの y の欠測箇所に代入している．これにより，y の平均の過小評価は解消されている．しかし，回帰代入では y 方向のばらつきが考慮されていないため，依然として y の標準偏差の過小評価は残り，逆に相関係数は過大評価となっている．

　欠測メカニズムが MCAR の場合には，表 29.1 で例示したように，サンプルサイズが小さくなることを除けば各統計量の値は完全データの場合とほぼ同じである．したがって，補完する必要はない，というより補完によってむしろ悪影響が出る恐れがある．すなわち，平均値代入では，y の平均に影響はないものの標準偏差が過小評価となり，回帰パラメータにも影響を及ぼす．回帰代入では，y の平均に影響を及ぼさないが，標準偏差は，平均値代入ほどではないが過小評価となる．

　欠測メカニズムが MNAR の場合には，単純な補完法では結果に偏りを生じる可能性があることから，欠測メカニズムを考慮した問題ごとの対応法が必要となる．

　以上をまとめて，欠測メカニズムが MCAR の場合には，欠測があまり多くなければという条件付きであるが，CC 解析が妥当な結果を与え，補完法はむしろ悪影響を及ぼす．MAR の場合には，CC 解析および平均値代入は結果に偏りをもたらす可能性がある．回帰代入は y の平均の偏りを除去するものの，y の標準偏差と相関係数の偏りをもたらす．また，計算した統計量の標準誤差の過小評価ももたらす．それらの偏りの除去のため**多重代入法** (multiple imputation) が提案されている．MNAR の場合は，いずれの対処法もよい結果を与えるという保証がなく，欠測となった理由ごとの個別対応が必要となる．

■正規分布における推測 (1 変量正規分布)■　　ここでは，応用上重要な正規分布について議論する．はじめに 1 変量の正規分布における不完全データへの対処法を述べ，次に 2 変量正規分布について議論する．多変量の場合は，2 変量の拡張として理解される．

　1 変量データでは，欠測メカニズムは MCAR か MNAR のいずれかとなる．欠測メカニズムが MCAR のとき，すなわち観測された個体と欠測となった個体の分布が同じと想定される場合には，サイズ n のランダムサンプルを得る計画であったが m 個しかデータが得られなかったとしても，観測された m 個のデータのみを用いて統

計的な分析を行って問題はない. 計画された n 個がランダムサンプルである以上, そこからランダムに $n-m$ 個の観測値が得られなくても, 観測データのランダムネスは保たれるからである.

しかし, 欠測が観測されるべき値に依存する場合はその限りではなく, 欠測となった理由を加味した分析が必要となる. ここでは, ある既知の定数 c があり, c 以下のデータはその値が観測されるが c を超えたデータはその値が得られない状況を考えよう. 観測データと欠測データの分布が異なる場合で, MNAR の 1 つである.

ここでさらに, c を超えて観測されないデータの個数の情報がある場合とない場合の区別が生じる. 全部で n 個のデータを観測する計画を立てたが, c 以下で実際に観測されたデータは m 個であり, 観測されなかった個数は $n-m$ 個であることがわかっているとき, データは c で**打ち切り** (censoring) になったという. 一方, c 以下で m 個のデータは観測されたが c を超えたデータの個数が不明のとき, データは**トランケート** (truncate) されたという. 打ち切りとトランケートの違いは, パラメータを推定するうえで想像以上に大きいので注意する必要がある.

母集団分布は正規分布 $N(\mu, \sigma^2)$ とする. 値が c 以下でのみ得られるとすると, $N(\mu, \sigma^2)$ に従う確率変数 X の (条件付き) 確率密度関数は

$$f_c(x) = \begin{cases} \dfrac{1}{\Phi((c-\mu)/\sigma)} \dfrac{1}{\sqrt{2\pi}\sigma} \exp\left(-\dfrac{(x-\mu)^2}{2\sigma^2}\right) & (x \le c) \\ 0 & (x > c) \end{cases} \tag{29.1}$$

となる. ここで $\Phi(\cdot)$ は標準正規分布 $N(0,1)$ の累積分布関数である. 最初に $N(0,1)$ に従う確率変数 $Z = (X-\mu)/\sigma$ を考えると, $a = (c-\mu)/\sigma$ として,

$$E[Z \,|\, Z \le a] = -\frac{\varphi(a)}{\Phi(a)}, \quad V[Z \,|\, Z \le a] = 1 - \frac{a\varphi(a)}{\Phi(a)} - \left(\frac{\varphi(a)}{\Phi(a)}\right)^2$$

となることが示される. ここで $\varphi(\cdot)$ は $N(0,1)$ の確率密度関数である. いずれも Z の期待値 $E[Z] = 0$ および分散 $V[Z] = 1$ より小さくなっている. 一般の μ と σ^2 ではそれぞれ

$$E[X \,|\, X \le c] = \mu - \frac{\varphi(a)}{\Phi(a)}\sigma, \quad V[X \,|\, X \le c] = \left(1 - \frac{a\varphi(a)}{\Phi(a)} - \left(\frac{\varphi(a)}{\Phi(a)}\right)^2\right)\sigma^2$$

となる.

正規母集団 $N(\mu, \sigma^2)$ からのランダムサンプルである n 個のデータのうち c 以下となった m 個の値は実際に観測され, c を超えた $n-m$ 個はその値がわからない打ち切

りの状況を扱う．ここでは簡単のため分散 σ^2 は既知とし，母平均 μ の推定を考える．観測データを $x_1, \ldots, x_m$ とし，それらの標本平均を $\overline{x} = (x_1 + \cdots + x_m)/m$ とする．母平均 μ の最尤推定値を EM アルゴリズムによって求める．$a = (c - \mu)/\sigma$ として，

$$E[X \,|\, c < X] = \mu + \frac{\varphi(a)}{1 - \Phi(a)} \sigma$$

であるので，$a^{(t)} = (c - \mu^{(t)})/\sigma$ として，打ち切り部分の $n - m$ 個をその期待値で置き換える．n 個のデータがある場合の推定値はそれらの標本平均であるので，適当な初期値 $\mu^{(0)}$ から出発する反復スキーム

$$\mu^{(t+1)} = \frac{1}{n} \left(\sum_{i=1}^{m} x_i + (n - m) \left(\mu^{(t)} + \frac{\varphi(a^{(t)})}{1 - \Phi(a^{(t)})} \sigma \right) \right) \qquad (29.2)$$

が得られる．

トランケーションの場合には，c 以下となって観測された m 個のデータ $x_1, \ldots, x_m$ から求めた尤度関数が，確率密度関数 (29.1) より，

$$L(\mu) = \prod_{i=1}^{m} \left(\frac{1}{\Phi((c - \mu)/\sigma)} \frac{1}{\sqrt{2\pi}\sigma} \exp\left(-\frac{(x_i - \mu)^2}{2\sigma^2} \right) \right)$$

となるので，対数尤度関数 $\ell(\mu) = \log L(\mu)$ を μ で微分して 0 とおくことにより，観測データの標本平均を $\overline{x} = (x_1 + \cdots + x_m)/m$ として，関係式

$$\mu = \overline{x} + \frac{\varphi(a)}{\Phi(a)} \sigma$$

が得られる．よって，適当な初期値 $\mu^{(0)}$ から出発し，$a^{(t)} = (c - \mu^{(t)})/\sigma$ とおいて

$$\mu^{(t+1)} = \overline{x} + \frac{\varphi(a^{(t)})}{\Phi(a^{(t)})} \sigma \qquad (29.3)$$

とする反復計算により最尤推定値が求められる．

例 1（1 変量正規分布における欠測） 表 29.3 は $n = 10$ 人の学生のテストの点数で，$c = 60$ 点以下の $m = 8$ 人の学生の点数のみが記録され，60 点を超える点数の学生は記録されなかったとする．また，標準偏差 $\sigma = 10$ は既知とする．反復計算を実行し最尤推定値を求めよ．

答 表 29.3 の「すべて」の点数の標本平均は 49.8 点であり，これがこのデータから得られる最適な推定値である．60 点以下の 8 人の学生の和は $W = 35 + \cdots + 56 = 370$ であり，これら観測データの標本平均 $\overline{x} = 370/8 = 46.25$ は μ の過小評価となる．

表 29.3 テストの点数データ

ID	1	2	3	4	5	6	7	8	9	10
すべて	35	38	42	45	49	52	53	56	63	65
観測	35	38	42	45	49	52	53	56	60+	60+

打ち切りの場合の最尤推定値を求めるアルゴリズム (29.2) を適用すると，$\mu^{(0)} = 46.25$ を初期値として，3 回の反復で $\hat{\mu} = 50.05$ に収束した．トランケーションの場合は，$\mu^{(0)} = 46.25$ を初期値とした反復スキーム (29.3) の 6 回の反復で $\hat{\mu} = 48.65$ に収束した．いずれも $\overline{x}$ の過小評価を改善している．

■**正規分布における推測 (2 変量正規分布)**■ 2 変量確率変数 (X, Y) は 2 変量正規分布 $N(\mu_X, \mu_Y, \sigma_X{}^2, \sigma_Y{}^2, \sigma_{XY}), \rho = \sigma_{XY}/(\sigma_X \sigma_Y)$ に従うとし，その同時確率密度関数を $f(x, y)$ とする．$f(x, y)$ は $f_1(x) f_2(y|x)$ と分解される．ここで，$f_1(x)$ は X の周辺確率密度関数，$f_2(y|x)$ は $X = x$ が与えられたときの Y の条件付き確率密度関数で，それぞれ

$$f_1(x) = \frac{1}{\sqrt{2\pi}\sigma_X} \exp\left(-\frac{(x - \mu_x)^2}{2\sigma_X{}^2}\right),$$

$$f_2(y|x) = \frac{1}{\sqrt{2\pi}\tau} \exp\left(-\frac{(y - (\alpha + \beta x))^2}{2\tau^2}\right)$$

で与えられる．パラメータ間の関係は

$$\alpha = \mu_Y - \beta\mu_X, \quad \beta = \frac{\sigma_{XY}}{\sigma_X{}^2}, \quad \tau^2 = \sigma_Y{}^2(1 - \rho^2) = \sigma_Y{}^2 - \frac{\sigma_{XY}{}^2}{\sigma_X{}^2} \tag{29.4}$$

であり，$y = \alpha + \beta x$ は x から y を予測する際の回帰式である．

2 変量データ (x, y) のうち，x はすべて観測され，欠測は y のみに生じるとし，観測データを $(x_1, y_1), \ldots, (x_m, y_m), x_{m+1}, \ldots, x_n$ とする．x はすべて観測されているので，x の周辺分布に関するパラメータ μ_X と $\sigma_X{}^2$ の最尤推定値はそれぞれ n 個のデータから求めた

$$\hat{\mu}_X = \frac{1}{n}\sum_{i=1}^{n} x_i, \quad \hat{\sigma}_X{}^2 = \frac{1}{n}\sum_{i=1}^{n}(x_i - \overline{x})^2 \tag{29.5}$$

で与えられる (通常，標本分散の除数は $n - 1$ であるが，ここでは最尤推定値を考えているので，除数は n とした)．また，2 変量とも観測されている m 組に関する統計量を

$$\overline{x} = \frac{1}{m}\sum_{i=1}^{m} x_i, \quad s_X{}^2 = \frac{1}{m}\sum_{i=1}^{m}(x_i - \overline{x})^2,$$

$$\overline{y} = \frac{1}{m}\sum_{i=1}^{m} y_i, \quad s_Y{}^2 = \frac{1}{m}\sum_{i=1}^{m}(y_i - \overline{y})^2, \tag{29.6}$$

$$s_{XY} = \frac{1}{m}\sum_{i=1}^{m}(x_i - \overline{x})(y_i - \overline{y}), \quad r = \frac{s_{XY}}{s_X s_Y}$$

と定義する. これらを用いて, 回帰パラメータ α, β および誤差分散 τ^2 の最尤推定値はそれぞれ

$$\hat{\alpha} = a = \overline{y} - b\overline{x}, \quad \hat{\beta} = b = \frac{s_{XY}}{s_X{}^2}, \quad \hat{\tau}^2 = s_Y{}^2 - \frac{s_{XY}{}^2}{s_X{}^2} \tag{29.7}$$

となる.

欠測メカニズムがMCARであれば, 削除法を適用し μ_Y の推定値は観測データの標本平均 $\overline{y}$ とし, 相関係数 ρ の推定値は標本相関係数 r とすればよい. ただし, 相関係数 ρ が0でない場合には y の値が欠測となった $x_{m+1}, \ldots, x_n$ は y に関する情報を含むことから, 回帰直線を $y = a+bx$ としたとき, y の値を $y_i^* = a+bx_i$ $(i = m+1, \ldots, n)$ として, $\hat{y} = (y_1 + \cdots + y_m + y_{m+1}^* + \cdots + y_n^*)/n$ により推定してもよい. 相関が高い場合にはこのほうが推定の精度がよい. ただし, この回帰予測値を用いた推定では, 回帰予測値 y_i^* は y 方向のばらつきをもたないため, 標準偏差を低めに, 相関係数を高めに推定する.

欠測メカニズムがMARの場合には, x を与えたときの y の条件付き推測では y の欠測は完全にランダムとなることを利用して推測を行う. 回帰分析は x が与えられたもとでの条件付きの推測であることから, 2変量ともが観測された m 組のデータから求めた回帰直線は, 欠測がないとした場合の n 組のデータから求めた回帰式と(理論上は)同じとなる. したがって, m 組のデータから求めた回帰直線 $y = a+bx$ を用いて, y が欠測となった組では y の値を $y_i^* = a+bx_i$ $(i = m+1, \ldots, n)$ として, μ_Y は $\hat{y} = (y_1 + \cdots + y_m + y_{m+1}^* + \cdots + y_n^*)/n$ により推定すればよい. ただし, 標準誤差は n 組のデータが得られている場合に比べ大きくなる. ここでも標準偏差の推定は過小評価に, 相関係数の推定は過大評価となることに注意する.

MARの場合の各パラメータの最尤推定値は以下のようにして求められる. パラメータの関係式 (29.4) を解き返すと

$$\mu_Y = \alpha + \beta\mu_X, \quad \sigma_Y{}^2 = \tau^2 + \beta^2\sigma_X{}^2, \quad \sigma_{XY} = \beta\sigma_X{}^2$$

となるので，これらの左辺のパラメータの最尤推定値は右辺の最尤推定値によって得られる．すなわち，

$$\hat{\mu}_Y = \hat{\alpha} + \hat{\beta}\hat{\mu}_X, \quad \hat{\sigma}_Y{}^2 = \hat{\tau}^2 + \hat{\beta}^2\hat{\sigma}_X{}^2, \quad \hat{\sigma}_{XY} = \hat{\beta}\hat{\sigma}_X{}^2, \quad \hat{\rho} = \frac{\hat{\sigma}_{XY}}{\hat{\sigma}_X\hat{\sigma}_Y} \qquad (29.8)$$

である．

欠測メカニズムが MNAR の場合には，x を与えたときの y の欠測のメカニズムをモデル化する必要がある．その際には，x が与えられたときの y の 1 変量の条件付き分布に対して，1 変量正規分布の項で示したような定式化が必要となり，分析は容易ではない．

例 2 (2 変量正規分布における欠測)　表 29.1 の x と MAR の列の y を 2 変量データとして扱う．2 変量正規分布の各パラメータの最尤推定値を求めよ．

答　x の周辺分布に関するパラメータの最尤推定値 (29.5) は

$$\hat{\mu}_X = 50.0, \quad \hat{\sigma}_X{}^2 = 100.6$$

となる．また，両変量が観測されている 7 組のデータに関する統計量 (29.6) はそれぞれ

$$\overline{x} = 45.0, \quad s_X{}^2 = 59.71, \quad \overline{y} = 47.14, \quad s_Y{}^2 = 62.41, \quad r = 0.64$$

と求められ，回帰直線に関わるパラメータの推定値 (29.7) はそれぞれ

$$\hat{\alpha} = 17.65, \quad \hat{\beta} = 0.66, \quad \hat{\tau}^2 = 36.75$$

となる．よって，X の周辺分布以外のパラメータの最尤推定値は，式 (29.8) より

$$\hat{\mu}_Y = 17.65 + 0.66 \times 50.0 = 50.65, \quad \hat{\sigma}_Y{}^2 = 36.75 + (0.66)^2 \times 100.6 = 80.57,$$

$$\hat{\sigma}_{XY} = 0.66 \times 100.6 = 65.94, \quad \hat{\rho} = \frac{65.94}{\sqrt{100.6 \times 80.57}} = 0.74$$

と求められる．

■EM アルゴリズム■　MAR の状況で，欠測値のあるデータからパラメータの最尤推定値を求める一般的なアルゴリズムが **EM アルゴリズム** (EM algorithm) である．すでに 1 変量正規分布の推定で EM アルゴリズムを用いた．データが X と Y の 2 つの部分に分かれ，$Y = y$ のみが観測され X が欠測したとする．(X, Y) の同時確率密度関数を $f(x, y; \theta)$ とすると，y の周辺確率密度関数は $f(y; \theta) = \int f(x, y; \theta)\, dx$ である．これを θ の尤度関数として，反復計算により最大化したい．EM アルゴリズムでは，以下の **E-ステップ** (E-step) と **M-ステップ** (M-step) を交互に繰り返す．

E-ステップ：θ の現在の値を θ^* として，θ^* のもとでの完全データの対数尤度比の条件付き期待値 $q(\theta|\theta^*)$ を次式で計算する．

$$q(\theta|\theta^*) = \int \log \frac{f(x, y; \theta)}{f(x, y; \theta^*)} f_{X|Y}(x|y; \theta^*)\, dx$$

1 変量正規分布の場合にみたように，このステップはしばしば欠測値 X を θ^* のもとでの条件付き期待値で補完することになる．

M-ステップ：$q(\theta|\theta^*)$ を θ について最大化する．これは，補完されたデータを完全データとみなして最尤推定を行うことにあたる．

E-ステップと M-ステップを行うと尤度が必ず非減少となることが示されるので，EM アルゴリズムが収束すれば尤度関数の極大値に到達する．

不完全データの対処法はデータ解析に携わる人たちの長年の悩みの種であったが，統計的な理論の整備が進み，同時に不完全データに対応したソフトウェアも実用に供されるようになった．それにより，不完全データの対処法は長足の進歩を遂げたが，失われたデータは戻ってこないことには変わりはない．事後の解析に頼るのではなく，事前にデータの欠測を防ぐ手立てを講じることこそが最も重要である．

▪ 例 題 ▪

問 29.1 ある大学の授業では，最初にスキルテスト試験を行い，定められた基準 c に満たない学生のみが授業を履修し，基準を超えた学生は受講を免除される．授業を履修した学生は最後の授業にあらためてスキルテストを受け，その成績で合否が定まる．最初のスキルテストを受けた 65 人中，15 人が基準 c を超えて受講を免除された．2 回のテストを両方とも受験した学生のテストの点数を $(x_1, y_1), \ldots, (x_{50}, y_{50})$ とする．また，受講を免除された 15 人の学生の 1 回目のテストの点数を $x_{51}, \ldots, x_{65}$ とする．ここで，全学生が 2 回テストを受けたとしたときの点数の分布は，相関係数 ρ が正の 2 変量正規分布 $N_2(\mu_X, \mu_Y, \sigma_X{}^2, \sigma_Y{}^2, \rho\sigma_X\sigma_Y)$ に従うとする．

〔1〕授業の TA (Teaching Assistant) の A さんは，2 回とも受験した 50 人の点数 $(x_1, y_1), \ldots, (x_{50}, y_{50})$ のみを用いて，2 回目のテストの平均値 $\overline{y}_A$ と 2 回のテスト間の相関係数 r_A を求めた．$\overline{y}_A$ と r_A の記述として，次の ① ～ ⑤ のうちから最も適切なものを 1 つ選べ．

① $\overline{y}_A$ は μ_Y を偏りなく推定し，r_A は ρ を概ね偏りなく推定する．

② $\overline{y}_A$ は μ_Y を偏りなく推定するが，r_A は ρ を過大評価する．

③ $\overline{y}_A$ は μ_Y を過小評価するが，r_A は ρ を概ね偏りなく推定する．

④ $\overline{y}_A$ は μ_Y を過小評価し，r_A は ρ を過大評価する．

⑤ $\overline{y}_A$ は μ_Y を過小評価し，r_A は ρ を過小評価する．

〔2〕別の TA の B さんは，2 回とも受験した 50 人の点数 $(x_1, y_1), \ldots, (x_{50}, y_{50})$ を用いて回帰直線 $y = a + bx$ を求め，2 回目の点数の得られない 15 人の学生の点数の予測値 $y_i^* = a + bx_i$ $(i = 51, \ldots, 65)$ を計算し，$(x_1, y_1), \ldots, (x_{50}, y_{50}), (x_{51}, y_{51}^*), \ldots, (x_{65}, y_{65}^*)$ の 65 組のデータから，2 回目のテストの平均値 $\overline{y}_B$ と 2 回のテスト間の相関係数 r_B を求めた．$\overline{y}_B$ と r_B の記述として，次の ① ～ ⑤ のうちから最も適切なものを 1 つ選べ．

① $\overline{y}_B$ は μ_Y を偏りなく推定し，r_B は ρ を概ね偏りなく推定する．

② $\overline{y}_B$ は μ_Y を偏りなく推定するが，r_B は ρ を過大評価する．

③ $\overline{y}_B$ は μ_Y を過小評価するが，r_B は ρ を概ね偏りなく推定する．

④ $\overline{y}_B$ は μ_Y を過小評価し，r_B は ρ を過大評価する．

⑤ $\overline{y}_B$ は μ_Y を過小評価し，r_B は ρ を過小評価する．

答および解説

問 29.1

〔1〕 ⑤．

2 回のテストの間の相関係数は正であるので，履修免除された学生の 2 回目の点数は，もし受験したとすると概ね履修学生の点数より高かったことが予想される．したがって，2 回目の受験者のみで平均をとると μ_Y を過小評価する．そのとき，分布の端のほうの観測値が失われることで，相関係数は過小評価となる．

よって，⑤ が正解である．

〔2〕 ②．

全学生が 2 回受験したときの点数の分布が 2 変量正規分布に従うので，2 回のテストの点数を両方とも受けた学生のみを用いて推定した回帰直線は，全学生が 2 回とも受験した場合に得られるデータを用いて計算した回帰直線とほぼ一致する．その回帰直線により 1 回目のテストの点数を使って，1 回目しか受けなかった学生の 2 回目のテストの点数を予測している．そのため，これら予測値を含む擬似データを用いて求めた標本平均は μ_Y を偏りなく推定する．しかし，回帰による予測値は回帰直線のまわりでのばらつきを伴わないことから，相関係数を過大評価する．

よって，② が正解である．

30 モデル選択

//**キーワード**// 情報量規準, AIC, BIC, クロスバリデーション, 過学習

■情報量規準■ 多変量解析において，しばしばすべての変数を用いるのではなく，何らかの規準に基づき，適切な変数を選択したいと考える場合がある．あるいは，統計モデルの候補のなかから適切なモデルを選択したい場合もある．たとえば，重回帰分析であれば，F 検定統計量を用いて逐次的に説明変数を取捨選択する方法などが知られている (16 章)．一方，このような仮説検定の考え方による変数選択とは異なり，尤度とパラメータの数に基づいた**情報量規準** (information criterion) による変数選択法・モデル選択法が提案されている．

■赤池情報量規準■ 情報量規準の代表的なものの 1 つとして，重回帰分析に限らず，あらゆる統計モデルの選択に幅広く用いられている**赤池情報量規準** (Akaike information criterion, **AIC**) が知られている．赤池情報量規準は，データへの統計モデルの当てはまりのよさ (尤度の値の大きさ) と統計モデルの簡潔さ (推定するパラメータ数の少なさ) のバランスをとる統計モデルを選ぶための方法として提案されたものである．

　具体的には，あるモデルの AIC の値は，そのモデルにおける最大尤度 (パラメータを最尤推定したときの尤度) を L，推定するパラメータ数を k とおくと，

$$\text{AIC} = -2\log L + 2k$$

で計算される．統計モデルの候補のなかで，AIC の値を最小にするモデルを選ぼうというのが赤池情報量規準を用いたモデル選択となる．詳細は省略するが，AIC はカルバック・ライブラー情報量の期待値の漸近的な不偏推定量，あるいは期待平均対数尤度の漸近的な不偏推定量の観点で導かれたものであり，その導出には大標本の仮定を用いている．

■**重回帰分析における AIC**■　個体数 n，説明変数の数 p の場合の重回帰モデル：

$$\boldsymbol{y} = X\boldsymbol{\beta} + \boldsymbol{\varepsilon} \quad (\boldsymbol{\varepsilon} \sim N_n(\boldsymbol{0}, \sigma^2 I_n)) \tag{30.1}$$

における AIC の値を導出してみよう．ただし，定数項を含めて，$\boldsymbol{\beta}$ は $(p+1) \times 1$ ベクトル，X は $n \times (p+1)$ 行列とする．

$$\boldsymbol{y} \sim N_n(X\boldsymbol{\beta}, \sigma^2 I_n)$$

より，最大尤度は以下のように表される．

$$L = \max_{\boldsymbol{\beta}, \sigma^2} (2\pi)^{-\frac{n}{2}} |\sigma^2 I_n|^{-\frac{1}{2}} \exp\left(-\frac{1}{2}(\boldsymbol{y} - X\boldsymbol{\beta})^\top (\sigma^2 I_n)^{-1} (\boldsymbol{y} - X\boldsymbol{\beta})\right)$$

これを計算すると，次のようになる (問 30.1)．

$$L = \left(\frac{2\pi S_e}{n}\right)^{-\frac{n}{2}} \exp\left(-\frac{n}{2}\right) \tag{30.2}$$

ただし，S_e は残差平方和 $S_e = \boldsymbol{y}^\top \left(I_n - X \left(X^\top X\right)^{-1} X^\top\right) \boldsymbol{y}$ である．

　また，推定するパラメータの数は，$\boldsymbol{\beta}$ と σ^2 をあわせて計 $p+2$ 個であるから，AIC の値は，

$$\mathrm{AIC} = -2\log L + 2(p+2) = n\left(\log S_e + \log\left(\frac{2\pi}{n}\right) + 1\right) + 2(p+2)$$

と表される．（なお，選択する説明変数によって変化しないものを省くと，$\mathrm{AIC}' = n\log S_e + 2p$ と表すこともできる．）

　したがって，説明変数を k 個選択したときの残差平方和を $S_e^{(k)}$ とおくと，

$$\mathrm{AIC}(k) = n\left(\log S_e^{(k)} + \log\left(\frac{2\pi}{n}\right) + 1\right) + 2(k+2)$$

と表すことができる．AIC の値が最も小さくなるような説明変数の組合せを選ぶのが，重回帰分析における AIC に基づく変数選択である．

■**重回帰分析における AIC と F 検定統計量との関係**■　重回帰分析における AIC は，F 検定統計量 $\dfrac{S_e^{(k)} - S_e^{(k+1)}}{S_e^{(k+1)}/(n-k-2)}$（説明変数を k 個選択したときの残差平方和を $S_e^{(k)}$，説明変数を $k+1$ 個選択したときの残差平方和を $S_e^{(k+1)}$ とおいている）による変数選択と密接な関係があり，n が大きいとき，F 検定統計量が 2 より大きいかどうかを基準とした変数選択と似た結果を与えることが知られている．以下でそのことを確認してみよう．

まず,

$$\mathrm{AIC}(k) > \mathrm{AIC}(k+1)$$

$$\Longleftrightarrow n\left(\log S_e^{(k)} + \log\left(\frac{2\pi}{n}\right) + 1\right) + 2(k+2)$$
$$> n\left(\log S_e^{(k+1)} + \log\left(\frac{2\pi}{n}\right) + 1\right) + 2(k+3)$$

$$\Longleftrightarrow \log\frac{S_e^{(k)}}{S_e^{(k+1)}} > \frac{2}{n}$$

$$\Longleftrightarrow \frac{S_e^{(k)} - S_e^{(k+1)}}{S_e^{(k+1)}/(n-k-2)} > \left(\exp\left(\frac{2}{n}\right) - 1\right)(n-k-2)$$

が成り立つことから, 重回帰分析における AIC は, 棄却限界値を $\left(\exp\left(\frac{2}{n}\right) - 1\right)(n-k-2)$ としたときの F 検定による変数選択に相当することがわかる. ここで, この棄却限界値は, $n \to \infty$ としたとき,

$$\left(\exp\left(\frac{2}{n}\right) - 1\right)(n-k-2)$$
$$= \left(\left(1 + \frac{2}{n} + \frac{\left(\frac{2}{n}\right)^2}{2!} + \frac{\left(\frac{2}{n}\right)^3}{3!} + \frac{\left(\frac{2}{n}\right)^4}{4!} + \cdots\right) - 1\right)n\frac{n-k-2}{n}$$
$$= \left(2 + \frac{\frac{2^2}{n}}{2!} + \frac{\frac{2^3}{n^2}}{3!} + \frac{\frac{2^4}{n^3}}{4!} + \cdots\right)\frac{n-k-2}{n} \to 2$$

となることが確かめられる.

▌**その他の情報量規準**▌　AIC 以外にもさまざまな情報量規準が提案されている. 先に述べたように, AIC は大標本の仮定に基づいて導出されているが, 標本の大きさが小さいときも, 期待平均対数尤度の不偏推定量を与える規準として, **c-AIC** (**AIC の有限修正**, とよばれる) が提案されている. その他にも, **MDL** (**最小記述長**, minimum description length) というものも提案されている.

なかでも, 近年, AIC の他によく用いられるのは **BIC** (**ベイズ情報量規準**, Bayesian information criterion) である. 最大尤度を L, 推定するパラメータ数を k とおくと, BIC の値は次のように計算される.

$$\mathrm{BIC} = -2\log L + k\log n$$

AIC と比較すると，推定するパラメータの数によるペナルティが $2k$ から $k\log n$ に変わっているのがわかる．したがって，$n \geq 8$ のとき，BIC のほうがより簡潔なモデルを選ぶ傾向がある．

たとえば，先の重回帰モデルにおいて，説明変数を k 個選んだ場合の BIC の値は
$$\mathrm{BIC}(k) = n\left\{\log S_e^{(k)} + \log\left(\frac{2\pi}{n}\right) + 1\right\} + (k+2)\log n$$
となる．

近年，BIC が好まれている理由として，候補となっている統計モデルのなかに真のモデルがあるとき，AIC によるモデル選択は標本の大きさ n が大きくなっても，真のモデルを選ばないことがあるが，BIC によるモデル選択は $n \to \infty$ のとき，確率 1 で真のモデルを選択することがあげられる．たとえば，重回帰分析における変数選択の場合，AIC による変数選択や F 検定による変数選択だと，標本の大きさ n が大きくなっても正しい説明変数の組合せが選択されるとは限らないが，BIC だと $n \to \infty$ のとき，確率 1 で正しい説明変数の組合せ (偏回帰係数の真の値が 0 の説明変数は取り込まれず，偏回帰係数の真の値が 0 ではない説明変数のみ取り込まれる) が選択されることが知られている．

■**クロスバリデーション**■　統計解析手法を用いてデータを分析したとき，得られたモデルがどの程度の精度をもつかを調べたい場合がある．たとえば，2 群の線形判別分析において，得られた線形判別関数による誤判別率がどの程度であるかを推定することを考えよう．

この際，一番簡易なのは，線形判別関数を求めるのに用いたデータ (学習データ) をもとに各個体の判別得点を計算して判別し，実際の群をどの程度的中できているかをチェックすることである．しかし，そもそも線形判別関数は学習データをなるべくうまく判別できるように求められたものであるので，誤判別率は自然と低めの数値が出る傾向が生じる．したがって，線形判別関数の導出に用いたデータに対する誤判別率を，実際の誤判別率の推定値として用いることは危険性があるといえる (一般に，統計解析において，学習データを解析結果の評価のためのデータ (テストデータ) にそのまま用いてしまうと，解析結果が過剰評価されやすい)．

この問題に対する 1 つの対処は，全体のデータを 2 分割し (たとえば，各群のデータを半分ずつ，あるいは何らかの割合に分けるなど)，片方のデータセットで判別関

数を求め，残しておいたもう片方のデータセットにその判別関数を適用して誤判別率を推定することである．または，以下で記すような**クロスバリデーション** (cross validation) あるいは**交差検証法**とよばれる方法もよく用いられる．

クロスバリデーション (交差検証法) は，各群のデータを K 分割し，そのうちの 1 セットをテスト用として外しておき，$K-1$ セットのデータで判別関数を求めテスト用の 1 セットのデータで誤判別率を推定する，ということをテスト用として残す 1 セットの選択の K 通りすべての場合を調べ，すべての場合の誤判別率の平均をとる，という方法である．特に，$K = n$ (n は標本の大きさ) とした場合のクロスバリデーションは，**Leave-one-out 法**とよばれる．この場合，すべてのデータからデータを 1 つだけ省いてテスト用とし，残りのすべてのデータで判別関数を求めテスト用のデータが正判別されるか誤判別されるかを調べる，ということを，テスト用とする 1 つのデータの選択を n 通りすべての場合で試して誤判別率を計算することになる．

クロスバリデーションは，変数選択やモデル選択の規準としてもよく用いられる．統計解析手法全般において，データを分析する際，複雑なモデルほど (推定するパラメータの数が多いほど) **学習データ** (training data) に対する適合はよくなるが，一方，将来のデータに対する予測精度はかえって落ちることが生じやすくなる (これをしばしば，**過適合** (overfitting) あるいは**過学習** (overtraining) とよぶ)．そこで，将来のデータを模擬したテストデータで精度を調べるために，クロスバリデーションに基づいて，モデル選択などを行うことがある．ただし，学習データとテストデータの分割を変えて何度も解析を行うという手順になるため，計算量は大きくなることに注意が必要である．

▓過学習の問題▓　たとえば，判別分析において，単に観測されたデータを完全に判別することが目的なのであれば，極端な話，図 30.1 の例のように，極めて複雑な判別曲線を考えれば，学習データに関してだけは完璧に判別することができる．

しかし，判別分析において重要なのは，あくまで，どちらの群に属するかが未知である個体や将来の個体を上手く判別できる判別方式を手に入れることである．たまたま得られたデータにあわせ

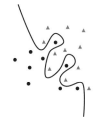

図 30.1

過ぎると，かえって母集団全体に対する判別精度は落ちることが十分にありうる．ま

た，この図のような複雑な判別曲線は意味付けを行うことが難しく，解析結果のブラックボックス化を生む．

このような問題をしばしば**過学習の問題**とよび，これを避けるため，統計解析では，パラメータ数が大きすぎるモデルや，データ数に近いパラメータ数のモデルを用いることを避け，(たとえば情報量規準などに基づいて) データへの当てはまりのよさとモデルの簡潔さのバランスをとることがよいとされることが多い．

関連する話題として，正則化によるモデル選択については 16 章を参照のこと．

例 題

問 30.1　式 (30.2) を示せ．

ヒント：$\boldsymbol{\beta}$ および σ^2 の最尤推定量は，$\hat{\boldsymbol{\beta}} = \left(X^\top X\right)^{-1} X^\top \boldsymbol{y}$, $\hat{\sigma}^2 = \dfrac{S_e}{n}$ と表される．

問 30.2　表 30.1 の $n = 20$ のデータ (一部省略) をもとに，y を目的変数，x_1, x_2, x_3 を説明変数の候補として (重) 回帰分析を行う．表 30.2 は，さまざまな説明変数の組合せで (重) 回帰分析を行ったときの残差平方和 S_e とその対数 $\log S_e$ の値を記したものである．AIC および BIC による変数選択を行うとき，それぞれにおいて選ばれる説明変数の組合せを答えよ．ただし，$\log 2\pi = 1.838$, $\log 20 = 2.996$ である．

表 30.1

番号	x_1	x_2	x_3	y
1	27	15	32	170
2	31	14	33	203
3	35	19	44	190
4	21	20	37	222
5	20	20	36	234
⋮	⋮	⋮	⋮	⋮
18	35	23	32	220
19	35	18	24	88
20	39	16	26	155

表 30.2

説明変数	S_e	$\log S_e$
なし	53180	10.881
x_1	41499	10.633
x_2	30338	10.320
x_3	40420	10.607
x_1, x_2	29727	10.300
x_1, x_3	26252	10.176
x_2, x_3	26923	10.201
x_1, x_2, x_3	23893	10.081

答および解説

問 30.1　尤度を最大にする $\boldsymbol{\beta}, \sigma^2$ (最尤推定量) が $\hat{\boldsymbol{\beta}} = \left(X^\top X\right)^{-1} X^\top \boldsymbol{y}$, $\hat{\sigma}^2 = \dfrac{S_e}{n}$ と表されることを用いることで，

$$L = \max_{\boldsymbol{\beta}, \sigma^2} (2\pi)^{-\frac{n}{2}} \left|\sigma^2 I_n\right|^{-\frac{1}{2}} \exp\left(-\frac{1}{2}(\boldsymbol{y} - X\boldsymbol{\beta})^\top (\sigma^2 I_n)^{-1}(\boldsymbol{y} - X\boldsymbol{\beta})\right)$$

$$= (2\pi)^{-\frac{n}{2}} \left| \frac{S_e}{n} I_n \right|^{-\frac{1}{2}} \exp\Bigl(-\frac{n}{2S_e} \Bigl(\boldsymbol{y} - X\left(X^\top X\right)^{-1} X^\top \boldsymbol{y}\Bigr)^\top$$
$$\Bigl(\boldsymbol{y} - X\left(X^\top X\right)^{-1} X^\top \boldsymbol{y}\Bigr)\Bigr)$$

$$= (2\pi)^{-\frac{n}{2}} \left(\frac{S_e}{n}\right)^{-\frac{n}{2}} \exp\Bigl(-\frac{n}{2S_e} S_e\Bigr)$$

$$= \left(\frac{2\pi S_e}{n}\right)^{-\frac{n}{2}} \exp\Bigl(-\frac{n}{2}\Bigr)$$

と示すことができる.

問 30.2　それぞれの説明変数の組合せについて,

$$\mathrm{AIC}(k) = n\left(\log S_e^{(k)} + \log\left(\frac{2\pi}{n}\right) + 1\right) + 2(k+2)$$

$$\mathrm{BIC}(k) = n\left(\log S_e^{(k)} + \log\left(\frac{2\pi}{n}\right) + 1\right) + (k+2)\log n$$

を計算すると, 表 30.3 の結果が得られる.

表 30.3

説明変数	AIC	BIC
なし	218.460	220.452
x_1	215.500	218.488
x_2	209.240	212.228
x_3	214.980	217.968
x_1, x_2	210.840	214.824
x_1, x_3	208.360	212.344
x_2, x_3	208.860	212.844
x_1, x_2, x_3	208.460	213.440

　この表より, AIC による変数選択で選ばれる説明変数の組合せは x_1, x_3, BIC による変数選択で選ばれる説明変数の組合せは x_2 となる.

ベイズ法

//キーワード// ベイズモデル，ベイズ推定，ベイズ予測，事前分布，事後分布，MH (メトロポリス・ヘイスティングス) アルゴリズム，ギブス・サンプリング

■ベイズ法によるパラメータ推測■　$\boldsymbol{x} = (x_1, x_2, \ldots, x_n)^\top$ を同時確率密度関数 ($\boldsymbol{x}$ が離散型の場合は同時確率関数) $f(\boldsymbol{x}|\boldsymbol{\theta})$ が定義するパラメトリックモデルから生成されたデータとする．$\boldsymbol{\theta} \in \Theta$ をモデルを定めるパラメータ，Θ をパラメータ空間 ($\boldsymbol{\theta}$ のとりうる値の全体) とする．ここでは $\boldsymbol{\theta}$ の**ベイズ推測** (Bayesian inference) の問題を考える．本章で学習するベイズ法では，$\boldsymbol{\theta}$ を単一の値と考えるのではなく，$\boldsymbol{\theta}$ のとりうる値に関する情報を確率分布で表現する．つまり，$\boldsymbol{\theta}$ は確率的に変動すると考え，したがって，$f(\boldsymbol{x}|\boldsymbol{\theta})$ は条件付き確率密度関数と解釈する．

データ $\boldsymbol{x}$ を観測する以前にもっている $\boldsymbol{\theta}$ に関する事前情報を確率分布で表したものを**事前分布** (prior distribution) という．ここでは，$\boldsymbol{\theta}$ は連続型確率分布に従うものとし，事前分布の確率密度関数を $\pi(\boldsymbol{\theta})$ で表す．パラメトリックモデル $f(\boldsymbol{x}|\boldsymbol{\theta})$ と事前分布 $\pi(\boldsymbol{\theta})$ の組を**ベイズモデル** (Bayesian model) という．

データ $\boldsymbol{x}$ を観測したとき，ベイズの定理によって

$$\pi(\boldsymbol{\theta}|\boldsymbol{x}) = \frac{f(\boldsymbol{x}|\boldsymbol{\theta})\pi(\boldsymbol{\theta})}{\displaystyle\int_\Theta f(\boldsymbol{x}|\boldsymbol{\theta})\pi(\boldsymbol{\theta})\,d\boldsymbol{\theta}} \tag{31.1}$$

を得る．$\pi(\boldsymbol{\theta}|\boldsymbol{x})$ が定義する条件付き分布は，データ $\boldsymbol{x}$ の情報を得た後の $\boldsymbol{\theta}$ に関する情報と解釈することができ，**事後分布** (posterior distribution) とよばれる．つまり，式 (31.1) は $\pi(\boldsymbol{\theta})$ から $\pi(\boldsymbol{\theta}|\boldsymbol{x})$ への更新則と解釈することができる．ベイズ法では事後分布 $\pi(\boldsymbol{\theta}|\boldsymbol{x})$ に基づいて $\boldsymbol{\theta}$ に関する推測を行う．

式 (31.1) の右辺の分母

$$f(\boldsymbol{x}) = \int_\Theta f(\boldsymbol{x}|\boldsymbol{\theta})\pi(\boldsymbol{\theta})\,d\boldsymbol{\theta}$$

は事後分布の確率密度関数の規格化定数で，**周辺尤度** (marginal likelihood) とよばれる．周辺尤度 $f(\boldsymbol{x})$ は $\boldsymbol{\theta}$ によらないことから，事後分布 $\pi(\boldsymbol{\theta}|\boldsymbol{x})$ は

$$\pi(\boldsymbol{\theta}\,|\,\boldsymbol{x}) \propto f(\boldsymbol{x}\,|\,\boldsymbol{\theta})\pi(\boldsymbol{\theta})$$

と表すことができることに注意しておく.

> **例 1** ロボット掃除機の普及率 p に関する推測を行うために，20 世帯にロボット掃除機の保有の有無を調査したところ，x 世帯が保有していると回答した．2 年前の保有率が 5 ％だったことから，p の事前分布にはベータ分布 $Be(2, 20)$ を仮定した．一般に，$Be(a, b)$ の確率密度関数は，ベータ関数
>
> $$B(a, b) = \int_0^1 \theta^{a-1}(1-\theta)^{b-1}\,d\theta$$
>
> を用いて
>
> $$f(\theta\,|\,a, b) = \frac{\theta^{a-1}(1-\theta)^{b-1}}{B(a, b)}$$
>
> と表され，期待値は $a/(a+b)$，モードは $(a-1)/(a+b-2)$ である．従って，事前分布 $Be(2, 20)$ の期待値は $1/11$，モードは $1/20$ である．このとき，p の事後分布を求めよ．
>
> 🅰 20 世帯中 x 世帯が保有していたのだから，x のパラメトリックモデルは二項分布になる．したがって，ベイズモデルは
>
> $$f(x\,|\,p) = {}_{20}\mathrm{C}_x p^x (1-p)^{20-x}, \quad p \sim Be(2, 20)$$
>
> と書くことができる．$Be(2, 20)$ の確率密度関数は
>
> $$\pi(p) = \frac{p(1-p)^{19}}{B(2, 20)}$$
>
> であることから，事後分布の確率密度関数は
>
> $$\pi(p\,|\,x) \propto f(x\,|\,p)\pi(p) \propto p^{x+1}(1-p)^{39-x}$$
>
> である．このことから，事後分布は $Be(2+x, 40-x)$ である．

例 1 では，データ x を観測することによって，p に関する情報が事前分布 $Be(2, 20)$ から事後分布 $Be(2+x, 40-x)$ へと更新された．図 31.1 は，事前分布 $Be(2, 20)$，$x = 0$ のときの事後分布 $Be(2, 40)$，$x = 5$ のときの事後分布 $Be(7, 35)$ の確率密度関数である．事前分布には 2 年前の保有率が 5 ％だったという情報を反映させて，期待値 $1/11$，モードが $1/20$ の $Be(2, 20)$(実線) を用いている．この想定が正しければ，20 世帯のうち平均で 1, 2 世帯は所有しているということになる．もし，$x = 0$ が観測されたすると，事前情報を下方修正し，事後分布としては確率密度関数を原点方向にシフトさせた $Be(2, 40)$ (点線) に更新する．$x = 0$ のとき，最尤推定量は $\hat{p}_{\mathrm{ML}} = 0$ となるが，ベイズ推定量は 0 以上の値をとることも許容している．現実には保有率が 0 ということはありえないので，その意味では合理的な推測結果と考えることもできる．

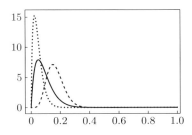

図 31.1　事前分布 (実線) と事後分布 (点線: $x = 0$, 破線: $x = 5$)

　$x = 5$ が観測されると，事前情報を上方修正し，事後分布としては，確率密度関数を右方向にシフトさせた $Be(7, 35)$ (破線) に更新される．$x = 5$ のとき，最尤推定量は $\hat{p}_{\mathrm{ML}} = 0.25$ となるが，事前分布の影響で 0.25 よりは分布が 0 方向にシフトしている．

　このようにベイズ法は，データが観測されると，データの情報と事前情報をバランスさせた形で事後分布へと更新する手続きといえる．

▌ベイズ法による点推定▌　　ベイズ法では，事後分布 $\pi(\boldsymbol{\theta}|\boldsymbol{x})$ が $\boldsymbol{\theta}$ の推測結果にほかならないが，実用上は点推定や区間推定が必要になる場面も多い．点推定量としては，以下のベイズ推定量と MAP 推定量がよく用いられる．以下では，θ を $\boldsymbol{\theta}$ の 1 つの要素とし，θ のパラメータ空間を Θ とする．また，$\pi(\theta|\boldsymbol{x})$ は $\pi(\boldsymbol{\theta}|\boldsymbol{x})$ の θ に関する周辺分布の確率密度関数を表すものとする．

ベイズ推定量　　θ の事後分布に対する期待値

$$\hat{\theta}_{\mathrm{B}} = \int_{\theta \in \Theta} \theta \cdot \pi(\theta|\boldsymbol{x})\, d\theta$$

を θ の**ベイズ推定量** (Bayes estimator) という．$\hat{\theta}$ を θ の点推定量とするとき，$\hat{\theta}$ の二乗損失 $(\hat{\theta} - \theta)^2$ の事後分布に対する期待値 (ベイズリスク)

$$\int_{\theta \in \Theta} (\hat{\theta} - \theta)^2 \pi(\theta|\boldsymbol{x})\, d\theta$$

を最小にする推定量がベイズ推定量であることが知られている．

MAP 推定量　　θ の事後分布のモード

$$\hat{\theta}_{\mathrm{MAP}} = \arg\max_{\theta \in \Theta} \pi(\theta|\boldsymbol{x})$$

を**最大事後確率** (**MAP** : maximum a posteriori probability) **推定量**という. 後でも述べるが, 実用的なベイズモデルでは, 周辺尤度を解析的に計算することが困難であることが多い. MAP 推定量は周辺尤度を計算しなくても $f(\boldsymbol{x}|\boldsymbol{\theta})\pi(\boldsymbol{\theta})$ だけから求められることが利点である.

また, MAP 推定量は

$$\hat{\theta}_{\mathrm{MAP}} = \arg\max_{\theta\in\Theta} \pi(\theta|\boldsymbol{x}) = \arg\max_{\theta\in\Theta} \log \pi(\theta|\boldsymbol{x})$$

$$= \arg\max_{\theta\in\Theta} \{\log f(\boldsymbol{x}|\theta) + \log\pi(\theta) - \log f(\boldsymbol{x})\}$$

$$= \arg\max_{\theta\in\Theta} \{\log f(\boldsymbol{x}|\theta) + \log\pi(\theta)\}$$

と表すことができる. $\log f(\boldsymbol{x}|\theta)$ は対数尤度関数であるから, MAP 推定量は最尤推定に対する正則化項 $\log\pi(\theta)$ をもつ正則化法の一種であることもわかる.

> **例2** 例1と同じ設定で考える.
>
> 〔1〕 p のベイズ推定量 $\hat{p}_{\mathrm{B}}$ を求めよ.
>
> 〔2〕 p の最尤推定量は $x/20$ である. ベイズ推定量 $\hat{p}_{\mathrm{B}}$ は p の最尤推定量と p の事前分布に関する期待値の加重平均で表されることを示せ.
>
> 〔3〕 p の MAP 推定量 $\hat{p}_{\mathrm{MAP}}$ を求めよ.
>
> **答**
>
> 〔1〕 事後分布が $Be(2+x, 40-x)$ であることから $\hat{p}_{\mathrm{B}} = (2+x)/42$.
>
> 〔2〕 $\hat{p}_{\mathrm{B}}$ は
>
> $$\hat{p}_{\mathrm{B}} = \frac{2+x}{42} = \frac{20}{42} \times \frac{x}{20} + \frac{22}{42} \times \frac{1}{11}$$
>
> のように, 最尤推定量と事前分布に関する期待値の加重平均で表される. 多くのベイズモデルに対するベイズ推定量はこのような性質をもつ.
>
> 〔3〕 MAP は $Be(2+x, 40-x)$ のモードであるので, $\hat{p}_{\mathrm{MAP}} = (1+x)/40$.

■**ベイズ法による区間推定**■　ベイズ法において区間推定をする場合は**信用区間** (credible interval) が通常用いられる. θ の $100(1-\alpha)\%$信用区間 $I = (l, u)$ は, 事後分布を用いて

$$\int_l^u \pi(\theta|\boldsymbol{x})\,d\theta = 1 - \alpha$$

を満たす区間として定義される．ベイズ法では，θ 自身が確率的に変動すると考えるので，信用区間も θ の分布から構成された区間であることが古典的な統計学における信頼区間との根本的な相違点であることに注意する．

l, u のとり方はいくらでも存在するが，よく用いられるのは

$$I_{\mathrm{HPD}} = \{\theta \,|\, \pi(\theta \,|\, \boldsymbol{x}) \geq c(\alpha)\} \quad \text{s.t.} \quad \int_{I_{\mathrm{HPD}}} \pi(\theta \,|\, \boldsymbol{x})\, d\theta = 1 - \alpha \tag{31.2}$$

を満たすような区間 I_{HPD} である．これを**最大事後密度** (HPD: highest posterior density) **区間**という．式 (31.2) より，$\theta \in I_{\mathrm{HPD}}$, $\theta' \in I_{\mathrm{HPD}}{}^c$ のとき必ず $\pi(\theta' \,|\, \boldsymbol{x}) \leq \pi(\theta \,|\, \boldsymbol{x})$ が成立する．これは，HPD 区間内の θ よりも事後分布の確率密度関数 $\pi(\theta \,|\, \boldsymbol{x})$ の意味で確からしい θ' が HPD 区間外に存在しないことを意味する．

■**事前分布**■　　ベイズ法において事前分布をどのように選ぶかは重要な問題である．例 1 では，二項分布のモデルにおけるベイズ法による推測を考え，事前分布にベータ分布を仮定した．このモデルを**ベータ二項モデル** (beta-binomial model) という．ベータ二項モデルでは事後分布もまたベータ分布になった．ベイズの定理 (31.1) は，事前分布から事後分布への更新則であると述べたが，ベータ二項モデルでは，この更新がベータ分布のパラメータの更新になるので簡便である．この例のように，事前分布のとり方によっては，事前分布と事後分布が同じ確率分布族になることがある．このような事前分布を**共役事前分布** (conjugate prior distribution) という．

$x_1, x_2, \ldots, x_n$ をポアソン分布 $Po(\lambda)$ からの独立なデータとしよう．$\boldsymbol{x} = (x_1, x_2, \ldots, x_n)^{\top}$ としたとき，ポアソン分布のモデル $f(\boldsymbol{x} \,|\, \lambda)$ は

$$f(\boldsymbol{x} \,|\, \lambda) = \prod_{i=1}^{n} \frac{\lambda^{x_i} e^{-\lambda}}{x_i!}$$

と表される．ここで，λ にガンマ分布 $Ga(\alpha, 1/\beta)$ を事前分布として仮定してみよう．$Ga(\alpha, 1/\beta)$ の確率密度関数はガンマ関数

$$\Gamma(\alpha) = \int_0^{\infty} t^{\alpha-1} e^{-t}\, dt$$

を用いて

$$\pi(\lambda) = \frac{\beta^{\alpha} \lambda^{\alpha-1} e^{-\beta\lambda}}{\Gamma(\alpha)} \propto \lambda^{\alpha-1} e^{-\beta\lambda}$$

と書かれ，期待値は α/β，モードは $(\alpha-1)/\beta$ である．これを用いて λ の事後分布を求めると，

$$\pi(\lambda \,|\, \boldsymbol{x}) \propto f(\boldsymbol{x} \,|\, \lambda)\pi(\lambda)$$
$$\propto \lambda^{\sum_{i=1}^{n} x_i + \alpha - 1} e^{-(\beta + n)\lambda}$$

となる．したがって，事後分布もまた $Ga(\alpha + \displaystyle\sum_{i=1}^{n} x_i, 1/(\beta + n))$ となる．つまり，ポアソン分布のモデルに対して，ガンマ分布は共役事前分布である．このモデルを**ガンマ・ポアソンモデル** (gamma–Poisson model) という．

> **例3** 大学教員 H は週に 1 回 90 分のオフィスアワーを設けている．学期がはじまって最初の 5 回のオフィスアワーに質問で訪れた学生の人数は $\boldsymbol{x} = (x_1, x_2, x_3, x_4, x_5) = (3, 7, 1, 4, 5)$ だった．オフィスアワー 1 回あたりで質問に来る学生の数はポアソン分布
>
> $$f(\boldsymbol{x} \,|\, \lambda) = \prod_{i=1}^{n} \frac{\lambda^{x_i} e^{-\lambda}}{x_i!}$$
>
> に従うと仮定し，λ をベイズ法で推定することにした．λ の事前分布には過去の経験から $Ga(2,1)$ を仮定した．
>
> 〔1〕 λ の事後分布を求めよ．
> 〔2〕 λ のベイズ推定量 $\hat{\lambda}_{\mathrm{B}}$ を求めよ．
> 〔3〕 λ の MAP 推定量 $\hat{\lambda}_{\mathrm{MAP}}$ を求めよ．
>
> **答**
>
> 〔1〕 $\displaystyle\sum_{i=1}^{5} x_i = 20$, $n = 5$ であることから，事後分布は $Ga(22, 1/6)$.
>
> 〔2〕 ベイズ推定量は $Ga(22, 1/6)$ に関する期待値なので $\hat{\lambda}_{\mathrm{B}} = 22/6 = 11/3$.
>
> 〔3〕 MAP 推定量は $Ga(22, 1/6)$ のモードなので $\hat{\lambda}_{\mathrm{MAP}} = (22 - 1)/6 = 7/2$.

■**ベイズ予測**■　観測されたデータ $\boldsymbol{x} = (x_1, x_2, \ldots, x_n)^{\top}$ を用いて，将来観測されるデータ x_{n+1} の分布を予測することを考える．$\boldsymbol{x}, \boldsymbol{\theta}$ を所与としたときの x_{n+1} の条件付き確率密度関数を $f(x_{n+1} \,|\, \boldsymbol{x}, \boldsymbol{\theta})$ とする．多くの場合，観測データは $\boldsymbol{\theta}$ が所与のもとでは独立と仮定されるので，$f(x_{n+1} \,|\, \boldsymbol{x}, \boldsymbol{\theta}) = f(x_{n+1} \,|\, \boldsymbol{\theta})$ となる．ベイズ法では，

$$f(x_{n+1} \,|\, \boldsymbol{x}) = \int_{\boldsymbol{\theta} \in \Theta} f(x_{n+1} \,|\, \boldsymbol{x}, \boldsymbol{\theta})\pi(\boldsymbol{\theta} \,|\, \boldsymbol{x}) \, d\boldsymbol{\theta}$$

を用いて x_{n+1} の予測を行う．これを**ベイズ予測分布** (Bayesian predictive distribution) という．

▌MH アルゴリズム▐　　共役事前分布を用いれば事後分布は標準的な確率分布になり，事後分布に基づく考察も容易である．しかし，共役事前分布以外の事前分布を用いた場合，パラメトリックモデルや事前分布が標準的な確率分布であったとしても，事後分布は一般に標準的な確率分布にはならない．また，多くの場合，周辺尤度の計算が困難で，確率密度関数の明示的な計算も容易でない．

このような場合，事後分布に従う乱数をサンプリングして，モンテカルロシミュレーションによって事後分布に関する考察を行うことが考えられる．分布が標準的でなければ，通常の独立な乱数系列のサンプリングは一般に容易ではないが，事後分布を不変分布にもつマルコフ連鎖に従う乱数の発生は比較的容易である．このような方法は**マルコフ連鎖モンテカルロ法** (**MCMC 法**，Markov chain Monte Carlo method) とよばれる．

MCMC 法のなかで最も基本的な方法は，**メトロポリス・ヘイスティングス** (**MH**，Metropolis–Hastings) **アルゴリズム**である．サンプリングを行いたい確率分布を**目標分布** (target distribution) とよぶ．ベイズ法の場合，目標分布は事後分布 $\pi(\boldsymbol{\theta}|\boldsymbol{x})$ である．MH アルゴリズムでは，**提案分布** (proposal distribution) という確率分布を用いて目標分布からのサンプリングを行う．提案分布は，t 番目に発生させたサンプル $\boldsymbol{\theta}^{(t)}$ の値を所与としたときの $t+1$ 期のサンプル $\boldsymbol{\theta}^{(t+1)}$ の値の条件付き分布である．以下では，提案分布の確率密度関数を $q(\boldsymbol{\theta}^{(t+1)}|\boldsymbol{\theta}^{(t)})$ と書く．

MH アルゴリズムでは，提案分布からサンプルの候補を発生させ，目標分布に依存した**採択確率** (acceptance probability) に基づいてそれを採択するか棄却するか決める．以下に MH アルゴリズムを記述する．サンプルサイズは n とし，m は $m < n$ を満たす整数とする．

アルゴリズム 1　　MH アルゴリズム

Step 0　初期値 $\boldsymbol{\theta}^{(0)}$ を設定し $t \leftarrow 0$ とする．

Step 1　提案分布 $q(\boldsymbol{\theta}^{(t+1)}|\boldsymbol{\theta}^{(t)})$ から $\boldsymbol{y}$ を発生させる．

Step 2　u を $U(0,1)$ から発生させ，

$$\boldsymbol{\theta}^{(t+1)} = \begin{cases} \boldsymbol{y} & (u \leq \alpha(\boldsymbol{\theta}^{(t)}, \boldsymbol{\theta}^{(t+1)})) \\ \boldsymbol{\theta}^{(t)} & (それ以外) \end{cases}$$

とする. ただし, $\alpha(\boldsymbol{\theta}^{(t)}, \boldsymbol{\theta}^{(t+1)})$ は

$$\alpha(\boldsymbol{\theta}^{(t)}, \boldsymbol{\theta}^{(t+1)}) = \min\left\{1, \frac{\pi(\boldsymbol{\theta}^{(t+1)}\,|\,\boldsymbol{x})q(\boldsymbol{\theta}^{(t)}\,|\,\boldsymbol{\theta}^{(t+1)})}{\pi(\boldsymbol{\theta}^{(t)}\,|\,\boldsymbol{x})q(\boldsymbol{\theta}^{(t+1)}\,|\,\boldsymbol{\theta}^{(t)})}\right\}$$

Step 3 $t \leftarrow t+1$ とする.

Step 4 $t \leq m$ のときは $\boldsymbol{\theta}^{(t)}$ を出力しない. $m < t \leq n+m$ のときは $\boldsymbol{\theta}^{(t)}$ を $t-m$ 番目のサンプルとして出力する.

Step 5 $t = n+m$ なら終了, それ以外の場合は Step 1 に戻る.

n, m が十分に大きいときに, このアルゴリズムの出力である $\boldsymbol{\theta}^{(m+1)}, \ldots, \boldsymbol{\theta}^{(n+m)}$ の分布は目標分布で近似できることが知られている. つまり, $\boldsymbol{\theta}^{(m+1)}, \ldots, \boldsymbol{\theta}^{(n+m)}$ の経験分布を用いれば, 事後分布に関する考察が可能になる.

また, このアルゴリズムのなかで事後分布に依存しているのは採択率 $\alpha(\boldsymbol{\theta}^{(t)}, \boldsymbol{\theta}^{(t+1)})$ のみである. $\alpha(\boldsymbol{\theta}^{(t)}, \boldsymbol{\theta}^{(t+1)})$ では, 事後分布は $\pi(\boldsymbol{\theta}^{(t+1)}\,|\,\boldsymbol{x})$ と $\pi(\boldsymbol{\theta}^{(t)}\,|\,\boldsymbol{x})$ の比の形で依存しているので, 周辺尤度 $f(\boldsymbol{x})$ には依存しない. つまり,

$$\frac{\pi(\boldsymbol{\theta}^{(t+1)}\,|\,\boldsymbol{x})}{\pi(\boldsymbol{\theta}^{(t)}\,|\,\boldsymbol{x})} = \frac{f(\boldsymbol{x}\,|\,\boldsymbol{\theta}^{(t+1)})\pi(\boldsymbol{\theta}^{(t+1)})}{f(\boldsymbol{x}\,|\,\boldsymbol{\theta}^{(t)})\pi(\boldsymbol{\theta}^{(t)})}$$

である. 通常, $f(\boldsymbol{x}\,|\,\boldsymbol{\theta})$ や $\pi(\boldsymbol{\theta})$ には標準的な分布を用いることから, MH アルゴリズムは周辺尤度の計算が困難な場合にも実装が容易である.

また, Step 4 では $\boldsymbol{\theta}^{(1)}, \ldots, \boldsymbol{\theta}^{(m)}$ は出力には加えずに除去している. t が小さいときのサンプルは, 初期値の影響を受けていることが考えられるため通常は除去する. サンプルを除去する $t = 1, \ldots, m$ の期間のことを**稼動検査期間** (burn-in period) という.

いま, 提案分布が $q(\boldsymbol{\theta}^{(t+1)}\,|\,\boldsymbol{\theta}^{(t)}) = q(\boldsymbol{\theta}^{(t)}\,|\,\boldsymbol{\theta}^{(t+1)})$ を満たすとしよう. たとえば, Step 1 における $\boldsymbol{y}$ を

$$\boldsymbol{y} = \boldsymbol{\theta}^{(t)} + \boldsymbol{u}$$

のように発生させるとし, $\boldsymbol{u}$ が原点対称な確率密度関数をもつ分布であるときなどがこれにあたる. この方法を**酔歩連鎖** (random walk chain) という. 酔歩連鎖のときは, 採択確率 $\alpha(\boldsymbol{\theta}^{(t)}, \boldsymbol{\theta}^{(t+1)})$ は

$$\alpha(\boldsymbol{\theta}^{(t)}, \boldsymbol{\theta}^{(t+1)}) = \min\left\{1, \frac{\pi(\boldsymbol{\theta}^{(t+1)}\,|\,\boldsymbol{x})}{\pi(\boldsymbol{\theta}^{(t)}\,|\,\boldsymbol{x})}\right\}$$

となる. u の分布としては，正規分布 $N(\mathbf{0}, \sigma^2 I)$ や，閉区間 $[-a, a]$ $(a > 0)$ で定義された一様分布 $U(-a, a)$ がよく用いられる.

u は時点 t のサンプルからの変化分である. u の長さ $\|u\|$ が小さいときは，現在の値からの変化量は小さいが採択率は高くなる傾向にある. 逆に，$\|u\|$ が大きすぎると，現在の値からの変化量は大きいが採択率が低くなってしまい，同じ値に留まり続けてしまうことも起こりうる. このように，提案分布の選択は，サンプリングの精度や推測の効率性に影響する.

▍**ギブス・サンプリング**▍　事後分布からのサンプリングとして，MH アルゴリズムと並んでよく用いられるものに**ギブス・サンプリング** (Gibbs sampling) がある.

ここでも目標分布は事後分布 $\pi(\boldsymbol{\theta}|\boldsymbol{x})$ である. $\boldsymbol{\theta} = (\theta_1, \ldots, \theta_K)^\top$ とし，$\boldsymbol{\theta}_{-i} = (\theta_1, \ldots, \theta_{i-1}, \theta_{i+1}, \ldots, \theta_K)^\top$ と定義する. ギブス・サンプリングでは，$\boldsymbol{x}, \boldsymbol{\theta}_{-i}$ を所与としたときの θ_i の条件付き分布

$$\pi(\theta_i | \boldsymbol{\theta}_{-i}, \boldsymbol{x}), \quad i = 1, 2, \ldots, K \tag{31.3}$$

からの乱数生成が容易であると仮定する. 条件付き分布 (31.3) を**完全条件付き分布** (full conditional distribution) という. 事後分布からの乱数生成が困難でも，完全条件付き分布からの乱数生成であれば容易ということはしばしばみられる.

ギブス・サンプリングのアルゴリズムは以下のように記述される. ここでは，稼動検査期間 m 期の後に n 個のサンプリングを行う場合を考える.

アルゴリズム 2　ギブス・サンプリング

Step 0 初期値 $\boldsymbol{\theta}^{(0)}$ を設定し $t \leftarrow 0$ とする.

Step 1 完全条件付き分布から乱数を生成する.

(1) $\theta_1^{(t+1)}$ を $\pi(\theta_1 | \theta_2^{(t)}, \ldots, \theta_K^{(t)}, \boldsymbol{x})$ から生成する.

(2) $\theta_2^{(t+1)}$ を $\pi(\theta_2 | \theta_1^{(t+1)}, \theta_3^{(t)}, \ldots, \theta_K^{(t)}, \boldsymbol{x})$ から生成する.

$\vdots$

(K) $\theta_K^{(t+1)}$ を $\pi(\theta_K | \theta_1^{(t+1)}, \theta_2^{(t+1)}, \ldots, \theta_{K-1}^{(t+1)}, \boldsymbol{x})$ から生成する.

(K+1) $\boldsymbol{\theta}^{(t+1)} \leftarrow (\theta_1^{(t+1)}, \theta_2^{(t+1)}, \ldots, \theta_K^{(t+1)})$ とする.

Step 2 $t \leftarrow t + 1$ とする.

Step 3 $t \leq m$ のときは $\boldsymbol{\theta}^{(t)}$ を出力しない. $m < t \leq n+m$ のときは $\boldsymbol{\theta}^{(t)}$ を $t-m$ 番目のサンプルとして出力する.

Step 4 $t = n+m$ なら終了, それ以外の場合は Step 1 に戻る.

ギブス・サンプリングの場合も, n, m が十分に大きいときに, 出力 $\boldsymbol{\theta}^{(m+1)}, \ldots, \boldsymbol{\theta}^{(n+m)}$ の分布は目標分布で近似できることが知られている. ギブス・サンプリングの場合, 提案分布を設定する必要がないことから, 実装は容易である.

例 題

問 31.1 あるコンビニエンスストアチェーンでは, 500 円購入ごとに商品無料引換券が当たるくじを 1 枚引くことができる.

大学でデータサイエンスを学ぶ A 君と B さんは, 当たりが出る確率 θ をベイズ推定してみることにした. これまで一度もこのくじを引いたことのない A 君は, 区間 $(0, 1)$ 上の一様分布 $U(0, 1)$ を事前分布として用いた. 何度もこのくじを引いたことのある B さんは, 過去の経験から θ の事前分布としてベータ分布 $Be(1, 4)$ を用いた.

また, n 回くじを引いたときに当たりが出る数 X は二項分布 $Bin(n, \theta)$ に従うとする.

A 君と B さんは 2 人でこのコンビニエンスストアチェーンで 5000 円の買い物をし, 10 枚のくじを引いたところ, 3 枚の当たりが出た.

〔1〕 A 君の θ に関する事後分布と θ のベイズ推定量を求めよ.

〔2〕 B さんの θ に関する事後分布と θ の MAP 推定量を求めよ.

問 31.2 $\boldsymbol{x} = (x_1, x_2, x_3, x_4, x_5)^{\top}$ はある市における 5 日間の交通事故数で, ポアソン分布からのデータ

$$f(\boldsymbol{x} \mid \lambda) = \prod_{i=1}^{5} \frac{\lambda^{x_i} e^{-\lambda}}{x_i!}$$

とする. ここでは, ガンマ分布 $Ga(2, 1/3)$ を事前分布として用いて, λ をベイズ推定することを考える.

〔1〕 $\boldsymbol{x} = (5, 3, 4, 1, 2)^{\top}$ が観測されたときの λ の事後分布と, その分布の確率密度関数を求めよ.

〔2〕 6 日目に観測されるデータ x_6 のベイズ予測分布の確率密度関数

$$f(x_6 \mid \boldsymbol{x}) = \int_0^{\infty} f(x_6 \mid \lambda) \pi(\lambda \mid \boldsymbol{x}) \, d\lambda$$

を求めよ.

問 31.3 次の Step 0 〜 Step 5 のように, 目標分布が混合正規分布

$$\frac{1}{8}N(-5,1) + \frac{3}{4}N(0,1) + \frac{1}{8}N(5,1)$$

であるような，酔歩連鎖によるメトロポリス・ヘイスティングス法を用いて，乱数 x を
10000 個発生させることを考える．

Step 0　初期値 $x^{(0)}$ を設定し，$t \leftarrow 0$ とする．また，$a > 0$ を 1 つ定める．

Step 1　ε を $U(-a, a)$ から発生させ，

$$y = x^{(t)} + \varepsilon$$

とする．

Step 2　u を $U(0, 1)$ から発生させ，

$$x^{(t+1)} = \begin{cases} y & (u \leq \alpha(x^{(t)}, y)) \\ x^{(t)} & (\text{それ以外}) \end{cases}$$

とする．ただし，$\alpha(x^{(t)}, y)$ は採択確率 (C) である．

Step 3　$t \leftarrow t + 1$ とする．

Step 4　$t \leq 1000$ のときは $x^{(t)}$ を出力しない．$1000 < t \leq 11000$ のときは $x^{(t)}$ を $t - 1000$ 番目の乱数として出力する．

Step 5　$t = 11000$ なら終了，それ以外の場合は Step 1 に戻る．

〔1〕酔歩連鎖によるメトロポリス・ヘイスティングス法では，目標分布の確率密度関数
が $\pi(x)$ のとき，更新確率 $\alpha(x^{(t)}, y)$ は

$$\alpha(x^{(t)}, y) = \min\left\{1, \frac{\pi(y)}{\pi(x^{(t)})}\right\}$$

と表される．$\varphi(\cdot)$ を標準正規分布の確率密度関数としたときに，Step 2 の採択確率
(C) を $\varphi(\cdot)$ を用いて表せ．

〔2〕次の図の (ア)～(エ) は，Step 0 で初期値を $x^{(0)} = 0$，a を $0.1, 1, 10, 100$ のいずれ
かに設定したときに得られた 10000 個の乱数のヒストグラムと時系列プロットの組
合せである．(ア)～(エ) に対応する a の値はそれぞれいくつになるか．理由も含め
て述べよ．

(ア)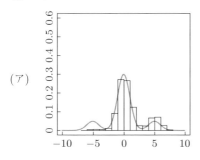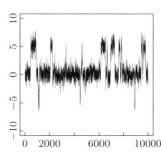

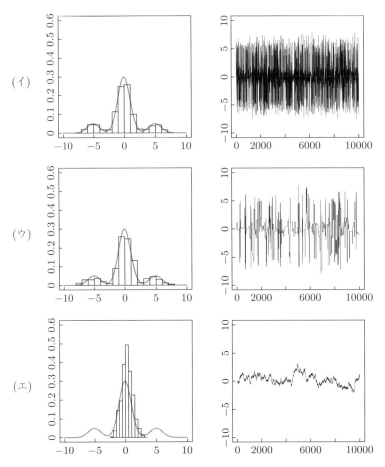

〔3〕Step 4 にあるように, $x^{(1)}, \ldots, x^{(1000)}$ を出力に加えない理由を簡潔に説明せよ.

問 31.4 次の Step 0 ~ Step 4 のように目標分布が平均 $\boldsymbol{\mu} = (0, 2)^\top$, 分散共分散行列 Σ が

$$\Sigma = \begin{pmatrix} 1 & 0.5 \\ 0.5 & 1 \end{pmatrix}$$

である 2 次元正規分布 $N(\boldsymbol{\mu}, \Sigma)$ から, 乱数 $(x, y)^\top$ をギブス・サンプリングを用いて 10000 個サンプリングすることを考える. 稼動検査期間は 1000 回とする. この正規分布の確率密度関数 $f(x, y)$ は

$$f(x, y) = \frac{1}{2\pi\sqrt{1 - 0.5^2}} \exp\left(-\frac{x^2 - 2 \cdot 0.5x(y - 2) + (y - 2)^2}{2(1 - 0.5^2)}\right)$$

となることが知られている.

Step 0 初期値を $(x^{(0)}, y^{(0)}) \leftarrow (0,0)$ と設定し，$t \leftarrow 0$ とする．

Step 1 完全条件付き分布から乱数を生成する．

(1) $x^{(t+1)}$ を (A) から生成する．

(2) $y^{(t+1)}$ を (B) から生成する．

Step 2 $t \leftarrow t+1$ とする．

Step 3 $t \le 1000$ のときは $\boldsymbol{\theta}^{(t)}$ を出力しない．$1000 < t \le 11000$ のときは $\boldsymbol{\theta}^{(t)}$ を $t - 1000$ 番目のサンプルとして出力する．

Step 4 $t = 11000$ なら終了．それ以外の場合は Step 1 に戻る．

〔1〕(A) の確率分布を求めよ．

〔2〕(B) の確率分布を求めよ．

答および解説

問 31.1

〔1〕事後分布：$Be(4,8)$, ベイズ推定量：$1/3$.

A 君の事後分布の確率密度関数を $\pi_{\mathrm{A}}(\theta \,|\, \boldsymbol{X})$ と書くことにすると，

$$\pi_{\mathrm{A}}(\theta \,|\, \boldsymbol{X}) \propto \theta^3 (1-\theta)^7$$

であることから，事後分布は $Be(4,8)$. 一般にベータ分布 $Be(a,b)$ の期待値は $a/(a+b)$ であることから，ベイズ推定量は $4/(4+8) = 1/3$.

〔2〕事後分布：$Be(4,11)$, MAP 推定量：$3/13$.

B さんの事後分布の確率密度関数を $\pi_{\mathrm{B}}(\theta \,|\, \boldsymbol{X})$ と書くことにすると，

$$\pi_{\mathrm{B}}(\theta \,|\, \boldsymbol{X}) \propto \theta^3 (1-\theta)^{10}$$

であることから，事後分布は $Be(4,11)$. 一般にベータ分布 $Be(a,b)$ のモードは $(a-1)/(a+b-2)$ であることから，MAP 推定量は $(4-1)/(4+11-2) = 3/13$.

問 31.2

〔1〕事後分布の確率密度関数 $\pi(\lambda \,|\, \boldsymbol{x})$ は，

$$\pi(\lambda \,|\, \boldsymbol{x}) = \frac{\lambda^{5+3+4+1+2} e^{-5\lambda} \cdot \lambda e^{-3\lambda}}{\displaystyle\int_0^\infty \lambda^{5+3+4+1+2} e^{-5\lambda} \cdot \lambda e^{-3\lambda} \, d\lambda} = \frac{\lambda^{16} e^{-8\lambda}}{\displaystyle\int_0^\infty \lambda^{16} e^{-8\lambda} \, d\lambda}$$

$$= \frac{8^{17} \lambda^{16} e^{-8\lambda}}{\Gamma(17)}$$

したがって，事後分布は $Ga(17, 1/8)$.

〔2〕ベイズ予測分布は,

$$\int_0^\infty f(x_6\,|\,\lambda)\pi(\lambda\,|\,\boldsymbol{x})\,d\lambda = \frac{8^{17}\cdot\displaystyle\int_0^\infty \lambda^{16+x_6}e^{-9\lambda}\,d\lambda}{x_6!\cdot\Gamma(17)}$$

$$= \frac{\Gamma(17+x_6)}{x_6!\cdot\Gamma(17)}\cdot\left(\frac{8}{9}\right)^{17}\left(\frac{1}{9}\right)^{x_6}$$

となる.これは**負の二項分布**とよばれる分布である.

問 31.3

〔1〕正規分布 $N(\mu,1)$ の確率密度関数は $\varphi(y-\mu)$ と書けることに注意すると,採択確率は,

$$(\mathrm{C}) = \min\left\{1,\ \frac{(1/8)\varphi(y+5)+(3/4)\varphi(y)+(1/8)\varphi(y-5)}{(1/8)\varphi(x^{(t)}+5)+(3/4)\varphi(x^{(t)})+(1/8)\varphi(x^{(t)}-5)}\right\}$$

〔2〕(ア) $a=1$,(イ) $a=10$,(ウ) $a=100$,(エ) $a=0.1$.
(根拠) ステップ幅が小さいほど,分布の別の山に推移しにくくなり,逆にステップ幅が大きすぎると,採択率が下がるため,別の値への推移が起きにくくなると考えられる.
今回の例の場合,3 つの正規分布の期待値の差が 10 なので $a=0.1,1,10$ と大きくなるにつれ安定度が増すと考えられる.また,(ウ) はヒストグラムをみるとうまく近似できているようにみえるが,時系列プロットをみると同じ値に留まっていることが多いので,これは $a=100$ のときだとわかる.

〔3〕繰り返し回数が少ない段階では初期値の影響を受けるため.

問 31.4

〔1〕x の周辺分布が $N(0,1)$ になることを用いると,$y^{(t)}$ を所与としたときの x の条件付き分布は $N(\mu_{x\,|\,y},\sigma_{x\,|\,y}{}^2)$,

$$\mu_{x\,|\,y} = \frac{1}{2}y^{(t)}-1, \quad \sigma_{x\,|\,y}{}^2 = \frac{3}{4}$$

〔2〕これも同様に $x^{(t+1)}$ を所与としたときの y の条件付き分布は $N(\mu_{y\,|\,x},\sigma_{y\,|\,x}{}^2)$,

$$\mu_{y\,|\,x} = \frac{1}{2}x^{(t+1)}+2, \quad \sigma_{y\,|\,x}{}^2 = \frac{3}{4}$$

32 シミュレーション

///キーワード/// 乱数，モンテカルロ法，ジャックナイフ法，ブートストラップ法

■乱数とモンテカルロ法■ **乱数** (random number) とは，サイコロを振って得たようなでたらめな数を次々に作る方法，またはそうして生成された数列を指す．物理現象を利用した**物理乱数** (physical random number) と，漸化式などに基づく**擬似乱数** (pseudorandom number) とがある．物理乱数は熱雑音とか原子核分裂とか本質的にランダムな自然現象を利用する方法である．予測不可能な物理現象を扱うので，生成された乱数列には周期や再現性がない．しかし，専用のハードウェア，回路など特別な生成器が必要である．一方，擬似乱数は計算機とつり合いのとれた速度で生成でき特別な装置がいらないという特徴があるものの，再現性や周期，乱数としての性質が不明確なため統計的検定を要するなどの注意点もある．乱数の主な用途は，標本抽出，モンテカルロ計算，アルゴリズムや方法のテスト，暗号，シミュレーション，ゲームなどの娯楽である．擬似乱数では，一様性や独立性，高次元での稠密性が必要である．古典的な擬似乱数生成法には線形合同法や乗算合同法があるが，最近では非常に長い周期と高次元での稠密性の観点からメルセンヌツイスターが用いられる．

■モンテカルロ法■ **モンテカルロ法** (Monte Carlo method) で π や $\pi/4$ を求める問題は基本的であり，頻出である．

例1 半径 1 の円の第 1 象限の面積は $\pi/4$ であることを利用して円周率 π の近似値をモンテカルロ法で求める．

領域 $(0,1) \times (0,1)$ 上の一様乱数の組を N 組生成して $(U_i, V_i), i = 1, \ldots, N$ とし，それらのなかで $U_i^2 + V_i^2 < 1$ となった組の個数を M として $\hat{\pi} = 4M/N$ とする．

$\hat{\pi}$ の標準偏差を 0.01 以下とするためには何組以上の乱数が必要か．

答 N 組の乱数中で $U^2 + V^2 < 1$ となる組の個数 M は二項分布 $Bin(N, \pi/4)$ に従うので，$V[M] = N(\pi/4)(1 - \pi/4)$ であることより，$4M/N$ の標準偏差は

$$\mathrm{SD}[4M/N] = \frac{4}{\sqrt{N}}\sqrt{\frac{\pi}{4}\left(1-\frac{\pi}{4}\right)} = \sqrt{\frac{\pi(4-\pi)}{N}}$$

となる．よって，$\mathrm{SD}[4M/N] = 0.01$ とすると，$\pi(4-\pi)/N = (0.01)^2$ となることから

$$N = \frac{\pi(4-\pi)}{(0.01)^2} = \frac{2.7}{0.0001} = 27000$$

を得る．

■**乱数生成：逆関数法**■ シミュレーションで大事な方法の1つに，指定された確率分布に従う乱数の発生がある．あらゆる確率分布に従う乱数生成は，一様分布，つまり一様乱数の発生に基づいて行われる．区間 $(0,1)$ の一様分布に従う確率変数を U とすると確率密度関数と分布関数はそれぞれ，$x \in (0,1)$ で次のようになる．

$$p_U(x) = 1, \quad F(x) = \int_0^x p_U(x)\,dx = x$$

1変量の確率変数 X が確率密度関数 $p_X(x)$ と分布関数 $F_X(x)$ をもつとする．もし，$F_X(x)$ の逆関数 $F_X^{-1}(u)$ が陽に得られる場合，次の**逆関数法** (inverse transformation method) とよばれる方法で X の乱数が生成できる．

1. $U(0,1)$ から一様乱数 u を1つ得る．
2. $x = F_X^{-1}(u)$ とする．

逆関数法で F_X に従う乱数が生成できることは，式 (32.1) が成り立つことによる．

$$P(F_X^{-1}(U) < x) = P(U < F_X(x)) = F_X(x) \tag{32.1}$$

この方法では，指数分布，コーシー分布，レイリー分布などに従う乱数が生成できる．逆関数 F_X^{-1} が陽に表現できなくても F_X^{-1} は分位点を返す分位関数であることから，分位関数が精度よく近似できれば逆関数法は可能である．たとえば，分布関数 $F(x)$ が表現できていれば，関数のゼロ点を求めるためのニュートン法などを使えばよい．

例2 平均が $1/2$ の指数分布に従う確率変数を X とする．この確率密度関数は $p_X(x) = 2e^{-2x}, x \geq 0$ である．逆関数法を用いて X に従う乱数を生成する方法を述べよ．

答 X の分布関数は $F_X(x) = 1 - e^{-2x}$ である．$F_X^{-1}(u) = -1/2\log(1-u)$ である．また，確率変数 U が $U \sim U(0,1)$ のとき $1-U \sim U(0,1)$ であることに注意すれば次の方法で X の乱数が生成できる．

1. $U(0,1)$ から一様乱数 u をサンプリングする．
2. $x = -1/2\log(u)$ とする．

■**乱数生成：採択棄却法**■　確率変数 X の確率密度関数を $f(x)$ とし，計算可能な関数 $l(x)$ を使って $f(x) = c^{-1}l(x),\ c = \int l(x)\,dx > 0$ とする．正規化定数 c は積分を 1 にするためのものであり，計算できなくてもよい．このとき，ある確率密度関数 $g(x)$ と定数 $M > 0$ があって，すべての x で

$$Mg(x) \geq l(x)$$

が成り立つと仮定する．さらに，ここでは $g(x)$ を密度にもつ確率変数の乱数生成はできると仮定する．次に示す方法は**採択・棄却法** (acceptance–rejection method) とよばれ，$g(x)$ と一様乱数 u を利用して $f(x)$ を密度にもつ確率変数 X の乱数が生成できる．

　　1. $g(x)$ から乱数 x と $U(0,1)$ から一様乱数 u をとる．
　　2. $r = l(x)/(Mg(x))$ として $u \leq r$ ならば x を出力し，そうでないならば 1. に
　　　戻る．

採択・棄却法で得られる x の確率密度関数が $f(x)$ になっていることを示すために指示関数 I を，2. で x が採択されたら $I(x) = 1$，採択されなかったら $I(x) = 0$ をとるように定義する．

$$P(I = 1) = \int P(I = 1 \mid X = x)g(x)\,dx = \int \frac{cf(x)}{Mg(x)}g(x)\,dx = \frac{c}{M}$$

したがって，$I(x) = 1$ での x の条件付き確率密度関数 $p(x \mid I = 1)$ は以下の通りであり，$f(x)$ に等しい．

$$p(x \mid I = 1) = \frac{P(I(x) = 1 \mid x)g(x)}{P(I = 1)} = \frac{cf(x)}{Mg(x)}g(x) \Big/ P(I = 1) = f(x)$$

> **例 3**　ベータ分布 $Be(2,2)$ の確率密度関数は $f(x) = 6x(1-x), 0 < x < 1$ である．正
> 規化定数 c は，$l(x) = x(1-x)$ を $(0,1)$ で積分した $c = 1/6$ である．採択・棄却法で
> $Be(2,2)$ に従う乱数を生成するために $g(x) = 1$ である一様分布 $U(0,1)$ をとり，$M_1 = 1$
> と $M_2 = 1/4$ とした場合に
>
> $$M_i\,g(x) \geq l(x), \quad x \in (0,1), \quad i = 1,2$$
>
> が成り立つ．これらを利用した採択・棄却法の手順を述べよ．さらに M_1 と M_2 をどちら
> が効率的かについて根拠を示して答えよ．

答　採択・棄却法の手順は次のとおりである．

　　1. $U(0,1)$ の一様乱数 x，それとは独立な $U(0,1)$ から一様乱数 u をとる．
　　2. $r = x(1-x)/M_i$ として $u \leq r$ ならば x を出力し，そうでないならば 1. に戻る．
上の 1., 2. を繰り返し必要数のサンプリングをする．

図 32.1 に示すように，M_2 のほうがサンプリングの効率がよい．サンプリング効率は採択割合，つまり，$(0,1)$ 上での $l(x)$ と $M_i g(x) = M_i$ で囲まれる面積比で決まる．したがって M_1 を用いた場合は 1/6，M_2 の場合は 2/3 なので，後者のほうが $M_1/M_2 = 4$ 倍効率がよい．

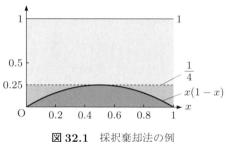

図 32.1 採択棄却法の例

■ **モンテカルロ積分** ■ 　関数 $g(x)$ の区間 $(0,1)$ 上の積分を推定する問題

$$\theta = \int_0^1 g(x)\, dx$$

を考える．確率変数 X が $U(0,1)$ に従うとき

$$E[g(X)] = \int_0^1 g(x) \cdot 1 \; dx = \theta$$

となる．したがって，$X_1, \ldots, X_m$ が $U(0,1)$ からの無作為標本とするとき，以下の $g(X_1), \ldots, g(X_m)$ の標本平均 $\hat{\theta}$ は，大数の弱法則により $m \to \infty$ のとき，θ に確率収束する．

$$\hat{\theta} = \frac{1}{m} \sum_{i=1}^{m} g(X_i)$$

m 個の $U(0,1)$ 上の一様乱数 $x_1, \ldots, x_m$ を発生させ，θ を $\hat{\theta} = \dfrac{1}{m} \sum_{i=1}^{m} g(x_i)$ で推定する方法を**単純モンテカルロ法** (crude Monte Carlo method) という．

例 4　以下の積分 I を単純モンテカルロ法で推定するための手続きを答えよ．ただし，一様乱数は $U(2,5)$ を使うこと．

$$I = \int_2^5 e^{-x}\, dx$$

答　一様乱数として $U(2,5)$ を使うので，その密度が $1/(5-2) = 1/3$ であることに注意

して, I を

$$I = 3\int_2^5 e^{-x}/3 \, dx$$

としておく. また $g(x) = e^{-x}$ とおく. I を計算するための単純モンテカルロ法は次のとおりである.

1. $U(2,5)$ から独立な一様乱数を m 個とり, それらを $x_1, \ldots, x_m$ とする.

2. $\hat{g} = \dfrac{1}{m}\displaystyle\sum_{i=1}^m g(x_i)$ とする.

3. I の推定量を $3\hat{g}$ とし, これを出力する.

関数 $f(x)$ を, $A \subset \mathbb{R}$ をサポートにもつ確率密度関数とする. つまり, 任意の $x \in \mathbb{R}$ に対して $f(x) \geq 0$ であり, $\displaystyle\int_A f(x) \, dx = 1$ とする. 関数 $g(x)$ に関する以下の積分

$$\theta = E_f[g(x)] = \int_A g(x)f(x) \, dx$$

を (単純モンテカルロ法で) 推定するには, 確率密度関数 $f(x)$ から無作為標本 $X_1, \ldots, X_m$ をとり, 標本平均

$$\hat{\theta} = \bar{g} = \frac{1}{m}\sum_{i=1}^m g(X_i) \tag{32.2}$$

を求めればよい. この $\hat{\theta}$ の標準誤差について考える. σ^2 を

$$\sigma^2 = E_f[(g(X) - \theta)^2] = \int_A (g(X) - \theta)^2 f(x) \, dx$$

とする. 推定量 $\hat{\theta}$ の分散は $V[\hat{\theta}] = \sigma^2/m$ である. 標本 $X_1, \ldots, X_m$ で σ^2 を

$$\hat{\sigma}^2 = \frac{1}{m}\sum_{i=1}^m \big(g(X_i) - \hat{\theta}\big)^2$$

で推定すれば $\hat{\theta}$ の分散 $V[\hat{\theta}]$ も次の v_m で推定できる.

$$v_m = \frac{1}{m^2}\sum_{i=1}^m (g(X_i) - \hat{\theta})^2$$

推定量 $\hat{\theta}$ の標準誤差 $\mathrm{se}(\hat{\theta})$ は

$$\mathrm{se}(\hat{\theta}) = \sqrt{v_m} = \frac{1}{m}\left(\sum_{i=1}^m (g(X_i) - \hat{\theta})^2\right)^{1/2}$$

となる. $\hat{\theta}$ の分散や標準誤差は，モンテカルロ法で実際に得られる $\hat{\theta}$ の精度を調べる
うえで重要な情報である. たとえば，中心極限定理を使うことにより，$m \to \infty$ のと
き，$(\hat{\theta} - \theta)/\mathrm{se}(\hat{\theta})$ は $N(0,1)$ に分布収束することを利用すると，θ に関する95％信
頼区間を構成することもできる.

■モンテカルロ法の精度向上の方法■　モンテカルロ法の精度を向上させる方法に
は，制御変量を用いた主部の分離，負の相関を利用する方法，加重サンプリング，層
別サンプリングなどがある.

> **例5（主部の分離）** 次の積分 I を単純モンテカルロ法と主部を分離した方法との2つで精度
> 比較をしたい.
>
> $$I = \int_0^1 e^x \, dx = e - 1 = 1.718$$
>
> $g_1(x) = e^x$ として，そのマクローリン展開によって主部を $h(x) = x+1$ とし，$g_2(x) = g_1(x) - h(x) + \mu$ とする. ただし，$\mu = \int_0^1 h(x)\,dx = 3/2$ である. 2つの関数 $g_1(x)$,
> $g_2(x)$ を使って，独立な $m = 10^4$ 個の $U(0,1)$ の一様乱数 $x_1,\ldots,x_m$ で I を近似したも
> のを，それぞれ，
>
> $$\hat{I}_j = \frac{1}{m}\sum_{i=1}^m g_j(x_i), \quad j = 1,2$$
>
> とする. このとき，$\hat{I}_1$ と $\hat{I}_2$ のおおよその値はいずれも 1.718 である. m 個のサンプル
> $\{g_j(x_1),\ldots,g_j(x_m)\}$ の標本分散 $\hat{\sigma}_j$ $(j=1,2)$ のおおよその値を次の数値を使って答
> えよ.
>
> $$\int_0^1 (e^x - e + 1)^2 \, dx = 0.2420, \quad \int_0^1 (e^x - x - e + 3/2)^2 \, dx = 0.0437$$
>
> なお，分散 $\hat{\sigma}_j^2$ は以下のとおりである.
>
> $$\hat{\sigma}_j^2 = \frac{1}{m}\sum_{i=1}^m (g_j(x_i) - \hat{I}_j)^2, \quad j = 1,2$$
>
> 推定量 $\hat{I}_j$ $(j=1,2)$ の標準誤差 $\mathrm{se}(\hat{I}_j)$ の値を求めよ.
>
> **答** 確率変数 $g_j(X)$, $X \sim U(0,1)$ の平均 I_j は
>
> $$I_j = E_X[g_j(X)] = \int_0^1 g_j(x)\,dx = e - 1$$
>
> となり，分散 σ_j はそれぞれ

$$\sigma_1{}^2 = \int_0^1 (g_1(x) - I_1)^2 \, dx = 0.2420, \quad \sigma_2{}^2 = \int_0^1 (g_2(x) - I_2)^2 \, dx = 0.0437$$

となる．$\hat{\sigma}_j$ は σ_j の推定量であるので $\hat{\sigma}_j{}^2 = \sigma_j{}^2$ となる．$\hat{I}_j$ に関する標準誤差は $\mathrm{se}(\hat{I}_j) = \sqrt{\hat{\sigma}_j{}^2/m}$ なので，以下の値となる．

$$\mathrm{se}(\hat{I}_1) = 0.00492, \quad \mathrm{se}(\hat{I}_2) = 0.00210$$

標準誤差の小さい $\hat{I}_2$ の推定のほうが $\hat{I}_1$ よりも精度がよい．

例 6 (負の相関を利用する方法)　次の積分 I を近似するための 2 つのモンテカルロ法の精度を比較したい．

$$I = \int_0^1 e^x \, dx = e - 1 = 1.718$$

$g_1(x)$ を $g_1(x) = e^x$ として，独立な $2m$ 個の $X_1, \ldots, X_{2m} \sim U(0,1)$ で I をモンテカルロ近似したものを

$$\hat{I}_1 = \frac{1}{2m} \sum_{i=1}^{2m} g_1(X_i)$$

とする．次に $g_2(x)$ を $g_2(x) = (g_1(x) + g_1(1-x))/2 = (e^x + e^{1-x})/2$ として $2m$ 個のうち最初の m 個だけを用いたモンテカルロ近似 $\hat{I}_2$ を

$$\hat{I}_2 = \frac{1}{m} \sum_{i=1}^m g_2(X_i) = \frac{1}{m} \sum_{i=1}^m \frac{g_1(X_i) + g_1(1-X_i)}{2}$$

とする．$\hat{I}_1$, $\hat{I}_2$ ともに $2m$ 個の一様乱数の和によって I を近似するが，どちらのほうが精度がよいか，標準誤差を比較して答えよ．必要ならば次の値を用いよ．

$$\int_0^1 (e^x - I)^2 \, dx = 0.242, \quad \int_0^1 (e^x - I)(e^{1-x} - I) \, dx = -0.234$$

答　確率変数 X が $X \sim U(0,1)$ のとき，$g_j(X)$ $(j = 1, 2)$ の平均は I であり，分散 σ_j は

$$\sigma_j{}^2 = \int_0^1 (g_j(x) - I)^2 \, dx$$

である．$\sigma_1{}^2$ は $\sigma_1{}^2 = 0.242$ である．$\sigma_2{}^2$ を求める前に，$g_1(X)$ と $g_1(1-X)$ の相関係数 $\rho = \rho[g_1(X), g_1(1-X)]$ を計算する．$V[g_1(1-X)] = \sigma_1{}^2$ に注意して ρ は次の値となる．

$$\rho = \frac{1}{\sqrt{\sigma_1{}^2 \times \sigma_1{}^2}} \int_0^1 (g_1(x) - I)(g_1(1-x) - I) \, dx = \frac{-0.234}{0.242} = -0.967$$

$\sigma_2{}^2$ は次のようになる．

$$\sigma_2{}^2 = \int_0^1 \left(\frac{g_1(x) + g_1(1-x)}{2} - I \right)^2 dx = \frac{\sigma_1{}^2}{2}(1 + \rho)$$

したがって $\mathrm{se}(\hat{I}_1) = \sigma_1/\sqrt{2m}$, $\mathrm{se}(\hat{I}_2) = \sigma_1\sqrt{1+\rho}/\sqrt{2m}$ と $\rho < 0$ より

$$\mathrm{se}(\hat{I}_2) = \sqrt{1+\rho}\,\mathrm{se}(\hat{I}_1) < \mathrm{se}(\hat{I}_1), \quad \mathrm{se}(\hat{I}_2) = 0.18 \times \mathrm{se}(\hat{I}_1)$$

が成立し $\hat{I}_2$ の近似のほうが精度がよいことがわかる.

■ジャックナイフ法とブートストラップ法■

母集団 F からの無作為標本を $\{x_1, \ldots, x_n\}$ とし, $\boldsymbol{x} = (x_1, \ldots, x_n)$ とおく. 母数 $\theta = \theta(F)$ に関心があり, θ の推定量 $\hat{\theta}$ が $\boldsymbol{x}$ の関数 T_n で $\hat{\theta} = T_n(\boldsymbol{x})$ と書かれているとする. $T_n(\boldsymbol{x})$ を統計量という. たとえば θ が母平均の場合, $\hat{\theta} = T_n(\boldsymbol{x}) = (x_1 + \cdots + x_n)/n$ である. $\hat{\theta}$ の標準誤差のジャックナイフ推定量を構成するために, $\boldsymbol{x}$ から x_j を除いたベクトルを $\boldsymbol{x}_{(-j)} = (x_1, \ldots, x_{j-1}, x_{j+1}, \ldots, x_n)$, $j = 1, \ldots, n$ とする. また

$$\hat{\theta}_{(j)} = T_{n-1}(\boldsymbol{x}_{(-j)}), \quad \overline{\hat{\theta}}_{(\cdot)} = \frac{1}{n}\sum_{j=1}^n \hat{\theta}_{(j)}$$

とおくと, 推定量 $\hat{\theta}$ の標準誤差のジャックナイフ推定量 $\widehat{\mathrm{se}}_{\mathrm{jack}}$ は以下で与えられる.

$$\widehat{\mathrm{se}}_{\mathrm{jack}} = \sqrt{\frac{n-1}{n}\sum_{j=1}^n \left(\hat{\theta}_{(j)} - \overline{\hat{\theta}}_{(\cdot)} \right)^2}$$

ブートストラップ標本 $\{x_1^*, \ldots, x_n^*\}$ は標本 $\{x_1, \ldots, x_n\}$ を既知の母集団 F_n とする独立同一サンプリングによって得られる. x_j $(j = 1, \ldots, n)$ に確率 $1/n$ を与えて作る分布関数を**経験分布関数** (empirical distribution function) といい, ブートストラップ確率変数 X^* は $P(X^* = x_i) = 1/n$ をもつ. ブートストラップ標本は何度でも抽出できるため, b 回目のブートストラップ標本 $\boldsymbol{x}^{*(b)} = (x_1^{*(b)}, \ldots, x_n^{*(b)})$ に応じて, $\hat{\theta}^*(b) = T_n(\boldsymbol{x}^{*(b)})$ を反復回数 B として $b = 1, \ldots, B$ で構成する. この一連の方法を**ブートストラップ法** (bootstrap method), あるいは**ノンパラメトリックブートストラップ法** (nonparametric bootstrap method) という. 他方, 母集団に適当なパラメータをもつ確率分布が仮定され, そのパラメータに推定量を代入した確率分布からのリサンプリング法を**パラメトリックブートストラップ法** (parametric bootstrap method) という. ブートストラップ法による $\hat{\theta}$ の標準誤差の推定は

$$\widehat{\text{se}}_B = \sqrt{\frac{1}{B-1}\sum_{b=1}^{B}\left(\hat{\theta}^*(b)-\overline{\hat{\theta}^*}\right)^2}$$

で与えられる．ただし $\overline{\hat{\theta}^*} = \dfrac{1}{B}\displaystyle\sum_{b=1}^{B}\hat{\theta}^*(b)$ である．標準誤差の推定では B は 50 から 200 程度でよいことが知られている．

また推定量 $\hat{\theta}$ のバイアスは $\text{bias}(\hat{\theta}) = E_F\left[\hat{\theta}-\theta\right]$ で定義されるが，バイアスのブートストラップ推定量は $\overline{\hat{\theta}^*} - \hat{\theta}$ である．ブートストラップ法は，標準誤差やバイアスの推定以外にも，母数 θ の信頼区間の構成や機械学習のブースティングなどに用いられる．

例 7　表 32.1 は，2019 年の東京都における交通事故による月別死者数である．

表 32.1　2019 年の東京都における交通事故による月別死者数

月	1	2	3	4	5	6	7	8	9	10	11	12
死者数	11	9	9	12	5	8	7	12	13	14	18	15

警視庁ホームページより引用

標本平均は 11.083，標本分散は 13.538 である．200 回のブートストラップ法によるバイアスは 0.021，標本平均の標準誤差のブートストラップ推定量 $\widehat{\text{se}}_B$ は 1.010 であった．

〔1〕標本平均のブートストラップバイアス修正後の推定値を答えよ．

〔2〕標本分散をもとにした標準誤差 $\widehat{\text{se}}(\overline{x})$ を求め，$\widehat{\text{se}}_B/\widehat{\text{se}}(\overline{x})$ を答えよ．

答

〔1〕$11.083 - 0.021 = 11.062$ である．

〔2〕$\widehat{\text{se}}(\overline{x}) = \sqrt{13.538/12} = 1.062$ であり，$\widehat{\text{se}}_B/\widehat{\text{se}}(\overline{x}) = 0.951$ である．

例 8　上の表 32.1 の標本平均 $\hat{\theta} = \overline{x}$ を推定量とし，その標準誤差のジャックナイフ推定量を求めることにした．12 個のデータの j 番目を抜いて 11 個で平均をとったものを $\hat{\theta}_{(j)}$ とする．

〔1〕$\overline{\hat{\theta}}_{(\cdot)} = \dfrac{1}{12}\displaystyle\sum_{j=1}^{n}\hat{\theta}_{(j)}$ を答えよ．

〔2〕$\hat{\theta}_{(j)}$ の分散 $s^2 = \dfrac{1}{12}\displaystyle\sum_{j=1}^{n}(\hat{\theta}_{(j)} - \overline{\hat{\theta}}_{(\cdot)})^2$ を計算したところ，$s^2 = 0.10256$ であった．

標本平均の標準誤差に対するジャックナイフ推定量を求めよ．

318

答

〔1〕 $\overline{\theta}_{(\cdot)} = \overline{x} = 11.083$ である．このことは，$n = 12$ として $\hat{\theta}_{(j)} = (n\overline{x} - x_j)/(n-1)$ なので，次式よりわかる．

$$\frac{1}{n}\sum_{j=1}^{n}(n\overline{x} - x_j)/(n-1) = \frac{n\overline{x} - \overline{x}}{n-1} = \overline{x}$$

〔2〕 $\sqrt{(n-1)s^2}$ が標準誤差のジャックナイフ推定量であるので，$\sqrt{11 \times 0.10256} = 1.062$ となる．例 7 のブートストラップ推定量ともほぼ同じであることがわかる．

例 題

問 32.1 半径 1 の円の第 1 象限の面積は $\pi/4$ であることを利用して円周率 π の近似値を次の 2 通りの方法で求める

〔1〕 区間 $(0,1)$ 上の一様分布に従う確率変数 U に対し，$\sqrt{1-U^2}$ の期待値は

$$E\left[\sqrt{1-U^2}\right] = \int_0^1 \sqrt{1-u^2}\,du = \frac{\pi}{4}$$

であるので，区間 $(0,1)$ 上の一様乱数を n 個生成して $U_i, i = 1,\ldots,n$ とし，$\sqrt{1-U_i^2}$ の標本平均を用いて

$$\hat{\pi} = 4 \times \frac{1}{n}\sum_{i=1}^{n}\sqrt{1-U_i^2}$$

とする．$\hat{\pi}$ の標準偏差を 0.01 程度とするためには何組の乱数が必要か．

〔2〕 区間 $(0,1)$ で $1 - u < \sqrt{1-u^2}$ であること，および，

$$\int_0^1 (1-u)\,du = 1/2, \quad \int_0^1 \left(\frac{1}{2} - u\right)du = 0$$

であることを利用して区間 $(0,1)$ 上の一様乱数を n 個生成して $U_i, i = 1,\ldots,n$ とし，

$$\widetilde{\pi} = 4 \times \frac{1}{n}\sum_{i=1}^{n}\left(\sqrt{1-U_i^2} - \left(\frac{1}{2} - U_i\right)\right)$$

とする．$\widetilde{\pi}$ の標準偏差を 0.01 程度とするためには何組の乱数が必要か．必要ならば次の積分値を用いてもよい．

$$\int_0^1 \left(\sqrt{1-u^2} + u - \frac{1}{2} - \frac{\pi}{4}\right)^2 du = \frac{68 - 12\pi - 3\pi^2}{48} = 0.0144$$

答および解説

問 32.1

〔1〕 U を区間 $(0,1)$ 上の一様分布に従う確率変数としたとき

$$V\left[\sqrt{1-U^2}\right] = E\left[1-U^2\right] - E\left[\sqrt{1-U^2}\right]^2 = \int_0^1 (1-u^2)\,du - \left(\frac{\pi}{4}\right)^2$$

$$= \frac{2}{3} - \left(\frac{\pi}{4}\right)^2 = 0.05$$

であるので，標準偏差 $\mathrm{SD}[\hat{\pi}] = \dfrac{4}{\sqrt{n}}\sqrt{0.05} = 0.01$ より，$16/n \times 0.05 = (0.01)^2$ となり，$n = 8000$ を得る.

〔2〕 U を区間 $(0,1)$ 上の一様分布に従う確率変数としたとき

$$V\left[\sqrt{1-U^2} + U - \frac{1}{2}\right] = \int_0^1 \left(\sqrt{1-u^2} + u - \frac{1}{2} - \frac{\pi}{4}\right)^2 du = 0.0144$$

であるので，標準偏差 $\mathrm{SD}[\hat{\pi}] = \dfrac{4}{\sqrt{n}}\sqrt{0.0144} = 0.01$ より，$16/n \times 0.0144 = (0.01)^2$ となり，$n = 2304.0$ を得る. ここでの方法が，約 $8000/2300 = 3.75$ 倍効率がよい.

付表 1. 標準正規分布の上側確率

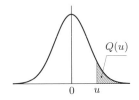

u	.00	.01	.02	.03	.04	.05	.06	.07	.08	.09
0.0	0.5000	0.4960	0.4920	0.4880	0.4840	0.4801	0.4761	0.4721	0.4681	0.4641
0.1	0.4602	0.4562	0.4522	0.4483	0.4443	0.4404	0.4364	0.4325	0.4286	0.4247
0.2	0.4207	0.4168	0.4129	0.4090	0.4052	0.4013	0.3974	0.3936	0.3897	0.3859
0.3	0.3821	0.3783	0.3745	0.3707	0.3669	0.3632	0.3594	0.3557	0.3520	0.3483
0.4	0.3446	0.3409	0.3372	0.3336	0.3300	0.3264	0.3228	0.3192	0.3156	0.3121
0.5	0.3085	0.3050	0.3015	0.2981	0.2946	0.2912	0.2877	0.2843	0.2810	0.2776
0.6	0.2743	0.2709	0.2676	0.2643	0.2611	0.2578	0.2546	0.2514	0.2483	0.2451
0.7	0.2420	0.2389	0.2358	0.2327	0.2296	0.2266	0.2236	0.2206	0.2177	0.2148
0.8	0.2119	0.2090	0.2061	0.2033	0.2005	0.1977	0.1949	0.1922	0.1894	0.1867
0.9	0.1841	0.1814	0.1788	0.1762	0.1736	0.1711	0.1685	0.1660	0.1635	0.1611
1.0	0.1587	0.1562	0.1539	0.1515	0.1492	0.1469	0.1446	0.1423	0.1401	0.1379
1.1	0.1357	0.1335	0.1314	0.1292	0.1271	0.1251	0.1230	0.1210	0.1190	0.1170
1.2	0.1151	0.1131	0.1112	0.1093	0.1075	0.1056	0.1038	0.1020	0.1003	0.0985
1.3	0.0968	0.0951	0.0934	0.0918	0.0901	0.0885	0.0869	0.0853	0.0838	0.0823
1.4	0.0808	0.0793	0.0778	0.0764	0.0749	0.0735	0.0721	0.0708	0.0694	0.0681
1.5	0.0668	0.0655	0.0643	0.0630	0.0618	0.0606	0.0594	0.0582	0.0571	0.0559
1.6	0.0548	0.0537	0.0526	0.0516	0.0505	0.0495	0.0485	0.0475	0.0465	0.0455
1.7	0.0446	0.0436	0.0427	0.0418	0.0409	0.0401	0.0392	0.0384	0.0375	0.0367
1.8	0.0359	0.0351	0.0344	0.0336	0.0329	0.0322	0.0314	0.0307	0.0301	0.0294
1.9	0.0287	0.0281	0.0274	0.0268	0.0262	0.0256	0.0250	0.0244	0.0239	0.0233
2.0	0.0228	0.0222	0.0217	0.0212	0.0207	0.0202	0.0197	0.0192	0.0188	0.0183
2.1	0.0179	0.0174	0.0170	0.0166	0.0162	0.0158	0.0154	0.0150	0.0146	0.0143
2.2	0.0139	0.0136	0.0132	0.0129	0.0125	0.0122	0.0119	0.0116	0.0113	0.0110
2.3	0.0107	0.0104	0.0102	0.0099	0.0096	0.0094	0.0091	0.0089	0.0087	0.0084
2.4	0.0082	0.0080	0.0078	0.0075	0.0073	0.0071	0.0069	0.0068	0.0066	0.0064
2.5	0.0062	0.0060	0.0059	0.0057	0.0055	0.0054	0.0052	0.0051	0.0049	0.0048
2.6	0.0047	0.0045	0.0044	0.0043	0.0041	0.0040	0.0039	0.0038	0.0037	0.0036
2.7	0.0035	0.0034	0.0033	0.0032	0.0031	0.0030	0.0029	0.0028	0.0027	0.0026
2.8	0.0026	0.0025	0.0024	0.0023	0.0023	0.0022	0.0021	0.0021	0.0020	0.0019
2.9	0.0019	0.0018	0.0018	0.0017	0.0016	0.0016	0.0015	0.0015	0.0014	0.0014
3.0	0.0013	0.0013	0.0013	0.0012	0.0012	0.0011	0.0011	0.0011	0.0010	0.0010
3.1	0.0010	0.0009	0.0009	0.0009	0.0008	0.0008	0.0008	0.0008	0.0007	0.0007
3.2	0.0007	0.0007	0.0006	0.0006	0.0006	0.0006	0.0006	0.0005	0.0005	0.0005
3.3	0.0005	0.0005	0.0005	0.0004	0.0004	0.0004	0.0004	0.0004	0.0004	0.0003
3.4	0.0003	0.0003	0.0003	0.0003	0.0003	0.0003	0.0003	0.0003	0.0003	0.0002
3.5	0.0002	0.0002	0.0002	0.0002	0.0002	0.0002	0.0002	0.0002	0.0002	0.0002
3.6	0.0002	0.0002	0.0001	0.0001	0.0001	0.0001	0.0001	0.0001	0.0001	0.0001
3.7	0.0001	0.0001	0.0001	0.0001	0.0001	0.0001	0.0001	0.0001	0.0001	0.0001
3.8	0.0001	0.0001	0.0001	0.0001	0.0001	0.0001	0.0001	0.0001	0.0001	0.0001
3.9	0.0000	0.0000	0.0000	0.0000	0.0000	0.0000	0.0000	0.0000	0.0000	0.0000

$u = 0.00 \sim 3.99$ に対する，正規分布の上側確率 $Q(u)$ を与える．
例：$u = 1.96$ に対しては，左の見出し 1.9 と上の見出し .06 との交差点で，$Q(u) = 0.0250$ と読む．
表にない u に対しては適宜補間すること．

付表 2. t 分布のパーセント点

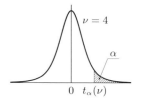

ν	α				
	0.10	0.05	0.025	0.01	0.005
1	3.078	6.314	12.706	31.821	63.656
2	1.886	2.920	4.303	6.965	9.925
3	1.638	2.353	3.182	4.541	5.841
4	1.533	2.132	2.776	3.747	4.604
5	1.476	2.015	2.571	3.365	4.032
6	1.440	1.943	2.447	3.143	3.707
7	1.415	1.895	2.365	2.998	3.499
8	1.397	1.860	2.306	2.896	3.355
9	1.383	1.833	2.262	2.821	3.250
10	1.372	1.812	2.228	2.764	3.169
11	1.363	1.796	2.201	2.718	3.106
12	1.356	1.782	2.179	2.681	3.055
13	1.350	1.771	2.160	2.650	3.012
14	1.345	1.761	2.145	2.624	2.977
15	1.341	1.753	2.131	2.602	2.947
16	1.337	1.746	2.120	2.583	2.921
17	1.333	1.740	2.110	2.567	2.898
18	1.330	1.734	2.101	2.552	2.878
19	1.328	1.729	2.093	2.539	2.861
20	1.325	1.725	2.086	2.528	2.845
21	1.323	1.721	2.080	2.518	2.831
22	1.321	1.717	2.074	2.508	2.819
23	1.319	1.714	2.069	2.500	2.807
24	1.318	1.711	2.064	2.492	2.797
25	1.316	1.708	2.060	2.485	2.787
26	1.315	1.706	2.056	2.479	2.779
27	1.314	1.703	2.052	2.473	2.771
28	1.313	1.701	2.048	2.467	2.763
29	1.311	1.699	2.045	2.462	2.756
30	1.310	1.697	2.042	2.457	2.750
40	1.303	1.684	2.021	2.423	2.704
60	1.296	1.671	2.000	2.390	2.660
120	1.289	1.658	1.980	2.358	2.617
240	1.285	1.651	1.970	2.342	2.596
∞	1.282	1.645	1.960	2.326	2.576

自由度 ν の t 分布の上側確率 α に対する t の値を $t_\alpha(\nu)$ で表す.
例：自由度 $\nu = 20$ の上側 5 ％点 $(\alpha = 0.05)$ は，$t_{0.05}(20) = 1.725$ である.
表にない自由度に対しては適宜補間すること.

付表 3. カイ二乗分布のパーセント点

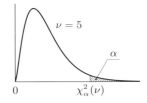

ν	α							
	0.99	0.975	0.95	0.90	0.10	0.05	0.025	0.01
1	0.00	0.00	0.00	0.02	2.71	3.84	5.02	6.63
2	0.02	0.05	0.10	0.21	4.61	5.99	7.38	9.21
3	0.11	0.22	0.35	0.58	6.25	7.81	9.35	11.34
4	0.30	0.48	0.71	1.06	7.78	9.49	11.14	13.28
5	0.55	0.83	1.15	1.61	9.24	11.07	12.83	15.09
6	0.87	1.24	1.64	2.20	10.64	12.59	14.45	16.81
7	1.24	1.69	2.17	2.83	12.02	14.07	16.01	18.48
8	1.65	2.18	2.73	3.49	13.36	15.51	17.53	20.09
9	2.09	2.70	3.33	4.17	14.68	16.92	19.02	21.67
10	2.56	3.25	3.94	4.87	15.99	18.31	20.48	23.21
11	3.05	3.82	4.57	5.58	17.28	19.68	21.92	24.72
12	3.57	4.40	5.23	6.30	18.55	21.03	23.34	26.22
13	4.11	5.01	5.89	7.04	19.81	22.36	24.74	27.69
14	4.66	5.63	6.57	7.79	21.06	23.68	26.12	29.14
15	5.23	6.26	7.26	8.55	22.31	25.00	27.49	30.58
16	5.81	6.91	7.96	9.31	23.54	26.30	28.85	32.00
17	6.41	7.56	8.67	10.09	24.77	27.59	30.19	33.41
18	7.01	8.23	9.39	10.86	25.99	28.87	31.53	34.81
19	7.63	8.91	10.12	11.65	27.20	30.14	32.85	36.19
20	8.26	9.59	10.85	12.44	28.41	31.41	34.17	37.57
25	11.52	13.12	14.61	16.47	34.38	37.65	40.65	44.31
30	14.95	16.79	18.49	20.60	40.26	43.77	46.98	50.89
35	18.51	20.57	22.47	24.80	46.06	49.80	53.20	57.34
40	22.16	24.43	26.51	29.05	51.81	55.76	59.34	63.69
50	29.71	32.36	34.76	37.69	63.17	67.50	71.42	76.15
60	37.48	40.48	43.19	46.46	74.40	79.08	83.30	88.38
70	45.44	48.76	51.74	55.33	85.53	90.53	95.02	100.43
80	53.54	57.15	60.39	64.28	96.58	101.88	106.63	112.33
90	61.75	65.65	69.13	73.29	107.57	113.15	118.14	124.12
100	70.06	74.22	77.93	82.36	118.50	124.34	129.56	135.81
120	86.92	91.57	95.70	100.62	140.23	146.57	152.21	158.95
140	104.03	109.14	113.66	119.03	161.83	168.61	174.65	181.84
160	121.35	126.87	131.76	137.55	183.31	190.52	196.92	204.53
180	138.82	144.74	149.97	156.15	204.70	212.30	219.04	227.06
200	156.43	162.73	168.28	174.84	226.02	233.99	241.06	249.45
240	191.99	198.98	205.14	212.39	268.47	277.14	284.80	293.89

自由度 ν のカイ二乗分布の上側確率 α に対する χ^2 の値を $\chi^2_\alpha(\nu)$ で表す.
例：自由度 $\nu = 20$ の上側 5％点 $(\alpha = 0.05)$ は，$\chi^2_{0.05}(20) = 31.41$ である.
表にない自由度に対しては適宜補間すること.

付表 4. F 分布のパーセント点

$\nu_1 = 10$
$\nu_2 = 20$

$0 \quad F_\alpha(\nu_1, \nu_2)$

$\alpha = 0.05$

$\nu_2 \backslash \nu_1$	1	2	3	4	5	6	7	8	9	10	15	20	40	60	120	∞
5	6.608	5.786	5.409	5.192	5.050	4.950	4.876	4.818	4.772	4.735	4.619	4.558	4.464	4.431	4.398	4.365
10	4.965	4.103	3.708	3.478	3.326	3.217	3.135	3.072	3.020	2.978	2.845	2.774	2.661	2.621	2.580	2.538
15	4.543	3.682	3.287	3.056	2.901	2.790	2.707	2.641	2.588	2.544	2.403	2.328	2.204	2.160	2.114	2.066
20	4.351	3.493	3.098	2.866	2.711	2.599	2.514	2.447	2.393	2.348	2.203	2.124	1.994	1.946	1.896	1.843
25	4.242	3.385	2.991	2.759	2.603	2.490	2.405	2.337	2.282	2.236	2.089	2.007	1.872	1.822	1.768	1.711
30	4.171	3.316	2.922	2.690	2.534	2.421	2.334	2.266	2.211	2.165	2.015	1.932	1.792	1.740	1.683	1.622
40	4.085	3.232	2.839	2.606	2.449	2.336	2.249	2.180	2.124	2.077	1.924	1.839	1.693	1.637	1.577	1.509
60	4.001	3.150	2.758	2.525	2.368	2.254	2.167	2.097	2.040	1.993	1.836	1.748	1.594	1.534	1.467	1.389
120	3.920	3.072	2.680	2.447	2.290	2.175	2.087	2.016	1.959	1.910	1.750	1.659	1.495	1.429	1.352	1.254

$\alpha = 0.025$

$\nu_2 \backslash \nu_1$	1	2	3	4	5	6	7	8	9	10	15	20	40	60	120	∞
5	10.007	8.434	7.764	7.388	7.146	6.978	6.853	6.757	6.681	6.619	6.428	6.329	6.175	6.123	6.069	6.015
10	6.937	5.456	4.826	4.468	4.236	4.072	3.950	3.855	3.779	3.717	3.522	3.419	3.255	3.198	3.140	3.080
15	6.200	4.765	4.153	3.804	3.576	3.415	3.293	3.199	3.123	3.060	2.862	2.756	2.585	2.524	2.461	2.395
20	5.871	4.461	3.859	3.515	3.289	3.128	3.007	2.913	2.837	2.774	2.573	2.464	2.287	2.223	2.156	2.085
25	5.686	4.291	3.694	3.353	3.129	2.969	2.848	2.753	2.677	2.613	2.411	2.300	2.118	2.052	1.981	1.906
30	5.568	4.182	3.589	3.250	3.026	2.867	2.746	2.651	2.575	2.511	2.307	2.195	2.009	1.940	1.866	1.787
40	5.424	4.051	3.463	3.126	2.904	2.744	2.624	2.529	2.452	2.388	2.182	2.068	1.875	1.803	1.724	1.637
60	5.286	3.925	3.343	3.008	2.786	2.627	2.507	2.412	2.334	2.270	2.061	1.944	1.744	1.667	1.581	1.482
120	5.152	3.805	3.227	2.894	2.674	2.515	2.395	2.299	2.222	2.157	1.945	1.825	1.614	1.530	1.433	1.310

自由度 (ν_1, ν_2) の F 分布の上側確率 α に対する F の値を $F_\alpha(\nu_1, \nu_2)$ で表す.
例：自由度 $\nu_1 = 5$, $\nu_2 = 20$ の上側 5%点 $(\alpha = 0.05)$ は, $F_{0.05}(5, 20) = 2.711$ である.
表にない自由度に対しては適宜補間すること.

付表 5. 指数関数と常用対数

指数関数					常用対数			
x	e^x	x	e^x		x	$\log_{10} x$	x	$\log_{10} x$
0.01	1.0101	0.51	1.6653		0.1	-1.0000	5.1	0.7076
0.02	1.0202	0.52	1.6820		0.2	-0.6990	5.2	0.7160
0.03	1.0305	0.53	1.6989		0.3	-0.5229	5.3	0.7243
0.04	1.0408	0.54	1.7160		0.4	-0.3979	5.4	0.7324
0.05	1.0513	0.55	1.7333		0.5	-0.3010	5.5	0.7404
0.06	1.0618	0.56	1.7507		0.6	-0.2218	5.6	0.7482
0.07	1.0725	0.57	1.7683		0.7	-0.1549	5.7	0.7559
0.08	1.0833	0.58	1.7860		0.8	-0.0969	5.8	0.7634
0.09	1.0942	0.59	1.8040		0.9	-0.0458	5.9	0.7709
0.10	1.1052	0.60	1.8221		1.0	0.0000	6.0	0.7782
0.11	1.1163	0.61	1.8404		1.1	0.0414	6.1	0.7853
0.12	1.1275	0.62	1.8589		1.2	0.0792	6.2	0.7924
0.13	1.1388	0.63	1.8776		1.3	0.1139	6.3	0.7993
0.14	1.1503	0.64	1.8965		1.4	0.1461	6.4	0.8062
0.15	1.1618	0.65	1.9155		1.5	0.1761	6.5	0.8129
0.16	1.1735	0.66	1.9348		1.6	0.2041	6.6	0.8195
0.17	1.1853	0.67	1.9542		1.7	0.2304	6.7	0.8261
0.18	1.1972	0.68	1.9739		1.8	0.2553	6.8	0.8325
0.19	1.2092	0.69	1.9937		1.9	0.2788	6.9	0.8388
0.20	1.2214	0.70	2.0138		2.0	0.3010	7.0	0.8451
0.21	1.2337	0.71	2.0340		2.1	0.3222	7.1	0.8513
0.22	1.2461	0.72	2.0544		2.2	0.3424	7.2	0.8573
0.23	1.2586	0.73	2.0751		2.3	0.3617	7.3	0.8633
0.24	1.2712	0.74	2.0959		2.4	0.3802	7.4	0.8692
0.25	1.2840	0.75	2.1170		2.5	0.3979	7.5	0.8751
0.26	1.2969	0.76	2.1383		2.6	0.4150	7.6	0.8808
0.27	1.3100	0.77	2.1598		2.7	0.4314	7.7	0.8865
0.28	1.3231	0.78	2.1815		2.8	0.4472	7.8	0.8921
0.29	1.3364	0.79	2.2034		2.9	0.4624	7.9	0.8976
0.30	1.3499	0.80	2.2255		3.0	0.4771	8.0	0.9031
0.31	1.3634	0.81	2.2479		3.1	0.4914	8.1	0.9085
0.32	1.3771	0.82	2.2705		3.2	0.5051	8.2	0.9138
0.33	1.3910	0.83	2.2933		3.3	0.5185	8.3	0.9191
0.34	1.4049	0.84	2.3164		3.4	0.5315	8.4	0.9243
0.35	1.4191	0.85	2.3396		3.5	0.5441	8.5	0.9294
0.36	1.4333	0.86	2.3632		3.6	0.5563	8.6	0.9345
0.37	1.4477	0.87	2.3869		3.7	0.5682	8.7	0.9395
0.38	1.4623	0.88	2.4109		3.8	0.5798	8.8	0.9445
0.39	1.4770	0.89	2.4351		3.9	0.5911	8.9	0.9494
0.40	1.4918	0.90	2.4596		4.0	0.6021	9.0	0.9542
0.41	1.5068	0.91	2.4843		4.1	0.6128	9.1	0.9590
0.42	1.5220	0.92	2.5093		4.2	0.6232	9.2	0.9638
0.43	1.5373	0.93	2.5345		4.3	0.6335	9.3	0.9685
0.44	1.5527	0.94	2.5600		4.4	0.6435	9.4	0.9731
0.45	1.5683	0.95	2.5857		4.5	0.6532	9.5	0.9777
0.46	1.5841	0.96	2.6117		4.6	0.6628	9.6	0.9823
0.47	1.6000	0.97	2.6379		4.7	0.6721	9.7	0.9868
0.48	1.6161	0.98	2.6645		4.8	0.6812	9.8	0.9912
0.49	1.6323	0.99	2.6912		4.9	0.6902	9.9	0.9956
0.50	1.6487	1.00	2.7183		5.0	0.6990	10.0	1.0000

注：常用対数を自然対数に直すには 2.3026 を掛ければよい.

索　引

著作者・編集委員

本書の執筆者は以下の通りです．各執筆者の担当章をかっこ内に記しています．
（○：編集委員，◎：編集委員長）

○	青木 敏	神戸大学大学院理学研究科 教授	(18章, 28章)
	伊藤 陽一	北海道大学病院データサイエンスセンター センター長 教授	(9章, 10章)
○	岩崎 学	順天堂大学健康データサイエンス学部 特任教授	(29章)
	紙屋 英彦	大阪経済大学経済学部 教授	(5章, 6章)
	黒住 英司	一橋大学大学院経済学研究科 教授	(27章)
○	小林 景	慶應義塾大学理工学部 教授	(8章)
	佐井 至道	岡山商科大学経済学部 教授	(21章)
	清水 泰隆	早稲田大学理工学術院 教授	(14章, 15章)
	鈴木 大慈	東京大学大学院情報理工学系研究科 教授	(16章)
	清 智也	東京大学大学院情報理工学系研究科 教授	(7章, 12章)
	寒水 孝司	東京理科大学工学部 教授	(11章)
◎	竹村 彰通	滋賀大学 学長	(1章, 2章)
○	中西 寛子	統計数理研究所統計思考院 特任教授	(13章, 17章)
	橋口 博樹	東京理科大学理学部 教授	(22章, 32章)
○	原 尚幸	京都大学国際高等教育院 教授	(25章, 31章)
	日野 英逸	統計数理研究所先端データサイエンス研究系 教授	(23章, 24章)
	姫野 哲人	滋賀大学データサイエンス学系 准教授	(3章, 4章)
	松浦 峻	慶應義塾大学理工学部 准教授	(26章, 30章)
	山田 秀	慶應義塾大学理工学部 教授	(20章)
	汪 金芳	早稲田大学国際学術院 教授	(19章)

● 日本統計学会ウェブサイト：https://www.jss.gr.jp/

● 統計検定ウェブサイト：https://www.toukei-kentei.jp/

日本統計学会公式認定　統計検定 準 1 級 対応

統計学実践ワークブック

| 2020 年 5 月 20 日 | 第 1 版　第 1 刷　発行 |
| 2024 年 4 月 20 日 | 第 1 版　第 9 刷　発行 |

編　　者　　一般社団法人 日本統計学会

発 行 者　　発 田 和 子

発 行 所　　株式会社　学術図書出版社

〒113−0033　　東京都文京区本郷 5 丁目 4 の 6

TEL 03−3811−0889　　振替　00110−4−28454

印刷　三美印刷（株）

定価はカバーに表示してあります.

本書の一部または全部を無断で複写（コピー）・複製・転載することは，著作権法でみとめられた場合を除き，著作者および出版社の権利の侵害となります. あらかじめ, 小社に許諾を求めて下さい.

© 2020　The Japan Statistical Society
Printed in Japan
ISBN978−4−7806−0852−6　　C3040

本書の印税はすべて一般財団法人 統計質保証推進協会を通じて統計教育に役立てられます.